Dr. K. Höll · Untersuchung, Beurteilung, Aufbereitung von Wasser

Untersuchung Beurteilung Aufbereitung

von

WASSER

Chemische Untersuchung von Trinkwasser · Flußwasser · Schwimmbadwasser · Brauchwasser · Kesselspeisewasser · Wasser für Bauzwecke · Brauwasser · Abwasser und Vorflut, nebst Erläuterungen über Mineralwasser und Heilwasser

von

DR. K. HÖLL

Reg.-Rat z. W., Dipl. Lebensmittelchemiker

3., völlig neubearbeitete und erweiterte Auflage

BERLIN 1960

WALTER DE GRUYTER & CO. / BERLIN W 35

vormals G. J. Göschen'sche Verlagshandlung · J. Guttentag, Verlagsbuchhandlung · Georg Reimer · Karl J. Trübner · Veit & Comp.

1. Auflage 1943 · 2. Auflage 1958 · 3. Auflage 1960

Satz und Druck: Buchdruckerei Franz Spiller, Berlin SO 36

VORWORT ZUR 3. AUFLAGE

Angeregt durch die freundliche Aufnahme, die die zweite Auflage in Fachkreisen gefunden hat, und durch die zahlreichen günstigen Besprechungen in der Fachpresse habe ich das Buch für die dritte Auflage nochmals vollkommen überarbeitet und auf den neuesten Stand (von Ende 1959) gebracht.

Das Kernstück des Buches ist weiterhin die eingehende Darstellung der Trinkwasserfragen, insbesondere der Untersuchung und Beurteilung des Trinkwassers. Um die bestehende Lücke in der Fachliteratur auszufüllen, besonders hinsichtlich der Beurteilungsfragen, wurden diese Kapitel ausführlicher behandelt. Dabei wurden u. a. auch die vielen in- und ausländischen Arbeiten der letzten Zeit über den Nitrat-Gehalt und das Fluor-Problem berücksichtigt. Die während der Drucklegung Ende 1959 erlassene Trinkwasser-Aufbereitungs-Verordnung konnte in allen Einzelheiten noch gebracht und besprochen werden. Die Ausführungen über Brunnen und Brunnenhygiene wurden erweitert und einige Probleme, die bei rechtzeitiger Klärung manches verhüten können, besprochen, z. B. Rohrkorrosionen. Wunschgemäß wurden die Literaturhinweise und -quellen erweitert.

Auch neue brauchbare Untersuchungsverfahren, wie z. B. die spezifische Nitrat-Bestimmung mit Natriumsalicylat und Verbesserungen anderer neuer Methoden, wie z. B. die der Urochrom- und Ozon-Bestimmung wurden aufgenommen. Die neuen Verfahren der Trinkwasser-Beimpfung mit Phosphaten und Silikaten nehmen jetzt einen noch größeren Platz ein. Die neue Detergentien-Bestimmung wird genau beschrieben.

Die übrigen Gebiete des Wassers, das Oberflächenwasser, Schwimmbadwasser, Kesselspeisewasser u. a., die ja eng verflochten sind mit dem Trinkwasser, sind weiterhin kurzgehalten und sollen nur einen kurzen Abriß für den Trinkwasserfachmann geben, der sich auch über die Qualitätsanforderungen der Verbrauchergruppen im klaren sein muß.

Ein besonderes Kapitel ist erstmalig in dieser Auflage dem Heilwasser und Mineralwasser gewidmet, da der Wasserexperte mitunter auch die Frage zu entscheiden hat, ob ein Quellwasser bzw. erbohrtes Wasser als Mineralwasser oder Heilwasser von Wert sein kann. Eine zusammenfassende Darstellung dieses Gebietes fehlt zur Zeit, da die älteren Spezialwerke schon lange vergriffen bzw. auch veraltet sind.

Vorwort

Obwohl von einem Rezensenten die Hinweise auf die Spezialfirmen des Wasserfachs als „ungute Empfehlungen“ angesehen werden, sind diese in der dritten Auflage beibehalten worden, da sie von der Praxis sehr begrüßt wurden. Das Buch ist aus der Praxis heraus für die Praxis geschrieben worden. Man findet solche Hinweise auch in älteren rein chemischen Handbüchern. Meiner Ansicht nach sollten die schöpferischen Leistungen der Wasseraufbereitungsfirmen genauso als wissenschaftliche Leistungen gewertet werden wie die der öffentlichen Forschungsstätten. Oft war es sogar so, daß die Praxis bahnbrechend voranging und die Forschung erst die Verfeinerung der Verfahren gebracht hat, wie es z. B. beim Magno-Verfahren in der Trinkwasserentsäuerung der Fall war.

Hameln, Frühjahr 1960 *Dr. Karl Höll*

INHALTSVERZEICHNIS

ABKÜRZUNGEN

E V	=	Deutsche Einheitsverfahren zur Wasseruntersuchung
S. u. S.	=	Schleicher u. Schüll-Filter
*	=	Reagenz des Deutschen Arzneibuchs DAB 6

A. Allgemeines über die Wasseruntersuchung

Die Wasseranalyse erfordert peinlich sauberes Arbeiten, da die zu bestimmenden Bestandteile nur in außerordentlich kleinen Mengen im Wasser vorhanden sind und manche von ihnen unter Umständen auch schon durch nicht besonders gesäuberte Geräte eingebracht werden können.

Von vornherein ist daher auf größte Sauberkeit der Entnahme- und Untersuchungsgefäße zu achten. Eine besondere chemische Reinigung und Präparierung der Glasgeräte ist für manche Bestimmungen unumgänglich, z. B. für die Bestimmung des Kaliumpermanganatverbrauchs (s. S. 36) und des Mangans (s. S. 98).

Die zur Wasseruntersuchung verwendeten Chemikalien und Reagenzien müssen von besonderer Reinheit sein, da auch bei normalen Handelsqualitäten der Chemikalien störende Verunreinigungen in die Wasserproben eingebracht werden können (Qualität: pro analysi, z. B. E. Mercks garantiert reine Reagenzien p. a.).

I. Allgemeine Arbeitsregeln

1. Um die Reinheit der verwendeten Reagenzien festzustellen, sind vor deren Ingebrauchnahme stets Blindversuche anzustellen.
2. Andererseits ist auch die volle Wirksamkeit der Reagenzien mit Hilfe von Vergleichslösungen von Zeit zu Zeit zu kontrollieren.
3. Bei der Wasseruntersuchung wird eine Abscheidung einzelner Bestandteile nur bei wenigen Bestimmungen vorgenommen. Die vorhandenen Wasserbestandteile stören sich daher gegenseitig bei vielen Untersuchungen.

   Deshalb muß man vor den einzelnen Bestimmungen stets feststellen, welche Störungen auftreten können. Die häufigsten Störungen sind bei jedem Kapitel gesondert aufgeführt, und deren Ausschaltung ist kurz beschrieben. Es ist daher zweckmäßig, den Untersuchungsgang für Trinkwasser, wie er erstmalig in diesem Buch aufgezeigt wird, einzuhalten.
4. Die Wasserproben müssen möglichst bald nach der Entnahme, spätestens nach 10 bis 12 Stunden, untersucht werden, da sie sich beim Stehen bald verändern können. Besonders trifft dies z. B. für verunreinigte Wässer zu, deren Kaliumpermanganatverbrauch sich u. U. in wenigen Stunden verändern kann. Der Untersuchungsgang ist daher in diesem Buch so beschrieben, daß der unerfahrene Untersucher ersieht, wie er eine Wasseruntersuchung anzufangen hat und welche Bestimmungen sofort ausgeführt werden müssen. Ferner ist aus dem Untersuchungsgang ersichtlich, welche Bestimmungen für die einzelnen Bedarfsfälle ausgeführt werden müssen (kleine Brunnenuntersuchung oder Wasserwerkskontrolle, Brauchwasser usw.).

Bei längerem Stehen der Wasserproben in halbgefüllten Flaschen scheiden harte Wässer leicht etwas Kalk ab, besonders die eisenhaltigen Wässer, was zu Fehlresultaten führt. Einige Untersuchungen müssen nach einer besonderen Probenahme an Ort und Stelle eingeleitet werden (z. B. die auf Sauerstoff, freie Kohlensäure, Schwefelwasserstoff, Eisen(II)-Verbindungen u. a.).

5. Bei eingesandten Proben, die oft älter als 2 bis 3 Tage sind, kann man viele Untersuchungen überhaupt nicht ausführen (wie z. B. die Bestimmung von CO_2, O_2, H_2S, Cl_2, sowie die des p_H-Wertes und des Geruchs); andere Bestimmungen würden nach dem unter 4 Gesagten zu ungenau ausfallen ($KMnO_4$-Verbrauch). In solchen Fällen empfiehlt es sich, frische Proben selbst zu entnehmen oder durch Boten einzuholen.

6. Vor der Wasseruntersuchung dürfen Trübungen und Niederschläge nicht ohne weiteres durch Filtrieren entfernt werden, da diese mitunter wichtige Wasserbestandteile adsorbiert haben (z. B. Blei-, Eisen-, Mangan- und Arsenverbindungen). Filtrierpapier enthält außerdem oft Spuren von Ammoniak, Phosphat und anderen Stoffen, die die Analysengenauigkeit beeinflussen. Deshalb ist bei getrübten Wässern das Zentrifugieren vorzuziehen.

7. Die Probeflaschen müssen vor jeder Entnahme einer Wasserprobe umgeschüttelt werden (Schwitzwasser); vor der Entnahme zur Untersuchung auf Eisen und Mangan müssen zuvor der Flaschenboden und die Wandungen mit einem Gummiwischer bearbeitet werden (s. S. 98), falls diese Bestimmungen einmal nicht bald nach der Probenahme durchgeführt werden können.

Angaben der Ergebnisse

Die Angaben der Ergebnisse erfolgen, wie es in den Einheitsverfahren der Wasseruntersuchung (1) vorgesehen ist, in mg/l als Kationen und Anionen, also z. B. in mg/l Fe und mg/l SO_4 oder in Millival (mval), wobei die für 100 ccm Wasser verbrauchte Anzahl ccm $^1/_{10}$ Normallösung direkt den mval-Wert ergibt, bzw. in Millimol (mmol). Durch die Berechnung als mval ist eine Kontrolle der Analyse möglich, nämlich durch die Feststellung der Summengleichheit der Kationen- und Anionen-Äquivalente.

Die in den englisch sprechenden Ländern übliche Angabe in ppm (partes per million) entspricht der deutschen in mg/l.

Bei der **Heilquellenanalyse** werden die Ergebnisse jedoch nach wie vor in mg pro 1 **kg** Wasser angegeben, da die kohlensäurereichen Wässer sich schwer pipettieren lassen.

Die Angabe „in Spuren" oder „null" muß unbedingt vermieden werden; es muß vielmehr die unterste Grenzkonzentration der Bestimmung ersichtlich sein, z. B. Eisen: 0 ($<$ 0,01 mg/l Fe). Qualitative Bestimmungen sind in der Wasseranalyse wertlos, wie sie leider auch im neuen Chemiker-Gebührenverzeichnis im Abschnitt H, Wasser (Pos. 49 und 50) verblieben sind.

In der Limnologie werden die Phosphat- und Stickstoffwerte weiterhin als P und N angegeben, aber mit dem Zusatz der Zustandsform, z. B. 10,0 mg/l N (NO_3).

II. Die Untersuchungsverfahren

Die gravimetrischen und volumetrischen Methoden der quantitativen Analyse werden als bekannt vorausgesetzt. Ausführlich werden diese behandelt in den bekannten Anleitungen, z. B. in *W. D. Treadwell*, „Kurzes Lehrbuch der analytischen Chemie", Wien 1949, in *W. Autenrieth-A. Rojahn*, „Quantitative chemische Analyse", Dresden 1939 und *W. Autenrieth-O. Keller*, Dresden 1947 und in *E. Brennecke, K. Fajans* u. a. „Neuere maßanalytische Methoden", Stuttgart 1951.

Weniger bekannt sind im allgemeinen die kolorimetrischen Methoden, weil diese in den angeführten Standardwerken der quantitativen Analyse wenig berücksichtigt sind (außer im *Autenrieth-Rojahn*) und auch im Hochschulunterricht nur wenig gelehrt werden.

Da die Kolorimetrie bei der Wasseruntersuchung eine große Rolle spielt, erscheint es angebracht, die kolorimetrische Arbeitsmethodik hier zusammenfassend in kurzen Zügen zu behandeln. Näheres findet man bei *Freund*, „Leitfaden der kolorimetrischen Methoden," Wetzlar 1938, bei *G. Kortüm*, „Kolorimetrie und Spektralphotometrie", Berlin 1948, Springer, und auch bei *B. Lange*, „Kolorimetrische Analyse", Weinheim 1956, 5. Aufl.

III. Kolorimetrische Arbeitsmethoden

a) Allgemeines

Prinzip der Kolorimetrie: Die Kolorimetrie beruht auf der Tatsache, daß manche Stoffe mit bestimmten Reagenzien Farbreaktionen geben und daß proportional zu ihrer Menge die Intensität der Farbreaktion zunimmt (Beersches Gesetz)[1]. Aus der Intensität einer Farbreaktion kann man umgekehrt Rückschlüsse auf den Gehalt einer Lösung an dem zu bestimmenden Stoff ziehen. Durch Vergleich der auftretenden Farbintensität nach Zusatz von Reagenzien zu der Wasserprobe mit der von ebenso behandelten Vergleichslösungen bekannter Konzentration in Schaugläsern, Kolorimeterzylindern oder Küvetten (s. S. 5 u. f.) kann man die Menge des in der betreffenden Lösung befindlichen Stoffes bestimmen.

Das Maximum der Intensität einer Farbreaktion tritt nicht sogleich nach dem Reagenzienzusatz ein, sondern erst nach einigen Minuten. Der kolorimetrische Farbvergleich kann daher immer erst in dem bei den einzelnen Bestimmungen angegebenen Zeitintervall vorgenommen werden. Beim Vergleich mit fester Farbvorlage ist dies besonders wichtig.

Man darf andererseits auch nicht zu lange mit dem Farbvergleich warten, da die Farbintensität nach einer gewissen Zeit wieder abnimmt (s. u.).

Die Proportionalität zwischen Farbintensität und Konzentration besteht nur in einem bestimmten Konzentrationsbereich. Oberhalb dieses Konzentrationsbereiches muß man deshalb die Wasserprobe verdünnen und unterhalb desselben sie konzentrieren, beides jedoch vor dem Reagenzienzusatz. Näheres siehe bei den einzelnen Bestimmungen.

---

[1]) Ausnahme: Fluorid-Bestimmung (s. S. 121).

Vorteile der Kolorimetrie: Die kolorimetrischen Methoden gestatten den Nachweis äußerst geringer Mengen, wie sie z. B. bei den meisten gravimetrischen und volumetrischen Methoden nicht erfaßt werden können. Auf Grund ihrer Empfindlichkeit sind die kolorimetrischen Methoden also gerade für die Wasseruntersuchung besonders geeignet. In den meisten Fällen erübrigt sich eine Konzentrationserhöhung durch Eindampfen oder eine Fällung des gesuchten Stoffes, eine Filtration und Auswaschung. Die kolorimetrische Analyse hat also den Vorzug der Einfachheit und Schnelligkeit der Durchführung.

Nachteile der Kolorimetrie: Bei der kolorimetrischen Analyse wird das Resultat mitunter durch subjektive Fehler beeinträchtigt. Deshalb wurde bislang die visuelle Kolorimetrie nicht immer als exakte Methode anerkannt. Nachdem die apparativen Hilfsmittel vervollkommnet wurden, sind die kolorimetrischen Methoden jetzt genauer.

Das Farbunterscheidungsvermögen des Untersuchers: Die visuelle Kolorimetrie setzt natürlich normales Farbunterscheidungsvermögen des Untersuchers voraus. Besondere Schwierigkeiten entstehen aber auch bei jedem Untersucher, wenn der Farb t o n der Untersuchungslösung nicht mit dem der Vergleichslösung übereinstimmt. Es gehört einige Übung dazu, die Farb t i e f e bei abweichendem Farb t o n zu unterscheiden. Gelbgrüne Farbtöne sind für das menschliche Auge am besten unterscheidbar, rote und blaue weniger gut. Bei dem Leitz-Photometer und ähnlichen Geräten, bei denen durch photoelektrische Zellen Licht in elektrische Energie umgewandelt wird (s. S. 6), werden alle diese subjektiven Fehler weitgehend ausgeschaltet.

b) Apparative Hilfsmittel der Kolorimetrie

Der kolorimetrische Vergleich kann im einfachsten Fall in zylindrischen Gläsern von 200 bis 500 ccm Inhalt auf einer weißen Unterlage vorgenommen werden. Man versetzt in diesen das zu untersuchende Wasser und eine Reihe von Vergleichslösungen (5 bis 10), die man sich nach dem Ausfall der orientierenden Prüfung angesetzt hat, mit der entsprechenden Menge der Reagenzien, wartet die vorgesehene Zeit bis zum Farbmaximum, wie bei den einzelnen Methoden angegeben ist, ab und nimmt den Vergleich vor. Man sucht sich unter den Vergleichslösungen die beiden am nächsten kommenden aus und setzt gegebenenfalls eine neue Reihe mit den Zwischenwerten an, stets mit gleicher Schichthöhe.

Etwas genauere Resultate erzielt man schon bei Verwendung von Glaszylindern mit einem Durchmesser von ca. 3 cm und 25 bis 45 cm Höhe. Diese sollen einen planparallelen Boden haben und zur Abdeckung gegen seitliche Lichtstrahlen mit einem Zylinder aus Pappe oder mit einem gemeinsamen Schutzkasten umgeben werden. Die Zylinder werden in einem Abstand von einigen Zentimetern über einer weißen Unterlage (Milchglasscheibe, Porzellanplatte, Papier u. dgl.) gehalten. Da die Glaszylinder im allgemeinen nicht genau zylindrisch sind, kann man nur die Schichthöhe zugrunde legen, nicht das Volumen. Bei den sog. KPG-Rohren ist dies nicht nötig. Die gewöhnlichen Meßzylinder sind auch aus dem Grunde nicht geeignet, weil sie keinen planparallelen Boden haben. Die Glaszylinder sollen aus vollkommen farblosem Glas bestehen.

H e h n e r z y l i n d e r : Das Ansetzen zahlreicher Vergleichsproben wird erspart durch Verwendung der Hehnerzylinder zu 105 ccm, die eine Einteilung in ccm haben. Sie haben seitlich einen Hahn zum Ablassen der Flüssigkeit. Dadurch kann man bequem und schnell jede Schichthöhe einstellen. Der Vergleich erfolgt ebenfalls in einem Abstand von einigen Zentimetern über einer weißen Unterlage (Milchglasscheibe, Porzellanplatte, Papier u. dgl.). Hehnerzylinder müssen aus farblosem Glas hergestellt sein, zum mindesten müssen beide aus demselben Glas hergestellt sein, sonst erhält man störende Abweichungen des Farbtones von Untersuchungs- und Vergleichslösung.

Bei dem Wolffschen Kolorimeter werden die Flüssigkeitsschichten zweier Hehnerzylinder durch Prismen in einem Beobachtungsfeld vereinigt.

Bei dem Kolorimeter nach Dubosq werden in zwei Glaszylinder mit angekittetem planparallelem Boden Glasrohre, die unten mit planparallelen Glasscheiben abschließen, sogenannte Tauchzylinder, eingesenkt. Durch Prismen werden die zu beobachtenden Farbflächen auf eine gemeinsame Beobachtungsscheibe projiziert. Die ganze Apparatur ist gegen seitliches Licht abgeschirmt, so daß Licht nur von unten in die Rohre eintreten kann (Hersteller Fa. A. Krüß, Hamburg 39, und E. Leitz, Wetzlar).

Im Trommel-Kolorimeter nach Meinck-Horn (Fa. Bergmann & Altmann, jetzt Franz Bergmann KG, Berlin-Zehlendorf-West und Hamburg 1) werden die in einer Schauröhre auftretenden Färbungen mit Farbtafeln, die auf drehbaren Trommeln angebracht sind, verglichen. Für die kleine Trinkwasseruntersuchung von Einzelbrunnen sind diese ausreichend, insbesondere für Untersuchungen an Ort und Stelle, z. B. auf Nitrit und Ammoniak, die beide in verschmutzten Wassern Veränderungen unterliegen. Die Ungenauigkeiten dieser Methode werden etwas ausgeglichen durch die große Schichtdicke, die man durch lange Zylinder beliebig erhöhen kann und durch die Möglichkeit der sofortigen Durchführung an Ort und Stelle.

Bei dem Farbkomparator von Hellige (Fritz Hellige u. Co., Freiburg i. Br.) werden für den Farbvergleich Farbgläser, die auf einer drehbaren Scheibe angeordnet sind, benutzt. Alle für Trinkwasser vorkommenden kolorimetrischen Bestimmungen kann man mit Hilfe von neun dieser Farbscheiben ausführen. Geringe Eigenfärbungen eines Wassers werden bei dieser Apparatur durch die „Kompensationsküvette" kompensiert.

Die Untersuchung wird im „Hellige-Neo-Komparator" mit Küvetten von 13 mm oder 40 mm Schichthöhe oder mit dem Neßler-Rohr-Komparator mit einer Schichthöhe von 250 mm ausgeführt. Bei Berücksichtigung eines Umrechnungsfaktors kann man für die verschiedenen Schichthöhen immer die gleiche Farbscheibe verwenden. Ein Verdünnen oder Eindampfen von Wasserproben fällt also praktisch fort, was für Felduntersuchungen neben der Ersparnis von Vergleichslösungen besonders vorteilhaft ist. Wenn man z. B. statt der 13-mm-Küvette die 40-mm-Küvette benutzt, dividiert man die auf der Farbscheibe abgelesenen Werte durch 3. Wenn man statt der 13-mm-Küvette das Neßler-Rohr von 250 mm Länge verwendet, dividiert man durch 20.

Für Untersuchungen an Ort und Stelle ist die Hellige-Apparatur auch wegen ihrer leichten Transportmöglichkeit und der lichtechten Farben in den Farbvergleichsscheiben gut geeignet, besonders für die Ammoniak- und p_H-Wert-Bestimmungen im Neßler-Rohr-Komparator, also gerade bei zwei Bestimmungen, die wegen eventueller Veränderungen bald durchgeführt werden müssen.

Zu erwähnen wäre noch das Doppelkeil-Kolorimeter der Fa. Hellige, Freiburg, bei dem ebenfalls eine Kompensation einer Eigenfärbung des Wassers möglich ist.

Alle diese visuellen Methoden reichen für eine exakte Wasseranalyse nicht aus, wenn sie auch bei Verwendung großer Schichthöhen bei Untersuchung an Ort und Stelle oft dienlicher sind als die Messungen in sehr geringen Schichthöhen in den modernen Meßgeräten nach vielen Stunden oder Tagen im Laboratorium, z. B. bei veränderlichen Bestandteilen (p_H, NH_4, NO_2).

Das Stufenphotometer – Stufo – nach Pulfrich der Fa. Carl Zeiss, Jena und Oberkochem/Württ., gestattet genaue Farbfestlegung, die frei von subjektiven Fehlern ist. Die Farbintensität wird bei dieser Apparatur durch Vergleich der Helligkeitsgrade mit dem Auge gemessen. Man bestimmt bei ihr die Lichtabsorption (Extinktion) durch Blendenverstellung.

Das Leitz-Photometer – Leifo – der Fa. E. Leitz, Wetzlar, ist ein Filterphotometer, bei dem die Extinktion auf einer Projektionsskala abgelesen wird. Ermüdungserscheinungen fallen hier also fort. Das Leifo hat Küvetten von 1 bis 200 mm Schichtdicke; bei dem Elko ist die größte Schichtdicke 50 mm.

Mit dem lichtelektrischen Universal-Kolorimeter nach Lange, bei dem zwei Photozellen in einer Kompensationsschaltung zur Messung der auftretenden Photoströme vorhanden sind, kann man ebenfalls die Eigenfärbungen kompensieren und sehr genaue kolorimetrische Bestimmungen ausführen, die frei von allen subjektiven Fehlern sind. Die entstehenden Photoströme werden auf ein Multiflex-Galvanometer übertragen, so daß die Bestimmungen sehr bequem durchgeführt werden können. Lief. Fa. Dr. Bruno Lange, Berlin-Zehlendorf-West.

In ähnlicher Weise arbeitet das Elektrokolorimeter „Elko II" der Fa. Zeiss-Opton, Oberkochem/Württ., und das Neo-Helcometer der Fa. Hellige, Freiburg, mit 300 mm langen Zusatzrohren für sehr geringe Farbintensitäten. Ermüdungserscheinungen des Auges, wie sie sich bei längeren Meßreihen beim Stufo einstellen, gibt es bei diesen lichtelektrischen Kolorimetern nicht.

Zur wissenschaftlichen Forschung dienen Spektralphotometer, z. B. das der Fa. Carl Zeiss-Opton, Oberkochem.

c) Kolorimetrische Arbeitsregeln

1. Die zu untersuchenden Lösungen müssen absolut klar sein. Auch bei feinsten Trübungen der Wasserprobe werden stärkere Färbungen vorgetäuscht. Eine Filtration ist aber bei exakten Untersuchungen nicht angebracht, da hindurchgehende Filterfasern beim kolorimetrischen Vergleich auch schon stören würden. Bei Verwendung von gehärteten Filtern und längerem Filtrieren durch ein und dasselbe Filter ist die Störung jedoch gering. Gelöste Eisenverbindungen werden durch alle Filter, auch gehärtete, zurückgehalten und entgehen der Bestimmung.

   Besser ist daher das Zentrifugieren der getrübten Probe. Zu beachten ist jedoch, daß durch die Trübungsstoffe Eisen u. a. Stoffe adsorbiert werden können und dadurch der Bestimmung entgehen.

   Eine Filtration wäre stets vor der Farbreaktion, am besten bei Untersuchungslösung und Vergleichslösung vorzunehmen, desgleichen das Zentrifugieren.

2. Beim Vergleich sehr schwacher Färbungen spielt die Eigenfärbung des Glases der Schauzylinder eine Rolle. Durch Austausch der Röhre für die Untersuchungslösung gegen die der Vergleichslösung läßt sich dies oft erkennen.

3. Bei genauen Untersuchungen benutzt man wegen der geringen Eigenfärbung, die fast jedes Wasser hat, für die Herstellung der Vergleichslösung nicht destilliertes Wasser, sondern das zu untersuchende natürliche Wasser, dem man den zu bestimmenden Stoff vorher entzogen hat.

   Bei deutlicher Eigenfärbung des Untersuchungswassers kompensiert man nach dem Walpoleschen Prinzip, indem man vor die Vergleichslösung oder Farbscheibe (Hellige-Komparator, s. S. 5) die gefärbte Untersuchungslösung ohne Reagenzienzusatz bringt.

   Bei den stark gefärbten Moorwässern muß man die Probe jedoch durch A-Kohle oder Sodanatronlauge entfärben, was bei den einzelnen Bestimmungen genauer angegeben ist.

4. Die Temperatur von Untersuchungslösung und Vergleichslösung soll möglichst übereinstimmen, keinesfalls soll der Temperaturunterschied mehr als 3 bis 5° betragen (Krüßsche Regel, vgl. *Krüß*, Colorimetrie, Hamburg 1909).

5. Die Schichthöhe beider Lösungen soll möglichst gleich sein, keinesfalls soll sie um mehr als 1 : 2 oder 1 : 3 abweichen. Die besten Resultate werden erzielt, wenn Konzentration und Schichthöhe beider Lösungen übereinstimmen.

6. Als Lichtquelle soll nur diffuses Tageslicht, kein direktes Sonnenlicht dienen. Künstliche Beleuchtung durch gewöhnliche elektrische Glühbirnen ist nicht geeignet; etwas günstiger sind „Tageslichtlampen" (Neonlicht).

7. Der Farbvergleich von Untersuchungslösung und Standardlösung muß mehrmals wiederholt werden; der Mittelwert wird als Resultat angenommen.

8. Die nach dem Reagenzienzusatz auftretende Farbintensität ist nicht konstant. Sie nimmt bis zu einem gewissen „Farbmaximum" zu, bleibt einige Zeit konstant, um dann wieder mehr oder weniger schnell abzunehmen. Der Farbvergleich wird während des Farbmaximums vorgenommen. Hieraus erhellt, daß es wichtig ist, Untersuchungslösung und Vergleichslösung gleichzeitig mit dem Reagenz zu versetzen und den Farbvergleich in der bei den einzelnen Bestimmungen angegebenen Zeitspanne für das Farbmaximum vorzunehmen.

9. Die bei den einzelnen Bestimmungen angegebenen Grenzkonzentrationen sind einzuhalten. Die Vorproben erleichtern diese Einstellung.

10. Da die kolorimetrischen Untersuchungsmethoden sehr empfindlich sind gegen alle äußeren Einflüsse, sollte das Mischen in den Kolorimeterzylindern nicht durch Umschwenken nach Auflegen der Handfläche erfolgen, sondern mit den vom Verfasser vorgeschlagenen „Rührkugeln" (s. *K. Höll*, Die Chem. Fabrik 1934), die von den Laborfirmen Fritz Kühn, Frankfurt/Main W 13, und Hans Freye KG, Braunschweig, in zwei Größen (für Kolorimeterrohre und für Reagenzgläser) bezogen werden können. Sehr gut eignet sich hierfür auch der „Ringrührer", wie er von *R. Czensny* beschrieben worden ist (Z. f. Fisch. **1**, 253—58, 1952).

d) Das Arbeiten mit Hehnerzylindern

Die Hehnerzylinder (s. o.) sind eingeteilt in 105 ccm. In den linken Zylinder fülle man stets 100 ccm Untersuchungswasser oder, wenn Verdünnung notwendig ist, zuerst 50 oder 25 ccm destilliertes Wasser und dann das Untersuchungswasser. Nach Zusatz der Reagenzien füllt man auf 105 ccm auf. In den rechten Zylinder gibt man in derselben Reihenfolge 80 bis 90 ccm destilliertes Wasser, dann Standardlösung sowie Reagenzien und füllt schließlich ebenfalls auf 105 ccm auf. Die entstandenen Färbungen vergleicht man nach Abheben von der weißen Unterlage bei hellem, zerstreutem Tageslicht.

Die Ausrechnung geschieht folgendermaßen:

1. Beispiel: Das Untersuchungswasser ist stärker gefärbt als die Vergleichslösung; bis zur Farbgleichheit muß es daher beispielsweise auf 80 ccm abgelassen werden. Die Vergleichslösung enthält 0,5 mg/l Fe (100 ccm also 0,05 mg), dann ist die Konzentration x der Untersuchungslösung nach dem Ansatz:

$$80 : 0{,}05 = 100 : x; \; x = \frac{0{,}05 \cdot 100}{80} = 0{,}062 \text{ mg.}$$

   Die Untersuchungslösung enthält somit 0,62 mg/l Fe.

2. Beispiel: Die Vergleichslösung ist stärker gefärbt als das Untersuchungswasser; bis zur Farbgleichheit muß daher die Vergleichslösung auf 70 ccm abgelassen werden. Die Vergleichslösung enthielt in 100 ccm 0,1 mg NO_2, in 70 ccm Wasser sind also 0,070 mg NO_2 enthalten.

$$100 : 0{,}1 = 70 : x; \; x = \frac{0{,}1 \cdot 70}{100} = 0{,}07$$

   100 ccm Untersuchungswasser entsprechen also 0,070 mg NO_2; 1 l Wasser enthält daher 0,70 mg/l NO_2.

B. Trinkwasseruntersuchung

I. Allgemeine Prüfungen an Ort und Stelle

a) Ortsbesichtigung

Die Beurteilung einer Trinkwasseranlage ist ohne die genaue Kenntnis der örtlichen Verhältnisse dieser Anlage nicht möglich. Wenn der Begutachter ein Urteil über die Brauchbarkeit eines Wassers zur Trinkwasserversorgung abgeben soll, muß er sich zuvor durch eine Ortsbesichtigung die notwendigen Ortskenntnisse verschaffen. Hierzu bemerkt *Spitta* ganz treffend: „Wer über ein Trinkwasser ein hygienisches Urteil abgibt, ohne die Wasserfassungsstelle gesehen und geprüft zu haben, tut — von Ausnahmefällen abgesehen — nicht viel anders wie ein Kurpfuscher, der Fernbehandlung treibt."

Für die Ortsbesichtigung sind gewisse Fachkenntnisse erforderlich. Zunächst muß der Begutachter die einzelnen Brunnentypen kennen.

Verschiedene Brunnentypen

Man unterscheidet Kesselbrunnen und Rohrbrunnen.

Die Kesselbrunnen oder Schachtbrunnen stellen im einfachsten Falle ein gemauertes mehr oder weniger tiefes Bassin dar, in dem sich das Grundwasser von unten her ansammelt und aus dem das Wasser mit Hilfe eines Eimers herausgeschöpft wird. Dies ist der offene Kesselbrunnen (die Zisterne), der hygienisch am ungünstigsten zu beurteilen und heutzutage abzulehnen ist. Er soll zum mindesten eine Bedachung aus Blech haben, und zwar eine sattelförmige mit einer seitlichen Klappe für den Wassereimer. Besonders ungünstig sind die Kesselbrunnen aus unverfugten Feldsteinen, aus Holz oder ungemauerten Ziegelsteinen, weil bei ihnen Oberflächenwasser seitlich einsickern kann, was durch dunkle Streifen unter den Fugen zu erkennen ist. Die Kesselwandungen sollten wenigstens aus gut verfugten hartgebrannten Ziegelsteinen bestehen. Erstrebenswert sind mindestens gut verfugte Betonringe, die beim Bau des Brunnenkessels in die Erde eingelassen werden.

Bis mindestens 3 m unter der Erdoberfläche soll die Kesselwandung auf jeden Fall wasserdicht sein. Am besten wird beim Bau des Kesselbrunnens die Kesselwandung in der gesamten Tiefe des Kessels mit Ton umstampft in einem Mantel von 30—50 cm Dicke.

Bei Schöpfeimergebrauch ist zu fordern, daß zum Schöpfen stets nur ein und derselbe, saubergehaltene Eimer benutzt wird und daß er durch eine Kette fest angeschlossen wird.

Neben dem Brunnen soll eine Bank stehen zum Aufstellen eines Eimers, in den aus dem Schöpfeimer umgegossen wird.

Der geschlossene Kesselbrunnen ist hygienisch schon günstiger zu beurteilen; er ist durch einen Brunnendeckel aus Eisen oder Beton, der über den Brunnenrand übergreifen soll, verschlossen. Die älteren Brunnen dieser Art haben noch Holzdeckel, die jedoch nicht genügend dicht sind und infolgedessen durch die Pilzansammlungen zu Keimträgern werden. Überhaupt sollen deshalb im Kesselbrunnen keine Holzteile vorhanden sein.

Auf dem Brunnendeckel oder neben demselben steht die Pumpe, deren Steigrohr durch den Brunnendeckel bis fast auf den Kesselboden geht bzw. je nach dem Wasservorrat zweckmäßigerweise ½ bis 1 m über dem Grund endet. Der Brunnenschacht soll mindestens bis ½ m über die Erdoberfläche aufgeführt sein, damit Regenwasser und Schmutzwasser dem Brunnen ferngehalten werden.

Die Kesselbrunnen kann man äußerlich von den Rohrbrunnen dadurch unterscheiden, daß die Pumpe auf oder neben einem Brunnendeckel steht. Kesselbrunnen sind zumeist Flachbrunnen, hygienisch also ungünstiger als Tiefbrunnen, d. h. Bohrbrunnen. Die Kesselbrunnen haben jedoch den Vorteil, daß sie stets einen größeren Wasservorrat aufweisen, aus dem eine größere Wassermenge jederzeit schnell erhältlich ist.

Kesselbrunnen werden als Schachtbrunnen bezeichnet, weil sie im Gegensatz zu den Bohrbrunnen und Rammbrunnen durch Ausschachten des Bodens erstellt werden.

Zisternen: In manchen Gegenden, z. B. an der friesischen Küste oder auf der Insel Helgoland, ist das Sammeln von Regenwasser seit jeher die einzige Möglichkeit der Trinkwasserbeschaffung. Wegen der aus der Luft und von der Dachfläche leicht einschwemmbaren Verunreinigungen sollte zu Beginn eines Regenfalles jeweils das erste Regenwasser mit Hilfe einer schwenkbaren Rinne abgeleitet und erst das später herabfließende Wasser der Zisterne zugeleitet werden (Über Zisternenwasserversorgung auf Helgoland s. *K. Höll,* Arch. f. Hygiene **113**, 283—295, 1935).

Als Norm für eine Zisternenwasserversorgung wird von *R. Meyer* eine Dachfläche von 150 m² für eine sechsköpfige Familie angesehen („Zur Trinkwasserversorgung aus Zisternen“, Arch. f. Hygiene **137** [1953], 454—476).

Rohrbrunnen: Bei den Rohrbrunnen unterscheidet man Flachbrunnen (3 bis 7 m tief) und Tiefbrunnen (7 bis 50 m tief und mehr).

Flachbrunnen sind z. B. die Abessinierbrunnen, die durch Rammen eines mit einer Spitze versehenen Brunnenrohres in das Erdreich und Aufsetzen einer Handpumpe gefertigt werden. Sie werden daher auch Rammbrunnen genannt. Die Spitze des Brunnenrohres hat über der Stahlspitze Schlitze oder Löcher (von 3 bis 6 mm ∅ auf 1 m verteilt), die mit Kupfer- oder Messingsieben (Tressen- oder Köpergewebe) umkleidet sind. Boden und Grundwasser dürfen aber nicht aggressiv sein. Es gibt jetzt auch Kunststoffspitzen mit Schlitzen.

Die Entwicklung dieser Brunnenfilter ging vom Stahlfilter über das Kupferfilter und Steinzeugfilter zum Kunststoff-Filter einerseits und zum Kunstharz-Preßholzfilter (Schönebecker Filter Ges. Hannover) andererseits. Die drei letzteren haben den Vorzug der Unempfindlichkeit gegen Materialangriff. Bei Unterwasserpumpen verwendet man aber gern weiter Metallfilter.

Die Tiefbrunnen sind Bohrbrunnen. Sie werden durch Einbohren eines Mantelrohres in das Erdreich (die „Bohrfahrt") und Herablassen des Filters und Aufsatzrohres (Brunnenrohres) in das ausgehöhlte Mantelrohr erstellt. Das Filter oder der Filterkorb wird in eine Kiesschüttung gebettet. Die Kiespackung richtet sich nach der Siebanalyse der umgebenden Bodenpartien, damit der Brunnen nicht versandet (Kiesschüttungsbrunnen).

Der Brunnen ist gebrauchsfertig, sobald das Mantelrohr „gezogen" und die Abdichtung des Brunnens erfolgt ist.

Die Filter können im Laufe der Jahre verkrusten und verockern und müssen dann durch Spülungen gereinigt werden. Oft ist auch eine Säurespülung notwendig. Eine Spezialfirma hierfür ist z. B. die Fa. F. Petzold GmbH, München 9 (Steintod-Verfahren).

Bei größeren Wasserwerken sind mehrere Brunnen zu einer „Brunnengalerie" vereinigt und durch eine gemeinsame Saugleitung oder Heberleitung, die evtl. zu einem Sammelbrunnen führt, verbunden.

Für mittlere bis große Wasserwerke ist in den letzten Jahren der Tellerbrunnen entwickelt worden und hat sich offenbar in der Praxis gut bewährt, weil er nicht so leicht verockert. (*C. Abweser*, „Kommunalwirtschaft", Heft 2/3, 1955, und *G. Bohrisch*, Komm. Wirtsch., Heft 7, 1956.)

Für große Wasserversorgungen geht man neuerdings dazu über, Horizontalfilterbrunnen anzulegen (Ranney-Verfahren), da diese bei den riesigen Wasserentnahmemengen viel leistungsfähiger sind (z. B. Berlin-Riemeisterfenn, Bremen, Düsseldorf, Hamburg, Hannover) (s. *W. Drobek* und *F. Nöring*, GWF **94**, 1953). Bei dem Horizontalbrunnen sind an dem lotrechten Brunnenrohr statt des einen senkrechten Filterrohrs ein oder mehrere horizontale Filterrohre zur Leistungserhöhung angeschlossen, die die für die Wasserfassung günstigsten Bodenschichten erschließen. Über die Erfahrungen mit den drei Typen des Horizontalfilterbrunnens berichtet *K. Hünerberg* im GWF **100**, 862—870, 1959.

Vor der Verlegung der Horizontalbrunnen sind besonders gründliche Voruntersuchungen nötig, um Fehlplanungen zu verhindern (*G. Keller*, Bohrtechnik — Brunnenbau 7, 1956). Eines der größten zentralgesteuerten Wasserwerke in Duisburg-Hamborn hat Horizontalbrunnen (*G. Kopf*, Schweiz. Mon. Bull. **36** [1956], 226—232 u. 254—265).

Nähere Angaben über Brunnen und Brunnenhygiene findet man in den „Hygienischen Leitsätzen für die Trinkwasserversorgung" (Veröffentlichungen auf dem Gebiet der Medizinalverwaltung, Berlin 1932, bei *H. Beger*, Brunnenhygiene, Berlin 1947, in der „Brunnenordnung" [Verlag Carl Heymann, Berlin 1935] und bei *E. Bieske*, Bohrbrunnen, München 1953).

Worauf ist bei der Ortsbesichtigung zu achten?

A. Allgemeine Erhebungen

1. Liegt a) ein Rohrbrunnen oder b) ein Kesselbrunnen (offener oder geschlossener) vor? (s. o.)

   Zu a) Handelt es sich um einen Flachbrunnen oder Tiefbrunnen?

2. Wie tief ist der Brunnen?

3. Wie tief liegt der Grundwasserspiegel?[1])

4. Sinkt der Wasserspiegel bei starker Wasserentnahme im Brunnen ab?[1])
Ändert der Grundwasserspiegel seinen Stand bei starken anhaltenden Regenfällen oder beim Steigen und Fallen des Wasserspiegels benachbarter Gewässer?

5. Wie ist das Gefälle des Grundwasserstromes? (Zum Brunnen hin oder vom Brunnen weg?) Dies kann gegebenenfalls durch Peilrohr- oder Wasserstandsmessungen benachbarter Brunnen ermittelt werden.

6. Wie weit ist das vom Brunnen versorgte Haus entfernt?

B. Spezielle hygienische Erhebungen

Einzelwasserversorgung

1. Sind in der Nähe der Wassergewinnungsanlage Stallungen, Stallabflüsse, Abortanlagen, Abwasserkanäle, Schmutzwassergräben, Sickergräben, Müllhaufen, Rieselfelder, Friedhöfe vorhanden? Wenn ja, in welcher Entfernung vom Brunnen und in welcher Richtung fließt der Grundwasserstrom? Bei Flachbrunnen in sandigen Böden darf die Entfernung nicht weniger als 10 bis 20 m, in kiesigen Böden nicht weniger als 50 m von solchen Verunreinigungsherden betragen unter der Voraussetzung, daß die Verschmutzungsstellen talwärts vom Brunnen liegen. Bei Senkgruben und Abwasserversickerungen soll die Entfernung entsprechend noch größer sein. Bei schweren Tonböden genügen mitunter geringere Abstände. Auch bei Tiefbrunnen kann man geringere Abstände je nach der Bodenbeschaffenheit zulassen.
Bei Uferfiltration von Flußwasser soll der Brunnenabstand vom Ufer mindestens 50 m betragen. Nach Erfahrungen des Verf. sind Bach- und Flußbetten zumeist sehr gut abgedichtet; bei unterschiedlichem Salzgehalt findet man deshalb oft keinerlei Beeinflussung von Brunnen, die direkt an solchen Flüssen stehen. Durch neuere Untersuchungen ist dies bestätigt (*J. Holluta*, Kommunal-Wirtschaft 1955).
Für zentrale Wasserversorgungsanlagen ist ein größerer Schutzbezirk vorgeschrieben, die Schutzzone erster Ordnung und die Schutzzone zweiter Ordnung (Wasser-Einzugsgebiet).

2. Weiden ständig oder mitunter Haustiere in der Nähe des Brunnens? Bestehen überhaupt Möglichkeiten von Verunreinigung in näherer oder weiterer Entfernung? (Besonders wichtig in Gebirgen mit klüftigen Böden.)

3. Sind Salzlagerstätten oder Moore in der Nähe des Brunnens?

4. Hat das Gelände Gefälle zum Brunnen hin oder vom Brunnen weg?

5. Kann das beim Pumpen überlaufende Wasser vom Brunnen weglaufen? Oder versickert es am Brunnenrohr?
In der Nähe des Brunnens sollen sich keine Geländemulden, in denen Wasser stehenbleiben und versickern kann, befinden; solche wären mit Lehm auszufüllen. Eine

[1]) Zur Messung dient der Rangsche Brunnenmesser (Brunnenpfeife) oder das genauere Lichtlot (Lief. H. C. Spohr, Frankfurt/Main 1) oder das neue Meßgerät der Hydrometr. Werkstätten Dr. Bovensiepen, Kaufbeuren im Allgäu.

gemauerte Rinne soll das überlaufende Wasser sowie Spülwasser ableiten und nach Möglichkeit soll die Brunnenumgebung 1 bis 2 m im Umkreis mit einer dichten Betondecke umgeben sein und das Brunnenrohr fest einzementiert sein.

6. Wie alt ist die Brunnenanlage?

7. Ist der Brunnen ständig im Gebrauch?

8. Ist die Temperatur des Wassers gleichmäßig oder ändert sie sich je nach der Jahreszeit beträchtlich?
   Oder wechselt die Wassertemperatur häufig mit der Lufttemperatur und den Niederschlägen?

9. Zeigt das Wasser zeitweilig Trübungen oder Verfärbungen?

10. Sind Bäume oder Sträucher nahe am Brunnen? Bejahendenfalls wäre Entfernung wegen der Auflockerung des Bodens und der Rißbildungen durch die Wurzeln ratsam, besonders bei abgestorbenen Bäumen.

11. Kesselbrunnen müssen bei der Besichtigung aufgedeckt werden und es muß eine Besichtigung der Wandungen des Brunnenkessels vorgenommen werden. Der Erfahrene erkennt beim Ableuchten der Kesselwandungen, ob diese wasserdurchlässig sind. Dunklere Streifen, die von den Fugen oder Rissen in den Kessel herabgehen, zeigen den Zutritt von evtl. verschmutztem Oberflächenwasser an. Der Brunnenkessel muß dann nach Entleerung und gründlicher Reinigung und Desinfektion neu verfugt werden. Der Kesselrand muß etwa ½ m über den Erdboden herausragen, der Brunnenkranz muß gut abgedeckt sein. Der Brunnenkessel muß bis mindestens 3 m unter Gelände wasserdicht sein. Die Gummidichtungsringe im Falz des Eisendeckels müssen intakt sein.

12. Bei Oberflächenwasser ist festzustellen, ob irgendwelche verunreinigten Zuflüsse vorhanden sind oder zeitweilig vorhanden sind. Bei Talsperren ist gegebenenfalls Näheres über das Einzugsgebiet zu ermitteln. Bei fließenden Gewässern ist zu ermitteln, ob oberhalb der Entnahmestelle Verunreinigungsmöglichkeiten bestehen. Bei Quellen und kleinen Wasserläufen macht man einen Überlauf durch Einbauen eines Wehrs aus Holz oder Steinen und wartet ein bis mehrere Tage mit der Probenahme.

Zentrale Wasserversorgung

Bei zentralen Wasserversorgungsanlagen sind außer den obengenannten Fragen noch die folgenden zu klären.

13. Bei Entnahme aus Wasserleitungen ist zu ermitteln, ob Bleirohre oder verzinkte Rohre bei den Hausanschlüssen vorliegen. Ist dies zutreffend, so ist eine Probe von dem längere Zeit im Rohr abgestandenen Wasser zur Prüfung auf Blei bzw. Zink zu entnehmen.

14. Können Fehler, z. B. Undichtigkeiten, in den Leitungsrohren vorliegen?
    Oder Installationsmängel? Aus welchem Metall bestehen die Anschlüsse? (Näheres s. *H. Beger*, „Leitfaden der Brunnenhygiene", Berlin 1947).

15. Ist eine Filteranlage vorhanden, so sind Proben vor und nach der Filterung zu entnehmen, am zweckmäßigsten korrespondierende Proben unter Berücksichtigung der Fließgeschwindigkeit.
16. Sind einzelne Brunnen in ihrer Beschaffenheit zur Zeit der Probenahme ungünstig? Nach den Leitsätzen für die Trinkwasserversorgung soll eine Probenahme aus jedem einzelnen Brunnen getrennt möglich sein!
17. Wie ist der bauliche Zustand der Brunnenfassung? Ist der Einsteigschacht dicht oder steht zeitweilig Wasser darin?
18. Ist das Rohrnetz der Gemeinde bzw. Stadt in Ordnung? Stark inkrustierte Rohre bringen die Gefahr mit sich, daß durch lokale Strömungswiderstände und durch den damit verbundenen Druckabfall Unterdruck im Rohrnetz entstehen kann und an undichten Rohrstellen eine Ansaugung von Schmutzwasser oder Abwasser stattfinden kann (*H. Wittmann* u. *W. Bleines,* GWF 98, 556–562, 1957).
19. Sind die Entlüftungsrohre gesichert und die Brunnenköpfe dicht bzw. ist die Gummidichtung noch intakt?
20. Sind ausreichende Schutzzonen vorhanden? Unmittelbare Schutzzone = 1. Ordnung und mittelbare Schutzzone = 2. Ordnung (Wassereinzugsgebiet).

b) Farbstoffversuch u. a. Versuche zur Prüfung auf Grundwasserverunreinigungen

Wenn Zweifel bestehen, ob eine Beeinflussung eines Brunnens durch eine in der Nähe befindliche Verunreinigungsquelle (Aborte, Misthaufen, Abwasserkanäle u. a.) stattfinden kann, wird ein Farbstoffversuch angestellt. Man läßt zu diesem Zweck eine Farbstofflösung in der Verunreinigungsquelle, z. B. der Abortgrube, versickern. Am besten ist das Uranin[1]) geeignet; auch Fluoresceïn ist brauchbar. Fluoresceïn muß jedoch in etwas Alkohol gelöst und dann in verdünnte Lauge gegeben werden. Man nimmt deshalb lieber das Eosin, wenn das genannte Uranin nicht zur Verfügung steht. Diese beiden Farbstoffe brauchen nur mit etwas Alkohol angerieben zu werden und in einen Eimer voll Wasser gegeben zu werden. Für die Prüfung von Einzelbrunnen kommt man mit 10 bis 20 g Farbstoff aus. Tritt der Farbstoff in dem betreffenden Brunnenwasser zutage, so ist der Brunnen zu beanstanden und zu schließen. Man darf die Beobachtung nicht zu früh abbrechen. In gechlortem Wasser werden die Farbstoffe zerstört. Ein Kesselbrunnen darf also vor dem Farbversuch nicht gechlort sein.

Bei negativem Befund des Farbstoffversuches ist trotzdem gewisse Vorsicht geboten, da manche Böden, besonders die sauren Humusböden, die Farbstoffe, besonders das Uranin, absorbieren können. Man führt deshalb außerdem noch einen ähnlichen Versuch mit Kochsalz oder Phenol durch, beides Stoffe, die von keinem Boden absorbiert werden und im Brunnenwasser leicht nachgewiesen werden können. Der Phenolnachweis wird am besten mit 2,6-Dibromchinonchlorimid nach *Gibbs* vorgenommen (Blaufärbung). Je nach der Ent-

---

[1]) „Uranin AP konz. zur Untersuchung unterirdischer Gewässer" von Fa. E. Merck, Darmstadt (ungiftig für Fische bis 100 mg/l im Vorfluter [*H. Bandt,* Deutsche Fischerei-Zeitung 170, 1957]).

fernung von der vermeintlichen Verunreinigungsstelle und der Tiefe des Brunnens werden für den Salzungsversuch 10 bis 800 kg Viehsalz benötigt (*F. Schwille*, GWF **93**, Heft 8, 1952; *G. Ebeling*, Dtsch. Gewässer-Mitt. 1, Heft 3, 1957).

Auch die Zugabe von kurzlebigen Isotopen zur Verunreinigungsstelle führt hierbei zum Ziel.

Nicht absorbiert wird ferner das neuerdings empfohlene Saprol der Fa. Nördlinger, Flörsheim, das sich gegebenenfalls durch seinen Geruch im Brunnenwasser zu erkennen gibt.

Bei Zweifelsfällen über die Bodenbeschaffenheit sollte ein fachkundiger Geologe hinzugezogen werden.

c) Probenahme

Eine sachgemäße Probenahme ist Voraussetzung für die Erzielung einwandfreier Resultate. Die Probenahme soll deshalb grundsätzlich durch den Gutachter selbst, zum mindesten aber von sachverständiger Seite vorgenommen werden. Wenn Korrosionsfragen eine Rolle spielen, wie dies fast immer bei zentralen Wasserversorgungsanlagen der Fall ist, muß der Chemiker sowieso an Ort und Stelle die freie Kohlensäure und den p_H-Wert bestimmen, den Heyer-Versuch und die Sauerstoffproben ansetzen und gegebenenfalls evtl. vorhandenen Schwefelwasserstoff fixieren.

Wenn Filteranlagen oder sonstige Aufbereitungsanlagen vorhanden sind, so müssen Proben von Rohwasser und Reinwasser entnommen werden (s. o. B 15); vor der Probenahme muß die Durchflußgeschwindigkeit des Wassers durch die Anlage festgestellt werden; wenn dieselbe aus den Aufzeichnungen des Wasserwerkes nicht ersichtlich ist, so müßte ein Farbstoff- oder Kochsalzversuch angestellt werden (s. o.). Bei Abwasser-Reinigungsanlagen muß die Nämlichkeit der Proben besonders beachtet werden.

Bei größeren Wasserwerken müssen von jedem einzelnen Brunnen Wasserproben entnommen werden, da diese häufig sehr verschieden in bezug auf ihren Eisengehalt, p_H-Wert und Kohlensäuregehalt sowie Sauerstoff- und Mangangehalt sind. Mitunter kann man durch Ausschaltung eines besonders eisenreichen Brunnens das gesamte Mischwasser verbessern und dadurch eine Enteisenungsanlage ersparen. Gerade in bezug auf den Eisen- und Mangangehalt ändern sich die Wässer mitunter ganz erheblich.

Ferner können Verunreinigungen nur einen Teil oder nur einen der Brunnen betreffen, während das Mischwasser einwandfrei erscheint.

Folgende Gesichtspunkte sind bei der Probenahme genau zu beachten:

P r o b e f l a s c h e n : Es dürfen nur absolut reine Flaschen aus farblosem Glas verwendet werden, möglichst solche der hydrolytischen Klasse 1, z. B. aus Jenaer Glas, da bei gewöhnlichem Glas in manchen Wässern der Kieselsäuregehalt zunimmt und der p_H-Wert sich ändert. Für diese Untersuchungen werden auch Polyäthylenflaschen, die außerdem unzerbrechlich sind, verwendet. Bei diesen ist jedoch die Reinigungskontrolle schwieriger als bei Glasflaschen. Für Radioaktivitätsmessung sind sie vorgeschrieben.

Der Verschluß der Probeflaschen soll aus einwandfreien Glasstopfen bestehen, allenfalls aus Korkstopfen, die mit Stanniol umgeben sind oder in geschmolzenes Paraffin eingetaucht worden sind. Unpräparierte Korkstopfen, besonders alte, aber auch ganz neue sind zu vermeiden, ebenso Gummistopfen, Gummiringe und Bakelitverschlüsse, da sie störende Gerüche abgeben. Die Flasche darf nicht direkt auf dem Kork versiegelt werden, was man häufig bei eingesandten Proben findet. Am geeignetsten ist der Lübbert-Schneidersche Flaschenverschluß aus verzinktem Eisendraht.

Die Stopfen sind zum Schutz gegen Verunreinigung des Flaschenhalses mit Pergamentpapier zu umhüllen und zuzubinden. Auf der Probeflasche sind die erforderlichen Bezeichnungen sogleich nach der Probenahme anzubringen.

Die Reinigung der Probeflaschen soll durch Schütteln mit reinem Seesand und Wasser erfolgen, das Nachspülen derselben mit Wasser und destilliertem Wasser. Man vermeide Spülen mit Soda und Säuren, da diese sehr fest an der Glaswandung haften und nur durch längeres Stehenlassen und mehrfaches Ausspülen entfernt werden können. Auch Flaschenbürsten vermeide man. Häufig benutzte Probeflaschen sollten jedoch in gewissen Zeitabständen mit Chromschwefelsäure oder mit Pril gereinigt werden und darauf längere Zeit mit häufig erneuertem Wasser stehengelassen werden.

Vorbereitungen zur Probenahme:

Vor dem Einfüllen der Proben muß man das in Rohren abgestandene Wasser erst ablaufen lassen, nicht nur aus den Hausanschlüssen, sondern auch von den Hauptrohren. Deshalb läßt man das Leitungswasser zweckmäßigerweise ¼ bis ½ Std. langsam ablaufen.

Handpumpen müssen vorher 10 bis 20 Minuten abgepumpt werden, und zwar langsam und gleichmäßig. Das Wasser darf dabei nicht in den Brunnen zurückfließen. Annäherndes Erschöpfen des Brunnens muß dabei aber vermieden werden. Wenn der Brunnen längere Zeit nicht in Benutzung war, muß vor der Probenahme mehrere Tage lang abgepumpt werden, jedesmal 10 bis 20 Minuten lang.

Bei verdächtigen Brunnen wird bei Beginn und am Ende des Abpumpens je eine Wasserprobe entnommen. Bei unterschiedlicher Wasserbeschaffenheit liegen besondere hygienische Gefahren vor.

Von Kesselbrunnen sollte nach vollkommener Entleerung und Neufüllung aus dem Grundwasser heraus eine zweite Probe entnommen werden, ggf. weitere Proben nach wiederholter Neufüllung des Brunnens.

Das Befüllen der Probeflaschen unter Luftabschluß: Bei Zapfhähnen an Wasserleitungen zieht man einen gereinigten Gummischlauch über das Hahnende. Der Gummischlauch, der etwas länger als die Flasche sein soll, wird in die Probeflasche bis auf den Flaschengrund eingeführt, nachdem man das Wasser eine Weile durch den Schlauch hat durchfließen lassen. Darauf läßt man das Wasser ganz langsam so lange durch die Flasche durchlaufen, bis es sich mehrmals erneuert hat. Hierbei ist Luftblasenbildung und Sprudeln des Wassers unbedingt zu vermeiden. Danach zieht man den Schlauch langsam heraus oder die Flasche nach unten ab, und setzt den Glasstopfen auf die bis zum Rand des Flaschenhalses gefüllte Flasche so, daß keine Luftblasen in der Flasche verbleiben, wovon man sich durch Neigen der Flasche überzeugt.

Probenahmen mit Hilfe des überstauten Trichters: Bei großen Zapfhähnen und Pumpenrohren hilft man sich so, daß man das Wasser in einen Trichter laufen läßt, an dem unten ein bis an den Flaschengrund reichender Gummischlauch befestigt ist. Der Trichter muß beim Befüllen ständig überstaut sein, indem man den Gummischlauch evtl. zusammendrückt und das Ende des Hahnes oder Pumpenrohres in das Wasser unter den Trichterrand eintaucht („Überstauter Trichter“). Nach längerem Überlaufenlassen aus dem Flaschenhals erhält man auch hierbei eine Wasserprobe, die nicht mit der Luft in Berührung war.

Diese Art der Probenahme ist für die Untersuchung auf Sauerstoff, Kohlensäure und Schwefelwasserstoff bei gewöhnlichen Pumpen und sehr großen Zapfhähnen unerläßlich; für die p_H-Bestimmung ist sie ebenfalls vorteilhaft, da bei ihr ein CO_2-Verlust kaum stattfindet.

Zwecks Probenahme aus Bohrlöchern oder Peilrohren wird – gegebenenfalls nach Entfernung der Verschlußkappe – eine Flügelpumpe auf das Rohr aufgesetzt oder aufgeschraubt und bis zum Abfließen von klarem Wasser abgepumpt, mindestens aber eine Viertelstunde. Die Probenahme erfolgt mit Hilfe des „überstauten Trichters“ (s. o.), der dicht unter den Pumpenmund gehalten wird und dessen Schlauchende bis auf den Boden der Probeflasche reicht.

Bei Wassererschließungen aus neuen Bohrlöchern wird so lange abgepumpt mit der Motorpumpe, bis das Wasser klar abläuft, was nach 1 bis 5 Tagen der Fall ist. Bei größeren Wassererschließungsvorhaben muß bei Beginn und am Ende des „Pumpversuches“ je eine genaue Wasseruntersuchung angestellt werden, um zu prüfen, ob die Wasserbeschaffenheit während des Pumpversuches sich eventuell geändert hat, was wichtige Rückschlüsse für den geologischen Sachverständigen ermöglicht.

Kann aus einem Bohrloch das Grundwasser nicht mit einer Pumpe gefördert werden oder sollen Proben aus verschiedenen Tiefen für die geologischen Belange entnommen werden, so wird hierfür das Schöpfgerät nach Friedinger am besten verwendet (Hersteller Fa. Feinmech. Gerätebau GmbH vorm. Schweder, Kiel-Wik). Das Friedinger-Gerät ist beim Herablassen oben und unten offen und wird beim Absinken vollkommen durchströmt, was beim Ruttner-Gerät nicht mit Sicherheit der Fall ist, besonders in engen Bohrrohren nicht.

Bei ganz engen Bohrrohren (z. B. 80er Peilrohren) ist der Wasserschöpfer nach Gad gut geeignet, da er mit Sicherheit durchströmt wird (Lief. Franz Bergmann KG, Berlin-Zehlendorf-West).

Für engste Peilrohre hat die Fa. H. Ch. Spohr, Frankfurt/Main, kürzlich ein Entnahmerohr von 4 cm ∅ und 47 cm Länge herausgebracht. Die Fa. Pumpen-Wart, Erkrath, hat eine Spezial-Entnahmepumpe für Grundwasserbeobachtungsrohre von etwa 2'' ∅ herausgebracht, die mit Preßluft arbeitet und die keine Beunruhigung des Grundwassers verursacht.

Ein verbessertes Ruttner-Gerät ist das von Prof. Dr. *Kruse* (Lief. Franz Bergmann K.G., Berlin-Zehlendorf-West).

Probenahme von Oberflächenwasser: Für die Probenahme aus Gewässern und offenen Wasserstellen werden Spezialapparaturen benötigt. Das genannte Friedinger-Gerät ist hierfür ebenfalls gut geeignet (Lief. Fa. Feinmechanischer

Gerätebau GmbH, Kiel-Wik), ferner das gebräuchliche Ruttner-Gerät (Lief. Fa. Bergmann & Altmann, Berlin-Zehlendorf-West). Die umfangreiche Apparatur nach Spitta-Imhoff liefert ebenfalls die Fa. Franz Bergmann KG. Das Ruttner-Gerät ist kürzlich von H. Hölzl noch verbessert worden. Der Wasserschöpfer von Ekmann-Nansen ist für die Entnahme aus tiefen Seen geeignet. Behelfsmäßig kann man eine Wasserprobe ohne Luftberührung aus Gewässern entnehmen, indem man einen offenen Zylinder mit beiderseits plangeschliffenen Enden in das Wasser versenkt und unter Wasser wieder verschließt.

Die Zylinderenden müssen natürlich dicht schließen. Nach dem Herausnehmen und Öffnen des oberen Deckels kann mit Hilfe eines Heberschlauches Wasser von unten abgefüllt werden, das mit der Luft nicht in Berührung war.

Probenahme aus Seen und Talsperren:

Bei der Probenahme aus Seen muß man berücksichtigen, daß diese häufig eine ausgeprägte Schichtung haben. Die Oberflächenschicht (das Pelagial) hat bei diesen dann eine ganz andere Beschaffenheit als die unter der „Sprungschicht" liegende Tiefenschicht (das Profundal), was für die Bewertung oft von großer Bedeutung ist, besonders bezüglich der Sauerstoff- und Kohlensäureverhältnisse, des Eisens und Mangans (*I. Grim*, GWF **98**, 1957, 234—39).

Bei Entnahme von Tiefenproben aus Gewässern kann man sich behelfsmäßig der Meyerschen Schöpfflasche bedienen. Die Meyersche Schöpfflasche besteht aus einer starkwandigen Flasche (Sektflasche, die unten mit einem Bleigewicht beschwert ist, das sich in einem die Flasche umgebenden Drahtgeflecht befindet). Die Schöpfflasche wird an einer Schleife des Drahtgeflechts mit einem Seil oder Drahtseil befestigt und in das Wasser herabgelassen. Für die Bestimmung der gasförmigen Bestandteile (CO_2, O_2, H_2S) ist diese Probe jedoch nicht brauchbar. Hierzu benötigt man das Ruttner-Gerät oder den Friedinger-Schöpfer (s. o.). Für geringere Tiefen ist die Schillingsche Entnahmeflasche (GWF *79*, 229, 1936), die durch einen doppelt durchbohrten Kork ein kurzes Glasrohr und ein langes, bis auf den Flaschenboden reichendes Glasrohr hat, geeignet. An das kurze Glasrohr wird ein Schlauch angeschlossen, der durch ein Gewicht abgeknickt ist. In der gewünschten Tiefe wird das geknickte Gummistück durch Aufheben des Gewichts geöffnet.

Für die Entnahme von Wasserproben aus oberflächlichen Schichten von Gewässern für die Sauerstoffbestimmung werden gesonderte „Sauerstoffflaschen" (s. S. 90), die mit einem doppelt durchbohrten Stopfen verschlossen sind, verwendet. In dem Stopfen befinden sich zwei Glasröhrchen, von denen das eine bis nahe an den Boden der Flasche reicht und kurz oberhalb des Stopfens endet, während das andere nur wenig in den Flaschenhals hineinragt und oberhalb des Stopfens einen langen Schenkel hat, durch den die Luft aus der Sauerstoffflasche entweichen soll.

Beim Eintauchen einer solchen Vorrichtung erhält man eine Wasserprobe, die mit der Luft kaum oder nur wenig in Berührung war. Bei der großen Entnahmevorrichtung nach Spitta-Imhoff werden zwei Sauerstoffflaschen vom Wasser zwangsweise durchströmt.

Bei flachen Gewässern, insbesondere kleineren Bachläufen, kommt man auch mit dieser Vorrichtung nicht aus, da man sie nicht tief genug einsenken kann. Man verwendet hierzu das Bachwasser-Entnahmegerät nach Höll (Ber. d. I. V. Limn. 1955 12, 360—72). Ohne eine solche Vorrichtung ist eine exakte Sauerstoffbestimmung in kleinen Fließgewässern nicht durchführbar. Das gleiche gilt für Kohlensäure- und Schwefelwasserstoffbestimmung (Hersteller Fa. Fritz Kühn, Frankfurt/Main W 13, und Hans Freye KG, Braunschweig, sowie Franz Bergmann KG, Berlin-Zehlendorf).

Bei Fließgewässern sollen Wasserproben sowohl aus dem Stromstrich als auch an ruhigen Uferstellen genommen werden, gegebenenfalls auch aus verschiedener Tiefe sowie am Gleithang und Prallhang.

Über die Abwasser-Probenahme s. S. 187.

Die Füllung der Probeflaschen soll so erfolgen, daß nach Aufsetzen des Glasstopfens auf die bis zum Überlaufen gefüllte Flasche keine Luft mehr in der Flasche verbleibt.

Bei Frostgefahr sollen die Flaschenstopfen auf dem Transport ab und zu gelüftet werden, da die Flaschen sonst beim Einfrieren gesprengt werden; auch im Hochsommer ist diese Gefahr vorhanden, wenn sehr kaltes Wasser sich in einer fest verschlossenen Flasche erwärmt.

Bei sehr starkem Frost dürfen die Probeflaschen nicht ganz voll gefüllt werden, sofern zu einem solchen ungünstigen Zeitpunkt eine Probenahme überhaupt tunlich ist (s. u.).

Probemenge: Für die kleine hygienische Brunnenanalyse (s. S. 26) genügen 1 bis 2 Liter Wasser. Für die Gesamtanalyse eines Trink- und Brauchwassers werden mindestens 2 bis 3 Liter Wasserprobe benötigt, neben den Proben für Sauerstoff (s. S. 90), Kohlensäure (s. S. 79), Kieselsäure (s. S. 124), für Phenole (s. S. 186), Blei (s. S. 115) und gegebenenfalls für Schwefelwasserstoff (s. S. 107).

Man füllt am besten mehrere Literflaschen unter Luftabschluß (s. S. 16), damit man immer Untersuchungswasser, das nicht mit der Luft in Berührung war, zur Verfügung hat. Dadurch erleichtert man sich viele Bestimmungen (z. B. die des Ammoniaks, des Eisens und Mangans).

Für Heilquellenanalysen werden bedeutend größere Mengen Wasser benötigt.

Konservierung von Wasserproben: Bei Einsendung von Wasserproben oder bei längerem Transport der selbst entnommenen Wasserproben empfiehlt sich eine Konservierung mit einigen Kubikzentimern Chloroform. Für die Kaliumpermanganatbestimmung konserviert man mit 3 ccm verdünnter Schwefelsäure pro Liter Wasserprobe.

Ungünstiger Zeitpunkt für Untersuchungen: Die Wasseruntersuchung soll möglichst nicht während oder bald nach einer längeren Frostperiode stattfinden. Da bei gefrorenem Boden ein Zutritt von verunreinigtem Wasser zum Grundwasser nicht möglich wäre, würde eine zu günstige Beurteilung erfolgen. Ebenso würde man während einer langen Trockenperiode im Sommerhalbjahr eine zu günstige Beurteilung abgeben, da ausgetrockneter Boden das Oberflächenwasser kapillar festhält und Verunreinigungen besser absorbiert.

Nach Neubau, Reparatur oder Reinigung von Brunnen muß man mit der Probenahme 2 bis 3 Wochen warten und während dieser Zeit viel abpumpen.

Einmalige Untersuchungen zu einem ungünstigen Zeitpunkt können u. U. ein falsches Bild geben. Deshalb ist es z. B. notwendig, vor der abschließenden Beurteilung einer zentralen Wasserversorgungsanlage mehrere Untersuchungen zu verschiedenen Jahreszeiten durchzuführen.

d) Eingesandte Wasserproben

Vor Einsendung von Proben sollte das Untersuchungslabor eine Anleitung für die Probenahme gemäß den obigen Ausführungen erteilen und Auskünfte für die Erleichterung der Beurteilung der Untersuchungsergebnisse durch einen Begleitschein nach dem im Anhang gegebenen Muster einholen. Bei Frostgefahr und großer Hitze sollen die Proben auf schnellstem Wege durch Boten dem Untersuchungslabor zugestellt werden.

e) Notwendige Prüfungen und Untersuchungen an Ort und Stelle

Temperatur: Während der Probenahme wird sogleich die Temperatur des Wassers und die der Luft gemessen. Die Lufttemperatur darf nur mit einem trockenen Thermometer gemessen werden, und zwar im Schatten. Wenn man es nämlich versäumt, das Thermometer gut abzutrocknen, werden infolge der Verdunstungskälte zu niedrige Temperaturgrade gefunden. Zweckmäßigerweise stellt man also die Lufttemperatur zuerst fest. Bei ausgedehnten Pumpversuchen mißt man die Wassertemperatur häufig, mindestens bei Beginn und am Schluß des Pumpversuches; hierbei auftretende Temperaturabweichungen deuten auf eindringendes Oberflächenwasser hin.

Die Temperaturbestimmung erfolgt bei Leitungswasser und Brunnenwasser am besten in einem Topf von mindestens 1 Liter Inhalt, in dem das Wasser einige Minuten übergelaufen ist, mit Hilfe von Thermometern, die in $^1/_{10}$ Grade geteilt sind. Es gibt auch besondere Wasserthermometer, die in $^1/_{50}$ Grade eingeteilt sind (von 0° bis 30°).

Das Thermometer darf vor dem Ablesen nicht aus dem Wasser herausgenommen werden. Für genauere Messungen bei Leitungswasser dienen Durchflußthermometer nach Thumm (Lief. Fa. Bergmann & Altmann, Berlin-Zehlendorf u. Hamburg 1). Für Temperaturmessungen in Kesselbrunnen, Bohrrohren und Quellrohren (z. B. Steigrohren von Heilquellen) benutzt man sog. Umkippthermometer nach *Negretti* und *Zambra* (Lief. Fa. Franz Bergmann KG, Berlin-Zehlendorf). Bei engen Bohrrohren benutzt man das Quellenthermometer, bei dem das Thermometer in einem Schöpfbecher hängt (Lief. Bergmann & Altmann, Berlin-Zehlendorf-West u. Hamburg 1).

Bei warmen Mineralquellen sind Maximumthermometer empfehlenswert.

Bei der Untersuchung von flachen Gewässern und Quellen wird die Temperaturbestimmung in einem mit dem betreffenden Wasser gefüllten Eimer vorgenommen. Für Untersuchungen in der Tiefenzone von Gewässern werden die oben erwähnten Umkippthermometer benutzt. Ein Spezialthermometer nach Ström für Seetiefen für den Bereich von 2 bis 5°, in hundertstel Grade geteilt, liefert Fa. Richter & Wiese, Berlin.

Für die Feststellung des Sauerstoffsättigungsgrades eines Wassers ist eine genaue Temperaturbestimmung auf $^1/_{10}$ Grad notwendig.

Auch für die Fragen der Wassererschließung, von Grundwasser und Heilquellen, sind genaueste Temperaturbestimmungen wichtig. Die mittlere Jahrestemperatur ist in Mitteleuropa in 10 m Tiefe 9,5° C. Wenn Grundwasser im Winter weniger als 9,5° C hat oder im Sommer mehr als 9,5° C, dann ist mit Zutritt von Oberflächenwasser, das ja im Winter kälter und im Sommer wärmer ist, zu rechnen.

In höheren Lagen, besonders auf exponierten Gebirgskuppen, ist die mittlere Jahrestemperatur nach Feststellungen des Verf. beträchtlich niedriger als 9,5° C (z. B. Wasserkuppe 6,5° C). Auch auf exponierten Anhöhen von 200 bis 300 m über NN findet man in Norddeutschland selbst im Sommer Wassertemperaturen von 7–8° C.

Die Tiefe, mit der die Wassertemperatur um 1° C zunimmt – die geothermische Tiefenstufe – beträgt in Mitteleuropa 33 m (*R. Kampe*, Schrift.-Reihe des Deutschen Bäderverb. Nr. 8, 1952).

Die Prüfung der äußeren Beschaffenheit, wie Geruch und Geschmack, muß stets unverzüglich nach der Probenahme erfolgen, da manche Gerüche, wie Schwefelwasserstoff- und Chlorgeruch, beim Transport der Wasserprobe verschwinden können. Auch das Aussehen kann sich beim Stehen der Wasserproben schnell verändern; während das Wasser bei der Entnahme klar und farblos ist, kann es sich z. B. durch Eisenabscheidung bald verfärben und trüben. Für die Beurteilung der Enteisenungsvorgänge eines Wassers sind diese Beobachtungen von Wichtigkeit.

Die Prüfung auf freie Kohlensäure muß, wie bereits erwähnt, unter allen Umständen an Ort und Stelle ausgeführt werden. Ebenso muß der Marmorlösungsversuch nach Heyer angesetzt werden und bei längeren Transporten das Umschütteln der Proben besorgt werden (s. S. 80 u. f.).

Wenn bei der Probenahme Geruch nach Schwefelwasserstoff wahrgenommen wird, muß derselbe zur quantitativen Bestimmung sogleich mit Cadmiumacetat fixiert werden.

Für genauere Untersuchungen sollte auch der p_H-Wert an Ort und Stelle bestimmt werden (s. S. 76). Die Sauerstoffproben müssen angesetzt werden (s. S. 90) und bei Verdacht von Bleiaufnahme aus Bleirohren muß eine besondere Probe des im Rohr längere Zeit abgestandenen Wassers entnommen und mit Essigsäure versetzt werden (s. S. 115).

II. Allgemeine Prüfungen im Laboratorium

a) Sinnesprüfung des Trinkwassers

(Bei jedem Trinkwasser sofort auszuführen)

Geruch: Wenn der Gutachter die Probenahme selbst vornimmt, wird, wie erwähnt, die Geruchsprüfung sogleich an Ort und Stelle vorgenommen, da manche Gerüche, wie der des Schwefelwasserstoffes, alsbald wieder verschwinden.

Bei eingesandten Proben bzw. näherer Untersuchung von mitgeführten Proben verfährt man am besten so, daß man 100 bis 150 ccm der Wasserprobe in einem mit Glasstopfen verschlossenen Erlenmeyerkolben von 200 bis 300 ccm Inhalt bei kleiner Flamme oder auf dem Wasserbad auf 40° bis 60° erwärmt und nun sofort nach dem Umschütteln den Stopfen lüftet und den Geruch prüft. Allgemeine Gerüche können bezeichnet werden als:

erdig	fischig
torfig	faulig
muffig	fäkalartig
modrig	chemisch (s. u.)
jauchig	

An chemischen Gerüchen können auftreten:

Schwefelwasserstoff	Ammoniak
Kohlensäure	Phenol
Chlor	Chlorphenol (Apothekengeruch)
Mineralöl	Xylenol
	Teer

Bei Oberflächenwässern treten durch starke Planktonentwicklung manchmal typische Gerüche auf, z. B.:

Erdgeruch durch Cyanophyceen (Blaualgen),
Fischgeruch durch Asterionella (Kieselalge),
Gurkengeruch durch Synura uvella (Flagellate),
Trangeruch durch Uroglena volvox (Flagellate),
Tanggeruch durch Dinobryon sertularia (Flagellate).

Wässer aus sehr tiefen Brunnen, besonders eisenreiche, haben oft einen eigenartigen metallischen oder dumpfen Geruch. Bei schwachem oder zweifelhaftem Schwefelwasserstoffgeruch versetzt man eine parallele Geruchsprobe mit etwas Cadmiumacetat zum Vergleich.

Diese Gerüche können auftreten:

1. sehr schwach, nur für erfahrene Untersucher besonders bei Betriebskontrolle ein und desselben Wassers wahrnehmbar und nur gegenüber einer geruchlosen Vergleichsprobe,
2. schwach, für jeden Untersucher gegenüber einer geruchlosen Vergleichsprobe wahrnehmbar,
3. deutlich, für jeden Wasserverbraucher wahrnehmbar,
4. stark, für jeden Wasserverbraucher als unangenehm wahrnehmbar und den Genuß verleidend.

Nach dem amerikanischen Einheitsverfahren [2] stellt man durch Verdünnen mit absolut geruchlosem Wasser „Geruchsschwellenwerte" fest.

G e s c h m a c k : Zur Geschmacksprüfung erwärmt man in einem zugedeckten Becherglas etwa 200 ccm Wasser auf 30 bis 40° C und verkostet (Vorsicht bei infektionsverdächtigem Wasser).

Als Geschmacksempfindungen können auftreten:

1. fade (weiche Wässer),
2. salzig (hoher Kochsalzgehalt),
3. bitterlich (hoher Magnesiumsalzgehalt),
4. laugig (hoher p_H-Wert),

5. säuerlich (niedriger p_H-Wert),
6. zusammenziehend, tintenartig (hoher Eisengehalt),
7. metallisch (hoher Blei-, Kupfer- oder Zinkgehalt, besonders als „Nachgeschmack"),
8. faulig, widerlich (Verunreinigung. Vorsicht bei Infektionsverdacht!)
   und schließlich der Normalfall:
9. o. B. (ohne Besonderheit).

b) Klarheit und Durchsichtigkeit

(Bei jeder Wasserprobe sofort auszuführen)

Vorprobe an Ort und Stelle: Wie bereits ausgeführt, ist eine Prüfung auf Klarheit und Durchsichtigkeit gleich nach oder wenigstens sehr bald nach der Entnahme durchzuführen, da bei eisenreichen Wässern infolge der Eisenabscheidungen bald Trübungen und Verfärbungen auftreten. Wenn man die Wasserprobe mit dem Entnahmegummischlauch entnommen hat, ist dies weniger zu befürchten. Bei getrübten Wässern ist aber in jedem Falle mit Absetzen und Klärung zu rechnen.

Zur Prüfung füllt man das Wasser in Durchsichtigkeitszylinder von 40 cm Länge oder Hehnerzylinder von 100 ccm Inhalt (Fa. Bergmann & Altmann, Berlin-Zehlendorf-West u. Hamburg)[1]) und beobachtet gegen eine weiße Unterlage bei zerstreutem Tageslicht.

Es können folgende Grade der Klarheit auftreten:

blank	opalisierend
klar	schwach getrübt
fast klar	stark getrübt
schwach opalisierend	

Man vergleicht die Durchsichtigkeit der Probe mit der von destilliertem Wasser.

Bei getrübtem Wasser verfährt man folgendermaßen:

c) Trübung und Absetzbarkeit

Man legt unter den Durchsichtigkeitszylinder oder Hehnerzylinder von 100 ccm die Snellensche Schriftprobe (DIN Nr. 2,5 oder Nr. 3,5 vom Deutschen Normenausschuß).

Man läßt solange Wasser ab, bis die Schrift deutlich zu lesen ist. Die hierbei gefundene Schichthöhe in Zentimetern gibt man als Trübungsgrad an und bezeichnet die Schriftnorm.

Den Trübungsgrad kann man auch direkt durch Vergleichstrübungen messen. Hierzu ist am besten eine genau eingestellte Kieselgurlösung geeignet.

Den Vergleich nimmt man in Hehnerzylindern oder 40 cm langen Glasrohren mit planparallelem Boden mit Hilfe von Kieselgur-Standardlösungen vor (Reagenz Nr. 17). Die zur Vergleichslösung zuzusetzende Kieselgurmenge in mg/l gibt den Trübungsgrad an, z. B. Trübungsgrad 5 = 5 mg/l Kieselgur.

Bei ganz schwachen Trübungen sind Mastixlösungen geeigneter (*J. Rodier* u. *M. Faivre-Duboz*, L'eau 44, 263—271, 1957).

---

[1]) Jetzt: Franz Bergmann KG.

In den USA wird der Jackson-Kerzen-Trübungsmesser als Standardmethode verwendet, besonders für Trübungen über 25 Trübungsgrade.

Eine genaue Trübungsmessung ist mit dem Stufenphotometer auch bei geringen Trübungsgraden mit dem Schottfilter L 2 möglich. Die Apparatur muß mit Kieselgur-Standard genau geeicht werden (*W. Ohle*, Verh. d. I. V. Limn. Bd. IX).

Durch eine Zusatz-Meßvorrichtung kann man mit dem Elko II der Fa. Carl Zeiss, Oberkochem, genaue Trübungswerte festlegen.

Auch mit dem lichtelektrometrischen Kolorimeter nach Lange und dem neuen photoelektrischen Trübungsmesser nach Lange kann man unabhängig von der Farbe des Wassers eine Trübung sehr schnell festlegen, wenn man sich eine Eichkurve einmal hergestellt hat.

Für kontinuierliche Trübungsmessungen im Wasserwerk hat Lange jetzt ein Langrohr-Kolorimeter herausgebracht, das auch mit Selbstschreibevorrichtung geliefert wird und das sehr preiswert ist (Lief. Fa. Dr. Lange, Berlin-Zehlendorf-West).

Beurteilung bei Wassertrübung:

Plötzlich auftretende Trübungen des Grundwassers können auf eindringendes Oberflächenwasser hindeuten.

Die Absetzbarkeit eines getrübten Wassers prüft man durch Vergleich der Trübungswerte der frischen Probe und der 24 Stunden alten Probe. Die Absetzbarkeit spielt mitunter eine Rolle in der Rohrleitungstechnik (Rohrverschlammung durch Rohwasser).

Sichttiefe: Bei der Untersuchung von Oberflächenwässern bestimmt man die Durchsichtigkeit und Farbe des Wassers mit Hilfe der „Sichtscheibe", einer weißen Porzellanscheibe von 20 cm Ø, die mit Hilfe einer Meßkette oder eines Halteseils (unterteilt in Meter) in das Wasser herabgelassen wird. Die Länge der Haltekette beim Unsichtbarwerden der Sichtscheibe wird als Sichttiefe angegeben. Durch mehrmaliges Aufziehen und Niederlassen der Sichtscheibe kann man die Sichttiefe ziemlich genau ermitteln.

Die Beobachtung der untergetauchten Sichtscheibe wird erleichtert durch den Kolkwitzschen „Wassergucker" (Lieferant Bergmann & Altmann, Berlin-Zehlendorf-West).

d) Farbe des Wassers

Auch die Farbe des Wassers muß sogleich nach der Probenahme bestimmt werden, da ausfallende Eisen- und Manganverbindungen, besonders im kolloiden Zustand, eine Gelbfärbung des Wassers vortäuschen können.

Orientierende Feldbestimmung: Das zu untersuchende Wasser wird in Hehnerzylinder oder Schaurohre von 40 cm Höhe gefüllt und in einem kleinen Abstand gegen eine weiße Unterlage beobachtet. Die Färbungen werden bezeichnet als:

schwach gelblich	braun
gelblich	gelblichgrün
gelb	grünlich
gelblichbraun	

Bei sehr schwachen Färbungen vergleicht man mit reinstem destilliertem Wasser (Reagenz Nr. 10) in einem zweiten Hehnerzylinder oder man bezeichnet die Probe als fast farblos. Man kann auch den Ostwaldschen Farbnormen-Atlas zu Hilfe nehmen und die dort angegebenen Farbbezeichnungen zu den Schaurohren von 40 cm Höhe setzen.

Genaue Bestimmung: Für die genaue Feldbestimmung verwendet man Durchsichtigkeitszylinder von 40 cm Höhe. Getrübte Wässer müssen vor der Farbbestimmung zentrifugiert werden oder die Vergleichslösungen müssen durch Kieselgurzusatz auf den Trübungswert gebracht werden (s. S. 23). Die amerikanischen Einheitsverfahren [2] unterscheiden erstens die „scheinbare Farbe“ und zweitens die „echte Farbe“ des Wassers bei getrübten und gefärbten Wässern (d. h. vor und nach Zentrifugierung).

Unter feldmäßigen Bedingungen können Farbbestimmungen mit Farbgläsern in der Hellige-Apparatur (Fa. Hellige & Co., Freiburg i. Br.), gegebenenfalls unter Verwendung des Neßlerrohr-Ansatzes nach Herausnahme der Milchglasscheibe aus dem Komparator vorgenommen werden. Auf 2 Farbscheiben sind die Farbwerte von 5 bis 50 mg/l Pt abzulesen.

Zum genauen Farbvergleich verwendet man das Kaliumplatinchlorid-Reagenz (Reagenz Nr. 13) oder Karamellösung (Reagenz Nr. 15). Für manche Wässer ist Methylorangelösung geeignet ($^1/_{100}$ mg als Farbeinheit, also Farbe 1 = 0,01 mg/l Methylorange) (s. *W. Ohle*, Archiv für Hydrobiologie 1934, S. 386). Für gelbgrüne Töne empfiehlt es sich, zugleich Kaliumplatinchlorid und Kupfersulfat (Reagenz Nr. 16) zu verwenden und das Kupfer als mg/l Cu neben dem Platin im Ergebnis anzugeben.

Die Farbwerte werden als mg/l Pt oder mg/l Karamel für Schichthöhe 40 cm angegeben.

C. Kleine Trinkwasseranalyse

I. Die hygienisch-chemische Trinkwasseruntersuchung

(Ermittlung der Verschmutzungsindikatoren)

In diesem Kapitel soll die eigentliche Trinkwasseranalyse (hygienisch-chemische Wasseranalyse) behandelt werden. Ihre Aufgabe ist es, zu ermitteln, ob das Wasser in seuchenhygienischer Beziehung einwandfrei ist.

Neben der Sinnesprüfung und der Ermittlung der äußeren Beschaffenheit werden möglichst bald nach der Entnahme, spätestens aber nach 12 bis 24 Stunden (in der kühl aufbewahrten Probe!) bestimmt:

1. Ammoniak
2. Nitrit
3. Nitrat
4. Kaliumpermanganatverbrauch
5. Chlorzahl
6. Phosphat
7. p_H und Reaktion

Etwas länger Zeit haben folgende Bestimmungen:

8. Chlorid
9. Sulfat
10. Urochrom
11. Härte
12. Eisen
13. Mangan

(11.–13.: s. Kapitel E „Große Trinkwasseranalyse")

a) Ammoniakbestimmung

(Bei jeder Trinkwasserprobe unverzüglich vorzunehmen)

V o r k o m m e n : In reinem Wasser bis 0,1 mg/l NH_4. Geologisch bedingt[1]): bis 1 mg/l und mehr (besonders in Moorwasser). In verunreinigtem Wasser 0,1 bis annähernd 10 mg/l NH_4; gewöhnlich 1 bis 3 mg/l (Beurteilung des Ammoniakgehalts s. S 63). In verunreinigten Wässern kann Ammoniak in kurzer Zeit auf biogenem Wege in Nitrit und Nitrat übergehen, wie auch umgekehrt.

O r i e n t i e r e n d e F e l d b e s t i m m u n g : In einem Reagenzglas werden 20 ccm des zu prüfenden Wassers mit 10 Tropfen Seignettesalzlösung (Reagenz Nr. 28)[2]) und mit

---

[1]) Auf Grund der mineralogischen Zusammensetzung des Bodens. Hierunter fallen alle Vorkommen im Boden, auch die auf natürliche Vorgänge im unbeeinflußten Boden zurückzuführenden. Näheres siehe jeweils in dem betreffenden Abschnitt unter „Beurteilung des Wassers".

[2]) Verhindert Störungen durch Härtebildner und Eisen.

3 bis 5 Tropfen Neßlers Reagenz versetzt. Ist nach dem Umschütteln in der Durchsicht gegen eine weiße Unterlage eine gelbliche oder bräunliche Verfärbung wahrnehmbar, so ist Ammoniak zugegen. Wässer mit 0,2 bis 1 mg/l NH_4 geben eine gelbliche Verfärbung, solche mit etwa 2 mg/l eine gelbbraune und mit 3 mg/l und darüber eine bräunliche Färbung. Sehr ammoniakreiche (5 mg/l und mehr) Wässer geben sofort eine bräunliche Trübung.

Bei gelbgefärbten Wässern ist die Wasserprobe ohne Reagenzzusatz in einem zweiten Reagenzglas zum Vergleich heranzuziehen. Dies ist in den meisten Fällen anzuraten, da die Eigenfärbung in den Probeflaschen oft nicht erkennbar ist, zumal in der seitlichen Durchsicht oft nicht wahrnehmbar ist. Die meisten Fehler werden durch Nichtbeachtung der Eigenfärbung der Wasserprobe begangen.

Eine Schätzung des NH_4-Gehalts kann man mit Standardlösungen unter Verwendung von Reagenz Nr. 4 durchführen.

1. Kolorimetrische Ammoniakbestimmung mit Neßlers Reagenz

100 ccm Untersuchungswasser und entsprechende Vergleichslösungen werden in Erlenmeyerkolben mit 2 ccm Seignettesalzlösung (Reagenz Nr. 28) und nach dem Umschütteln mit 1 ccm Neßlers Reagenz (Reag. Nr. 21 a) versetzt. Nach 5 bis 10 Minuten gibt man die Lösung in Schauröhren, in Hehnerzylinder (in denen man auf 105 ccm auffüllt (s. S. 8) oder in das Kolorimeter nach Meinck-Horn; man vergleicht mit gleichzeitig angesetzten Vergleichslösungen (NH_4-Standard, Reagenz Nr. 4), bzw. bei letzterem mit Farbskalen auf einer Trommel. Bei einer Schichthöhe von 21,5 cm können Mengen bis zu 0,05 mg/l herab bestimmt werden.

Wenn hierbei mehr als 1,5 mg/l NH_4 gefunden werden, so verdünnt man die Wasserprobe mit wirklich ammoniakfreiem Wasser. Wenn mehr als 5 mg/l NH_4 gefunden werden, so wird die Bestimmung auf titrimetrischem Wege nach Destillation von 500 ccm Wasserprobe mit 1 bis 2 g Magnesiumoxyd in eine mit 10 ccm n/10 Schwefelsäure beschickte Vorlage wiederholt. 1 ccm verbr. n/10 H_2SO_4 = 1,8 mg NH_4.

Hellige-Komparator: Bei den häufig vorkommenden gefärbten und getrübten Wässern ist für den Vergleich der Hellige-Komparator besonders geeignet, da Störungen durch geringe Eigenfärbung und Trübung kompensiert werden können; jedoch kann man erst Mengen über 0,2 mg/l in der 40-mm-Küvette bestimmen. Im Neßler-Rohr-Komparator (250-mm-Rohr) können Mengen bis 0,02 mg/l exakt bestimmt werden, wobei besonders auf die Eigenfärbung zu achten ist (Kompensation oder Klärung s. unter Störungen). Bei sehr ammoniakreichen Wässern arbeitet man mit der 13-mm-Küvette.

Für genaue objektive Messungen füllt man in geeignete Küvetten zur photometrischen Bestimmung im Stufo, Leifo oder Elko.

Störungen bei der Ammoniakbestimmung: Vor jeder Ammonikbestimmung überzeuge man sich im Schauzylinder, ob das Wasser keine Eigenfärbung hat, die einen Ammoniakgehalt oder erhöhten Ammoniakgehalt vortäuscht.

Störungen durch Eigenfärbung und Trübung kann man folgendermaßen beseitigen. 130 ccm Wasser werden mit 2 ccm Sodanatronlauge (Reag. Nr. 29) versetzt. Nach dem Umschütteln werden einige Tropfen 30%ige Zinksulfatlösung zugegeben und einige Stunden stehengelassen. Durch leichtes Aufstoßen und drehende Bewegungen des Zylinders werden die an den Wandungen und an der Oberfläche haftenden Flocken zum Absetzen gebracht. Nach dieser Zeit kann man das geklärte Wasser abgießen oder abhebern. Das Filtrieren durch Papierfilter ist zu vermeiden, da diese mitunter Ammoniak abgeben. Heiß ausgewaschene Filter sind jedoch brauchbar.

Bei Huminwässern empfiehlt sich ein Zusatz von 0,5 g Ätznatron auf 200 ccm Wasser, Schütteln mit 2 g Aktivkohle (Reag. Nr. 1) und Filtrieren durch Watte oder heiß ausgewaschene Filter.

Nach Feststellungen des Verf. wird die durch Huminsäuren verursachte Eigenfärbung der Moorwässer durch Alkali verstärkt. Wenn man die Huminstoffe nach der obigen Methode nicht entfernen will, so muß man daher bei der Kompensierung der Eigenfärbung im Vergleichsrohr bzw. in der Vergleichsküvette Untersuchungswasser verwenden, das mit etwas Lauge versetzt ist. Beim Ansetzen der Standardlösungen mit Aqua dest. erhält man sonst zu hohe Werte.

Wässer mit mehr als 25 Härtegraden geben oft schon mit Seignettesalz eine Trübung. In diesem Falle verwendet man an Stelle der Seignettesalzlösung auf 200 ccm Wasser 2 ccm Sodanatronlauge (Reag. Nr. 29). Das klar abgesetzte und enthärtete Wasser wird abgehebert; 101 ccm davon werden direkt mit 1 ccm Neßlers Reagenz versetzt, dann wird wie oben weiter verfahren.

In Solen und anderen konzentrierten Mineralwässern kann Ammoniak nur im Destillat bestimmt werden (nach Laugezusatz).

Bei weichen, sehr salzarmen Wässern ist die Empfindlichkeit der Neßler-Reaktion herabgesetzt, ebenso wenn zur Herstellung des Neßler-Reagenz zuviel Kaliumjodid verwendet wird (*Stall*, Z. f. analyt. Chem. 1937).

Bei den sehr salzarmen, weichen Wässern setzt man etwa 0,1 g Kochsalz oder 1 g Phosphatgemisch (0,9 g sek. und 0,1 g prim. Natriumphosphat) zu 100 ccm der Probe hinzu.

Schwefelwasserstoff gibt eine ähnliche Gelbfärbung wie Ammoniak, die im Gegensatz zu der Quecksilberammoniumjodid-Färbung auf Schwefelsäurezusatz nicht verschwindet. Bei H_2S-Gegenwart, die sich durch Geruch zu erkennen gibt, wird daher etwas Cadmiumacetat- oder Zinkacetatlösung zugesetzt und nach Absetzen des Cadmium- bzw. Zinkniederschlages das Wasser auf Ammoniak geprüft. Geringe H_2S-Mengen werden durch längeres Schütteln der Wasserprobe vorher entfernt.

Berechnung: Die Ergebnisse werden in mg/l NH_4 angegeben.

$$NH_3\text{-Wert mal } 1{,}059 = NH_4\text{-Wert}$$

$$\text{mg/l } NH_3 = \text{mg/l } NH_4 \cdot 0{,}944$$

$$\text{mg/l N} = \text{mg/l } NH_4 \cdot 0{,}777$$

2. Bestimmung von Proteïdammoniak

(Nur in besonderen Fällen von Trinkwasserverunreinigung sowie bei Abwässern und Vorflut auszuführen)

100 ccm Untersuchungswasser werden mit 2 ccm Schwefelsäure (1 + 1) angesäuert und 15 min lang mit 10 ccm 10⁰/₀iger Kaliumpersulfatlösung (das Kaliumpersulfat muß natürlich absolut frei von Ammonsalz sein, wovon man sich überzeugen muß) im siedenden Wasserbad erhitzt; nach dem Abkühlen wird mit Natronlauge alkalisch gemacht. Nun werden 2 ccm Seignettesalzlösung (Reag. Nr. 28) sowie 1 ccm Neßlers Reagenz (Reag. Nr. 21 a) zugesetzt, in Hehnerzylindern auf 105 ccm aufgefüllt und darauf umgeschwenkt.

Die hierbei auftretende Färbung I wird mit der bei der normalen Ammoniakbestimmung (s. S. 27) auftretenden Färbung II verglichen. Wenn die Färbung bei der Lösung I stärker ist, wird in die Lösung II NH_4-Vergleichslösung (Reag. Nr. 4) bis zur Farbgleichheit hinzugefügt. Aus den hierbei verbrauchten Kubikzentimetern Vergleichslösung wird der Gehalt an Proteïdammoniak errechnet.

3. Bestimmung von Albuminoïdammoniak

(Nur in besonderen Fällen auszuführen, bes. bei Abwasser)

200 ccm Untersuchungswasser werden mit Magnesiumoxyd alkalisch gemacht und das hierbei frei werdende Ammoniak durch Kochen ausgetrieben. Der Destillationsrückstand von etwa 150 ccm wird mit 50 ccm alkalischer Kaliumpermanganatlösung (18 g $KMnO_4$ in 600 ccm Wasser unter Zusatz von 400 ccm 50⁰/₀iger Kalilauge gelöst) versetzt. Von diesem Gemisch werden 100 ccm in eine Vorlage von 20 ccm n/5 Schwefelsäure abdestilliert.

Die nicht verbrauchten Kubikzentimeter n/5 Schwefelsäure werden mit n/5 Natronlauge zurücktitriert (Kongorot als Indikator). 1 ccm verbrauchter n/5 Schwefelsäure entspricht bei Anwendung von 200 ccm Wasser 18 mg/l Albuminoïd-NH_4. Bei geringerem Gehalt an Albuminoïdammoniak arbeitet man kolorimetrisch nach Zusatz von Lauge zum zweiten Destillat, wie es bei der Proteïdammoniakbestimmung angegeben ist.

b) Nitritbestimmung

(Bei jeder Trinkwasserprobe möglichst bald nach der Entnahme vorzunehmen, sonst konservieren, s. S. 19)

Vorkommen: In reinem Wasser keine nachweisbaren Mengen. Geologisch bedingt 0,1–1,0 mg/l NO_2 (in Moorwasser). Im Regenwasser manchmal einige 1/10 mg/l NO_2. In verschmutzten Wässern 0,1 bis 2 mg/l NO_2, zumeist 0,1 bis 0,5 mg/l (Beurteilung s. S. 64).

Orientierender Nachweis: Im Reagenzglas werden 20 ccm des zu untersuchenden Wassers mit 5 Tropfen Phosphorsäure*[1]) und nach dem Umschütteln mit 10 Tropfen Jodzinkstärkelösung* versetzt. Tritt innerhalb weniger Minuten Bläuung auf,

[1]) * bedeutet: Arzneibuchzusammensetzung.

so ist salpetrige Säure zugegen. Bei Mengen über 0,6 mg/l NO_2 tritt die Blaufärbung sofort auf. Eine nach etwa 10 Sekunden auftretende Bläuung zeigt 0,4 bis 0,5 mg/l NO_2 an, nach 30 Sekunden 0,25 mg/l, nach 3 Minuten 0,15 mg/l und nach 8 Minuten 0,06 mg/l NO_2.

Die Prüfung darf nicht in direktem Sonnenlicht ausgeführt werden, da hierbei auch bei Abwesenheit von Nitrit Blaufärbung auftritt. Während der Wartezeit ist das Licht am besten ganz fernzuhalten.

Feldmethode (Prüfung mit Rieglers Reagenz): Als Feldmethode wäre die Prüfung mit Rieglers Reagenz besonders zu empfehlen, da hierbei Störungen wie beim Jodzinkstärkereagenz nicht zu befürchten sind, und da sie sehr empfindlich ist.

Im Reagenzglas werden 20 ccm Untersuchungswasser mit 1 ccm Rieglers Reagenz (Nr. 26) und 2 Tropfen Salzsäure*, und nach dem Umschütteln mit 1 ccm Ammoniak* versetzt. Tritt innerhalb weniger Minuten eine rötliche Färbung auf, so ist salpetrige Säure vorhanden.

Bei Gegenwart von mehr als

2 mg/l NO_2	tritt sofort Burgunderrotfärbung auf,
bei 1 bis 2 mg/l NO_2	tritt innerhalb von 10 sec Himbeerrotfärbung auf,
bei 0,5 bis 1,0 mg/l NO_2	tritt innerhalb von 30 sec Himbeerrotfärbung auf,
bei 0,1 bis 0,5 mg/l NO_2	tritt innerhalb von 10 sec Rosafärbung auf,
bei 0,01 bis 0,1 mg/l NO_2	tritt innerhalb von 10 sec schwache Rosafärbung auf.

Mit dem Hellige-Komparator kann man unter feldmäßigen Bedingungen genauere Werte festlegen.

Größere Eisen- und Manganmengen stören und sind mit Sodanatronlauge zu entfernen. Ebenso stört freies Chlor. Gegebenenfalls wird die Wasserprobe vor der Chlordosierungsanlage entnommen.

1. Kolorimetrische Nitritbestimmung nach Zambelli

Zu 100 ccm Untersuchungswasser werden unter jedesmaligem Umschütteln 2 ccm Sulfanilsäurereagenz (Reag. Nr. 31), nach 10 Minuten 0,5 ccm Naphtholreagenz (Reag. Nr. 21) und gleich darauf 5 ccm Ammoniak (25%ig) zugesetzt. In Hehnerzylindern oder im Kolorimeter wird die auftretende Rosa- bis Rotfärbung mit der der gleichzeitig angesetzten Vergleichslösungen (Reag. Nr. 23) verglichen; Mengen bis 0,03 mg/l NO_2 herab können noch bestimmt werden.

Störungen können bei Huminwässern auftreten. Um diese Störung durch Eigenfärbung zu vermeiden, schüttelt man 200 ccm Wasser, dem 3 ccm Natronlauge zugesetzt sind, mit 2 g Aktivkohle (Reag. Nr. 1) und filtriert. Die ersten 20 ccm des Filtrats werden verworfen. Mit 100 ccm des Filtrats wird die Untersuchung, wie oben, vorgenommen.

Durch freies Chlor wird Nitrit hierbei vorgetäuscht.

Bei sehr harten Wässern, die sich durch Trübung nach dem Ammoniakzusatz zu erkennen geben, setzt man 5%ige Weinsäurelösung vor der nochmaligen Bestimmung zu.

Berechnung: Die Werte werden in mg/l NO_2 angegeben. N_2O_3-Werte werden durch Multiplikation mit 1,211 in NO_2-Werte umgerechnet.

Nitritbestimmung nach Griess-Ilosvay

Noch besser als die obige Methode ist die mit dem Reagenz nach *Griess-Ilosvay*, da bei dieser kein Ammoniak verwendet wird.

100 ccm Wasser werden mit 2 ccm Sulfanilsäurelösung (3 g/l in 5 n Essigsäure) und 2 ccm α-Naphthylaminlösung (1 g/l in 5 n Essigsäure) versetzt und im Neßler-Rohr-Komparator wird nach 10 Minuten die aufgetretene Färbung mit der Farbscheibe[1]) im Hellige-Komparator oder im Photometer verglichen. Bei Gegenwart von freiem Chlor (in gechlortem Wasser) wird zuerst das Naphthylamin und nach 5 Min. die Sulfanilsäure zugegeben oder die Wasserprobe wird nach Alkalizusatz (s. o.) mit Aktivkohle geschüttelt. Nach der Filtration wird mit dem chlorfreien Wasser die Bestimmung ausgeführt.

2. Indolmethode (für geringe Nitritmengen)

100 ccm Wasser werden mit 0,5 ccm Schwefelsäure (1 + 3 Vol.) und nach dem Durchmischen mit 0,2 ccm Indollösung (0,2 g Indol in 150 ccm Alkohol) versetzt. Eine allmählich entstehende Rosa- und Violettfärbung wird nach 10 bis 60 Minuten in einem Schauzylinder mit den Farbtafeln des Kolorimeters nach Meinck-Horn (Lief. Fa. Bergmann & Altmann, Berlin-Zehlendorf-West und Hamburg 1) verglichen. Es muß beachtet werden, daß die Indollösung erst 8 Tage nach der Herstellung voll wirksam ist.

Diese Bestimmung wäre vorteilhaft bei jeder Probenahme an Ort und Stelle auszuführen, besonders als qualitative Vorprobe in 100 cm langen Schauröhren. Ein negativer Befund bei derartigen Schichthöhen erleichtert die Beurteilung sehr und man hat zudem die Sicherheit, daß Nitrite auf dem Transport nicht verschwinden können (s. S. 29). Man kann einen genaueren Farbvergleich auch mit Hilfe von gleichzeitig angesetzten Nitritvergleichslösungen (Reagenz Nr. 23) in Hehnerzylindern vornehmen.

Störungen: Durch freies Chlor wird Nitrit vorgetäuscht. Vor der Probenahme im Wasserwerk wäre daher die Chlordosierung abzustellen. Auch Schwefelwasserstoff gibt eine ähnliche Rosafärbung wie Nitrite. Durch schnelle Belüftung des Wassers vor dem Reagenzzusatz kann diese Störung verhindert werden.

Bei Huminwässern schüttelt man nach Zusatz von Natronlauge mit Aktivkohle (Reagenz Nr. 1), filtriert und säuert an.

c) Nitratbestimmung

(Bei jeder Trinkwasserprobe möglichst bald nach der Probenahme vorzunehmen, sonst ist mit Chloroform zu konservieren.)

Vorkommen: In reinem Wasser meist nur 1 bis 5 mg/l NO_3. Geologisch bedingt[2]) bis 20 mg/l NO_3, selten mehr. In verschmutztem Wasser bis 200 mg/l, meist 50 bis 150 mg/l NO_3. Beurteilung s. S. 64.

In einigen Gebieten Deutschlands kommen aber auch Werte von 100 bis 200 mg/l NO_3 in reinen Grundwässern vor, z. B. in Nordwestdeutschland (s. S. (64)

[1]) Lief. Fa. Fritz Hellige & Co., Freiburg i. Br.

[2]) s. S. 26, Fußnote.

Orientierende Feldbestimmung für Nitrat (Brucinprobe): Im Reagenzglas werden zu 1 ccm Untersuchungswasser 3 ccm konzentrierte nitratfreie Schwefelsäure[1]) unter Kühlung zugesetzt. Zu der völlig erkalteten Mischung gibt man 10 bis 20 mg Brucin und schüttelt um. Wenn der Nitratgehalt 100 mg/l oder mehr beträgt, so entsteht sogleich eine kirschrote Färbung, die allmählich in orange übergeht. Bei 50 mg/l NO_3 wird die Flüssigkeit rosarot, bei 10 mg/l NO_3 hellrosa. Bei 1 mg/l NO_3 tritt die rosa Färbung erst nach einigen Minuten ein.

Störungen: Bei dem großen Säureüberschuß stören Nitrite nicht, wohl aber stört hoher Chloridgehalt (über 1000 mg/l Cl); er muß durch Silbersulfat (starken Überschuß vermeiden) herabgesetzt werden.

Wenn zuviel Brucin aufgestreut wird, so tritt auch bei Abwesenheit von Nitrat Rosafärbung auf. Die Angabe „eine Messerspitze voll" in den bisherigen und neuen Einheitsverfahren der Wasseruntersuchung [1] ist zu ungenau. Mehr als 30 bis 50 mg dürfen keinesfalls angewandt werden.

Freies Chlor stört und muß entfernt werden (s. u.).

Das schweizerische Lebensmittelbuch schreibt für geringe Nitratkonzentration (bis 3 mg/l) Diphenylaminschwefelsäure und für höhere Brucinschwefelsäure als orientierende Probe vor.

Diphenylaminprobe auf Nitrat: In einem Porzellanschälchen von 4 bis 5 cm Durchmesser wird 1 ccm Untersuchungswasser mit 1 ccm Diphenylaminschwefelsäure (Reag. Nr. 11) unterschichtet. Hierbei legt man die Pipettenspitze unterhalb des Schalenrandes an und läßt das Reagenz langsam an der Wandung der Schale herabfließen. Darauf werden durch leichtes Bewegen der Schale die Flüssigkeitsschichten mehrmals aneinander vorbeibewegt.

Verunreinigte Wässer geben sich hierbei durch sofortige Blaufärbung zu erkennen. Die Färbung wird innerhalb weniger Augenblicke tiefblau. Bei den in verschmutzten Wässern enthaltenen Nitratmengen von 50 bis 150 mg/l NO_3 beobachtet man meist die schnelle Bildung von blauen Schlieren am Boden der Schale (Bezeichnung mit + + +).

Wenn die Blaufärbung erst nach einigen Minuten auftritt, so sind weniger als 30 mg/l NO_3 vorhanden, gewöhnlich 10 bis 30 mg/l (Bezeichnung mit + +).

Bei 1,0 bis 10,0 mg/l NO_3 tritt eine engumgrenzte geringe Blaufärbung erst nach 5 bis 10 Minuten ein (Bezeichnung mit +).

Nach der von *Tillmans* angegebenen Methode mit Zusatz von Salzsäure können im allgemeinen geringere Mengen als nach obiger Methode erfaßt werden, was jedoch für die hygienische Beurteilung belanglos ist.

Störungen: Nitrite geben dieselbe Reaktion. Wurde bei der Nitritbestimmung hoher Nitritgehalt gefunden, so läßt man daher eine Probe von 10 ccm Untersuchungswasser mit 0,2 ccm einer 5%igen Harnstofflösung und 5 ccm Schwefelsäure 20 Min. stehen und stellt dann mit 1,5 ccm der Probemischung die Diphenylaminreaktion an.

Hoher Chloridgehalt stört bei der Diphenylaminprobe im Gegensatz zu der Brucinprobe nicht. Hoher Eisengehalt (über 5 mg/l) beeinflußt jedoch die Diphenylamin- und Brucinprobe. Eisen kann durch einfaches Schütteln der Probe (Luftsauerstoff) oder durch Schütteln mit Zinkoxyd und nachherige Filtration leicht entfernt werden. Die Diphenylaminprobe wird ebenso wie die Brucinprobe durch freies Chlor gestört. Gechlortes Wasser müßte daher zuvor durch Schütteln oder durch Aktivkohle entchlort werden.

1. Kolorimetrische Nitratbestimmung nach Noll

In zwei Erlenmeyerkolben zu 100 ccm werden zu je 10 ccm Untersuchungswasser und Vergleichslösung (Reag. Nr. 22) genau 0,6 ccm einer 5%igen Brucinlösung in Eisessig und nach dem Vermischen 20 ccm konzentrierte Schwefelsäure D mindestens 1,84, nitratfrei (s. u.)[1]), in einem Guß zugesetzt. Die Gemische werden nach einer ½ Minute

[1]) Blindversuch wichtig! Nitrathaltige Schwefelsäure kann man gegebenenfalls durch 10 Minuten langes Kochen unter Zusatz von 5 g/l Kochsalz nitratfrei machen.

in Hehnerzylinder oder in Schauröhren gegeben, in denen sich 73 ccm dest. Wasser (Reag. Nr. 10) befinden. Um Verluste zu vermeiden, gießt man einen Teil der Mischung nochmals in die Schale zurück[1]). Nach Mischung und Kontraktion beträgt das Gesamtvolumen 100 ccm. Innerhalb von 4 bis 6 Minuten wird danach der Farbvergleich auf weißer Unterlage vorgenommen (s. u.). Die etwa noch vorhandenen Luftbläschen sind vor dem Farbvergleich durch sanftes Aufstoßen der Schauröhren restlos zu entfernen, da sie den Farbvergleich sehr stören und zu falschen Resultaten führen.

Die Bestimmung kann in gleicher Weise im Kolorimeter nach Meinck-Horn[2]) vorgenommen werden[3]), wobei die auftretenden Färbungen mit den Farben auf der Trommel verglichen werden. Meßbereich: 1 bis 20 mg/l NO_3. Man erspart bei dieser Methode die Herstellung der Vergleichslösungen und damit auch die Schwefelsäure für dieselben.

Von Wässern mit mehr als 20 mg/l wendet man nur 5 ccm, bei verschmutzten Wässern entsprechend noch weniger an.

Umrechnungen:

$$1 \text{ mg } NO_3 = 0{,}871 \text{ mg } N_2O_5$$
$$N_2O_5\text{-Wert mal } 1{,}148 = NO_3\text{-Wert}$$

Störungen bei der Nitratbestimmung

Freies Chlor und Hypochlorit stören bei der Brucinmethode ebenso wie bei der Diphenylaminmethode und müssen entfernt werden (A-Kohle nach Alkalizusatz s. u.).

Huminwässer und getrübte Wässer werden nach Zusatz von ca. 1 ccm Natronlauge mit Aktivkohle (Reag. Nr. 1) geschüttelt und filtriert. Die ersten Anteile werden verworfen, da sie sich durch Auswaschen der Filter, die manchmal nitrathaltig sind, an Nitrat anreichern können. Der p_H-Wert des Wassers muß durch Alkalizusatz auf ca. 9 gebracht werden (mit 2 bis 3 NaOH-Pastillen Merck). Eine weitgehende Klärung und Entfärbung kann auch durch Sodanatronlauge (Reag. Nr. 29) erreicht werden (2 ccm auf 200 ccm Untersuchungswasser) oder durch Zusatz von 2 ccm einer 10%igen Aluminiumsulfatlösung zu 200 ccm des Wassers.

Nitrite: Bei einem Nitritgehalt von mehr als 0,5 mg/l NO_2 muß dieser durch Zusatz von 0,2 g Harnstoff zu 10 ccm Wasserprobe, die mit verdünnter Schwefelsäure angesäuert wird, durch 24stündiges Stehen entfernt werden. Nitrit kann auch durch 5%ige Harnstofflösung oder durch Natriumacid (1 Tropfen einer 5%igen Lösung) in dem mit Essigsäure angesäuerten Wasser entfernt werden.

Chloride: Sehr hoher Chloridgehalt (etwa über 500 mg/l Cl) muß mit Silbersulfat herabgesetzt werden, wobei ein größerer Überschuß vermieden werden muß. Wenn das

---

1) Für das Mischen wird die „Rührkugel" (*Höll*, „Die chemische Fabrik", 1934) empfohlen, und zwar die große. Sie kann durch die Firma H. A. Freye, Braunschweig, oder Firma Fritz Kühn, Frankfurt/Main W 13, bezogen werden oder durch Zuschmelzen einer Glasröhre und nachheriges Aufblasen des Endes zu einer Kugel selbst angefertigt werden.

2) Lief. Fa. Bergmann & Altmann, Berlin-Zehlendorf.

3) Jedoch mit 0,5 ccm Brucinlösung.

ausgefallene Silberchlorid sich stark zusammenballt, so muß dieses gut ausgewaschen werden.

Eisen: Wässer mit hohem Eisengehalt (> 3 mg/l) werden mit etwas Zinkoxyd filtriert, wobei die ersten Anteile des Filtrats verworfen werden.

Schlammpartikelchen stören bei der Brucinmethode durch Dunkelfärbung des Reaktionsgemisches, sie müssen daher vor der Bestimmung durch Filtrieren entfernt werden (nitratfreie Filter verwenden).

2. Neue spezifische Nitratbestimmung mit Natriumsalicylat

Da die Brucinmethode sehr störanfällig ist und keine große Genauigkeit hat, wird jetzt die Salicylatmethode angewandt (*R. Müller* u. *O. Widemann*, Vom Wasser, Bd. XXII, 1955).

20 ccm Untersuchungswasser werden mit 1 ccm einer frisch bereiteten 0,5%igen Natriumsalicylatlösung auf dem Wasserbad eingedampft. Nach dem Erkalten werden 2 ccm Schwefelsäure (D 1,84) zugesetzt. Nach 10 Min. wird mit 25 ccm dest. Wasser in Kolorimeterzylinder oder Küvetten gespült und mit 7 ccm Lauge (30 % NaOH + 0,6 % Seignettesalz) versetzt. Nach 10 Min. wird die aufgetretene Gelbfärbung im Kolorimeter oder Photometer gemessen.

Störungen: Bei Huminwässern muß mit Aluminiumsulfat geklärt werden (s. S. 33). Chloride über 200 mg/l Cl müssen mit Silbersulfat ausgefällt werden, wobei ein Überschuß vermieden werden muß. Größere Eisenmengen müssen durch Schütteln mit Zinkoxyd wie bei der Chloridbestimmung entfernt werden (s. S. 41). Nitrite stören nicht, auch in größeren Mengen wenig.

Mineralwässer, Brackwässer und nitritarme Huminwässer werden am besten mit Dewarda-Legierung (1 g Dewarda-Legierung und 0,5 g Magnesiumoxyd auf 20 bis 100 ccm Wasserprobe) destilliert. Das Destillat wird im Meßkolben auf 100 ccm aufgefüllt. Der im Destillat vorhandene Ammoniak wird mit Neßlers Reagenz* bestimmt (s. S. 27) und die erhaltene Menge auf Nitrat umgerechnet. 1 mg NH_4 entspricht 3,44 mg NO_3; 1 mg NH_3 entspricht 3,64 mg NO_3.

3. Kolorimetrische Bestimmung kleinster Nitratmengen nach Kuisel

(Helv. Chim. **18** [1934, 195])

25 bis 100 ccm Wasser werden in einer Glasschale nach Zusatz von 1/10 N-Schwefelsäure bis zu einer Restalkalität von 0,5 ccm 1/10 N-Säure, d. h. also der zur Karbonathärte-Bestimmung für 25 ccm Wasser verbrauchten Anzahl n/10 H_2SO_4 abzüglich 0,5 ccm, auf dem Wasserbad zur Trockne verdampft. In die erkaltete Schale gibt man 1 ccm Phenoldisulfosäure[1]) und stellt das Gläschen nochmals für eine Minute auf das siedende Wasserbad. Nach dem Abkühlen wird mit destilliertem Wasser in Kolorimeterzylinder oder Küvetten gespült und nach Zusatz von 10 ccm Ammoniak 10%ig mit den auf gleiches

[1]) Die Phenoldisulfosäure wird durch längeres Erhitzen auf dem Wasserbad von 3 g Phenol in 37 g konzentrierter Schwefelsäure hergestellt (s. auch *F. Gessner*, Int. Rev. ges. Hydrob. 43, 1943).

Volumen gebrachten, ebenso behandelten Lösungen (Vergleichslösungen) verglichen. Die Genauigkeit beträgt ca. 0,1 bis 0,2 mg/l NO_3.

Bei nitratarmen Wässern kann man auch die für γ-Werte im Meerwasser von *Atkins* ausgearbeitete Methode mit Diphenylbenzidin anwenden (J. marin. biol. Ass. Bd. 18, 1932). 2 ccm der Wasserprobe werden mit 6 ccm Schwefelsäure* und nach dem Abkühlen mit 1,5 ccm Diphenylbenzidin-Reagenz (20 mg Di in 100 ccm Schwefelsäure) versetzt. Nach 24 Stunden wird die aufgetretene Blaufärbung mit der von Standardlösungen verglichen.

Für genaue Bestimmungen geringer Nitratgehalte ist die Reduktion mit Zinkstaub zu empfehlen. Man setzt zu 100 ccm Wasser 0,5 ccm Schwefelsäure (1 + 3) und etwas Zinkstaub hinzu. Nachdem sich das Gemisch geklärt hat, setzt man sogleich etwas Indol zu. Das entstandene Nitrit gibt eine Rotviolettfärbung, die nach den Angaben auf S. 31 kolorimetrisch bestimmt wird.

4. Hellige-Methode

Sehr bequem gestaltet sich die Nitratbestimmung mit dem Hellige-Apparat (Lief. Fa. Hellige & Co., Freiburg i. Br.).

Nach der Gebrauchsanweisung werden 10 ccm Untersuchungswasser in einem Kolben von 50 bis 100 ccm Inhalt mit 1 ccm Brucinschwefelsäure (s. u.) und 20 ccm reiner konzentrierter Schwefelsäure (D mindestens = 1,84) versetzt und gemischt. Nach 5 Minuten wird unter der Wasserleitung abgekühlt und in der 13-mm-Küvette die aufgetretene Färbung mit der Farbscheibe 3060/63 im Komparator verglichen.

Meßbereich 4 bis 20 mg/l NO_3. Für Feldlaboratorien ist der Hellige-Apparat besonders geeignet, da hierbei große Mengen Schwefelsäure für die Vergleichslösungen gespart werden. Ein weiterer Vorteil ist die Möglichkeit der Kompensierung von Eigenfärbungen mit Hilfe der Kompensationsküvette (2,5 ccm Untersuchungswasser + 5,25 ccm konzentrierte Schwefelsäure). Geringere NO_3-Mengen können im Neßler-Rohr-Komparator der Fa. Hellige & Co., Freiburg i. Br., mit Phenoldisulfosäure bestimmt werden.

Für die Bereitung der Brucinschwefelsäure benutzt man einen Erlenmeyerkolben zu 50 ccm, der mit destilliertem Wasser benetzt ist; die geringen Mengen Wasser bewirken sofortige Lösung der 0,2 g Brucin in den zugefügten 10 ccm Schwefelsäure. Die Brucinschwefelsäure ist nicht haltbar und muß täglich frisch bereitet werden.

Störungen durch hohen Chloridgehalt (s. oben).

Berechnung: Der für mg/l N_2O_5 bei der Hellige-Methode gefundene Wert wird durch Multiplikation mit 1,148 auf mg/l NO_3 umgerechnet.

5. Nitronmethode

Für sehr nitratreiche Wässer und Abwässer (über 200 mg/l) eignet sich die Nitronmethode. Man dampft eine entsprechende Wassermenge nach Ansäuern mit Schwefelsäure mit 10 ccm Nitronlösung (Merck, Darmstadt, 10 % in 5 %iger Essigsäure gelöst) auf dem Wasserbad stark ein, filtriert nach zweistündigem Stehenlassen im Eisschrank die entstandenen Nitronkristalle ab, wäscht mit Eiswasser aus und wägt nach dem Trocknen bei 105°. Chloride stören.

1 mg Nitronnitrat = 0,1653 mg NO_3.

d) Kaliumpermanganatverbrauch

(Bestimmung der organischen Substanzen des Wassers)

(Bei jeder Trinkwasserprobe möglichst bald nach der Probenahme bestimmen, sonst Probe konservieren, s. S. 19).

Vorkommende Werte: In reinen Grundwässern gewöhnlich nur einige mg/l bis 12 mg/l, meist 3 bis 8,0 mg/l $KMnO_4$. Geologisch bedingt bis 300 mg/l (Moorwässer). In verschmutzten Wässern 20 bis 150 mg/l $KMnO_4$.

Reine Oberflächenwässer haben meist 10 bis 30 mg/l $KMnO_4$. Aber Alpenseen und die oligotrophen (nährstoffarmen) Seen des Flachlandes haben nur 2 bis 10 mg/l.
Beurteilung s. S. 66.

Orientierende Feldbestimmungen

1. Wasserfarbe: Schon an der Farbe des Wassers kann man ersehen, ob viel oder wenig organische Stoffe vorhanden sind. In einem Glaszylinder von 200 ccm oder einer Schauröhre mit planparallelem Boden füllt man das Wasser 40 cm hoch und beobachtet die Färbung, indem man den Zylinder in einiger Entfernung über eine weiße Unterlage hält und mit einem gleichen Zylinder, der mit destilliertem Wasser gefüllt ist, vergleicht.

   Folgende Färbungen kann man hierbei feststellen:

   Wasser mit

1 bis	10 mg/l $KMnO_4$-Verbrauch	farblos
10 bis	15 mg/l $KMnO_4$-Verbrauch	gegenüber Aqua dest. gerade erkennbare gelbliche Verfärbung
15 bis	20 mg/l $KMnO_4$-Verbrauch	gelbliche Verfärbung; ohne Vergleich mit Aqua dest. eben erkennbar
30 bis	40 mg/l $KMnO_4$-Verbrauch	gelblich
60 bis	80 mg/l $KMnO_4$-Verbrauch	kräftige Gelbfärbung (wie Weißwein)
80 bis	100 mg/l $KMnO_4$-Verbrauch	Gelbbraunfärbung
120 bis	150 mg/l $KMnO_4$-Verbrauch	Braunfärbung
200 bis	300 mg/l $KMnO_4$-Verbrauch	Rotbraunfärbung

   Von etwa 30 mg/l $KMnO_4$-Verbrauch an kann man in der farblosen Probeflasche in der Durchsicht eben eine gelbliche Verfärbung erkennen, bei 60 mg/l erkennt man bei seitlichem Betrachten der Probeflasche eine Gelbfärbung.

   Diese Prüfungen dürfen nur bei frisch abgezapften Proben vorgenommen werden. Beim Stehenlassen der Wasserprobe treten nämlich u. U. durch kolloides oder ausgeflocktes Eisen bald erhebliche Veränderungen auf.

2. Schüttelprobe: Frischgezapfte verunreinigte Wässer geben bei längerem Schütteln im Reagenzglase oft mehrere Sekunden anhaltenden Schaum; Moorwässer verhalten sich ähnlich. Methylenblauzusatz macht dies deutlicher.

3. Reagenzglasprobe mit Permanganat: In einem Reagenzglas gibt man zu 10 ccm Wasser 5 Tropfen verdünnte Schwefelsäure und 3 Tropfen n/100 Kaliumpermanganatlösung. Nach dem Umschütteln läßt man das Gemisch zunächst 5 Minuten stehen und erhitzt dann vorsichtig bis zum Aufkochen. Das Reagenzglas ist hierbei mit Hilfe einer Papierrolle festzuhalten. Da sehr leicht Siedeverzug eintritt und die kochende Flüssigkeit herausspritzt, ist das Reagenzglas außerdem fortwährend stark zu bewegen. Wässer mit Permanganatzahlen über 30 mg/l zeigen hierbei bei gewöhnlicher Temperatur Entfärbung in wenigen Minuten. Bei mehr als 50 mg/l $KMnO_4$ werden auch 5 bis 6 Tropfen entfärbt. Wässer mit 20 bis 30 mg/l Permanganatverbrauch werden beim Auf-

kochen entfärbt. Wässer mit 12 bis 20 mg/l Permanganatverbrauch zeigen Entfärbung, wenn man das Gemisch nach dem Kochen einige Minuten stehenläßt.

Wässer mit Permanganatzahlen unter 12 mg/l werden auch beim Kochen und längeren Stehenlassen nicht entfärbt.

1. Bestimmung der Permanganatzahl nach Kubel (Oxydierbarkeit)

Bei einem Chloridgehalt bis zu 300 mg/l Cl (s. Vorprobe auf Cl S. 40).

Gefäßreinigung: Man verwendet für diese Bestimmung besonders gereinigte Erlenmeyerkolben von 300 ccm. Die Reinigung geschieht durch längeres Auskochen mit einer etwa 1/1000 norm. Kaliumpermanganatlösung, die mit Schwefelsäure angesäuert wird[1]). Darauf wird sorgfältig mit destilliertem Wasser (Reag. Nr. 10) ausgespült. Es ist darauf zu achten, daß sich keine Braunsteinflecken an den Wandungen gebildet haben. Solche Kolben sind für die Bestimmung unbrauchbar. Für laufende Untersuchungen wird stets ein Satz von 3 bis 6 der gereinigten Kolben vorrätig gehalten. Der Kolbenhals wird hierfür mit einem darüber gestülpten Becherglas bedeckt. Für ortsfeste chemische Untersuchungsstellen ist die Benutzung automatischer Füllbüretten bei dieser Bestimmung zu empfehlen. Quetschhahnbüretten mit Gummischlauchansatz sind zu vermeiden.

Ausführung der Bestimmung: 100 ccm Wasser werden mit 5 ccm Schwefelsäure (1 + 3 Vol.) versetzt und zum Sieden erhitzt. Da die Permanganatlösung sehr leicht Siedeverzug gibt, kocht man mit gereinigten Glasperlen oder etwas ausgeglühtem Bimsstein. Noch besser sind unten ausgehöhlte Glasstäbe als Siedestäbe (Lief. Fritz Kühn, Frankfurt/Main W 13). Diese erleichtern die Permanganatbestimmung ganz erheblich.

In die noch siedende Flüssigkeit gibt man rasch 15 ccm n/100 Kaliumpermanganat und kocht nach Verschluß mit einer Kühlbirne oder Trichter vom neu beginnenden Sieden an genau 10 Minuten (Weckeruhr oder Stoppuhr) in ruhigem, nicht zu lebhaftem Sieden.

Wird während des Kochens die Flüssigkeit entfärbt oder annähernd entfärbt, so setzt man erneut 15 ccm n/100 Kaliumpermanganat zu und berücksichtigt dies im Ergebnis. Bei gelbgefärbten Huminwässern werden von vornherein nur 25 oder 50 ccm Untersuchungswasser angewandt und diese mit destilliertem Wasser (Reag. Nr. 10) auf 100 ccm verdünnt. Bei Abwässern verwendet man die $^1/_{10}$ normale Kaliumpermanganatlösung für 50 ccm Abwasserprobe.

In die siedende Flüssigkeit werden nach 10 Minuten 15 ccm n/100 Oxalsäure gegeben (Vorsicht, Siedeverzug!) und bis zur vollständigen Entfärbung weitergekocht. Nach der Entfärbung wird die siedend heiße Flüssigkeit mit n/100 Kaliumpermanganat bis zur eben sichtbaren Rosafärbung titriert. Der heiße Kochkolben wird dabei mit einer um den Hals gelegten Papierrolle oder mittels eines Lederriemens gehalten. Die Titration wird auf einer weißen Unterlage bei hellem Tageslicht ausgeführt. Doppelbestimmungen sind unbedingt anzuraten.

Wenn hierbei mehr als 10 ccm verbraucht worden sind, wird die Bestimmung mit 2 × 15 ccm n/100 $KMnO_4$-Lösung wiederholt.

---

[1]) Die in den Einheitsverfahren angegebene 1 %ige $KMnO_4$-Lösung ist hierfür viel zu stark, da sie auch bei starkem Ansäuern leicht Manganabscheidungen an den Glaswandungen ergibt.

Titerbestimmung:

In der austitrierten, schwach rosa gefärbten Lösung wird von Zeit zu Zeit der Faktor der n/100 Kaliumpermanganatlösung bestimmt, in dem man nochmals 15 ccm n/100 Oxalsäure zusetzt und in der Siedehitze wieder mit n/100 $KMnO_4$ auf schwach rosa titriert (Berechnung s. u.). Auch die n/100 Oxalsäure muß des öfteren kontrolliert werden. Der Titer der n/100 Kaliumpermanganatlösung darf nicht zu weit absinken, sonst erhält man trotz Umrechnung falsche Werte.

Bei Reihenuntersuchungen empfiehlt es sich, nicht mehr als drei Proben auf einmal zu erhitzen. Drei weitere Kolben werden währenddessen befüllt. Das Sieden muß gleichzeitig bei allen drei Proben erfolgen, gegebenenfalls gleicht man durch Stellen der Bunsenflamme bzw. durch vorsichtiges Erhitzen über freier Flamme aus. Nach 10 Minuten langem Sieden werden die Kolben kurze Zeit in kaltes Wasser gesetzt, nachdem man sie mit Bleiringen beschwert hat.

Störungen können auftreten, wenn im Wasser Schwefelwasserstoff, Sulfide und Nitrite vorhanden sind. In diesen Fällen wird nach dem Schwefelsäurezusatz erst einige Minuten gekocht und dann erst Permanganatlösung zugesetzt.

Wenn Ferrosalze in größeren Mengen vorhanden sind, so sind pro 1 mg Ferroeisen 0,57 mg $KMnO_4$ abzuziehen; bei Mangan ist pro 1 mg Mn 0,6 mg $KMnO_4$ zuzuzählen.

Suspendierte Stoffe verbrauchen viel Kaliumpermanganat; man findet daher zu hohe Werte. Bei Oberflächenwasser aus Seen mit Wasserblüte führt man die Permanganatbestimmung deshalb im filtrierten und unfiltrierten Wasser durch.

2. Permanganatzahlbestimmung nach Schulze-Trommsdorf

Bei einem Chloridgehalt über 300 mg/l Cl.

Bei Gegenwart von mehr als 300 mg/l Chloriden werden nach Schulze-Trommsdorf an Stelle von 5 ccm Schwefelsäure 0,5 ccm Natronlauge (33 %) und nach dem Oxalsäurezusatz 5 ccm Schwefelsäure (1 + 3 Vol.) zugesetzt; im übrigen wird wie oben verfahren.

Berechnung des Kaliumpermanganatverbrauchs: 1 ccm n/100 Kaliumpermanganatlösung entspricht 0,3161 mg $KMnO_4$. Bei Anwendung von 100 ccm Wasser ergibt die Anzahl verbrauchter ccm mit 3,161 multipliziert den Permanganatverbrauch in mg/l $KMnO_4$ an. Bei abweichendem Titer ist dies bei der Bestimmung zu berücksichtigen (s. u.).

Bei Gegenwart von Eisen ist obige Korrektur vorzunehmen. Wenn der Titer der n/100 Kaliumpermanganatlösung sich geändert hat, so entnimmt man aus der Spalte 2 der folgenden Tabelle den Faktor zur Umrechnung auf mg/l $KMnO_4$. Wenn z. B. bei der obigen Titerbestimmung statt 15,0 ccm n/100 $KMnO_4$ nur 14,7 ccm n/100 $KMnO_4$ auf 15,0 ccm n/100 Oxalsäure verbraucht wurden, multipliziert man statt mit 3,161 mit 3,225, um auf mg/l $KMnO_4$-Verbrauch zu kommen.

Beim Kochen in alkalischer Lösung stören Schwefelwasserstoff und Nitrit. Diese müssen durch kurzes Kochen in saurer Lösung vorher entfernt werden.

1. Titerbestimmung. Für 15,0 ccm n/100 Oxalsäure

wurden verbraucht:	2. Umrechnungsfaktor:
14,7 ccm n/100 $KMnO_4$	3,225
14,8	3,203
14,9	3,182
15,0	3,161
15,1	3,140
15,2	3,119
15,3	3,100

Herstellung der n/100 Kaliumpermanganatlösung: 3,161 g reinstes Kaliumpermanganat werden zu 1 l dest. Wasser (Reag. Nr. 10) gelöst. Die erhaltene n/10-Lösung wird auf das 10fache verdünnt.

Herstellung der n/100 Oxalsäure: 6,698 g Natriumoxalat (bei 240° C getrocknet) werden im 1-l-Meßkolben in etwa 200 ccm Wasser gelöst, mit 50 ccm Schwefelsäure (1 + 3) versetzt und zu 1 l aufgefüllt. Nach dem Verdünnen auf das Zehnfache erhält man eine n/100 Oxalsäure. Es wird stets reinstes dest. Wasser (Reag. Nr. 10) verwendet.

Der sogenannte Sauerstoffverbrauch: Die Oxydierbarkeit eines Wassers kann man statt in $KMnO_4$-Werten auch in mg/l Sauerstoffverbrauch angeben; man dividiert zu diesem Zweck den $KMnO_4$-Wert durch vier. Man kann den Kaliumpermanganatverbrauch auch als mg/l organische Substanz angeben; als annähernde Richtzahl ist dafür anzusehen 1 mg/l $KMnO_4$ = 5,25 mg/l organische Substanz.

e) Bestimmung der Chlorzahl

Allgemeines: Die Bestimmung der Chlorzahl gibt wie die der Permanganatzahl Aufschluß über den Gehalt an organischen Stoffen. Bei der Chlorzahl werden aber organische Stoffe erfaßt, die bei der Permanganatzahl nicht erfaßt werden, besonders die von Fäkalien herrührenden Verunreinigungen. Bei frischen fäkalen Verunreinigungen ist die Chlorzahl höher als die Permanganatzahl.

Ausführung: 100 ccm Untersuchungswasser werden in einem Erlenmeyerkolben von 300 ccm Inhalt mit 25 ccm Chlorlauge (Reag. Nr. 7) versetzt und in einem Zeitraum von genau 5 Minuten zum Sieden gebracht (Stoppuhr oder Weckuhr). Der Kolben wird dabei mit einer Kühlbirne verschlossen. Genau 10 Minuten nach beginnendem Sieden wird unter der Wasserleitung schnell abgekühlt.

In die auf Zimmertemperatur abgekühlte Mischung werden 0,5 g Kaliumjodid und 1 ccm Phosphorsäure* (oder 7,5 ccm verdünnte Salzsäure) gegeben. Das frei gewordene Jod wird nach 10 Minuten mit n/50 oder n/100 Natriumthiosulfat titriert (Stärkelösung als Indikator zum Schluß der Titration). Bei Chlorzahlen über 100 mg/l wird das Untersuchungswasser verdünnt.

Gleichzeitig werden zur Titerbestimmung der Chlorlauge 100 ccm dest. Wasser (Reag. Nr. 10) mit 20 ccm Chlorlauge in gleicher Weise gekocht.

Berechnung: Bei Anwendung von 100 ccm Wasser entspricht 1 ccm verbr. Chlorlauge: 7,09 mg/l Chlor. Auswertung s. S. 67.

f) Chloridbestimmung

Vorkommen: In reinem Wasser 1 bis 30 mg/l Cl.

Geologisch bedingt[1]): Bis 200 mg/l Cl. In der Nähe von Salzsolen, im Zechstein und in Küstengebieten (Brackwasser) oft bedeutend mehr. Verunreinigte Wässer: Bis 300 m/l und mehr, meist 50 bis 150 mg/l Cl.

Beurteilung s. S. 68.

Orientierende Feldbestimmung: In einem Reagenzglas werden zu 10 Tropfen verdünnter Salpetersäure 20 ccm Wasser und nach dem Umschütteln 1 bis 2 ccm n/10 Silbernitratlösung zugesetzt.

Man erhält bei einem Chloridgehalt von:

3— 10 mg/l Cl	Opaleszenz,
10— 15 mg/l Cl	opalisierende Trübung,
15— 20 mg/l Cl	schwache Trübung,
20— 30 mg/l Cl	Trübung wie DAB 6,
30— 80 mg/l Cl	starke Trübung, noch durchsichtig,
80—150 mg/l Cl	starke milchige Trübung,
150—300 mg/l Cl	flockige Trübung, undurchsichtig, allmählich käsige Zusammenballung,
über 300 mg/l Cl	sofort käsiger Niederschlag.

Für die Felduntersuchung wird ein Vergleich mit einer ebenso behandelten Kaliumchloridlösung 0,063 gKCl/l (= 30 mg/l Cl) vorgenommen. Wenn die Trübung des Untersuchungswassers stärker ist als die der Vergleichslösung, so liegt ein bedenklicher Chloridgehalt vor, falls er nicht geologisch bedingt ist[1]).

1. Titrimetrische Chloridbestimmung nach Mohr-Winkler

In einer weißen glasierten Porzellanschale oder in einem auf einer weißen Unterlage stehenden Erlenmeyer werden 100 ccm der Wasserprobe mit 1 ccm 10%iger Kaliumchromatlösung versetzt und mit n/50 Silbernitratlösung oder einer empirischen Silbernitratlösung (s. u.) bis zur eben erkennbaren gelblichbraunen Färbung titriert. Diese Färbung muß 1 bis 3 Minuten lang bestehen bleiben, sonst muß Silbernitrat nachgegeben werden. Während der Titration wird ständig mit einem Glasstab stark umgerührt.

Um den Umschlag besser erkennen zu können, stellt man neben die Schale eine gleiche mit der gleichen Wassermenge, die ebenfalls mit 1 ccm Kaliumchromatlösung versetzt wurde.

Werden mehr als 10 ccm n/50 Silbernitratlösung verbraucht, so ist die Titration nach entsprechender Verdünnung zu wiederholen, da die entstehenden Trübungen die Erkennung des Umschlages erschweren. Hierbei ist es vorteilhaft, die austitrierte Probe, die durch Zusatz von etwas Untersuchungswasser oder einigen Körnchen Kochsalz wieder umgefärbt wurde, zum Vergleich heranzuziehen.

Nach *W. Ohle* erleichtert die Verwendung einer gelben Brille die Erkennung des Umschlagpunktes bei der Titration.

---

[1]) s. Fußnote S. 26

Bei Brackwasser, Solquellen und Wasser aus der Nähe von Solquellen werden am besten gewichtsanalytische Methoden für die Chloridbestimmungen angewandt oder man arbeitet nach der Methode von *Volhard* mit ½ Normal-Silbernitratlösung und ½ Normal-Ammoniumrhodanidlösung (s. bei Heilwasser).

Winklersche Korrektionstabellen: Werden weniger als 10 ccm n/50 Silbernitratlösung verbraucht, so sind für genaue Untersuchungen Korrekturwerte von dem Titrationsergebnis abzuziehen, und zwar bei einem Verbrauch von:

0,2—0,3 ccm	n/50	$Ag\ NO_3$	für	100 ccm	Wasser	0,13 ccm
0,5—0,7 ccm	n/50	$Ag\ NO_3$	für	100 ccm	Wasser	0,15 ccm
0,8—1,0 ccm	n/50	$Ag\ NO_3$	für	100 ccm	Wasser	0,16 ccm
3,0—4,0 ccm	n/50	$Ag\ NO_3$	für	100 ccm	Wasser	0,18 ccm
5,0—10 ccm	n/50	$Ag\ NO_3$	für	100 ccm	Wasser	0,2 ccm

Schwedische Limnologen fanden, daß bei Wässern, die nur 2 bis 3 mg/l Cl haben, nach dieser Methode zu niedrige Werte gefunden werden und daß man deshalb das Wasser entsprechend einengen muß.

Zur Titration chloridarmer Wässer eignet sich sehr gut eine empirische Silbernitratlösung (4,791 g Silbernitrat p. a. zu 1000 ccm in abgekochtem destilliertem Wasser gelöst). Diese Lösung zeigt, bei Anwendung von 100 ccm Wasser, pro ccm 1 mg Cl = 10 mg/l Cl.

Störungen bei der Chloridbestimmung

Eisenreiche Wässer werden zur Entfernung des Eisens mit etwas Zinkoxyd geschüttelt und filtriert. Das Zinkoxyd DAB 6 muß natürlich chloridfrei sein, anderenfalls muß es vor seiner Verwendung mit heißem destilliertem Wasser ausgewaschen werden, bis das Wasser chloridfrei abläuft.

Moorwässer werden durch Schütteln mit chloridfreiem, frisch gefälltem Aluminiumhydroxyd (Reag. Nr. 2) oder Aktivkohle (Reag. Nr. 1) von den störenden Huminstoffen befreit.

Huminwässer werden mit Kaliumpermanganatlösung gekocht und der $KMnO_4$-Überschuß mit Alkohol beseitigt.

Schwefelwasserstoff wird durch Belüften oder Aufkochen der Wasserprobe entfernt. H_2S und Sulfide können auch durch Zusatz von einigen Tropfen H_2O_2 unschädlich gemacht werden.

Stark saure und stark alkalische Wässer neutralisiert man unter Zuhilfenahme von p_H-Papieren. Kohlensäurereiche Wässer, insbesondere Säuerlinge, müssen vor der Titration durch Erwärmen entgast werden.

Berechnung: 1 ccm n/50 Silbernitratlösung entspricht 0,7092 mg Cl. Bei Anwendung von 100 ccm Wasser gibt die Anzahl verbrauchter ccm n/50 Silbernitratlösung mit 7,092 multipliziert den Chloridgehalt des Wassers in mg/l Cl. Bei Verwendung der empirischen Silberlösung (s. o.) sind die für 100 ccm Wasser verbrauchten ccm nur mit 10 zu multiplizieren.

1 ccm n/10 Silbernitrat entspricht 3,5457 mg Cl.

Schweizerische Limnologen, *W. Schneebeli* und *M. Staub*, fanden in ihren äußerst chloridarmen Urgesteinsgewässern Unstimmigkeiten bei der *Mohr*schen Methode; sie schlugen daher folgende kolorimetrische Methode für die Bestimmung von Cl-Mengen von 0,4 bis 4,0 mg/l vor (Mitt. Geb. Lebensm. Untersuchg. Bd. **36**, 20—24, 1945).

2. Chloridbestimmung nach Schneebeli und Staub

100 ccm Wasser werden wie bei der *Mohr*schen Methode mit 1 ccm Kaliumchromatlösung versetzt, dann aber mit einem Überschuß von Silbernitrat versetzt, und zwar insgesamt mit 0,45 ccm einer 1/35,5 Normal-Silbernitratlösung tropfenweise unter sehr starkem Rühren mit einem Glasstab.

Zum Vergleich werden Testlösungen mit 0,4; 0,8; 1,2 und 2,0 mg/l Cl in gleicher Weise behandelt. Der Vergleich wird nach 1 bis 2 Min. vorgenommen. Ist die Färbung der Wasserprobe schwächer als die der Testlösung von 2 mg/l Cl, so werden weitere 0,2 ccm Silbernitratlösung zur Wasserprobe zugesetzt, bis die entstehende Färbung innerhalb der Testreihe liegt. Nach folgender Tabelle wird dann das Resultat errechnet.

Zugesetzte ccm Ag-Lösung	ergibt mg/l Cl				
0,45	0,4	0,8	1,2	1,6	2,0
0,65	2,4	2,8	3,2	3,6	4,0
0,85	4,4	4,8	5,2	5,6	6,0

3. Mercurinitratmethode

(Für sehr geringe Chloridmengen)

100 ccm Untersuchungswasser werden nach Zusatz von 1 ccm n/1 Salpetersäure (chloridfrei!) und 1 ccm Diphenylcarbazonlösung (0,1%ig, alkohol.) mit Mercurinitratlösung bis zur Violettfärbung titriert.

Die Mercurinitratlösung wird hergestellt durch Auflösen von 3,084 g Quecksilberoxyd in 3,6 ccm Salpetersäure und Auffüllen zu 1000 ccm. 1 ccm davon entspricht 1 mg Cl.

g) Phosphatbestimmung

V o r k o m m e n: In reinem Grundwasser meist keine nachweisbaren Mengen, in Oberflächenwässern etwas mehr, bei Wasserblüte kein Phosphat; in Moorwässern manchmal 0,1 bis 0,2 mg/l PO_4. In verschmutzten Wässern 0,2 bis 1,5 mg/l PO_4 und mehr; meist 1 bis 2 mg/l.

O r i e n t i e r e n d e F e l d b e s t i m m u n g f ü r P h o s p h a t n a c h M e d i n g e r: In ein Reagenzglas gibt man 10 ccm Untersuchungswasser, in ein zweites Reagenzglas 1 ccm Strychnin-Molybdänsäurereagenz (Reag. Nr. 24). Man mischt den Inhalt beider Reagenzgläser, indem man zunächst das Wasser zu dem Reagenz gießt und anschließend den Inhalt zwei- bis dreimal schnell hin und her gießt und dabei beobachtet. Es zeigt an:

Sofortiger Niederschlag	5—10 mg/l PO_4
Sofortige Trübung	3 mg/l PO_4
Sofortige schwache Trübung	1,5 mg/l PO_4
Nach 3 Sekunden: schwache Trübung	1 mg/l PO_4
Nach 10 bis 20 Sekunden: schwache Trübung	0,5 mg/l PO_4
Nach etwa 1 Minute: Opaleszenz	0,15 mg/l PO_4

Störungen: Schwefelwasserstoff stört und muß vorher durch starke Belüftung entfernt werden. Bei hohem Kieselsäuregehalt (über 25 mg/l) ist die Phosphatbestimmung erschwert. Bei sehr harten Wässern verwendet man 2 ccm Reagenz.

Kolorimetrische Phosphatbestimmung nach Aktins, Denigès, modifiziert nach W. Ohle

100 ccm Untersuchungswasser werden mit 1 ccm Molybdänschwefelsäure (Reag. Nr. 20) und nach dem Umschwenken mit 0,12 ccm Zinn(2)-chloridlösung (Reag. Nr. 33 — aus 0,5-ccm-Stabpipette) versetzt. Eine auftretende Blaufärbung wird in Schauröhren oder Hehnerzylindern mit der durch Standardlösungen (Reag. Nr. 25) erzeugten Blaufärbung verglichen, und zwar innerhalb von 10 bis 30 Minuten. Zum Farbvergleich eignen sich auch die Farbgläser im Hellige-Komparator, wobei die durch Eigenfärbung der schwach gelbgefärbten Wässer hervorgerufene grünstichige Blaufärbung kompensiert werden kann. Empfindlichkeit: Bis 0,002 mg/l PO_4 sind bestimmbar. Das Vermischen der Reagenzien muß sehr schnell und intensiv erfolgen, also am besten mit der „Rührkugel" (s. S. 7.10).

Zur genauen objektiven Farbmessung gibt man die erhaltene Farblösung in geeignete Küvetten und bestimmt den Phosphatgehalt mit Hilfe der Eichkurve im Photometer.

Störungen: Stark eisenhaltige Wässer sind mit 2,0 ccm einer 0,01%igen Kaliumzyanidlösung für je 0,3 mg/l Fe zu versetzen und dann erst mit Molybdänschwefelsäure und Zinn(2)-chlorid. Kieselsäure stört bei diesem Arbeitsgang nicht, wenn der Gehalt nicht mehr als 50 mg/l beträgt. Nitrite stören und müssen durch Schütteln entfernt werden. Auch Schwefelwasserstoff und Sulfide stören; sie können durch Schütteln nach Säurezusatz entfernt werden.

Getrübte Wässer sind zu zentrifugieren (nicht zu filtrieren). Blindversuche auf Reinheit der Reagenzien, besonders der Schwefelsäure, sind wegen der großen Empfindlichkeit der Reaktion hier besonders wichtig. Ebenso ist die Temperaturgleichheit beim Kolorimetrieren hier besonders zu beachten.

Wenn in seltenen Fällen Arsen im Wasser vorhanden ist, setzt man vor der Bestimmung des Phosphats 2 ccm Thioharnstoff zu und erst nach 30 Minuten die übrigen Reagenzien, besonders bei Gesamtphosphat (nach *Ohle*).

Bei sehr chloridreichen Wässern (Brackwässern) ist das Phosphor-Molybdänblau grünstichig. In diesem Falle wären Vergleichslösungen mit entsprechendem Chloridgehalt zu verwenden.

Sehr viel Fluorid stört ebenfalls.

Oberflächenwasser darf man nach *Thomas* nicht eindampfen, da hierbei die Mikroorganismen des Wassers zerfallen und organischen Phosphor abgeben, wodurch es zu einer Verschiebung des Verhältnisses organischer P zu anorganischem P käme. Man könnte mit Filtraten vom Cella-Filtern diesen Fehler vermeiden.

Berechnung: Die Ergebnisse werden in mg/l PO_4 angegeben.

1 mg P_2O_5 = 0,7475 mg PO_4 [1]
1 mg PO_4 = 1,338 mg P_2O_5

[1] In den Einheitsverfahren sind diese Werte anders angegeben.

Obige Bestimmung ergibt nur den Gehalt an anorganischem Phosphat. Wenn (bei Oberflächenwasser) auch der organisch gebundene Phosphor bestimmt werden soll, sind 10 ccm Untersuchungswasser mit wenigen ccm Schwefelsäure im Kjeldahl-Kolben einzudampfen und der Rückstand mit vier Tropfen Perhydrol weiter zu erhitzen. Nach vorsichtigem Wasserzusatz wird mehrmals, bis zur Vertreibung des Wasserstoffsuperoxyds, eingedampft. Nach dem Abkühlen wird mit Ammoniak neutralisiert.

Nach *Lofamacar* muß entstandenes Pyrophosphat durch Natriumbisulfit erst in Orthophosphat übergeführt werden.

Bestimmung des Gesamtphosphats nach Demberg im Kesselwasser

2 ccm des zu untersuchenden Wassers werden in einer Meßküvette (26 mm) mit 0,5 ccm Molybdänreagenz (s. u.) und nach dem Umschwenken mit 0,3 ccm Benzidinlösung und mit 7,2 ccm gesättigter Natriumacetatlösung versetzt.

Nach Mischung mit einem Glasstab wird innerhalb 15 bis 30 Sekunden der Farbvergleich im Hellige-Komparator vorgenommen. Die Kompensationslösung mit 2 ccm Kesselwasser und 8 ccm dest. Wasser setzt man schon vorher in den Komparator ein.

Das Molybdänreagenz wird bereitet aus Lösung A durch Lösen von 10 g Ammoniummolybdat und 10 g krist. Natriumsulfat auf 100 ccm dest. Wasser und Eingießen in Lösung B, die aus 62 ccm konz. Salpetersäure auf 100 ccm dest. Wasser besteht.

Die Benzidinlösung wird bereitet durch Lösen von 0,1 g Benzidin in 20 ccm Eisessig und Verdünnen mit dest. Wasser auf 200 ccm.

Polyphosphat- und Metaphosphatbestimmung s. S. 115.

h) Urochrombestimmung

(Direkte Prüfung auf Harn und Jauche im Wasser)

Nach O. *Hettche* kann man eine fäkale Verunreinigung des Wassers insbesondere durch Harn und Jauche jetzt auch direkt nachweisen durch eine Urochrombestimmung. Die mir von Herrn Prof. *Hettche* freundlicherweise überlassene Arbeitsvorschrift lautet:

Neue endgültige Vorschrift.

500 ccm Untersuchungswasser werden in einem Literzylinder mit 20 ccm einer zehntelmolaren Alaunlösung (4,5 % Kalium-Aluminiumsulfat) und 2 Tropfen Phenolphthaleïnlösung (1%ig) versetzt.

Nach dem Vermischen werden unter Umschwenken 2 bis 4 ccm 5%iger Ammoniak, bis zur schwachen Rosafärbung, zugesetzt, wobei aber ein Überschuß zu vermeiden ist. Der p_H-Wert soll bei 7,8 liegen. Nach dem Absetzen im Meßzylinder wird am anderen Tag die über dem Niederschlag stehende Flüssigkeit möglichst weitgehend abgehebert und dieser dann durch Zentrifugieren von der überstehenden Flüssigkeit abgetrennt; nach Abhebern dieser Flüssigkeit wird er in 3 ccm Ameisensäure (85%ig) gelöst und gegebenenfalls nochmals zentrifugiert. Bei Gegenwart von Eisen wird noch 0,5 ccm 85%ige Phosphorsäure zugesetzt. Diese Lösung wird auf 50 ccm aufgefüllt und nach 10 Min. kolorimetriert.

Als Vergleichslösung dient folgende Lösung:

Kaliumdichromat 1%ig	1,5 ccm
Kobaltnitrat 5%ig	7,6 ccm
Aqua dest.	ad 100,0 ccm

1 ccm dieser Vergleichslösung auf 50 ccm Wasser entspricht 1 mg/l Urochrom.

Im Elko II kann die Färbung mit den Filtern 38 und 53 gegen reine Ameisensäurelösung in der 1-cm-Küvette = E 1 und mit der 2-cm-Küvette = E 2 gemessen werden.

Nach der Formel

$$x = E\,1 \times \text{ccm Ameisensäure} \times 1{,}8$$

errechnet man x = mg/l Urochrom.

Beispiel: x = 0,0755 × 31 × 1,8 = 4,2 mg/l Urochrom.

Zur Ausschaltung einer Huminsäurestörung dient folgende Berechnung aus der Differenz der Logarithmen der Extinktionen bei Filter 38 und 53, die bei reiner Huminsäure 0,57 beträgt.

Beispiel: Elbwasser hat einen Extinktionswert bei E 38 = 0,271, bei E 53 = 0,0030

log 0,271 = 0,4330 — 1
log 0,030 = 0,4771 — 2
Differenz = 0,9559

Werte über 0,9 sprechen für erheblichen Anteil an Urochrom.

Eine Übersicht über die Bedeutung der Urochrome im Trinkwasser und die Entstehung des Kropfes durch ein mit Harn verunreinigtes Wasser gibt O. *Hettche* im Ges. Ing. **76,** 1955.

Fäkalreaktion

Den Nachweis fäkaler Verunreinigungen kann man erbringen, wenn man 100 ccm des Wassers mit 5 ccm Diazoreagenz versetzt und unter Umschwenken 5 ccm n/1 Sodalösung (53 g/l Na_2CO_3) zufügt. Eine gelbrote bis rote Verfärbung zeigt eine massive fäkale Verunreinigung an.

Das Diazoreagenz wird bereitet durch tropfenweises Versetzen einer Lösung von 0,10459 g Sulfanilsäure in n/1 Salzsäure mit 2%iger Natriumnitritlösung (ca. 8 Tropfen auf 50 ccm).

Harnverunreinigung

Über den direkten Nachweis von Harnbestandteilen s. Näheres im Abschnitt Schwimmbadwasser S. 178.

i) Sulfatbestimmung

Vorkommen: In reinem Grundwasser meist 10 bis 30 mg/l SO_4, in Gips- und Salzgebieten bis 300 mg/l und mehr. In verunreinigten Wässern meist 50 bis 250 mg/l SO_4 und darüber.

Hygienische Beurteilung s. S. 70.

Orientierende Feldbestimmung: Im Reagenzglas werden 10 ccm Untersuchungswasser mit genau 0,5 ccm Salzsäure* und nach dem Umschütteln mit 2 ccm einer 2%igen Bariumchloridlösung versetzt. Zeigt sich nach dem Umschütteln eine Trübung, so sind Sulfate in dem Wasser vorhanden. Es entsteht bei gewöhnlicher Temperatur:

Sofort eine starke Trübung, nach kurzem Augenblick undurchsichtige Trübung und Niederschlag. Nach 1 bis 2 Minuten setzt sich der Bariumsulfatniederschlag ab, so daß die oberste Flüssigkeit durchsichtig wird. (1000 mg/l SO_4)

Fast augenblickliche Trübung, die allmählich stärker wird, nach etwa ½ Minute undurchsichtig wird. (500 mg/l)

Sehr bald Trübung, die in 2 bis 3 Minuten undurchsichtig wird. Ein Niederschlag setzt sich erst nach einigen Minuten teilweise ab. Beim Erhitzen wolkige, undurchsichtige Trübung. (200 mg/l)

Bleibt zunächst einen Augenblick klar, dann jedoch tritt eine allmählich stärker werdende Trübung auf. Beim Bewegen des Reagenzglases zeigt sich die wolkige Trübung, besonders wenn man gegen einen dunklen Hintergrund betrachtet. Beim Erhitzen etwas stärkere Trübung, wolkig, aber durchsichtig bleibend. Nach einigen Minuten ist etwas Niederschlag am Boden abgesetzt. (100 mg/l)

Erst nach einigen Augenblicken schwache Trübung, nach 3 Minuten deutliche Trübung. Beim Erhitzen deutliche Trübung etwas verstärkt, gegen dunklen Hintergrund schwach wolkig. Kein Absetzen von Niederschlag. (50 mg/l)

Bleibt 1 Minute unverändert. Nach einigen Minuten schwache Trübung, die beim Erhitzen deutlicher wird. (30 mg/l)

Nach einigem Stehen ganz schwache Opaleszenz, die nach dem Kochen deutlicher wird. Kein Absetzen. (20 mg/l)

Bleibt klar, auch beim Kochen kaum erkennbare Trübung. (10 mg/l)

Angenäherte Feldbestimmung bei sulfatreichen Wässern: In einem kleinen Erlenmeyerkolben werden 40 ccm Wasser nach Zusatz von 1 ccm Salzsäure* mit steigenden Mengen 0,6%iger Bariumchloridlösung versetzt, zunächst mit 1 ccm und dann kurz aufgekocht. Der Niederschlag wird abfiltriert und das Filtrat noch einmal mit 1 ccm Bariumchloridlösung versetzt.

Entsteht ein Niederschlag, so hat die erste Bariumchloridmenge noch nicht gereicht. Es wird dann aufgekocht und wieder filtriert und so fortgefahren, bis das Filtrat keine Trübung mit Bariumchlorid gibt.

Dann gibt man zu einem anderen Teil des letzten Filtrats etwas Natriumsulfatlösung. Tritt hierbei eine Trübung auf, so ist jetzt ein Überschuß von Bariumchlorid vorhanden und man muß den Versuch mit einer geringeren Reagenzmenge wiederholen. Auf diese Weise untersucht man weiter je nach der gewünschten Genauigkeit, evtl. auch mit geringerer Wassermenge.

1 ccm verbrauchter Bariumchloridlösung entspricht bei dieser Anordnung 60 mg/l SO_4. Da die Ergebnisse meist um 10 % zu niedrig ausfallen, so wären entsprechende Mengen zuzuzählen.

1. Gravimetrische Sulfatbestimmung als Bariumsulfat

In einem Becherglas von 400 bis 500 ccm Inhalt werden 250 ccm des vollkommen klaren (evtl. filtrierten!) Untersuchungswassers mit 1 ccm Salzsäure* angesäuert und auf etwa 50 bis 100 ccm eingedampft. Unter Nachspülen führt man diesen Eindampfungsrest in ein kleineres Becherglas über und erhitzt wieder. Zu der im ruhigen Sieden befindlichen Flüssigkeit gibt man tropfenweise mit Hilfe einer Tropfröhrchen-Kapillare heiße 10%ige Bariumchloridlösung, bis keine Fällung mehr erkennbar ist. Bei normalen Wässern genügen hierzu 5 bis 10 ccm. Die Flüssigkeit soll während des Zusetzens nicht aus dem Sieden kommen.

Zur restlosen Fällung wird ein Überschuß von 1 ccm Bariumchloridlösung zugegeben; bei kleingestellter Flamme oder auf dem siedenden Wasserbade erhitzt man weiterhin noch etwa eine Stunde.

Der Bariumsulfatniederschlag wird nach längerem Stehen (über Nacht) durch ein quantitatives Filter, z. B. Blauband 589 oder 1575 (Schleicher u. Schüll), oder einen Porzellanfiltertiegel A1 abfiltriert und mit heißem Wasser bis zum Verschwinden der Chloride ausgewaschen. Das Waschwasser wird dabei mit salpetersaurer Silbernitratlösung auf Chloridfreiheit geprüft. Das Filtrat wird auf Vollständigkeit der Fällung durch Einengen und weiteren Bariumchloridzusatz geprüft.

Zur restlosen Überführung des Bariumsulfatniederschlages ist unbedingt ein kleiner Gummiwischer zu verwenden.

Das Filter wird getrocknet, im gewogenen Tiegel verascht und der Tiegelinhalt nach dem Erkalten im Exsiccator gewogen. Nach Abzug des Leergewichts erhält man die mg Bariumsulfat pro 250 ccm Wasser.

Der Porzellanfiltertiegel wird im Trockenschrank bei 110° C 1 bis 2 Stunden lang getrocknet und nach dem Erkalten im Exsiccator gewogen.

Wenn hierbei weniger als 10 bis 20 mg Bariumsulfat zur Wägung kommen, wird die Bestimmung mit einer größeren Probemenge wiederholt.

Wenn mehr als 300 mg Bariumsulfat zur Wägung kommen, wird die Bestimmung mit einer kleineren Probemenge wiederholt. Bei stärkeren Niederschlägen versäume man nicht, das eingeengte Filtrat auf Vollständigkeit der Fällung zu prüfen.

Berechnung: Durch Umrechnung der gefundenen mg Bariumsulfat mit 0,411 erhält man die mg SO_4 in der angewandten Menge Wasser und durch Multiplikation mit 4 die mg/l SO_4. Wenn zur Untersuchung weniger oder mehr als die angegebene Wassermenge angewandt wurde, so ist dies bei der Umrechnung entsprechend zu berücksichtigen.

Zu den gefundenen mg/l $BaSO_4$ sind noch folgende Korrekturwerte zu addieren:

Berichtigungswerte für den geglühten $BaSO_4$-Niederschlag

Gewicht des Niederschlages	0°	1°	5°	10°	20°	30°	50°	Kalkhärte
				Verbesserungswerte				
g	mg	mg	mg	mg	mg	mg	mg	
0,30	3,6	5,4	8,5	10,0	11,0	13,2	14,7	
0,25	2,7	4,1	6,0	7,0	8,5	9,4	10,7	
0,20	1,8	3,6	3,7	4,4	5,2	6,0	7,3	
0,15	1,3	1,6	1,8	2,3	2,8	3,3	4,1	
0,10	0,7	0,8	0,9	1,2	1,4	1,6	1,8	
0,05	0,3	0,3	0,3	0,3	0,3	0,3	0,3	

Störungen können durch Huminstoffe entstehen. In diesem Falle kocht man mit etwas n/10 Kaliumpermanganatlösung und bringt den Überschuß von Permanganat durch Kochen mit Alkohol weg. Im Filtrat wird die Sulfatbestimmung vorgenommen. Manchmal genügt auch Schütteln des Wassers mit frisch gefälltem Aluminiumhydroxyd.

Größere Eisenmengen werden durch vorheriges Schütteln der Wasserprobe mit Zinkoxyd oder durch Fällen des Eisens mit überschüssigem Ammoniak nach Oxydation mit Wasserstoffsuperoxyd und anschließende Filtration des entstandenen Eisenhydroxyds entfernt.

2. Titrimetrische Sulfatbestimmung in sulfatarmen Wässern nach Winkler

Für Reihenuntersuchungen im Laboratorium eignet sich auch das Bariumchromatverfahren, wenngleich es weniger zuverlässig als das gravimetrische ist.

In einem Meßkolben von 200 ccm Inhalt werden 100 ccm Untersuchungswasser mit 20 ccm — bei sulfatreichen Wässern (über 250 mg/l SO_4) mit entsprechend mehr — Bariumchromatlösung (Reag. Nr. 5) und bei Anwesenheit von Nitrit mit 0,5 ccm Natriumazid (5%ig) versetzt und ½ Stunde unter häufigem Umschwenken stehen gelassen.

Darauf wird tropfenweise Ammoniak bis zum Umschlag von Gelbrot nach Reingelb zugesetzt. Nach dem Auffüllen auf 200 ccm läßt man 5 Minuten lang stehen und filtriert dann durch Faltenfilter Nr. 560 (S. & S.); die ersten Anteile des Filtrats werden verworfen.

Von dem restlichen Filtrat werden 100 ccm im Schliffkolben mit 0,5 g Kaliumjodid und 10 ccm Salzsäure* versetzt. Das ausgeschiedene Jod wird nach 10 Minuten mit n/100 Natriumthiosulfat titriert. Zum Schluß wird reichlich Stärkelösung zugesetzt. Werden bei der Titration mehr als 40 ccm n/100 Natriumthiosulfat verbraucht, so wiederholt man die Bestimmung mit einer geringeren Probemenge.

Störungen können auftreten bei hohem Gehalt an organischen Stoffen (über 50 mg/l $KMnO_4$-Verbrauch). Durch Kaliumpermanganat und Alkohol (s. S. 41) kann die Störung beseitigt werden.

Bei Anwesenheit von Nitriten (über 0,5 mg/l NO_2) fügt man nach dem Bariumchromatzusatz 0,5 ccm 5%ige Natriumazidlösung zu.

Schwefelwasserstoff muß durch Belüftung vorher entfernt werden.

Wenn mehr als 1 mg/l Eisen vorhanden ist, so wird dies zuvor mit Ammoniak gefällt.

Berechnung: 1 ccm n/100 Natriumthiosulfat entspricht unter obigen Arbeitsbedingungen 6,4 mg/l SO_4. Von dem Endergebnis sind 5,1 mg SO_4 als Blindwert abzuziehen.

$$mg/l\ SO_3 \times 1{,}2 = mg/l\ SO_4$$
$$mg/l\ SO_4 \times 0{,}834 = mg/l\ SO_3$$

3. Sulfatbestimmung nach Ohle

100 ccm Wasserprobe werden im 300-ccm-Erlenmeyerkolben mit 0,1 ccm Methylorangeindikator (DIN 8106) versetzt und mit n/10 HCl titriert. Dann werden zusätzlich 1 ccm n/10 HCl und 25 ccm Bariumchlorid (1,3 g/l) zugesetzt. In dem mit Glassturz bedeckten Erlenmeyerkolben wird bis zum Sieden erhitzt und schnell abgekühlt. (Es ist zweckmäßig, zuvor kleine Glaskügelchen zuzusetzen.) Nach 30 Min. werden 25 ccm Kaliumchromatlösung (1,3 g/l) und ein Tropfen 10%ige Aluminiumchloridlösung sowie 1,6 ccm n/10 Kalilauge zugesetzt.

Nach einstündigem Stehen wird durch S. & S.-Filter 595 oder 560 filtriert. 100 ccm des Filtrats werden in einem Jodzahlkolben mit 10 ccm frisch bereiteter Kaliumjodidlösung 10%ig und 5 ccm 25%iger Salzsäure versetzt. Nach einigem Stehen wird mit einer empirischen Natriumthiosulfatlösung, die im Liter 7,7520 g Natriumthiosulfat krist. und 1 ccm 20%ige Natronlauge enthält, bei Gegenwart von Stärke als Indikator titriert. 1 ccm dieser Lösung entspricht 1 mg/l SO_4.

Das Verfahren von *W. Ohle* ist genauer als das ältere *Winkler*sche Verfahren.

D. Beurteilung des Trinkwassers[1])

I. Allgemeine Anforderungen an ein Trinkwasser hinsichtlich der äußeren Beschaffenheit und der Temperatur

Abgesehen von der Forderung der Keimfreiheit (S. 53) und Reinheit des Wassers gilt als Grundforderung, die an jedes Trinkwasser zu stellen ist, daß es appetitlich und von appetitlichem Herkommen ist (§ 3 des Lebensmittelgesetzes). Gutes Trinkwasser soll klar und farblos sein und frei von fremdartigem Geschmack und Geruch. Wasser mit Eigenfärbungen oder Trübungen wird als Trinkwasser vom Verbraucher als unappetitlich abgelehnt.

Das Wasser soll in ausreichender Menge zur Verfügung stehen.

Der Bedarf pro Kopf und Tag muß heute in größeren Städten auf mindestens 300 l veranschlagt werden. In Kleinstädten ist der Bedarf heute noch nicht so hoch. In New York ist der Wasserbedarf auf 1000 l je Kopf und Tag angewachsen.

Nur 2 % des Wassers werden vom Menschen getrunken und zur Speisenbereitung verwendet. Es ist trotzdem nicht vertretbar, für Trink- und Brauchwasser getrennte Rohrleitungen zu halten.

Unverhältnismäßig große Mengen Wasser werden von manchen Betrieben als Betriebswasser gebraucht; in Stahlwerken werden z. B. für die Erzeugung von 1 t Stahl 150 cbm Wasser zu Kühlzwecken benötigt, wenn nicht schon Kühlwasser-Rückführung vorgenommen wird.

Der Geschmack des Wassers soll erfrischend sein, was neben der Temperatur (s. u.) durch einen gewissen Gehalt an freier Kohlensäure bedingt ist.

Das für die Speisung von Trinkwasserleitungen bestimmte Wasser soll so beschaffen sein, daß es Rohre und Behälter nicht angreift; es soll auch beim Stehen im Rohrnetz keine nennenswerten Abscheidungen zeigen, da sonst Rohrverengungen eintreten. Trinkwasser soll weiterhin frei von Bestandteilen des Rohrmaterials und der Behälter sein, Eisen, Zink, Blei usw. Ein Innenanstrich darf höchstens nur anfänglich den Geruch und Geschmack des Wassers beeinflussen. Der § 3 des Lebensmittelgesetzes gilt voll und ganz auch für Trinkwasser (s. S. 53).

Das Wasser soll in jeder Hinsicht zum Genuß anregen. Dazu gehört auch ein geeigneter Temperaturgrad. Die Temperatur soll möglichst zwischen 8 bis 12° liegen. Kälteres Wasser wird ungern genossen. Wasser von 5° C und darunter kann sogar Magen- und Darmstörungen hervorrufen (*M. Rubner*, Lehrbuch der Hygiene, Leipzig 1907, und Hygien. Leitsätze [11]). Wasser über 15 bis 17° C schmeckt nicht mehr erfrischend.

---

[1]) Dieses Kapitel ist auf die „Hygienischen Leitsätze für die Trinkwasserversorgung" abgestellt [11] und [12].

Bei Oberflächenwasserversorgung ist im Sommer das Trinkwasser zu warm, im Winter zu kalt. Bei Tiefbrunnen hat das Wasser eine mehr gleichbleibende Temperatur, die der mittleren Jahrestemperatur des Ortes entspricht. Diese liegt in unseren Gebieten innerhalb der erwünschten Temperaturgrenzen von 8 bis 12°, nämlich bei 9,5° C. Eine möglichst tiefe Verlegung des Brunnenkorbes ist neben hygienischen Erwägungen auch aus diesem Grunde erstrebenswert.

Plötzliche Temperaturschwankungen eines Brunnenwassers können den Einbruch von Oberflächenwasser anzeigen, was weitere Untersuchungen erforderlich macht.

Nicht zuletzt spielt auch der Härtegrad des Trinkwassers eine gewisse Rolle; sehr weiches Wasser schmeckt fade, sehr harte Wässer (mit mehr als 50 bis 60 Härtegraden) geben zu Darmstörungen Anlaß und sind abzulehnen (S. 156).

Schönung des Wassers: Die besonders in Moorgegenden Nordwestdeutschlands vorkommenden gelb bis braun gefärbten Huminwässer geben kein gutes Trinkwasser ab. Bei zentraler Wasserversorgung muß deshalb oberhalb eines Farbgrades von 25 (mg/l Pt) eine Entfärbung vorgenommen werden. Dies geschieht am besten durch Aluminiumsulfatflockung. Man verwendet 10 bis 50 g Aluminiumsulfat (DIN 19 600) pro cbm Wasser und dosiert mit einer 5%igen Lösung. Bei Schönung mit Natriumaluminat braucht man nur die Hälfte dieser Mengen.

Derartige Anlagen bauen die Firmen: Bamag-Meguin AG, Berlin NW 87, jetzt Gießen; Balcke, Bochum; Berkefeld Filter GmbH, Celle; Gutmann AG für Maschinenbau, Hamburg-Altona; Neue Continentale Bau-Ges., Hannover-Linden; Rob. Reichling & Co., Krefeld; Wabag, Kulmbach, u. a.

Für die Aluminiumsulfatflockung liegt das p_H-Optimum bei $p_H = 4{,}5$—6. Vor Einspeisung in das Rohrnetz muß das Wasser aber wieder auf p_H 7,2 bis 7,4 gebracht werden, da das Reinwasser sonst das Rohrnetz angreifen würde (S. 135). Bei harten, alkalischen Wässern ist daher eine zweimalige Dosierung notwendig. Man verwendet deshalb vorteilhafter das Natriumaluminat (DIN 19 601) als Flockungsmittel, wobei man allerdings darauf bedacht sein muß, daß keine Kalkabscheidungen aus dem Reinwasser erfolgen. Eine ständige p_H-Kontrolle mit kontinuierlich arbeitenden Apparaten ist notwendig. Solche Apparate liefern die Firmen Hartmann & Braun, Frankfurt/Main, und Hanz Freye KG, Braunschweig.

Der p_H-Wert soll bei der Natriumaluminatflockung zwischen 7,5 und 8,5 liegen. *C. G. Hampson* berichtet über die erhebliche Beschleunigung der Flockung nach Zusatz von Kieselsol (Verfahren von Baylis-Paper Trade Journal 131, 1950, 27—37). Das Ferrosil der Fa. Henkel & Cie., Düsseldorf, wird dieselben Dienste leisten.

Bei sehr weichen Wässern muß zur Flockung Kalk oder Soda zugesetzt werden.

Über die Flußwasseraufbereitung mit Aluminiumsulfat berichtet *Schröder* im DVGW-Rundschreiben Nr. 54 (Febr. 1951). Im gleichen Heft berichtet *Iwanowski* über die Aufbereitung von Rhein- und Mainwasser mit Chlor, Eisenchlorid und Hydraffinkohle.

In manchen Fällen ist die Flockung mit Eisenchlorid vorteilhafter als die Al-Flockung; z. B. bei Flußwasseraufbereitung (*Iwanowski*, s. o.), besonders nach dem Accellator-Verfahren (Lurgi, Frankfurt/Main) oder Reaktivator-Verfahren (Bran & Lübbe, Hamburg).

Eisenchloridflockung ist etwas teurer als Aluminiumsulfatflockung. Bei der Eisenchloridflockung nehmen offene Filterbecken aber bald eine unansehnliche Braunfärbung an. Durch synthetische Waschmittel und die darin enthaltenen Polyphosphate wird die Aluminiumsulfatflockung gestört.

Die Enthuminisierung kann auch in Filterkesseln mit Aktivkohle (DIN 19 603) vorgenommen werden. (Ausführende Firmen: Balke, Bochum; Bamag-Meguin AG, Berlin NW 87, z. Z. Gießen; Berkefeld, Celle; KG Kary, Bremen; Lurgi-Gesellschaft für Wärmetechnik, Frankfurt/Main [Hydraffinkohle]; R. Reichling & Co., Krefeld; Wabag, z. Z. Kulmbach, u. a.)

Für Bäderzwecke kann ein Farbgrad von 10–20° (mg/l Pt) als Grenze angesehen werden.

Trübungen und Färbungen setzen wie gesagt die Appetitlichkeit des Wassers herab.

Als Grenzwert für eine Trübung des Wassers kann bei zentraler Wasserversorgung eine solche, die einem Trübungsgrad 8 (mg/l Kieselgur) entspricht, angesehen werden.

Tontrübungen werden besonders bei kleinen Wasserwerken nach Aluminiumsulfatflockung im Schnellfilter entfernt (z. B. im Wasserwerk Lippstadt). Man dosiert 10 bis 100 g Aluminiumsulfat pro cbm Wasser oder die halbe Menge Natriumaluminat (s. o.). In manchen Fällen genügen auch die sog. Schönungsfilter aus feinkörnigem Kies zur Entfernung von Trübungen oder Algenbildungen (Grünfärbung und -trübung). Ausführende Firmen: Neue Continentale Bau-Ges., Hannover-Linden, u. a. Auch zur Beseitigung von feinsten Trübungen wird Eisenchlorid mit Erfolg verwendet (Berkefeld Filterwerke, Celle).

Plötzlich auftretende Trübungen eines Wassers können auf die Gefahr des Eindringens von ungenügend filtriertem Oberflächenwasser hinweisen. Zur Entfernung von störendem Geruch oder Geschmack sowie von manchen Färbungen des Trinkwassers dienen Aktivkohlefilter (feinkörnige Kohle, z. B. Noritkohle, Hydraffinkohle)[1]). Kohlefilter adsorbieren viele organische Stoffe, die dann auf dem Filter einen guten Nährboden für Bakterien abgeben und eine Keimvermehrung bewirken, wenn das Wasser nicht sehr rein ist. Man kann die Kohle deshalb dem Wasser auch pulverförmig direkt zusetzen (2 mg/l) (*Iwanowski*, DVGW-Rundschreiben Nr. 54, 1951). Ausführende Firmen: Berkefeld Filter-Ges., Celle; Lurgi-Gesellschaft für Wärmetechnik, Frankfurt/Main; Neue Continentale Bau-Ges., Hannover-Linden; Pintsch-Bamag, Butzbach.

Im DIN-Blatt 19 605 sind für Wasseraufbereitungsfilter Normen aufgestellt.

Schwefelwasserstoffgeruch wird durch Belüften des Wassers entfernt (S. 168).

Die Aufbereitung eines sehr schlechten Rohwassers zu einem Trinkwasser ist zwar heute in wirtschaftlich tragbarer Weise möglich, jedoch sollte eine solche Regelung nur eine vorübergehende Notmaßnahme sein.

Wässer mit ausgesprochen laugigem oder salzigem Geschmack scheiden von vornherein als Trinkwasser aus (Hygien. Leitsätze für die Trinkwasserversorgung [11]). Für technische Zwecke können Wässer mit laugigem Geschmack durch Neutralisation mit Säure aufbereitet werden. Auf eine etwaige übermäßige Salzkonzentration ist jedoch wegen der zu befürchtenden Rohrkorrosionen zu achten.

---

[1]) s. Holluta. Kommunalwirtschaft Heft 2/3, 1955 (Behandlung von Rheinwasser mit Chlor und Flockung mit Al hatte keine Erfolge).

II. Hygienische Beurteilung des Trinkwassers auf Grund der chemischen Analyse

a) Allgemeines

Hygienische Grundforderungen: Ein Trinkwasser soll nicht nur rein und appetitlich sein (s. S. 50), sondern es soll darüber hinaus vor allen Dingen absolut frei von Krankheitskeimen und gesundheitsschädlichen Stoffen sein, und zwar von Natur aus. Überhaupt soll ein Trinkwasser praktisch frei von Keimen aller Art sein.

Das Trinkwasser ist nach dem Deutschen Lebensmittelgesetz (1936 und 1958 — 15) ein Lebensmittel.

Nach *W. Hosang* ist es „eine anerkannte Rechtspflicht der Gemeinden, für gutes Trinkwasser zu sorgen" (Komm. Wirtsch. 1955, Heft 2/3). Nach *Hossbach* ist Wasser „Nahrungsmittel Nr. 1" (Komm. Wirtsch. 1957, Heft 6). Nach DIN 2000 ist „Trinkwasser das wichtigste Lebensmittel"; es kann durch andere Stoffe nicht ersetzt werden.

Aktivkohlefilter halten nicht nur Geruchsstoffe, Chlor und andere Verunreinigungsstoffe, sondern nach *H. O. Hettche* auch das Urochrom zurück. *H. O. Hettche* fand, daß fäkal verunreinigtes Wasser wegen des darin enthaltenen Urochroms bei dauerndem Genuß zur Kropfbildung führt (Ges. Ing. **76** [1955] und Arch. f. Hyg. u. Bakt. 1956).

Wenn von einer zentralen Wasserversorgung ein Trinkwasser, das nachweisbar die menschliche Gesundheit zu schädigen vermag, abgegeben wird, so macht sich nach der neueren Rechtsprechung der Verwaltungsgerichte die Wasserwerksdirektion bzw. die Gemeinde oder der private Trinkwasserlieferant eines strafbaren Vergehens gegen das Lebensmittelgesetz § 3 schuldig.

Bei der Ortsbesichtigung einer Wassergewinnungsanlage soll deshalb ermittelt werden, ob dieselbe dauernd vor Verunreinigungen und damit vor Zutritt von Krankheitskeimen geschützt ist (S. 9).

Zu den Krankheiten, die durch Trinkwasser übertragen werden können, gehören: Verschiedene Salmonella-Erkrankungen, wie z. B. Typhus und Paratyphus, ferner die Ruhr, Amöbenruhr, Cholera, weiterhin die Weilsche Krankheit, die infektiöse Gelbsucht, eine durch Leptospiren, die im Wasser sehr lange lebensfähig sind, hervorgerufene Erkrankung (s. *Rankow*, Z. f. Hygiene, 1955, Bd. 140), und Milzbrand sowie die spinale Kinderlähmung bei Flußwasser- und Oberflächenwasserversorgung. Dazu kommen verschiedene Wurmerkrankungen, bei Schwimmbädern die Augenbindehautentzündung und die Fußpilzerkrankung.

b) Bedeutung der chemischen und bakteriologischen Wasseruntersuchung

Die bakteriologische Wasseruntersuchung hat hauptsächlich die Bestimmung der Keimzahl und die Feststellung des Colititers — das ist die kleinste Wassermenge, die einen positiven Befund von Bact. coli[1]) ergibt — zum Ziel.

---

[1]) Das Auftreten von Colibakterien, den normalen Bewohnern des menschlichen und tierischen Darms, im Wasser, zeigt eine fäkale Verunreinigung des Wassers an. Wenn in 100 ccm oder gar in 1 ccm Wasser Coli gefunden wird, hat man immer ein ausreichendes Merkmal für eine stattgehabte Wasserverunreinigung, besonders wenn gleichzeitig die Keimzahl weit über dem Grenzwert von 100 Keimen pro ccm liegt. In der Schweiz ist der Grenzwert: 10 Keime pro ccm.

Die chemische Analyse soll die Anzeiger für Verunreinigungen, wie z. B. Ammoniak, Nitrit und Phosphat, sowie etwaige gesundheitsschädliche Stoffe, wie z. B. Blei, Zink und Arsen, ermitteln, und daneben die Brauchbarkeit des Wassers für Wirtschaftszwecke aufzeigen.

Beide Untersuchungen, die bakteriologische und die chemische, gehören zusammen und ergänzen sich gegenseitig. Wird die eine oder andere Sparte der Wasserprüfung vernachlässigt, so kann dies nachteilige Folgen haben. Leider wird manchmal von einzelnen Medizinern die chemische Wasseruntersuchung als nicht so wichtig hingestellt. In einzelnen Fällen mag das mal zutreffen, z. B. bei ein und demselben Tiefbrunnen; doch sollte man das nicht verallgemeinern. (*K. Roelcke*, Arch. Hyg. 1942; *K. Höll*, Pharm. Zentralh. 1943.)

Auch da, wo Tiefenwässer unter starken Deckschichten absolut unbeeinflußbar erscheinen, ist eine Überwachung des Eisen- und Mangangehalts, der Kohlensäure und des Sauerstoffs ebenso wichtig wie die chemisch-hygienische Kontrolle. Nur ein reines, unbeeinflußtes Wasser hat eine absolut konstante chemische Beschaffenheit.

Die Konstanz mehrerer Bestandteile eines Wassers, wie z. B. der Sulfate, Chloride und der Härtebildner, ist also u. U. ein Zeichen für unbeeinflußtes Wasser, denn beim Eindringen von Oberflächenwasser oder überhaupt von Fremdwasser ändern sich diese Werte sehr schnell.

Es hat andererseits auch nicht an Stimmen aus Medizinerkreisen gefehlt, die von einer Überbewertung der bakteriologischen Wasseruntersuchung abrieten, z. B. sagt *W. Bruhns* (GWF 1948): „Man wird einmal an die Unvollkommenheiten unserer bakteriologischen Untersuchungsverfahren denken müssen."

Nach *Gärtner* ist „eine Beurteilung auf Grund des Colibefundes allein in positiver wie in negativer Richtung u. U. zu Irrtümern führend und deshalb unzulässig".

L. Werner berichtet im „Archiv für Hygiene" (Bd. 132): „daß *Kißkalt* recht hat mit der Behauptung, daß Ammoniak um viele Tage schneller in einen Brunnen gelangt als Bakterien". Bakterien werden nämlich im Boden sehr viel leichter adsorbiert als die von Fäkalien herrührenden gelösten Stoffe. Diese Tatsachen sind durch neuere Versuchsserien mit Schluckbrunnen in den USA bewiesen worden (*R. G. Butler, G. T. Orlob* und *P. H. McGanhey*, J. Amer. Water Works Ass. 46, 1954, 97—111).

Wenn also Grundwässer in Böden mit hoher Adsorptionskraft nach Durchgang durch die Bodenschichten bakteriologisch einwandfrei erscheinen können, so kann positiver Ammoniak-, Nitrit-, Phosphatbefund und erhöhter Chloridgehalt usw. aufzeigen, daß das Wasser von Hause aus verunreinigt ist, also zum mindesten unappetitlich ist. Dabei ist aber vor allen Dingen auch an folgendes zu denken: Die Filtrationskraft des Bodens kann im Laufe der Zeit erlahmen oder es können sich im Boden Grundwasserkanäle bilden. Dadurch ist die Gefahr vorhanden, daß Krankheitskeime nach und nach in das Trinkwasser geraten.

Die bakteriologischen Resultate erscheinen in einem solchen Falle also zu günstig.

In anderen Fällen, wie z. B. bei neuerbohrten Brunnen, erscheint der bakteriologische Befund manchmal zu ungünstig, da viele harmlose Erdkeime vorliegen können; nach völliger „Beruhigung des Bodens" innerhalb von 3 bis 10 Wochen ergibt sich dann oft ein ganz anderes Bild.

Die Bedeutung der chemischen Wasseranalyse hat sich in neuester Zeit dadurch bedeutend gesteigert, daß man den Fäkalstoff jetzt in geringsten Spuren direkt nachweisen kann. Durch die Urochrombestimmung (s. S. 44) erhält man einen eindeutigen Beweis fäkaler Verunreinigung eines Wassers.

Die chemischen Resultate kommen den tatsächlichen Verhältnissen letzten Endes in solchen zweifelhaften Fällen meist näher. Hinzu kommt, daß viele Keime, insbesondere alle Krankheitskeime, im kalten, reinen Wasser nur eine beschränkte Lebensdauer haben. So gibt der bakteriologische Befund mehr den augenblicklichen Zustand des Wassers wieder.

Die chemischen Befunde geben aber einen besseren Einblick über den Dauerzustand des Wassers. Sie geben, wie gesagt, nicht nur frühzeitig eine Warnung — früher als die bakteriologischen —, sondern lassen eine stattgehabte Verunreinigung viel längere Zeit erkennen, da die organischen und anorganischen Veränderungen des Wassers längere Zeit erkennbar bleiben. Die chemische Analyse hat also mindestens die gleiche Bedeutung für die Wasserhygiene wie die bakteriologische Wasseruntersuchung. Voraussetzung ist natürlich, daß eine exakte quantitative chemische Analyse vorgenommen wird. Reagenzglasversuche (wie sie *Roelcke* durchgeführt hat, s. o.) reichen keineswegs dafür aus.

Ein abschließende hygienische Beurteilung muß sich also stets sowohl auf die chemische Analyse als auch auf die bakteriologischen Untersuchungsresultate und auf die Ortsbesichtigung stützen.

Ein weiterer Vorteil der chemischen Analyse ist der, daß die Resultate, wenn erforderlich, viel schneller vorgelegt werden können als die der klassischen bakteriologischen Prüfung, die ja u. a. 48 Stunden Bebrütungszeit erfordert. Allerdings gibt es jetzt auch bakteriologische Schnellmethoden wie die Membranfiltermethode (Membranfilter Ges., Göttingen). In den USA hat sich die Membranfiltermethode in Wasserwerken gut bewährt (*R. A. Eliassen,* Wat. a. Sewage Works 102, 523—24, 1955).

In der „Einführung in die Hygiene und Seuchenlehre" von *H. Zeiss* und *E. Rodenwaldt,* Stuttgart 1942, heißt es: „Als unzulässig für Trinkwasser werden auf Grund einer Vereinbarung Keimzahlen von über 100 angenommen, eine Kompromißzahl; aber die Erfahrung aus über 30 Jahren zahlloser Wasserkontrollen aller Kulturländer hat erwiesen, daß dies richtig ist, eines vorausgesetzt, daß sich unter diesen Keimen kein Bact. coli befindet, dieser sicherste Indikator für die Verunreinigung des Wassers durch tierische oder menschliche Ausscheidungen." Bact. coli darf auch in 100 ccm nicht nachweisbar sein.

Bei Oberflächenwasser gibt die biologische Untersuchung des Flußbettes oder des Teichbodens und des Planktons Aufschluß über stattgehabte Verunreinigungen über längere Zeit.

c) Hygienische Maßnahmen bei Verschmutzung des Trinkwassers

Ergibt die Ortsbesichtigung ohne weiteres, daß menschliche oder tierische Abfallstoffe zum Wasser Zutritt haben und daß somit die Gefahr der Krankheitsübertragung vorliegt, so erübrigt sich eine genauere Untersuchung. Der Brunnen muß in diesem Falle bis zur Abstellung der Übelstände für die Trinkwasserversorgung gesperrt werden. Man wird dann nach einer neuen Wassergewinnungsmöglichkeit suchen oder, falls dies auf Schwierigkeiten stößt, die Quelle der Verunreinigung, meist eine Abortanlage oder Sickergrube, beseitigen und den Brunnen längere Zeit abpumpen. Kesselbrunnen müssen nach Entleerung gründlich desinfiziert werden mit Chlorkalk, Hypochloritlauge oder Caporit bzw. Perchloron. Wenn bis zu diesem Zeitpunkt keine andere Möglichkeit der Trinkwasserbeschaffung besteht, darf das Wasser zum Trinken und zur Bereitung von kalten Speisen und Getränken nur in abgekochtem Zustande verwendet werden.

Auch zum Geschirrspülen darf nur abgekochtes Wasser verwendet werden, weil nämlich sonst durch eine enorme Keimvermehrung auf geringen, kaum sichtbaren Speiseresten oder neu aufgetragenen Speisen eine vermehrte Übertragung von Krankheitskeimen zu befürchten ist. Die Hauptursache der Krankheitsübertragung ist oft auf diese Tatsache zurückzuführen, was viel zu wenig bekannt ist.

Bei jeder Verunreinigung einer Wasserversorgungsanlage ist sofort das zuständige Gesundheitsamt des betreffenden Kreises zu benachrichtigen. Nach dem Reichsgesetz über die Vereinheitlichung des Gesundheitswesens vom 3. 7. 1934 (Dritte Durchführungsverordnung vom 30. 3. 1935) haben die staatlichen Gesundheitsämter, denen der öffentliche Gesundheitsdienst obliegt, dafür zu sorgen, daß mangelhafte und nicht genügend gegen Verunreinigung geschützte Trinkwasseranlagen beseitigt und an ihrer Stelle zweckmäßige Einzel- oder Zentralanlagen errichtet werden. Für ausreichende Schutzbezirke muß nach der noch gültigen „Anleitung für die Errichtung, den Betrieb und die Überwachung öffentlicher Wasserversorgungsanlagen vom 24. 4. 1907" gesorgt werden.

Reinhaltung des Wassers: Für die Trinkwassergewinnung kommt in erster Linie das Grundwasser in Frage. Durch die Bodenfiltration wird das Wasser bis zum gewissen Grade gereinigt und entkeimt. In einer Tiefe von wenigen Metern (3 bis 5 m) ist bei guten Bodenverhältnissen, also feinen Sandböden, das Wasser praktisch keimfrei. Bei grobkörnigen Böden, und besonders bei klüftigem Gestein, ist aber eine Verunreinigung auf viel größere Strecken möglich.

In manchen Gegenden ist nicht genügend Grundwasser vorhanden. Dort muß man zur Oberflächenwasserversorgung aus Flüssen (z. B. Magdeburg, Hamburg, Bremen), aus Bächen und Seen oder zur Grundwasseranreicherung (Uferfiltration Dresden — oder künstliche Grundwassererzeugung — Gotenburg) übergehen.

Über die künstliche Grundwasseranreicherung durch Infiltrationsgalerien, Schluckbrunnen und Untergrundversickerung über Teiche, Becken und Überstauwiesen siehe die interessante Veröffentlichung von *R. G. H. Bettaque* (Studien zur künstlichen Grundwasser-Anreicherung, Hannover 1958).

In neuerer Zeit wurden mehrere Talsperren für die Wasserversorgung größerer Städte herangezogen (als älteste die Remscheider Talsperre, ferner die Sösetalsperre für Hildesheim, Bremen u. a.). Gegenüber anderem Oberflächenwasser besitzt das Talsperrenwasser den Vorzug größerer Reinheit und geringeren Keimgehalts[1]) (Frankfurt/Main, Krefeld

[1]) s. *L. Minder*, Die Wasserversorgung aus Seen (Arch. f. Hydrobiologie 1954 und GWF 1951).

u.a.). Meist genügt Behandlung durch Schnellfilter zwecks Beseitigung des Planktons. Als Nutzwasser sind die meisten Talsperrenwässer sehr vorteilhaft, weil sie geringe Härte und niedrigen Eisengehalt haben. Talsperrenwasser muß jedoch in den meisten Fällen für zentrale Wasserversorgung entsäuert werden (s. S. 144). Auf der anderen Seite darf die Entsäuerung nicht zu einer zu starken Alkalisierung führen (s. S. 139).

Während der Zirkulationsperiode im Frühjahr und im Herbst ändert sich die bakteriologische und chemische Wasserbeschaffenheit bei Seen und Talsperren grundlegend, was bei der Planung von Oberflächenwasserversorgung oft nicht berücksichtigt wird (s. S. 18).

Quellwasser ist wegen der leichteren Verunreinigungsmöglichkeit bei der Übervölkerung heutzutage hygienisch gesehen ungünstiger als Grundwasser. Früher waren die Anschauungen hierüber anders. Noch 1936 findet man bei *J. Brix, H. Heyd* und *E. Gerlach* (18) den Satz: „Das Quellwasser ist meist sehr rein." Dazu kommt, daß in der Zeit des größten Wasserbedarfs im Hochsommer die Quellenergiebigkeit oft zu gering ist oder stark zurückgeht; in dem niederschlagsarmen Jahr 1959 hat sich dies in erschreckendem Maße gezeigt.

Bei Einzelwasserversorgung ist man oft auf die Gewinnung von Niederschlagswasser angewiesen. In einigen nordwestdeutschen Gebieten ist das Grundwasser auf weite Strecken moorig oder salzig. Dort wird Regenwasser auf Dächern aufgefangen und in Zisternen geleitet. Besondere Verhältnisse liegen bzw. lagen auf der Insel Helgoland vor (*K. Höll*, Arch. f. Hyg. **113**, 283 [1935]).

Entkeimung: Oberflächenwässer sind einer Verunreinigung und Infektion immer ausgesetzt. Daher ist eine vorsorgliche Entkeimung ständig vorzunehmen, insbesondere in dichtbesiedelten Gebieten. Aber auch Grundwässer aus schlecht filtrierenden Böden, uferfiltriertes Flußwasser und Quellwässer aus zerklüfteten Böden, kurz alle Wässer, die seuchenhygienisch nicht ganz einwandfrei sind, müssen vorsorglich entkeimt werden. Dies kann durch Filterung oder viel wirksamer durch Chemikalienzusätze (Cl, Ag, Cu, O_3, ClO_2 u. a.) erfolgen.

Unvollständige Entkeimung durch Filterung

Langsamfilter: Eine hinreichende Entkeimung kann z. B. nach dem Prinzip der „Langsamfilter", früher „Hamburger Filter", erfolgen. Dies beruht darauf, daß gemauerte Behälter mit Feinsand von ca. 1 m Schichthöhe auf Kies von oben nach unten zunehmender Körnung mit dem zu filtrierenden Wasser beschickt werden. Es bildet sich bei der Filterung langsam eine „biologische Filterhaut" auf der Oberfläche des Filters aus, die die Schmutzstoffe und Bakterien zurückhält. Der Filtersand ruht auf der Kiesunterlage und den Stützschichten, unter denen sich Ablaufquerschnitte befinden. Nach einer Einarbeitungszeit des Filters erzielt man eine hinreichende Entkeimung, auf jeden Fall eine starke Keimverminderung. Die Filterabläufe sollen nicht mehr als 100 Keime pro ccm und kein Bact. coli in 100 ccm haben. Die Filtergeschwindigkeit wird dabei unter 1 m/h gehalten. Wegen der damit verbundenen hohen Baukosten werden die Langsamfilter (0,1 bis 0,2 m/h) nur noch in Ausnahmefällen gebaut.

Schnellfilter: Man baut heute aus wirtschaftlichen Gründen mehr die sogenannten Schnellfilter, die die 5- bis 50fache Filtergeschwindigkeit haben, deren Dimensionen und damit auch deren Erstellungskosten also viel geringer sind. Die Entkeimungswirkung der Schnellfilter ist jedoch viel geringer als die der Langsamfilter. Die Keimzahl wird nur auf ca. 1/10 gesenkt. Da sich keine Filterhaut ausbildet, tritt an Stelle der biogenen Wirkungsweise die mechanische Reinigungswirkung des Filterkorns; Schnellfilter sind also mehr zur Klärung und Schönung des Wassers geeignet. Wenn eine Entkeimung notwendig ist, muß eine chemische Entkeimung einhergehen.

Schnellfilter wie auch die Langsamfilter werden als überstaute Filter betrieben. Hochschichtfilter werden neuerdings mit hohen Filtergeschwindigkeiten bis zu 100 m/h betrieben (*E. Naumann*, GWF **91**, 1950, S. 108–115).

Von Zeit zu Zeit erfolgt eine Rückspülung mit Druckluft und 1 % der durchgesetzten Reinwassermenge.

Es gibt offene und geschlossene Schnellfilter. Die richtige Dimensionierung der Filteranlagen erfordert große Sachkenntnis und ist deshalb häufig nicht in Ordnung. Im 10. Bericht der Weltgesundheitsorganisation wird auf die Überlastung vieler Filteranlagen besonders hingewiesen.

Richtlinien für den Bau und Betrieb von Filteranlagen sind in den DIN 19 605 festgelegt.

Folgende Firmen beschäftigen sich mit dem Bau solcher Filteranlagen: Balke Maschinenbau AG, Bochum; Bollmann Filterges., Hamburg 1; Bamag-Meguin AG, Gießen; Defac, Düsseldorf; Emil Fischer, Essen; Kary, Bremen; Neue Continentale Bau-Ges., Hannover-Linden; Robert Reichling & Co., Krefeld; Wabag, Kulmbach, u. a.

Entkeimung durch Chemikalienzusatz

Chemische Entkeimung: Wenn das Wasser hygienisch nicht absolut einwandfrei ist, so kann man auch eine Entkeimung mit Chemikalien vornehmen. Seit einigen Jahren stehen hierfür selbsttätig arbeitende Dosierungsvorrichtungen zur Verfügung, die ganz zuverlässig arbeiten. Die Wasserreinigungstechnik hat auf diesem Gebiet in den letzten Jahren sehr große Fortschritte gemacht.

Sehr günstig erscheint in gesundheitlicher Beziehung die Ozon-Entkeimung, da keine Fremdchemikalien hierbei ins Wasser gelangen. Leider ist das Verfahren recht teuer und noch störungsanfällig und wird deshalb noch nicht viel angewandt. Das Ozonverfahren wird angewandt in Nizza (GWF **90**, 1949, S. 271/272), in Bacharach am Rhein, in Rottenburg und an etwa 20 weiteren Stellen im Inland und über 200 anderen europäischen Wasserwerken, z. B. Paris (Saint-Maur), Bern, St. Gallen (Anonymus, Bohrtechnik – Brunnenbau **8**, 1957, 24–27, Beck-Brauerei Bremen, Luxembourg (Die Brauerei, 1958, Heft 6).

Ausführende Firmen: Bran & Lübbe, Hamburg 39; Chlorator GmbH, Grötzingen – Karlsruhe; Wabag, Kulmbach, u. a.

Die Chlorgas-Entkeimung (Chlorung) ist die gebräuchlichste Entkeimungsmethode, obwohl sie mancherlei Mängel auch heute noch aufweist.

Das Chlor wird mit Hilfe einer besonderen Apparatur sehr genau und zuverlässig gasförmig einem Wasser-Teilstrom zugeführt. Dies Chlor-Wasser-Gemisch wird dem Hauptwasserleitungsrohr zugeführt, und zwar in Mengen von 0,2 bis 1,0 g Chlor je cbm Wasser. Der Zusatz richtet sich zunächst nach der Chlorzehrung des Wassers, dem Chlorbindungsvermögen (s. S. 113). Dies beträgt gewöhnlich 0,1 bis 0,2 g/cbm, kann aber auch viel höher sein. Über dies Chlorbindungsvermögen hinaus sollten nicht mehr als 0,2 g/cbm zudosiert werden. In Amerika wird gewöhnlich weit höher chloriert, weil dort viel Oberflächenwasser verwendet wird und weil das Trinkwasser dort nicht wie bei uns als Genußmittel angesehen wird. Eine höhere Chlorung ist bei uns im Interesse der Verbraucher nicht vertretbar.

Ausführende Firmen: Chlorator-Ges., z. Z. Grötzingen (Baden), und die bekannten Wasserreinigungsfirmen, sowie die Fa. Bran & Lübbe, Hamburg 39, und die Preussag, Hannover. Chlor-Regelanlagen liefern die Fa. Hans Freye KG, Braunschweig, und die Preussag, Hannover.

Die Chlorung des Wassers hat den Nachteil, daß das Wasser unangenehm schmeckt und riecht, was an und für sich den Grundforderungen an Trinkwasser widerspricht. Bei der Chlorung von Flußwasser kommt hinzu, daß bei der häufigen Gegenwart von Phenolen im Flußwasser Chlorphenole gebildet werden, die einen besonders unangenehmen Geschmack des Trinkwassers verursachen. Chlorphenole sind noch in einer Verdünnung von 1 : 20 000 000 als „Apothekengeschmack" im Wasser feststellbar (*E. Bohm*, Z. f. Lebensmittel-Unters. u. -Forschung **106**, 240–241, 1957). Das ADM-Verfahren (Dr. Adler-Diachlor-Mutonit-Verfahren) ist ein Hochchlorungsverfahren mit anschließender Kohlefiltration. Dies Verfahren liefert ein absolut keimfreies Wasser ohne jeden Chlorgeschmack, wobei noch eine Abscheidung organischer Stoffe und eine Entfernung von Geruchs- und Geschmacksstoffen des Wassers einhergeht (Beispiel Stuttgarter Wasserwerk Hasenberg).

Die Geschmacksgrenze für freies Chlor liegt bei 0,5 g/cbm = 0,5 mg/l Cl, die Geruchsgrenze liegt viel niedriger.

Nach einstündiger Einwirkungszeit des Chlors ist die Entkeimung praktisch vollkommen. Es muß aber auch nach dieser Zeit noch ein Chlorüberschuß von 0,1 bis 0,2 mg/l Cl als Sicherheit im gesamten Rohrnetz vorhanden sein, wobei an die Chlorzehrung des Wassers, die sehr verschieden ist, gedacht werden muß (s. o.). Im Land Hessen ist jetzt ein Chlorüberschuß von 0,2 mg/l Cl vorgeschrieben (Staatsanzeiger Hessen 1955, Nr. 10). Viren und Milzbrandsporen werden nicht sicher abgetötet (s. auch K. *Haak*, GWF **100**, 1959).

Zur Entfernung des lästigen Überschuß-Chlors aus dem Wasser dienen Hydraffin-Filter (Aktiv-Kohle, Liefer-Fa. Berkefeld, Celle) und Dechlorit-Filter (Calciumsulfit, gekörnt), Liefer-Fa. Hans Börner, Düsseldorf, und Karl Klein, Mannheim.

In alkalischen Wässern ist die Chlorwirkung geringer als in sauren. Bei alkalischen Wässern muß man also höher chloren (*Holluta*, GWF **90**, 1949). Bei diesen verwendet man deshalb vorteilhafter das Chlordioxyd. Der Geschmack und Geruch des Chlordioxyds ist viel geringer als der des Chlors. Chlordioxyd wirkt auch stärker als Chlor auf Bakterien; man kommt daher mit geringeren Mengen aus als beim Chlor. Außerdem hat Chlordioxyd den Vorteil, daß es mit Phenolen nicht das unangenehme Chlorphenol

(s. S. 185) bildet, sondern das wesentlich günstigere Trichlorchinon. Im alkalischen Wasser ist Chlordioxyd dem Chlor in der bakteriziden Wirkung besonders überlegen. Für die Chlordioxyddosierung wird eine 30%ige Lösung von Natriumchlorit von der Degussa, Frankfurt/Main, für die Wasserwerke geliefert. Durch Salzsäurezusatz wird das Chlordioxyd entwickelt. In den meisten Fällen genügt ein Zusatz von 0,05 mg/l Chlordioxyd. Ausführende Firmen: Bran & Lübbe, Hamburg 39, und Defac, Düsseldorf. Durch Zugabe von Chlorgas zur Natriumchloritlösung wird ebenfalls Chlordioxyd entwickelt (Verfahren der Chlorator-GmbH, Grötzingen).

Bei kleinen Wasserwerken arbeitet man auch mit Hypochloritlauge, die aber in harten Wässern leicht Kalkabscheidungen gibt. Chloraminlösung ist in diesem Falle vorzuziehen, obwohl sie teurer ist. Chloramine haben aber geringere bakterizide Wirkung als Chlor und Hypochlorit.

Bei dem Dioxon-Verfahren der Fa. Argentox, Hamburg 39, nach O. Hettche wird Chlordioxyd und Ozon gleichzeitig verwendet.

Auch für Schwimmbadwasser-Entkeimung wird Chlordioxyd verwendet. Chlordioxyd soll noch besser als Chlor auch die Poliomyelitis-Viren (Kinderlähmungs-Erreger) vernichten (Ref. *Jägers*, Städtehygiene, 1953).

Durch starke Turbulenz wird Chlor in unterchlorige Säure verwandelt. Wenn man daher die Chlordosierung in geeigneter Weise vor der Pumpe, also im Saugrohr, vornimmt, erhält man einen besseren Entkeimungseffekt und vermeidet manche Nachteile des elementaren Chlors. Geeignete Anlagen baut die Neue Continentale Baugesellschaft, Hannover-Linden.

Durch die Chlorung wird die Karbonathärte des Wassers herabgesetzt und die Nichtkarbonathärte heraufgesetzt, was sich bei wiederholter Chlorung, z. B. von Schwimmbadwasser, ungünstig auswirkt. Die Karbonathärte sinkt pro mg/l Chlor um 0,04° dH und die Nichtkarbonathärte steigt um denselben Wert an. Gleichzeitig werden von der gebundenen Kohlensäure 0,628 mg CO_2 von 1 mg Chlor in Freiheit gesetzt. Das Kalk-Kohlensäure-Gleichgewicht wird dadurch gestört (s. S. 138).

Auch das Hochkupferungsverfahren mit nachfolgender Entkupferung (*Höll*) hat sich in der Praxis (z. B. Bad Reinerz) bewährt, besonders bei der Schwimmbadwasseraufbereitung, wobei gleichzeitig eine restlose Algenvernichtung erzielt wird.

Ein sehr gutes Entkeimungsverfahren ist ferner das Cumasinaverfahren nach *Dr. Kruse* und *Dr. Fischer* (Gesundheits-Ing. 22, 1936). Es beruht auf der Entkeimungswirkung der Silberionen (s. u.). Das Rohwasser muß hierfür aber rein und klar sein, es darf nicht mehr als 1000 Keime im ccm haben. Da die Einwirkungszeit sechs Stunden betragen muß, sind größere Behälter notwendig. Das Verfahren hat sich neuerdings bei Anlagen im Harz bewährt (z. B. Altenau. Ausführung Dipl.-Ing. Rohde, Hannover-Waldheim). Die Silberdosierung liegt zwischen 0,05 und 0,5 mg/l Ag.

Cuma-Aktivator-Verfahren der Angelmi-Werke, Konstanz.

Das Katadynverfahren (Verfahren *Dr. G. Krause*): Die Grundlage des Katadynverfahrens ist die antibakterielle Wirkung der Atome gewisser Metalle, insbesondere des Silbers (oligodynamische Wirkung, s. *H. Freundlich* u. *K. Söllner*, Zur Erklärung der oligodynamischen Wirkung, Biochem. Zeitschr. 203, 3—13, 1928).

Bei dem Elektro-Katadynverfahren wird mit Hilfe eines elektrischen Gleichstroms Silber aus Spezialelektroden von dem vorbeiströmenden Wasser aufgenommen. Trotz der verschiedenen chemischen Zusammensetzung des zu behandelnden Wassers, insbesondere wegen der Schwankungen des Salzgehaltes der Wässer kann diese Zudosierung so eingerichtet werden, daß das Wasser nach erfolgter Behandlung stets den vorgeschriebenen Silberionengehalt, nämlich 0,05 bis 0,5 mg/l Ag, aufweist.

Eine neuere Anwendung des Katadynprinzips ist die Zudosierung der wirksamen Metallionen in Form eines wasserlöslichen Präparates. Das Präparat M i c r o p u r zerfällt bei seiner Auflösung in Wasser je nach der angewandten Konzentration teilweise in seine Komponenten, und zwar unter Bildung eines labilen Gleichgewichts zwischen dem unveränderten Komplex einerseits und dem gefällten bzw. gelösten Silberchlorid andererseits (*R. Hey*, Zbl. f. Bakt. 152. Heft 5, 1947). Micropur enthält 1 % Silber. 10 g Micropur auf 1 cbm Wasser ergibt also eine Konzentration von 0,1 mg/l Ag.

Der wesentliche Vorteil der Verwendung von Metallen zur Trinkwasserentkeimung im Vergleich mit anderen Verfahren besteht darin, daß diese dem behandelten Wasser eine lang andauernde bakterizide Wirkung, auch gegenüber später auftretenden Infektionen, verleihen. Ein weiterer großer Vorteil der Silberung ist der, daß sie im Reinwasser geschmacklich nicht bemerkbar wird. Ein Nachteil ist der, daß die oligodynamische Wirkung erst nach mehreren Stunden voll wirksam ist und daß Speicheranlagen vor dem Ortsnetz in den Fällen vorhanden sein müssen, in denen die Entfernung von der Quelle oder von den Brunnen zu kurz ist, um die erwähnte Einwirkungszeit zu gewährleisten. Näheres siehe bei *G. A. Krause*[1]), bei *F. Konrich*[2]) und *J. F. Braune.*

Das Katadynverfahren hat sich bei reinen Quellwässern neuerdings wieder gut bewährt und ist besonders für kleine Wasserversorgungsanlagen sehr zu empfehlen, vor allem bei geringem Chloridgehalt und niedrigem Kaliumpermanganatverbrauch.

Ausführende Firma: Deutsche Katadyn-Gesellschaft mbH, München 19.

Für die T r i n k w a s s e r e n t k e i m u n g i m k l e i n e n ist neben dem Abkochen die Entkeimung mit Para-Caporit (Fa. Bayer, Leverkusen) oder mit Chlortabletten, z. B. Clorinatabletten, zu empfehlen, die ebenso wie Entchlorungstabletten (Natr.-thiosulfat-Tabletten) und Dechlorit ($CaSO_3$) im Handel erhältlich sind.

Wo fortlaufende Wasserentkeimung im Haushalt notwendig ist, sind die Berkefeld-Filter zu empfehlen. Es sind dies Steingutbehälter von 5 bis 10 l Inhalt, in denen das Wasser durch eine praktisch bakteriendichte Filterkerze aus Kieselgur filtriert wird. Diese Filterkerzen können mit schwerlöslichen Silberverbindungen imprägniert werden, so daß das Hindurchwachsen der Bakterien nicht mehr zu befürchten ist. Die Filterkerzen müssen jedoch von Zeit zu Zeit äußerlich abgebürstet werden. Für Wässer mit schlammigen Trübungen werden auch Berkefeld-Filter mit Vorfilter geliefert. Seit einiger Zeit werden auch Berkefeld-Filter für Druckleitungen geliefert (Hersteller Berkefeld-Filter GmbH, Celle), auch fahrbare Anlagen neuerdings.

---

[1]) *G. A. Krause:* „Oligodynamische Wassersterilisierung durch Katadynsilber" (Ges.Ing. 1929 — Heft 27).

[2]) *F. Konrich:* „Über oligodynamische Trinkwassersterilisierung vermittels des Katadynverfahrens" (Ges.Ing. 1929 — Heft 47).

Die „Berkefeld-Aktiv-Kerzen“ haben eingelagertes Silber mit oligodynamischer Wirkung, so daß diese von Keimen nicht durchwachsen werden.

Für klares Wasser, das arm an organischen Stoffen und an Schwebestoffen ist, wird der Katadynsterilisator (oligodynamische Silbersterilisierung, Verfahren Dr. Krause, Herst. Katadyn-Ges., München) verwendet.

Die Schweizer Firma Actinag AG, Zürich, hat 1954 einen UV-Sterilisator für Einzelwasserversorgung herausgebracht.

d) Auf Grund welcher chemischen Merkmale ist ein Brunnen in hygienischer Beziehung zu beanstanden?

Die wichtigste Frage bei der Beurteilung des Wassers ist die, ob menschliche oder tierische Abfallstoffe Zutritt haben.

Wenn ein Wasser durch menschliche oder tierische Abfallstoffe verunreinigt wird, so werden ihm verschiedenartige organische und auch anorganische Stoffe, wie Phosphate, Chloride und vor allem die Stickstoffverbindungen: Ammoniumsalze, Nitrite und Nitrate, zugeführt. Bestimmte im Trinkwasser vorkommende Stoffe erfahren also bei jeder Fäkalienverunreinigung stets eine Vermehrung. Diese Stoffe bezeichnet Verf. als Verschmutzungsindikatoren. Dazu rechnen: Ammoniak, Nitrit, Nitrat, Chlorid, Phosphat und Kaliumpermanganatverbrauch. Eine, wenn auch nur geringfügige Erhöhung des Kaliumpermanganatverbrauches der Chlorzahl, des Chlorid- und Nitratgehalts und das gleichzeitige Auftreten von Nitrit und Ammoniak, besonders Proteïdammoniak, berechtigen immer zu einer Beanstandung des Wassers, auch wenn einmal die Keimzahl niedrig ist und Bact. Coli nicht nachgewiesen wurde (s. S. 53).

Es ist aber vollkommen falsch, bei Erhöhung eines einzelnen Verschmutzungsindikators auf eine Verunreinigung durch Fäkalien zu schließen. Einseitig hoher Ammoniak- oder Nitratgehalt zeigt keineswegs immer eine Verunreinigung an. In besonderem Maße trifft dies auch für die Bewertung des Kaliumpermanganatverbrauchs, aber auch für die übrigen Verschmutzungsindikatoren zu. Ihre Erhöhung kann, wie aus dem folgenden hervorgeht, ganz andere Ursachen haben. Maßgebend ist stets das Gesamtbild der chemischen Analyse. Die bakteriologischen Ergebnisse und vor allem die Ergebnisse der Ortsbesichtigung müssen für die abschließende Beurteilung herangezogen werden.

Durch Vergleich mit benachbarten Brunnenwässern, die aus der gleichen Tiefe und der gleichen Bodenformation stammen, können weitere Anhaltspunkte für die Beurteilung erhalten werden.

Man kann unterscheiden: Verschmutzungsindikatoren im engeren Sinne, wozu Ammoniak-, Nitrit-, Phosphat-, Kaliumpermanganatverbrauch gehören, und Verschmutzungsindikatoren im weiteren Sinne, wozu Chloride, Nitrate, Sulfate und evtl. Carbonate gehören.

III. Die einzelnen „Verschmutzungsindikatoren"

a) Ammoniak- bzw. Ammoniumverbindungen

In hygienischer Beziehung ist der Gehalt an Ammoniumverbindungen wichtig, da diese durch Zersetzung von menschlichen oder tierischen Exkrementen entstanden sein können. Harnstoff wird z. B. zu NH_3 und CO_2 zersetzt. Reines Wasser enthält für gewöhnlich keine nachweisbaren Mengen von Ammoniumverbindungen. Dies gilt für alle Wasserarten (Grundwasser, Quellwasser, Oberflächenwasser und Regenwasser). Das Auftreten von Ammoniumverbindungen in einem Wasser gibt also meistens zu Bedenken Anlaß. Allerdings gibt es eine Reihe von Sonderfällen, bei denen das Vorhandensein von Ammoniak keine hygienische Bedeutung hat (s. unter Sonderfälle).

Verunreinigte Wässer haben 0,1 mg/l bis annähernd 10,0 mg/l NH_4, meist etwa 1 bis 3 mg/l. Bei Gegenwart von Ammoniak, Nitrit, Nitrat, Phosphat und gleichzeitig erhöhter Permanganatzahl ist das Wasser als verunreinigt und somit als seuchenhygienisch verdächtig zu beanstanden. In besonderen Fällen kann auch einseitig hoher Ammoniakgehalt (über 3 mg/l NH_4) auf frische Verschmutzung hindeuten. Bei Fehlen von Ammoniumverbindungen in einem Wasser, das sonstige Stickstoffverbindungen wie Nitrite sowie organische Stoffe und Chloride in größerer Menge enthält, kann trotzdem eine Verunreinigung nicht von der Hand gewiesen werden, da Ammoniak biogene Oxydationen im Boden erfahren kann.

Proteïdammoniak darf im Trinkwasser überhaupt nicht vorkommen, da er auf fäkale Verunreinigung schließen läßt; keinesfalls darf über 0,1 mg/l vorhanden sein. 0,1 mg/l Proteïdammoniak entsteht bei Zersetzung von 1 ccm Harn auf 100 l Wasser.

Sonderfälle: Grundwässer mit hohem Eisen- und Mangangehalt, wie sie besonders in der Norddeutschen Tiefebene vorkommen, enthalten mitunter Ammoniak infolge von Nitratreduktion durch den aus Schwefeleisen und Kohlensäure im Erdboden unter Druck entstehenden Schwefelwasserstoff; diese sind dann fast immer nitrat- und nitritfrei. Grundwasser ist in dieser Beziehung also ganz anders zu beurteilen als Quellwasser. Auch Moorwässer sowie Regenwässer in Industriegegenden haben mitunter geringen Ammoniakgehalt. Huminstoffe entziehen dem Grundwasser jeglichen Sauerstoff; auch aus den Nitraten und Nitriten wird der Sauerstoff entzogen. Diese werden zu Ammoniak reduziert, der dann in den Huminwässern in Mengen von einigen zehntel Milligrammen erscheint.

Durch ammoniakhaltigen Kunstdünger kann Ammoniak in das Grundwasser gelangen. Oberflächenwässer können durch Abwässer von Gasanstalten ammoniakhaltig und phenolhaltig werden. Bei Untersuchung von Leitungswasser ist zu beachten, daß Ammoniak bei der Aufbereitung des Wassers mitunter zugesetzt wird (z. B. Chlor-Ammoniak-Entkeimungsverfahren, das sogenannte Präammonisationsverfahren, zur Vermeidung des Chlorphenolgeschmacks).

In allen diesen Sonderfällen ist der Ammoniakgehalt unbedenklich, es sind jedoch auch Fälle denkbar, bei denen außer diesem unbedenklichen Ammoniakgehalt ein solcher bedenklicher Herkunft vorliegt.

b) Salpetrige Säure bzw. Nitrite

Nitrite findet man in reinem Wasser fast nie, höchstens einmal spurenweise (bis höchstens 0,01 mg/l NO_2); in stark eisenhaltigem, moorigem Grundwasser, im Regenwasser nach Gewittern findet man bis 0,3 mg/l NO_2.

Das Auftreten von Nitrit im Wasser zeigt in den meisten Fällen eine fäkale Verunreinigung an. Der Nitritgehalt ist daher neben Ammoniak der wichtigste Indikator für Verunreinigung. In verschmutztem Wasser findet man 0,2 bis 2,0 mg/l NO_2, selten mehr, meist etwa 1 mg/l NO_2, neben erhöhtem Gehalt an Nitrat, Ammoniak, Phosphat, Chlorid und organischen Stoffen (Ausnahmefälle s. u.).

Bei Fehlen von Nitrit in einem Wasser, bei dem die sonstigen Verschmutzungsindikatoren positiv sind, kann trotzdem eine Verschmutzung nicht von der Hand gewiesen werden, da Nitrite nachträglich auf biogenem Wege weiter oxydiert oder durch Reduktionsbakterien zu Ammoniak reduziert werden können (s. u.).

Bei Vorhandensein von Filteranlagen muß stets auch das Rohwasser untersucht werden, da Nitrit bei der Belüftung und Filterung des Wassers verschwindet.

Wenn lediglich nur Nitrit- und Ammoniakgehalt in geringem Maße erhöht sind, so läßt dies auf Zersetzung pflanzlicher Stoffe schließen (0,02 mg/l NH_4 und NO_2). In Lysimeter-Abläufen fand der Verfasser sehr häufig größere Nitrit- (und Ammoniak-) Mengen, da diese aus 2 m Tiefe im gewachsenen Boden stammten (Ausnahme: Heideböden).

Die geringen Nitritmengen, wie sie im Wasser vorkommen können, sind gesundheitlich an und für sich belanglos, weisen aber, wie gesagt, auf unhygienische Verhältnisse hin.

In Heilwässern und Mineralwässern, die aus größerer Tiefe kommen, findet man gewöhnlich keine Spur von Nitrit, es sei denn, daß sie in oberflächlichen Schichten beim Aufsteigen oder in korrodierten Brunnenrohren oder Fassungen verunreinigt werden.

Sonderfälle: Hygienisch unbedenklich sind Nitrite, wenn es sich um frisch zementierte Kesselbrunnen und um Wässer aus Zinkrohren oder verzinkten Druckkesseln handelt, vorausgesetzt, daß die übrigen Verschmutzungsindikatoren keinen Hinweis auf Verunreinigung geben. Geringe Spuren Nitrit können in Schnellfiltern sowie in geschlossenen Enteisungsanlagen bei unzureichender Belüftung auftreten. Die hierbei auftretenden Nitritmengen betragen jedoch höchstens wenige zehntel Milligramm je Liter.

Auch sonst können bei eisenreichen Grundwässern und in Moorwässern, wie gesagt, Spuren von Nitrit auftreten.

c) Salpetersäure bzw. Nitrate

Nitrate finden sich in geringen Mengen in jedem Wasser. Normalerweise beträgt der Nitratgehalt bis 5 bzw. 10 mg/l NO_3. Mengen bis 20 mg/l NO_3 und darüber können geologisch bedingt sein. In Nordwestdeutschland (z. B. bei Bremen und Emden) kommen häufig reine, aber sehr nitratreiche Grundwässer mit über 100 mg/l NO_3 bei sonst normaler Beschaffenheit vor. Nach *G. Schneider* kommen in Ostwestfalen Grundwässer mit 250 mg/l NO_3 häufig vor, ohne daß irgendeine Verunreinigungsquelle vorhanden ist. Nach *Stooff* ist ein Nitratgehalt bis 35 mg/l in unserem Gebiet als normal zu bezeichnen; er soll im Trinkwasser nicht mehr als 50 mg/l betragen (s. u.).

Einseitig hoher Nitratgehalt kann darauf hindeuten, daß eine Verunreinigung einmal stattgefunden hat. Insbesondere ist dies der Fall, wenn der Nitratgehalt schwankt. Zur Zeit hat der Boden dann genügende Reinigungskraft. In dem biogenen Mineralisierungsprozeß der Abfallstoffe ist die Salpetersäure nämlich das Endprodukt der Oxydation von Stickstoffverbindungen. Zumeist ist dann auch der Chloridgehalt erhöht, während Ammoniak und Nitrit fehlen. Einseitig hohen Nitratgehalt findet man z. B. bei Grundwasser aus Böden, die mit Abfallstoffen stark belastet sind. Ein solches Wasser ist zu beanstanden; einmal ist es unappetitlich, da es Abfallstoffe ausgelaugt hat; zum anderen kann die Abbaukraft des Bodens allmählich abnehmen und die Filtrationskraft erlahmen.

Für das Wasser aus Flachbrunnen, das neben geringen Mengen Nitrit und Ammoniak viel Nitrat enthält, gilt dies ganz besonders. Es ist hierbei nämlich zu bedenken, daß die Nitratoxydation unter Umständen sehr schnell vor sich gehen kann, Dann können Krankheitskeime in das Wasser eindringen (s. S. 54). Bei Flachbrunnen ist deshalb besondere Vorsicht geboten, wenn erhöhter Nitratgehalt gefunden wird.

Der Nitratgehalt ist ein Indikator für den Grad der Belastung eines Bodens mit organischen und anorganischen stickstoffhaltigen Abfallstoffen, gleichzeitig aber auch für den Grad des Abbaues derselben im Boden. Allgemein findet man heute höhere Nitratwerte im Grundwasser als vor 50 Jahren, was durch die Übervölkerung bedingt ist.

Wenn das Wasser eine geringe Nitraterhöhung neben wenig Nitrit und Ammoniak und sonst normale Beschaffenheit zeigt, so läßt dies auf Zersetzung pflanzlicher Stoffe schließen. Abgefallene Laubblätter geben an Boden und Wasser viel Nitrat ab, was bei offenen Gewässern oft eine Rolle spielt.

Waldböden ergeben infolge der Tätigkeit nitrifizierender Bodenbakterien erhöhten Nitratgehalt im Grundwasser.

In eisenhaltigen Grundwässern aus Tiefbrunnen ist bei der Entnahme meist kein Nitrat vorhanden. Nach der Enteisenung findet man statt Ammoniak Nitrat oder Nitrit im Reinwasser.

Verunreinigte Wässer enthalten meist 50 bis 150 mg/l NO_3 (oft 200 mg/l und mehr) neben viel organischen Stoffen, Chloriden und hohem Nitrit- und Ammoniakgehalt. Bei einseitig hohen Nitrat- und Chloridgehalten kann auf ausreichende Mineralisierung der Bodenverunreinigungen geschlossen werden, wobei man aber auch hier an das Nachlassen der Filtrationskraft des Bodens denken muß.

Wässer aus Rieselfeldgebieten und ehemaligem Rieselgelände haben hohen Nitrat-, Chlorid-, Sulfat- und Phosphatgehalt. Der Ammoniak- und Nitritgehalt ist dabei meist verhältnismäßig niedrig, ebenso die Permanganatzahl.

Nach dem schweizerischen Lebensmittelbuch soll Trinkwasser nicht mehr als 20 mg/l N_2O_5 haben. In der Schweiz liegen ganz andere geologische Verhältnisse (Urgestein und Kalkformationen) als z. B. in Norddeutschland vor. Die Grenzzahlen liegen dort viel niedriger, weil die normalen Grundwässer und Oberflächenwässer nur wenige mg/l Nitratstickstoff enthalten. Für die deutschen Alpengebiete gilt ähnliches wie für die Schweiz.

Es sei noch bemerkt, daß hoher Nitratgehalt an und für sich bisher nicht als gesundheitsschädlich galt. Er ist nur als Verschmutzungsindikator gewertet worden.

Es sind in den letzten Jahren jedoch zahlreiche Fälle in der medizinischen Literatur beschrieben worden, bei denen nitratreiches Wasser als Verdünnungswasser für Säuglingsmilch schwere Schäden bei Säuglingen hervorgerufen hat. Nachdem *H. H. Comly* zuerst 1949 die Schäden im Blutbild von Kleinstkindern bei Nitratgehalten von 50 mg/l beschrieben hat (Journ. Am. Water Works Ass. **41**, 147, 1949) und *H. E. Robertson* und *H. Draycott* gleichartige Beobachtungen (im Canad. Journ. Publ. Health 40, 30, 1949) mitgeteilt haben, hat *E. F. Downs* in den Berichten der Weltgesundheitsorganisation einen ausführlichen Erfahrungsbericht gegeben. Daraufhin hat man auch in Deutschland das Augenmerk hierauf gerichtet und die Schädlichkeit der Nitrate für Säuglinge bestätigt. Die Schädigungen führen offenbar über eine im oberen Dünndarmabschnitt stattfindende Nitratreduktion zu Nitrit, die auf eine unphysiologische Darmflora zurückzuführen ist, zu schwerer Cyanose und Methämoglobinämie. So berichtet *F. W. Wedemeyer* über solche Schädigungen, wenn das Wasser 25 bis 40 mg/l NO_3 hat, im „Archiv für Kinderheilkunde" (**152**, 267-275, 1956). Über schwere Erkrankungen von Säuglingen berichtet *G. Kittel* im „Öffentl. Gesundheitsdienst" (**18**, Heft 12, 1957) bei Nitratgehalten von 161 bis 218,0 mg/l und schlägt als Grenzwert 45 mg/l NO_3 für Trinkwasser vor. *F. Souchon* berichtet von ähnlichen Fällen aus dem Gebiet von Bremen, bei denen das Verdünnungswasser 218,0 mg/l NO_3 hatte (Deutsche Medizin. Wochenschr. **81**, 1091—92, 1956). Auch *L. Teerhag* und *H. Eger* bezeichnen auf Grund ihrer Erfahrungen 50 mg/l NO_3 als „toxischen Grenzwert" (Der öffentl. Ges.-Dienst **20**, 1—2, 1958) und ebenso *K. Horn* (Städtehygiene **9**, 21—25, 1956). Vom Weltgesundheitsrat ist auf Grund der allgemeinen Erfahrungen als Grenzwert 100 mg/l für Trinkwasser festgelegt worden. Die Entfernung hoher Nitratmengen aus dem Wasser kann nach *I. Delius* mit dem Anionenaustauscher ES der Permutit AG wirksam durchgeführt werden. Auch für manche Gewerbebetriebe sind Nitrate im Wasser unerwünscht (z. B. für Zuckerfabriken und gärungsgewerbliche Betriebe u. a.). Siehe *H. Kruse*, Schriftenreihe d. Ver. f. Wasser-, Boden- u. Lufthygiene Nr. 14, 1959 (Einheitliche Anforderungen an die Trinkwasserbeschaffenheit und Untersuchungsverfahren in Europa) und *K. Haak*, GWF 100, 1959.

d) Kaliumpermanganatzahl und Chlorzahl

Unverdächtige Grundwässer haben nur sehr geringen Kaliumpermanganatverbrauch. Er beträgt meist weniger als 12 mg/l $KMnO_4$, gewöhnlich nur 3 bis 6 mg/l $KMnO_4$. Außer den Talsperrengewässern und Gebirgsgewässern haben die Oberflächenwässer von Hause aus bedeutend mehr organische Stoffe (etwa 15 bis 30 mg/l $KMnO_4$).

In Moorgegenden haben Grundwässer und Oberflächenwässer stets sehr viel organische Stoffe (Huminstoffe); diese sind zwar gesundheitlich unbedenklich, verleihen dem Wasser jedoch einen schlechten Geschmack und eine Gelbfärbung. Huminstoffe sollten daher bei zentraler Wasserversorgung entfernt werden (s. S. 51). Die Permanganatzahl solcher Moorwässer kann 80 bis 350 mg/l $KMnO_4$ betragen.

Wenn ein Wasser durch menschliche oder tierische Abfallstoffe verunreinigt ist, so ist dies fast immer durch Erhöhung der Permanganatzahl zu erkennen, die bis 60 mg/l und darüber ansteigen kann.

Es ist aber falsch, ein Wasser auf Grund der erhöhten Permanganatzahl, besonders bei einseitig hohem Permanganatverbrauch, zu beanstanden. In Handbüchern, z. B. *Beythien*, „Laboratoriumsbuch für den Lebensmittelchemiker", Dresden 1944, findet sich die irreführende Angabe, daß die Permanganatzahl nicht über 10 bis 12 mg/l $KMnO_4$ liegen darf. Gerade bei der Permanganatzahl sind solche Grenzzahlen mit Vorsicht zu gebrauchen. Wenn man sich nach diesen Grenzzahlen richten würde, könnte man den größten Teil der Wässer aus Moorgegenden der Norddeutschen Tiefebene auf Grund dieser Grenzzahl für Permanganatverbrauch beanstanden. Örtliche und gebietliche Erfahrungen des Gutachters sind für die Beurteilung daher sehr wichtig.

Da die Huminstoffe kohlehydratartiger Natur sind, werden diese bei der Permanganatoxydation nur teilweise erfaßt. Hierauf haben besonders *B. Åberg* und *W. Rodhe* auf Grund ihrer Erfahrungen an den schwedischen dystrophen Seen aufmerksam gemacht.

In der Schweiz liegen ganz andere Verhältnisse vor. Die Wässer des Urgesteins und Kalkgesteins haben nur äußerst geringe Mengen von organischen Stoffen und deswegen Permanganatzahlen von nur 1 bis 5 mg/l. Die Schweizer Vorschriften geben daher als Grenzzahl für den Permanganatverbrauch 6 mg/l an. Für die deutschen Alpenwässer sind ähnliche Maßstäbe anzulegen, jedoch unter Berücksichtigung des Vorkommens von Moorwässern.

Auch die Oberflächengewässer der Alpenländer und anderer Urgesteinsgebiete und reiner Kalkgebiete haben derartig niedrige Permanganatzahlen. Infolge dieses äußerst geringen Gehalts an organischen Stoffen zeigen die Alpenseen die bekannte blaue Farbe. Die Farbe des Wassers hängt nämlich vom Gehalt an organischen Stoffen ab. Das reinste Wasser, das nur Spuren von organischen Stoffen enthält, ist in höherer Schicht blau. Erhöht sich der Gehalt an organischen Stoffen entsprechend einer Permanganatzahl von 10 bis 14 mg/l $KMnO_4$, so ist das Wasser grünlich (Mischfarbe von blau und gelb). Wässer mit Permanganatzahlen über 25 mg/l haben gelbliche Farbe, die sich mit zunehmender Permanganatzahl allmählich verstärkt und bei 50 bis 60 mg/l schon in geringerer Schichtdicke wahrnehmbar ist. Moorwässer mit Permanganatzahlen über 80 bis 100 mg/l haben braune und über 200 mg/l hinaus rotbraune Farbe.

Sonderfälle: Bei Wässern, die in Holzröhren oder anderen Behältern aus Holz gestanden haben, ist die Erhöhung der Permanganatzahl ebenso wie bei Wässern aus Moorgegenden nicht immer auf Verschmutzung zurückzuführen. Dieser Mangel sollte jedoch abgestellt werden (S. 10). Bei offenen Gewässern wird durch hereinfallendes Laub der Permanganatverbrauch des Wassers erhöht.

In allen letzteren Fällen ist ein $KMnO_4$-Verbrauch bis zu 25 mg/l für die zentrale Wasserversorgung allenfalls zulässig. Darüber hinaus muß eine Aufbereitung des Wassers vorgesehen werden (S. 51).

Chlorzahl: Die Erfassung der von Fäkalien herrührenden organischen Stoffe ist auch durch die Chlorzahlbestimmung möglich. Die bei Verunreinigung auftretenden Eiweißabbauprodukte und Harnstoff sprechen mehr auf Chlor als auf Kaliumpermanganat an.

Wenn die Chlorzahl höher ist als die erhöhte Permanganatzahl, so ist das Wasser als durch Abfallstoffe frisch verschmutzt zu betrachten, wenn die übrigen Verschmutzungsindikatoren (Huminwässer, s. o.) ebenfalls darauf hinweisen.

e) Chloride

Normale Grundwässer enthalten 10 bis 30 mg/l Cl. In den Alpengebieten und Urgesteinsgebieten enthalten Oberflächen- und Grundwässer weniger als 10 mg/l, zumeist 3 bis 5 mg/l Cl. In der Nähe von Meeresküsten findet man dagegen oft sehr chloridreiche Oberflächenwässer, deren Gehalt mehrere 100 mg/l Cl betragen kann (Brackwasser). Auch im Binnenland kommt hoher Chloridgehalt geologisch bedingt z. B. in Mitteldeutschland häufig vor (Nähe von Salzlagerstätten und in Zechsteinformationen). Durch die Abwässer der Kaliindustrie in Mitteldeutschland werden stehende und fließende Gewässer (z. B. Werra, Weser) und somit auch benachbarte Grundwässer an Chloriden angereichert.

Buntsandsteinformationen haben chloridarme Wässer (etwa 10 mg/l Cl).

In allen Fällen, wo hoher Chloridgehalt (über 30 mg/l Cl, in vielen Gebirgsgegenden über 10 mg/l, s. o.) nicht geologisch-mineralogisch bedingt ist, kann man eine Verunreinigung des Wassers durch Ausscheidungsstoffe annehmen, vorausgesetzt natürlich, daß gleichzeitig auch die anderen Verschmutzungsindikatoren (erhöhte Permanganatzahl, Auftreten von Ammoniak, Nitrit, Nitrat, Phosphat u. a.) dafür sprechen.

Verunreinigte Wässer haben immer erhöhten Chloridgehalt; sie enthalten meist 30 bis 100 mg/l Cl, bei starker Verunreinigung durch Abwässer meist 200 bis 300 mg/l Cl. Der Chloridgehalt eines verunreinigten Wassers bleibt auch beim Versickern bis zu den tiefsten Bodenschichten unverändert hoch. Die chemische Analyse gibt also die Möglichkeit, Wasser unappetitlicher Herkunft zu erkennen in Fällen, wo die bakteriologische Untersuchung hierüber nichts aussagt (s. S. 55).

Es ist aber falsch, auf Grund eines einseitig hohen Chloridgehaltes ein Wasser zu beanstanden. Chloridwerte bis 250 mg/l Cl kommen bei Grundwässern der Norddeutschen Tiefebene nicht selten vor, ohne daß diese auf Salzlagerstätten oder auf Verunreinigung zurückgeführt werden können. In der Nähe von Salzlagerstätten findet man in Grundwässern oft 100 mg/l bis mehrere 100 mg/l Cl (z. B. Eschershausen etwa 1000,0 mg/l Cl).

Wenn man Zweifel in der Beurteilung hat, so kann man die Verhältnisse durch Serienuntersuchungen klären. Unbeeinflußte, reine Wässer haben konstante Cl-Werte, während bei Verunreinigung stets schwankende Werte erhalten werden. Wasser aus Rieselfeldgegenden oder ehemaligem Rieselgelände haben hohen Chlorid-, Nitrat- und Sulfatgehalt bei niedriger Permanganatzahl.

Gesundheitliche Nachteile hat eine geringe Chloriderhöhung an und für sich nicht. Die übrige Nahrung enthält viel mehr Chlorid als im Wasser vorkommen kann. Mengen über 250 mg/l Cl verleihen dem Wasser jedoch einen Salzgeschmack. Nach den „Leitsätzen für Trinkwasser" soll der Chloridgehalt des Trinkwassers daher nicht mehr als 250 mg/l Cl betragen. Die einzelnen Chloride verhalten sich verschieden. Deshalb ist die Grenze beim Natriumchlorid auf 400 mg/l Cl, beim Calciumchlorid auf 500 mg/l $CaCl_2$ und beim Magnesiumchlorid etwa 168 mg/l $MgCl_2$ festgesetzt. Nach Erfahrungen des Verfassers macht sich erhöhter Chloridgehalt besonders beim Kaffeegetränk bemerkbar. Von 250 mg/l Cl an nimmt Malz- und Bohnenkaffee einen unangenehmen Geschmack an. Beim Tee ist es ähnlich.

Trinkwässer, die ständig 1000 mg/l Cl und mehr haben, sollen aber auf die Dauer eine Nierenanfälligkeit verursachen (*K. Höll*, „Vom Wasser" 1952). Wässer mit hohem Mineralsalzgehalt wirken sich auf die Blutzusammensetzung aus.

Das, was durch eine Kur mit bestimmten Heilwässern bewußt herbeigeführt wird, und durch eine „Transmineralisation" im Blutkreislauf bewirkt wird, ist aber für die Dauer bei beliebigen salzreichen Wässern nicht von gesundheitlichem Vorteil.

Die Entfernung von Chloriden für manche Brauchwasserzwecke kann mit Kupferzeolithen erfolgen.

Entsalzung

Ein wirtschaftlich tragbares Verfahren zur Entsalzung von Brackwasser und hochmineralisiertem Wasser ist noch nicht erarbeitet worden, so daß die Wasserversorgung in den Marschgebieten noch immer ein ungelöstes Problem ist. Forschungsarbeiten, die vom Bundesministerium für Wasserwirtschaft und Atomenergie unterstützt werden, sollen zur Lösung dieser Frage verhelfen.

Immerhin hat sich das Ionenaustauschgerät der Permutit AG, Duisburg, für Einzelwasserversorgung zur Entsalzung von Brackwasser und auch von Meerwasser gut bewährt. Im Seenotdienst werden solche Geräte jetzt mitgeführt. Durch Ionenaustausch wird eine Vollentsalzung erreicht.

Auch das Elektrodialyseverfahren ist auf See in Anwendung. 1 cbm teilentsalztes Wasser kostet 1,— bis 2,— DM.

Beide Verfahren sind billiger als das Destillationsverfahren (*R. Elliassen*, GWF **96**, 54, 1955).

Hoher Choridgehalt wirkt zerstörend auf Beton, Mörtel und auf Eisen. Diese Werkstoffe sind deshalb bei Berührung mit salzreichen Wässern mit gut haftenden Schutzanstrichen zu versehen. Je weicher das Wasser ist, um so stärker ist der Einfluß der Chloridkonzentration auf eiserne Rohre. Schon bei 200 mg/l Cl in Wässern mit weniger als 10° Härte fängt die erhöhte Korrosion an. Am stärksten ist die Korrosion bei brackigem Moorwasser, wie es in den friesischen und oldenburgischen Gebieten vorkommt.

f) Phosphate

Reine Wässer, besonders Gebirgswässer, enthalten Phosphate in Mengen, die 0,1 mg/l PO_4 nicht übersteigen, meist weniger als 0,03 mg/l PO_4. Bei Verunreinigungen gelangen mit den Abwässern, Auswurfstoffen, Küchenabläufen, besonders mit dem Harn große Mengen Phosphat (4,5 g Phosphat pro 24 Stunden pro Mensch) in das Wasser. Bei Wässern, deren Phosphatgehalt über 0,1 mg/l PO_4 liegt, ist eine Beanstandung notwendig, vorausgesetzt, daß die übrigen Verschmutzungsindikatoren dasselbe besagen. Bei Phosphatwerten über 0,3 mg/l liegt immer starker Verdacht auf Verunreinigung vor. Bei Fäkalverunreinigung ist der Phosphatgehalt der sicherste Indikator.

S o n d e r f ä l l e : In Wässern aus Moorgegenden finden sich manchmal Phosphate in Mengen bis zu 1 mg/l PO_4. Kunstdünger (Phosphatdünger oder Mischdünger) können den Phosphatgehalt des Grundwassers erhöhen.

In manchen Böden werden Phosphate stark adsorbiert; deshalb findet man in tieferliegenden verschmutzten Wässern manchmal auch normalen Phosphatgehalt. Ein niedriger Phosphatgehalt ist daher nicht immer als günstig anzusehen. Andererseits ist hoher Phosphatgehalt des Wassers (0,1 bis 0,5 mg/l PO_4) in manchen Gegenden geologisch bedingt. Diese Wässer haben aber stets konstante Werte, während bei Verunreinigung die Phosphatwerte des Wassers im Laufe der Zeit oder auch ständig schwanken. Durch exakte periodische Untersuchungen kann dies festgestellt werden.

Für das Rohrnetz ist der Phosphatgehalt bei manchen aggressiven Wässern von Bedeutung, da er eine natürliche Schutzbildung im Rohrnetz erwirkt. Nach *B. Haupt* genügt dazu der natürliche Phosphatgehalt von nur 0,1 mg/l PO_4 (Vom Wasser 1939/40 S. 225). Neuerdings werden aus diesem Grunde aggressive Wässer phosphatiert und das Rohrnetz dadurch geschützt (S. 148).

g) Sulfate

Normale Wässer haben nur wenige mg/l bis 50 mg/l SO_4, meist 10 bis 30 mg/l, solche aus Salzgebieten oft mehrere 100 mg/l. In manchen Gegenden kommen Wässer mit mehr oder weniger hohem Gipsgehalt (bis zu einigen 100 mg/l SO_4) vor. Wässer aus Braunkohlengebieten haben oft hohen Sulfatgehalt, gelegentlich auch etwas freie Schwefelsäure (z. B. Wasserwerk Elsterwerda). Wässer aus dem „Münder Mergel" und ähnlichen geologischen Formationen haben ebenfalls bis 1000 mg/l SO_4.

Buntsandsteinformationen haben sulfatarme Wässer (10 bis 20 mg/l SO_4).

Hygienische Bedeutung: Verunreinigte Wässer haben neben viel Chlorid, Nitrat und Phosphat meistens auch erhöhten Sulfatgehalt, etwa 100 bis 200 mg/l SO_4 und mehr. Dies kann zur hygienischen Trinkwasserbeurteilung bei einiger Vorsicht (s. o.) mit herangezogen werden. Harn und Jauche sind nämlich stark sulfathaltig. Rieselfeldabflüsse und Wässer aus ehemaligen Rieselgeländen haben stets hohen Sulfat- und Chloridgehalt neben niedriger Permanganatzahl.

Technische Bedeutung des Sulfatgehaltes. Für Kesselspeisezwecke ist gipshaltiges Wasser ungeeignet. Gipshaltige Kesselsteine sind wie die silikatreichen im Dampfkesselbetrieb besonders gefährlich und schwer zu entfernen.

Sulfatreiche Wässer sind für Betonbauten schädlich. Die Betonzerstörung beginnt bereits bei 150 bis 200 mg/l SO_4, besonders wenn Magnesiumsulfat beteiligt ist (s. S. 180). Ferner werden Zement und Mörtel angegriffen.

Gesundheitliche Bedeutung: Wässer mit sehr viel Sulfaten, besonders Alkalisulfaten und Magnesiumsulfat, wirken abführend. Schon bei den geringen Mengen von 200 bis 300 mg/l macht sich der Sulfatgehalt durch Störung der Darmfunktion bemerkbar. Nach einiger Zeit gewöhnt sich der Körper daran. Als Grenzwert dürfte 200 mg/l SO_4 anzusehen sein. Sehr bedenklich wird der Sulfatgehalt, wenn er 1000 mg/l übersteigt. In Niedersachsen sind sulfatreiche Wässer (200 bis 1000 mg/l) häufig (Gipswässer). In den Tropen und in manchen subtropischen Gebieten kommt dem Sulfatgehalt große Bedeutung zu, da dort sehr viele Wässer enorm hohen Sulfatgehalt haben und dadurch abführend wirken. Da der Mensch dort sowieso unter Durst zu leiden hat, müssen Diarrhöen, die den Durst vergrößern, unbedingt vermieden werden.

Auch als Tränkwasser für Haustiere ist ein Wasser mit mehr als 500 mg/l SO_4 und mehr als 1000 mg/l Cl ungeeignet. Besonders empfindlich sind Schweine.

A. I. Bokin hat eingehende tierexperimentelle Untersuchungen über hochsulfathaltige Wässer angestellt und Beobachtungen am Menschen gemacht (Ref. in Lit. Ber. Wasser Abwasser Bd. 5, 284, 1956). Danach rufen Mengen von 1000 mg/l SO_4 und mehr Veränderungen im Verdauungstrakt und später Störungen des Nervensystems hervor.

Als Grenzwert ist jetzt vom europäischen Büro der Weltgesundheitsorganisation 250 mg/l SO_4 festgelegt worden (s. *H. Kruse*, 51).

h) Abdampfrückstand

Verunreinigte Wässer haben erhöhten Abdampfrückstand. Grenzwerte lassen sich jedoch nicht angeben. Nur durch Vergleich mit Werten benachbarter Brunnenwässer, die vollkommen unverdächtig sind, kann ein Anhalt für die Beurteilung gewonnen werden.

Verunreinigte Wässer geben beim Glühen des Abdampfrückstandes eine Schwärzung und einen unangenehmen Geruch (etwa wie verbrannte Haare).

Wässer mit mehr als 1000 mg/l Abdampfrückstand können als Mineralwässer bezeichnet werden. Bei salzärmeren Mineralwässern kann die Hälfte des Gehalts an Hydrogencarbonat zu dem Abdampfrückstand hinzugezählt und dies der Beurteilung zugrunde gelegt werden. Die Heilwasseranalyse bestätigt dann das Vorliegen eines Mineralwassers.

i) Absiebbares

Bei Trübungen des Trinkwassers kann man mit Hilfe eines Planktonnetzes (nach Vorschlägen *Dr. van der Werffs*, IVL-Bericht XI) aus Nylongaze (Hersteller Franz Bergmann KG, Berlin-Zehlendorf-West) einen Einblick in die Art der Trübungsstoffe gewinnen, indem man das Abgesiebte mikroskopiert. Im „Leitfaden der Trink- und Brauchwasserbiologie" von *H. Beyer*, Stuttgart 1952, findet man erschöpfende Angaben und Abbildungen über alle im Wasser vorkommenden absiebbaren Bestandteile.

Gutes Trinkwasser soll nicht mehr als 0,5 ccm Absiebbares pro 1 cbm haben.

IV. Normalwerte für Trinkwasser

Unter jedem Vorbehalt nach dem in den vorigen Kapiteln Gesagten kann man folgende Werte als Normalwerte für gutes Trinkwasser angeben:

Ammoniumverbindungen:	0,0 mg/l NH_4 (außer in eisenhaltigen Grundwässern)
Nitrite:	0,00 mg/l NO_2
Nitrate:	5,0 bis 30 mg/l NO_3
Phosphate:	unter 0,03 mg/l PO_4
Chloride:	10 bis 30 mg/l Cl
Sulfate:	10 bis 60 mg/l SO_4
Kaliumpermanganatverbrauch:	3 bis 8 mg/l $KMnO_4$

Gesamthärte:	5 bis 15° dH
Eisen:	$<$ 0,05 mg/l Fe
Mangan:	$<$ 0,1 mg/l Mn
Urochrom:	0 mg/l

Werte für Leitungswasser s. S. 175.

V. Beispiele für Trinkwasseranalysen von Einzelbrunnen und ihre Auswertung

Kesselbrunnen, der durch Kuhstalljauche stark verunreinigt ist

(„Kleine Trinkwasseranalyse")

Aussehen:	Klar, schwach gelblich
Geruch:	Dumpfig, modrig
Ammoniak:	1,6 mg/l NH_4
Nitrit:	1,2 mg/l NO_2
Nitrat:	125,0 mg/l NO_3
Phosphat:	0,65 mg/l PO_4
Kaliumpermanganatverbrauch:	88,0 mg/l $KMnO_4$
Urochrom:	25,0 mg/l
Chlorid:	260,0 mg/l Cl
Sulfat:	90,5 mg/l SO_4
Gesamthärte:	26,50° dH
Karbonathärte:	19,63° dH
Nichtkarbonathärte:	6,87° dH
Eisen:	0,5 mg/l Fe
p_H-Wert:	6,83

Beurteilung: Auf Grund der chemischen Analyse ist das Wasser zu beanstanden. Der hohe Gehalt an Stickstoffverbindungen (Ammoniak-, Nitrit- und Nitratstickstoff), an organischen Stoffen sowie an Phosphaten und Chloriden zeigt eine starke Verunreinigung des Wassers an.

Die Beeinflussung des Wassers durch den nur etwa 15 m entfernt liegenden Kuhstall ist durch die Analyse nachgewiesen. Die Verlegung des Brunnens ist unumgänglich und ist sofort in Angriff zu nehmen. Bis dahin ist ein anderer Brunnen zu benutzen, der jedoch vorher auch zu prüfen wäre; falls ein solcher nicht zur Verfügung steht, darf das Wasser des zu reinigenden Brunnens nur in abgekochtem Zustande (10 Minuten kochen!) genossen werden.

Wasser von einem unverdächtigen Bohrbrunnen

(„Kleine Trinkwasseranalyse")

Aussehen:	Bei Entnahme klar, farblos, kein Bodensatz. Nach 24 Stunden gelblichbrauner Bodensatz von Eisenoxydhydrat.
Geruch und Geschmack:	o. B. (ohne Besonderheit)
Ammoniak:	0 mg/l NH_4 (unter 0,03 mg/l NH_4)

Nitrit:	0 mg/l NO_2 (unter 0,01 mg/l NO_2)
Nitrat:	1,0 mg/l NO_3
Phosphat:	0,01 mg/l PO_4
Kaliumpermanganatverbrauch:	6,5 mg/l $KMnO_4$
Urochrom:	0
Chlorid:	23,8 mg/l Cl
Sulfat:	98,5 mg/l SO_4
Eisen:	1,6 mg/l Fe
Mangan:	0,3 mg/l Mn
Gesamthärte:	33,5° dH
Nichtkarbonathärte:	17,5° dH
Karbonathärte	16,0° dH
p_H-Wert:	7,26

Beurteilung: Auf Grund der chemischen Analyse ist das Wasser in gesundheitlicher Beziehung als einwandfrei zu bezeichnen, da der bakteriologische Befund ebenfalls günstig ist.

Wegen des hohen Eisengehaltes und der hohen Härte ist das Wasser als Brauch- und Wirtschaftswasser jedoch ungeeignet, z. B. ist es zum Bereiten von Speisen (Hülsenfrüchten u. a.) und Getränken (Tee, Kakao) sehr ungünstig; zum Wäschewaschen ist es wegen der hohen Härte (hoher Seifenverbrauch) und wegen des hohen Eisen- und Mangangehalts (Fleckenbildung) unbrauchbar.

Wenn keine andere Wasserversorgungsmöglichkeit besteht, wäre eine Enthärtung und Enteisenung jedoch durch die handelsüblichen Kleinfilter durchführbar. Solche Filter liefern z. B. Firma Berkefeld GmbH, Celle, und Permutit AG, Duisburg.

Wasser aus einem Flachbrunnen (Abessinierbrunnen, 4,5 m tief)
(„Kleine Trinkwasseranalyse")

Aussehen:	Schwach gelblich, klar, geringer Bodensatz
Ammoniak:	0,15 mg/l NH_4
Nitrit:	0,06 mg/l NO_2
Nitrat:	25,0 mg/l NO_3
Kaliumpermanganatverbrauch:	12,0 mg/l $KMnO_4$
Chlorid:	18,6 mg/l Cl
Sulfat:	16,5 mg/l SO_4
Phosphat:	0 (unter 0,01 mg/l PO_4)
Eisen:	0,3 mg/l Fe
p_H-Wert:	7,0
Urochrom:	0

Beurteilung: Das Wasser ist als Trinkwasser brauchbar, da der bakteriologische Befund dasselbe besagt. Wenn möglich ist jedoch eine Tieferlegung des Brunnens durchzuführen.

Beispiele für die große Trinkwasseranalyse s. S. 168.

E. Große Trinkwasseranalyse von Leitungswasser

(Chemische Untersuchung von Trink- und Brauchwasser bei zentraler Wasserversorgung)

Für die Untersuchung von Wasser für eine zentrale Wasserversorgung und von Leitungswasser ist folgender Arbeitsgang zu empfehlen:

Arbeitsgang

1. **Ermittlung des Angriffsvermögens** (an Ort und Stelle)
   1) Reaktion
   2) p_H-Wert
   3) Gesamte freie Kohlensäure
   4) Ansetzen des Heyer-Versuchs
   5) Ansetzen der Sauerstoffproben
   6) Schwefelwasserstoff
   7) Bleiangriff
   8) ferner Nitrit
2. **Hygienisch-chemische Analyse** (im Labor)
   1) Farbe
   2) Trübungsgrad
   3) Ammoniak
   4) Nitrit, s. o.
   5) Nitrat
   6) Chlorid
   7) Kaliumpermanganatverbrauch und Chlorzahl
   8) Phosphat
   9) Sulfat
   10) Urochrom
   11) Zusätzlich Fluorid und Jodid
3. **Ermittlung des Gebrauchswerts des Wassers**
   (Technische Wasseranalyse. Brauchwasseruntersuchung.)

   Gesamteisen, Eisen(II)verbindungen, Eisen(III)verbindungen
   Mangan
   Gebundene Kohlensäure
   Alkalität
   Acidität
   Berechnung der aggressiven Kohlensäure und der rostschutzverhindernden Kohlensäure
   Karbonathärte
   Gesamthärte
   Nichtkarbonathärte
   Kalkgehalt
   Magnesiumgehalt
   Schwefelwasserstoff und Sulfide
   Abdampfrückstand und Glührückstand

Elektrolytische Leitfähigkeit
Kieselsäure und Silicate
Ermittlung künstlicher Wasserzusätze (Chlor, Aluminium Polyphosphat usw.)
Ermittlung von Blei, Kupfer, Zink, Arsen, Aluminium, Zinn und Kalium
Gegebenenfalls Bestimmung der Phenole.

I. Ermittlung des Angriffsvermögens

a) Reaktion

Die Ermittlung der Reaktion eines Wassers durch Lakmuspapier hat im allgemeinen heute nicht mehr viel Wert; man mißt vielmehr die Reaktionsstufe des Wassers durch eine p_H-Bestimmung. Als orientierende Prüfung des Angriffsvermögens eines Wassers kann jedoch unter Umständen die Bestimmung der Reaktion gegen Rosolsäure (s. u.), Methylrot (0,1%ig alkoholisch), Methylorange (0,1%ige wäßrige Lösung) sowie Phenolphthaleïn (0,375%ig alkoholisch) von Wert sein, indem man hierdurch einen ungefähren Aufschluß darüber erhält, ob das Wasser aggressiv ist oder nicht. Die Angabe: sauer oder alkalisch gegen diese Indikatoren gibt gute Fingerzeige für die weitere Untersuchung.

Alle weichen, kohlensäurereichen Wässer geben mit Rosolsäure eine Gelbfärbung, ebenso auch die härteren Wässer mit viel überschüssiger Kohlensäure. Bei allen übrigen Wässern bleibt die rötliche oder gelbrote Farbe der Rosolsäure bestehen.

Rosolsäurereagenz: 0,25 g Rosolsäure werden in etwas Alkohol unter Erwärmen gelöst. Nach Zusatz von weiteren 20 ccm Alkohol wird mit einigen Tropfen Barytwasser neutralisiert und auf 50 ccm aufgefüllt. Von diesem Reagenz werden fünf Tropfen zu 50 ccm Untersuchungswasser zugesetzt.

Methylorange (Reag. Nr. 18) gibt mit Wässern, die freie Mineralsäure enthalten, wie sie in Braunkohlengebieten vorkommen, Rotfärbung und mit kohlensäurereichen Wässern Orangerotfärbung; methylorangesaure Wässer sind natürlich stark aggressiv.

Wässer, die mit Phenolphthaleïn Rosa- oder Rotfärbung ergeben, enthalten Karbonate und unter Umständen Hydroxyde. Diese greifen Bleirohre an (s. S. 131).

b) p_H -Bestimmung, Wasserstoffionenkonzentration

Allgemeines: Das Wasserstoffion ist Träger der sauren Reaktion. Die Anzahl Wasserstoffionen in g pro l, die Wasserstoffionenkonzentration, ist beim reinsten Wasser 1×10^{-7}; in alkalischen Wässern ist sie kleiner, aber immerhin noch meßbar, in sauren Wässern ist sie größer als 1×10^{-7}. Die Wasserstoffionenkonzentration ist ein Maß für die Reaktionsstufe des Wassers. Die Zahl 10^{-14} ist die Dissoziationskonstante des Wassers, des chemisch absolut reinen Wassers bei 22° C; 10^{-14} g Wasser pro Liter ist also in H-Ionen und OH-Ionen gespalten; da in diesem reinen neutralen Wasser gleich viel H-Ionen und OH-Ionen vorhanden sind, so enthält es je 10^{-7} g H-Ionen und OH-Ionen. Mit den gebrochenen Zahlen kann man schlecht rechnen; man gibt deshalb die Wasserstoffionenkonzentration als p_H-Wert an, d. i. der negative Logarithmus der Wasserstoffionenkonzentration. $p_H = 7$ ist also neutral, p_H 7 bis 14 ist das alkalische Gebiet, p_H 0 bis 7,0 das saure Gebiet.

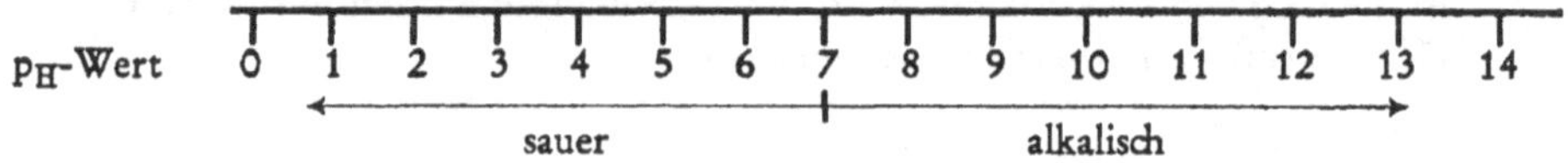

V o r k o m m e n d e W e r t e : Normale Wässer haben p_H-Werte um 7,0. Aufbereitete Wässer können p_H-Werte über 8,0 haben. Wässer aus Moorgebieten haben p_H-Werte von p_H 5 bis 6. Weiche Wässer mit viel freier Kohlensäure haben ebenfalls p_H-Werte von p_H 5 bis 6, ebenso wie kohlensäurereiche Mineralwässer (Säuerlinge z. B.).

Destilliertes Wasser hat je nach dem Kohlensäuregehalt, der von dem Kohlensäure- und Bicarbonatgehalt des zur Destillation verwendeten Wassers herrührt, p_H-Werte von 5,0—5,7.

Orientierende p_H-Bestimmung

1. M i t d e m U n i v e r s a l i n d i k a t o r M e r c k kann man orientierende p_H-Bestimmungen in dem Bereich von p_H 0 bis 9 mit einer Meßgenauigkeit von 0,5 p_H durchführen.

   Man versetzt einige ccm des Untersuchungswassers mit einigen Tropfen der beiden flüssigen Indikatoren für den p_H-Bereich von 0 bis 5 und p_H 4 bis 9 in einem Prüfglas oder in einer Porzellanpalette. Die entstandene Färbung vergleicht man mit einer von der Firma E. Merck, Darmstadt, mitgelieferten Farbskala.

2. M i t d e n p_H - P a p i e r e n v o n M e r c k , Spezialsorte für Wasseruntersuchung, kann man nur eine orientierende Schätzung des p_H-Wertes vornehmen.

3. D e r C'Z e n s n y - A p p a r a t (Firma Bergmann & Altmann, Berlin-Zehlendorf und Hamburg 1) gibt Schätzungswerte für p_H-Werte von p_H 3 bis 9, in p_H-Stufen zu 0,5.

4. Mit dem p_H-Taschenkolorimeter „Ruhrverband".

Genauere kolorimetrische p_H-Bestimmung

Der Hellige-Komparator gibt ziemlich genaue p_H-Werte in Intervallen von 0,2-p_H-Einheiten und erlaubt Schätzungen der Zwischenwerte von 0,1 zu 0,1 p_H. Für p_H-Werte um den Neutralpunkt verwendet man Bromthymolblau als Farbindikator, von dem 0,5 ccm zu 10 ccm Wasser in eine besondere Küvette gegeben werden. Für die schwach alkalischen Werte ist der Phenolrot-Indikator sehr geeignet. Der Vergleich wird mit den lichtbeständigen Farbscheiben im *Hellige*-Komparator vorgenommen.

S t ö r u n g e n : Trübungen und Eigenfärbungen des Wassers werden mit Hilfe der Kompensationsküvette kompensiert.

Bei stärkeren Trübungen oder Färbungen wird mit Leitfähigkeitswasser oder mit reinstem destilliertem Wasser (Reag. Nr. 10) verdünnt. Die Kompensationsküvette muß auch bei klaren, farblosen Wässern stets gefüllt werden.

Bei sehr salzarmen weichen Wässern erhält man einen Salzfehler von 0,1 bis 0,3 p_H-Stufen zu niedrig. Man arbeitet in solchen Fällen mit dem Neßlerrohransatz mit einer

Schichthöhe von 250 mm und setzt die Indikatorkonzentration herab (z. B. bei Bromthymolblau auf 0,25 ccm für 100 W). Der Salzfehler bei salz r e i c h e n Wässern kann durch Verdünnen mit Leitfähigkeitswasser vermieden werden.

Bei verschmutzten Wässern, besonders bei Abwässern, geben Eiweißstoffe einen „Indikator-Eiweißfehler", außer bei den Nitrophenol-Indikatoren.

Die *Hellige*-Indikatorlösungen können bei längerem Gebrauch ihre Farbe ändern. Bromthymolblau kann z. B. von Grün nach Blau übergehen. Durch $^1/_{10}$ Salzsäure oder Natronlauge kann die richtige Farbe wieder eingestellt werden. Bei p_H-Messungen in schlecht gepufferten, also weichen Wässern ist diese Kontrolle wichtig. Beim Umschütteln der Indikatorlösung sieht man an der Schaumfarbe, ob der Indikator noch in Ordnung ist. Der Bromthymolblau-Indikator muß z. B. gelbgrüne Schaumfarbe, der Phenolrot-Indikator bläulichrote Schaumfarbe haben.

D i e T ü p f e l a p p a r a t u r (Fa. H. A. Freye, Braunschweig) ist ebenfalls für eine angenäherte p_H-Bestimmung sehr zu empfehlen. Auf einer Porzellantüpfelplatte gibt man in mehrere Vertiefungen je einen Tropfen Indikatorlösung; mit einer Pipette fügt man 2 bis 5 Tropfen Untersuchungswasser hinzu und mischt mit der Pipette durch. Wenn man den ungefähren p_H-Bereich der Wasserprobe nicht kennt, kann man denselben zuvor mit Hilfe des beigefügten Generalindikators ermitteln.

Den auftretenden Farbton vergleicht man mit den Farbtönen der beigefügten Farbskalen. Erhält man einen Farbton, der am Ende einer Skala liegt, so muß man stets die nächstliegende Skala und Indikator zu Rate ziehen. Die p_H-Werte können so mindestens auf Intervalle von 0,2 zu 0,2 p_H-Einheiten bestimmt werden. Die bei der Tüpfelapparatur verwendeten Farbindikatoren sind die gleichen wie die in den Einheitsverfahren für p_H-Messungen vorgesehenen.

S t ö r u n g e n : Trübungen und Eigenfärbungen des Wassers stören bei der Tüpfelmethode nicht.

Bei sehr geringem Elektrolytgehalt findet man zu niedrige p_H-Werte (um 0,1 bis 0,2 p_H zu niedrig).

T e m p e r a t u r f e h l e r :

Bei allen Indikatormethoden beträgt der T e m p e r a t u r f e h l e r oberhalb und unterhalb 15° bis 25° C etwa 0,1 p_H (s. *Kolthoff*, Farbindikatoren, Berlin 1926).

Genaue elektrometrische p_H-Bestimmung

A l l g e m e i n e s : Die elektrometrische p_H-Bestimmung erfolgt durch Messung der Potentialdifferenz zwischen der Meßelektrode (Chinhydronelektrode, Glaselektrode oder Antimonelektrode), die in das Untersuchungswasser eintaucht, und der Bezugselektrode mit bekanntem Potential, der Kalomelelektrode.

Wenn die p_H-Messung bei Zimmertemperatur erfolgt, spielt der Temperaturfehler keine Rolle, wohl aber bei stark abweichenden Temperaturen, z. B. bei Felduntersuchungen, besonders bei stark alkalischen Wässern.

Chinhydronmethode:

Messung: Zur p_H-Messung gibt man einige ccm des zu untersuchenden Wassers in die Meßelektrode, fügt eine kleine Messerspitze voll Chinhydron hinzu, schwenkt um und schaltet ein.

Bei sehr weichen Wässern setzt man das Chinhydron in etwa 1 ccm Isoamylalkohol gelöst zu; ebenso verfährt man bei schwach alkalischen Wässern. Bei stark alkalischen Wässern (p_H über 9,0) versagt die Chinhydronelektrode; man verwendet daher bei stark alkalischen Wässern die Glaselektrode oder die Antimonelektrode.

Hersteller von p_H-Meßgeräten sind z. B. H. A. Freye, Braunschweig; Hartmann & Braun, Frankfurt/Main; F. & M. Lautenschläger, München, und Dr. W. Ingold GmbH, Frankfurt/Main sowie Fa. Elektro Spezial, Hamburg 1.

Störungen: Störungen werden bei p_H-Messungen mit der Chinhydronelektrode verursacht durch reduzierende und oxydierende Stoffe, z. B. Schwefelwasserstoff, und durch freies Chlor. Abweichende Werte erhält man auch bei weichen, eisenhaltigen Wässern. Man versäume nicht, von Zeit zu Zeit das p_H-Meßgerät zu kontrollieren, was mit Pufferlösungen von bestimmtem p_H-Wert geschieht, z. B. Standardacetatlösung mit $p_H = 4{,}616$ bei 20° (100 ccm n/1 Natronlauge + 200 ccm n/1 Essigsäure auf 1000 ccm auffüllen mit destilliertem Wasser [Reag. Nr. 10]). Die Chem. Fabrik E. Merck, Darmstadt, hat kürzlich Pufferlösungen zur Herstellung sehr genauer p_H-Standardlösungen herausgebracht.

Störungen werden bei der Wasserstoffelektrode durch das Austreiben von Kohlensäure aus CO_2-reichen Wässern verursacht. In diesem Falle ist die Glaselektrode oder die Chinhydronmethode vorzuziehen.

Neuerdings verwendet man fast nur die Glaselektrode, nachdem sie in den letzten Jahren zur höchstmöglichen Vollkommenheit entwickelt ist. Bei Verwendung derselben fällt der Chinhydronzusatz weg. Bei Reihenuntersuchungen muß die Glaselektrode jedoch mehrmals mit dem Untersuchungswasser vorgespült werden, bis zwei Messungen genau gleiche Werte ergeben.

Die p_H-Messung muß bei der Probenahme sofort an Ort und Stelle vorgenommen werden; das bedingt, daß das p_H-Gerät transportabel sein muß. Wenn ein solches nicht zur Verfügung steht, wird man in den warmen Sommermonaten mit einer kolorimetrischen p_H-Bestimmung an Ort und Stelle z. B. mit dem Hellige-Komparator zuverlässigere Resultate erzielen als bei der elektrometrischen Bestimmung nach längerem Transport der Wasserproben am anderen Tag im Laboratorium.

c) Kohlensäure

Vorkommen: Freie Kohlensäure kommt in jedem natürlichen Wasser vor, in Mengen von einigen mg/l bis 100 mg/l und mehr. Grundwässer haben gewöhnlich 10 bis 50 mg/l freie CO_2, viele Quellwässer noch mehr. Oberflächenwässer haben gewöhnlich nur wenige mg/l, besonders die Fließgewässer (s. auch S. 135). Für zentrale Wasserversorgungsanlagen sind sehr genaue Kohlensäurebestimmungen von größter Wichtigkeit, Man unterteilt die freie Kohlensäure in zugehörige und überschüssige Kohlensäure (s. S. 137—140).

Bestimmung der gesamten freien Kohlensäure

Vorprüfung: 100 ccm der Wasserprobe werden mit einigen Tropfen einer durch Natronlaugezusatz schwach geröteten Phenolphthaleïnlösung (0,1%ig) versetzt. Wenn freie Kohlensäure im Wasser vorhanden ist, so tritt Entfärbung des Phenolphthaleïns ein. Wenn auch in der aufgekochten (und wieder erkalteten!) Wasserprobe Entfärbung eintritt, so liegt freie Mineralsäure vor (Grubenwasser). Wenn bei Zusatz der Phenolphthaleïnlösung die Rosa- bis Rotfärbung sich verstärkt, so ist keine freie Kohlensäure vorhanden; der p_H-Wert liegt dann über 8,0, aggressive Kohlensäure ist damit ausgeschlossen.

Titrimetrische Kohlensäurebestimmung nach Trillich

Vorbereitung: Für die Kohlensäurebestimmung wird am besten eine schlanke Weithalsflasche von etwa 250 ccm verwendet, die bei 200 ccm eine Ringmarke hat[1]).

In die Weithalsflasche bringt man mit Hilfe des Entnahmegummischlauches, wie auf S. 16 angegeben, unter längerem vorsichtigem Überlaufenlassen, Wasser, das nicht mit der Luft in Berührung gekommen ist, und gießt dann bis zur Ringmarke ab.

Sofort nach dem Einstellen auf 200 ccm gibt man genau 1,0 ccm einer alkoholischen Phenolphthaleïnlösung (0,375 g/l) und titriert auf einer weißen Unterlage bei hellem Tageslicht (aber nicht im Sonnenlicht) mit einer $^1/_{20}$ normalen Natronlauge bis zur eben erkennbaren Rosafärbung, die aber 2 bis 3 Minuten bestehen bleiben muß. Verschwindet die Rosafärbung sogleich wieder, was zumeist der Fall ist, so muß erneut Lauge zugesetzt werden. Die Bestimmung wird mit einer weiteren Wasserprobe wiederholt und dabei sogleich die Gesamtmenge der bei der ersten Bestimmung verbrauchten Menge Meßlösung zugesetzt. Gewöhnlich wird hierbei noch mehr verbraucht, da dann keine Verluste durch das Umschwenken eintreten.

Bei harten Wässern erfolgt der Umschlag langsam; weiche Wässer geben viel deutlicheren Umschlag.

Es ist sehr zu empfehlen, zum Vergleich eine nicht austitrierte Probe des Wassers danebenzustellen, besonders bei Wässern mit Eigenfärbung (z. B. Huminwässern). Durch nochmaligen Indikatorzusatz kann man einen zweifelhaften Umschlag deutlicher machen, z. B. bei hartem Wasser.

Bei Anwendung von 200 ccm Wasser entspricht 1 ccm verbrauchter n/20 NaOH 11,0 mg/l freier Kohlensäure.

Bei sehr kohlensäurereichen Wässern wiederholt man die Bestimmung nach Überschichtung des bis zur Ringmarke abgelassenen Wassers mit Äther.

Die Befüllung eines Meßkolbens mit dem Entnahmeschlauch ist wegen des engen Halses des Meßkolbens schwer möglich. Deshalb ist die in den Einheitsverfahren vorgesehene Verwendung des 200-ccm-Meßkolbens mit Schwierigkeiten verknüpft. Man müßte dann schon aus einer einwandfrei befüllten Literflasche das Wasser mit einem sehr dünnen Heberschlauch in den Meßkolben überfüllen, und zwar unter längerem Überlaufenlassen des Meßkolbens.

---

[1]) Im Kohlensäurebestimmungskasten nach Klut (Lief. Fa. Bergmann & Altmann, Berlin-Zehlendorf und Hamburg 1) ist eine solche von nur 100 ccm vorhanden.

Störungen: Bei eisenreichen Wässern (mehr als 3 mg/l Fe), die durch die Schüttelprobe erkannt werden (s. S. 96), setzt man Seignettesalzlösung hinzu (1 bzw. 2 ccm einer 33%igen gegen Phenolphthaleïn neutralisierten Lösung). Auch bei enorm harten Wässern (über 30 bis 50° d H) ist dies angezeigt. Man kann aber auch statt dessen mit abgekochtem und schnell abgekühltem destilliertem Wasser verdünnen.

Bei ganz weichen Wässern werden etwas zu hohe Werte gefunden *(Strohecker)*.

Bei Schwefelwasserstoff-Gegenwart (Schwefelquellen) muß ein entsprechender Wert vom Laugenverbrauch abgezogen werden.

Heyer-Versuch (Bestimmung der kalkangreifenden Kohlensäure)

Ein Teil der überschüssigen Kohlensäure ist die kalkangreifende Kohlensäure (s. S. 140).

Probenahme: Eine Glasstopfenflasche mit abgeschrägtem oder zugespitztem und gut eingefettetem Glasstopfen zu 300 ccm (sog. Sauerstoffflasche) wird an Ort und Stelle, wie auf S. 16 angegeben, mit Hilfe des Entnahmegummischlauches oder des überstauten Trichters durch längeres Überlaufenlassen mit dem Wasser, das mit Luft nicht in Berührung gekommen ist, luftblasenfrei befüllt. Dann werden vorsichtig 2 bis 3 g reinsten gepulverten Marmors, der vorher mit abgekochtem destilliertem Wasser gewaschen worden ist, zugefügt. (Marmorpulver zur Wasseranalyse, Fa. E. Merck, Darmstadt, auf Anregung des Verf. hin jetzt erhältlich.) Nach vorsichtigem Aufsetzen des Glasstopfens wird kräftig umgeschüttelt. Es darf zunächst keine Luftblase sichtbar sein. Man verschließt die Flaschen mit den *Lübbert-Schneider*schen Verschlußklammern.

Die Probe wird mindestens 3 Tage bei Zimmertemperatur stehengelassen (bei sehr harten Wässern noch länger). Während dieser Zeit wird mehrmals am Tage bei geschlossenem Stopfen kräftig umgeschüttelt (3-Tage-Probe). Man kann statt dessen auch 5 Stunden im Schüttelapparat mit 30 bis 40 Umdrehungen in der Minute schütteln. Beim Stehen der Probe entsteht allmählich eine „Blase" je nach der Menge kalkaggressiver Kohlensäure.

Wenn die Einwirkungszeit abgelaufen ist, wird durch ein dichtes Rundfilter abfiltriert. Das Filtrat muß absolut blank sein, sonst wird nochmals aufs Filter zurückgegossen.

100 ccm des Filtrats werden nach Zusatz von 0,1 ccm Methylorangelösung mit n/10 Salzsäure bis zum Umschlag von Gelb auf Gelbrot titriert. Von dem unbehandelten Wasser werden auf gleiche Weise 100 ccm titriert.

In besonders wichtigen Fällen entnimmt man 2 Proben und prüft in der zweiten Probe erst am vierten Tage, ob evtl. eine weitere Zunahme der gebundenen Kohlensäure feststellbar ist.

Berechnung: Aus der Zunahme des Gehalts an gebundener Kohlensäure in der mit Marmor behandelten Probe gegenüber dem unbehandelten Untersuchungswasser ergibt sich der Gehalt an kalkangreifender Kohlensäure:

1 ccm Mehrverbrauch an n/10 Salzsäure für 100 ccm des Filtrats entspricht 22 mg/l kalkaggressiver Kohlensäure. Für 1 mg/l Fe_2O_3 ist 1 mg/l freie CO_2 abzuziehen. Ist die Differenz gleich Null oder wird eine geringfügige Abnahme festgestellt (was bei harten Wässern vorkommt, s. u.), so ist keine kalkaggressive Kohlensäure vorhanden.

Ein Mehrverbrauch von nur 0,05 bis 0,1 ccm n/10 HCl für 100 ccm Filtrat ist in der Praxis gewöhnlich zu vernachlässigen, besonders bei weicheren Wässern. Bei ganz weichen Wässern erhält man meist etwas zu hohe, oberhalb 200 mg/l gebundener Kohlensäure etwas zu niedrige Werte.

d) Alkalität

Phenolphthaleïn-Alkalität, p-Wert oder p-Alkalität

Wenn 100 ccm Untersuchungswasser auf Zusatz von 0,5 ccm Phenolphthaleïnlösung (0,0375%ig, alkoholisch, neutralisiert) eine Rosafärbung oder Rötung zeigen, so wird bis zum Verschwinden der Rosafärbung mit 1/10 Normal-Salzsäure titriert. Der Erlenmeyerkolben soll bei der Titration auf einer weißen Unterlage stehen.

Berechnung: Die für 100 ccm Wasser verbrauchten ccm 1/10 N-Salzsäure werden als Phenolphthaleïn-Alkalität (PA) oder p-Wert bezeichnet. Wenn man die Anzahl der für 100 ccm Wasser verbrauchten ccm n/10 HCl mit 30 multipliziert, erhält man die mg/l CO_3 (s. S. 82). Die Phenolphthaleïn-Alkalität, ausgedrückt in deutschen Graden, „PA" ist = p-Wert mal 2,8 (= ° d PA).

Methylorange-Alkalität, m-Wert oder Gesamtalkalität

100 ccm Untersuchungswasser werden mit genau 0,1 ccm Methylorangelösung (0,1%ig-wäßrig DIN 8106) versetzt und nach dem Umschwenken mit n/10 Salzsäure auf Orangegelb titriert. Zur besseren Erkennung des Farbumschlages von Gelb auf Orangegelb benutzt man als Vergleich eine nicht austitrierte Probe, die ebenso mit Methylorange versetzt ist. Bei der Doppelbestimmung stellt man auch noch die erste austitrierte Probe daneben. Bei harten Wässern ist es zweckmäßig, gegen Ende der Titration die zwischenzeitlich frei gewordene CO_2 durch Erhitzen der Probe auszutreiben und nach Abkühlung weiterzutitrieren.

Bei kohlensäurereichen Mineralwässern, insbesondere bei Mineralwässern und Säuerlingen, erleichtert die Austreibung der freien und frei gewordenen Kohlensäure nämlich die Erkennung des Umschlagpunktes und führt zu genaueren Werten. Nach Dr. *Berger*, Lunz, kann man auch durch eine Glasfritte während der Titration Luft durch den Titrationskolben durchtreten lassen und erhält so sehr genaue Resultate (private Mitteilung).

Berechnung: Die für 100 ccm Wasser verbrauchte Anzahl ccm n/10 Säure ergibt den m-Wert des Wassers oder das Säurebindungsvermögen (SBV, s. S. 82). Durch Vervielfachen des m-Wertes mit 2,8 erhält man die Gesamtalkalität MA in deutschen Graden (= °d MA) (und zugleich die Karbonathärte). Durch Multiplikation mit 30 erhält man die mg/l CO_3.

e) Bestimmung der gebundenen Kohlensäure, des Hydrogencarbonat-Ions und des Hydroxyds

Wenn das Wasser gegen Phenolphthaleïn alkalisch reagiert, was jedoch eigentlich nur bei aufbereitetem Grundwasser und bei Oberflächenwässern vorkommt, so wird die Phenolphthaleïn-Alkalität (s. o.) bestimmt. Ein solches Wasser enthält neben Karbonaten oft auch Hydroxyde, was man dadurch feststellen kann, daß auf Zusatz von

Bariumchloridlösung die Rotfärbung nicht verschwindet. Monocarbonate können nur bei Abwesenheit von freier Kohlensäure im Wasser vorhanden sein.

Die Anzahl ccm n/10 HCl für 100 ccm Wasser bei Anwendung von Methylorange als Indikator wird als Methylorange-Alkalität oder Gesamtalkalität bezeichnet oder als m-Wert angegeben (s. oben). Dieses Resultat gibt auch den Wert für Alkalität in mval an. Die gefundene Anzahl ccm n/10 HCL für 100 ccm Wasser gibt mit 22 multipliziert die gebundene Kohlensäure in mg/l CO_2, mit 30 multipliziert die mg/l CO_3 an, und mit 61 multipliziert das Hydrogencarbonat-Ion in mg/l HCO_3.

Mit Hilfe der folgenden Tabelle kann man aus den p- und m-Werten den Gehalt an Karbonat, Hydrogencarbonat und Hydroxyd errechnen.

Anteilige Berechnung von Hydrogencarbonat, Karbonat und Hydroxyd

Titrations-ergebnis	Hydroxyd-menge	Karbonat-menge	Hydrogencarbonat-menge
p-Wert = 0	0	0	m
p-Wert $< \frac{1}{2}$ m-Wert	0	2 × p	m — 2 p
p-Wert = $\frac{1}{2}$ m-Wert	0	2 × p	0
p-Wert $> \frac{1}{2}$ m-Wert	2 p—m	2 (m—p)	0
p-Wert = m-Wert	m	0	0

Die in den einzelnen Spalten für Hydroxyd, Karbonat und Bicarbonat einzusetzenden m- und p-Werte sind mit den entsprechenden Äquivalenten für Karbonat (= 30 mg/l CO_3) und für Bicarbonat-Ion (= 61 mg/l HCO_3)[1]) und für NaOH (= 40 mg/l NaOH) zu vervielfachen.

Beispiel: p-Wert = 0,3; m-Wert = 1,6.

Dann ist nach der Reihe 2 in der obigen Tabelle p $< \frac{1}{2}$ m.

Der Karbonatgehalt ist demgemäß 2 × p = 0,6 × 30 = 18 mg/l CO_3

und der Bicarbonatgehalt (Hydrogencarbonat-Ion)

m — 2 p = 1,6 — 0,6 = 1,0 × 61 = 61 mg/l HCO_3.

Ätzalkalität = 2 PA — MA.

Die Karbonathärte ist der 2,8fache Wert vom m-Wert.

f) SBV (Säurebindungsvermögen)

In der Limnologie wird die Alkalität eines Wassers als Säurebindungsvermögen (SBV) bezeichnet; das ist die Anzahl ccm n/10 HCl, die für 100 ccm Wasser verbraucht werden (*W. Ohle*, Zeitschrift für Fischerei, 36. 185—191 [1938] und Fischerei-Zeitung Bd. 41 1938). Die SBV-Tasche für die SBV-Bestimmung an Ort und Stelle nach Dr. *W. Ohle*, wird von der Fa. Krebs, vorm. Nagel, Freiburg i. Br., geliefert.

[1]) genauer 61,01 mg/l HCO_3.

Bei Oberflächenwasser ist mitunter im Sommer ein Teil des Calciumcarbonats ungelöst in Suspension vorhanden, was durch Trübungsmessungen vor und nach Säurezusatz festgestellt wird (s. *W. Ohle*, Arch. f. Hydrobiologie 1952).

g) Acidität

Bestimmung der Methylorange-Acidität: Wenn in seltenen Fällen bei der Alkalitätsbestimmung mit Methylorange eine rötliche Farbe schon vor Beginn der Titration auftritt, so können neben freier Kohlensäure Huminsäuren oder Mineralsäuren und saure Salze im Wasser, z. B. in Grubenwässern, Haldenwässern u. a., vorhanden sein. In einem solchen Falle bestimmt man die Methylorange-Acidität durch Titration von 100 ccm Wasser nach Zusatz von 0,1 ccm Methylorange-Indikator (0,1%ig) bis zum Farbumschlag von Rot auf Orangerot mit n/10 Normal-Natronlauge. Die Methylorange-Acidität wird angegeben als Anzahl ccm n/10 NaOH für 100 ccm Wasser = mval.

Die Gesamtacidität: Die Gesamtacidität wird bestimmt durch Titration von 100 ccm Wasserprobe mit n/10 Natronlauge nach Zusatz von 0,5 ccm alkoholischer Phenolphthaleïnlösung (0,0375%ig) bis zur Rosafärbung.

Die Gesamtacidität wird angegeben als Anzahl ccm n/10 NaOH für 100 ccm Wasser = mval.

h) Berechnung und Bestimmung der freien, überschüssigen Kohlensäure

Berechnung der kalkaggressiven Kohlensäure: Die aggressive Kohlensäure läßt sich aus der nachfolgenden Tabelle rechnerisch ermitteln.

Wenn weniger als 20 mg/l CO_2 gebundene Kohlensäure gefunden worden sind, so ist praktisch keine zugehörige Kohlensäure in Rechnung zu setzen und die gesamte vorhandene freie Kohlensäure ist also aggressive Kohlensäure. Darüber hinaus ist die kalkaggressive Kohlensäure nicht einfach die Differenz von Gesamtkohlensäure und zugehöriger Kohlensäure, sondern sie muß berechnet werden unter den Gesichtspunkten, daß

1. der Gehalt an Calciumbicarbonat beim Angriff auf Kalk steigt,
2. die gebundene Kohlensäure erhöht wird und
3. die überschüssige Kohlensäure um die zugehörige Kohlensäure des neuentstandenen Calciumbicarbonats verringert wird,
4. Magnesiumbicarbonat keine zugehörige Kohlensäure hat,
5. Eisenbicarbonat keine zugehörige Kohlensäure hat.

Bei Wässern mit höherer Nichtkarbonathärte (> 7,0° d H) ist die zugehörige Kohlensäure etwas größer, die aggressive Kohlensäure kleiner als die Theorie; bei hoher Magnesiahärte (> 10° d H) ist es umgekehrt. Ausschlaggebend ist aber in solchen Fällen das Ergebnis des *Heyer*schen Marmorversuchs (s. u.).

In der *Tillmans*schen Tabelle ist die quadratische Funktion zwischen gebundener und zugehöriger Kohlensäure mathematisch nicht streng gewahrt.

Tabelle für Karbonathärte, für gebundene und zugehörige Kohlensäure nach Tillmans

Alkalität mval	Karbonat-härte d°	Kohlensäure		Alkalität mval	Karbonat-härte °dH	Kohlensäure	
		gebunden mg/l	zugehörig mg/l			gebunden mg/l	zugehörig mg/l
0,05	0,14	1,1	—	4,5	12,60	99,0	24,0
0,1	0,28	2,2	—	4,6	12,88	101,2	26,0
0,2	0,56	4,4	—	4,7	13,16	103,4	28,0
0,3	0,84	6,6	—	4,8	13,44	105,6	30,0
0,4	1,12	8,8	—	4,9	13,72	107,8	32,2
0,5	1,40	11,0	0,1	5,0	14,00	110,0	34,5
0,6	1,68	13,2	0,2	5,1	14,28	112,2	37,0
0,7	1,96	15,4	0,3	5,2	14,56	114,4	39,6
0,8	2,24	17,6	0,4	5,3	14,84	116,6	42,3
0,9	2,52	19,8	0,5	5,4	15,12	118,8	45,0
1,0	2,80	22,0	0,6	5,5	15,40	121,0	48,0
1,1	3,08	24,2	0,7	5,6	15,68	123,2	51,0
1,2	3,36	26,4	0,8	5,7	15,96	125,4	54,0
1,3	3,64	28,6	0,9	5,8	16,24	127,6	57,3
1,4	3,92	30,8	1,0	5,9	16,52	129,8	60,5
1,5	4,20	33,0	1,2	6,0	16,80	132,0	63,8
1,6	4,48	35,2	1,4	6,1	17,08	134,2	67,2
1,7	4,76	37,4	1,6	6,2	17,36	136,4	70,7
1,8	5,04	39,6	1,8	6,3	17,64	138,6	74,3
1,9	5,32	41,8	2,0	6,4	17,92	140,8	78,0
2,0	5,60	44,0	2,2	6,5	18,20	143,0	81,7
2,1	5,88	46,2	2,5	6,6	18,48	145,2	85,5
2,2	6,16	48,4	2,8	6,7	18,76	147,4	89,4
2,3	6,44	50,6	3,1	6,8	19,04	149,6	93,3
2,4	6,72	52,8	3,5	6,9	19,32	151,8	97,2
2,5	7,00	55,0	3,9	7,0	19,60	154,0	101,0
2,6	7,28	57,2	4,3	7,1	19,88	156,2	105,0
2,7	7,56	59,4	4,7	7,2	20,16	158,4	109,3
2,8	7,84	61,6	5,2	7,3	20,44	160,6	113,5
2,9	8,12	63,8	5,7	7,4	20,72	162,8	117,8
3,0	8,40	66,0	6,3	7,5	21,00	165,0	122,2
3,1	8,68	68,2	6,9	7,6	21,28	167,2	126,7
3,2	8,96	70,4	7,6	7,7	21,56	169,4	131,2
3,3	9,24	72,6	8,4	7,8	21,84	171,6	135,8
3,4	9,52	74,8	9,2	7,9	22,12	173,8	140,5
3,5	9,80	77,0	10,1	8,0	22,40	176,0	145,0
3,6	10,08	79,2	11,1	8,1	22,68	178,2	150,0
3,7	10,36	81,4	12,2	8,2	22,96	180,4	155,0
3,8	10,64	83,6	13,4	8,3	23,24	182,6	160,0
3,9	10,92	85,8	14,7	8,4	23,52	184,8	165,0
4,0	11,20	88,0	16,0	8,5	23,80	187,0	170,0
4,1	11,48	90,2	17,4	8,6	24,08	189,2	175,0
4,2	11,76	92,4	18,9	8,7	24,36	191,4	180,0
4,3	12,04	94,6	20,5	8,8	24,64	193,6	185,0
4,4	12,32	96,8	22,2	8,9	25,52	195,8	190,0
				9,0	25,80	198,0	195,0

Berechnungsbeispiel: Ein Wasser enthält im Liter 80 mg gebundene und 50 mg freie Kohlensäure. Man hat dann, um die aggressive Kohlensäure zu finden, in der Reihe für gebundene Kohlensäure von 80 an so viel weiterzugehen, bis man an einen Punkt gelangt, bei dem die Zunahme der gebundenen Kohlensäure, von 80 an gerechnet, vermehrt um die zu dieser gebundenen zugehörigen freien Kohlensäure, die Zahl 50 ergibt. Im vorgenannten Beispiel hätte man also bis zu 102,5 in der Reihe für gebundene Kohlensäure vorzurücken; die Zunahme von 80 an beträgt hier 22,5; die zugehörige ist bei 102,5 = 27,3; 22,5 + 27,3 ergibt 49,8, also praktisch 50. Die aggressive Kohlensäure dieses Wassers, das 80 mg gebundene und 50 mg freie Kohlensäure enthält, beträgt **demnach 22,5 mg im Liter (l. c.).**

Kohlensäure-Kurve nach Auerbach

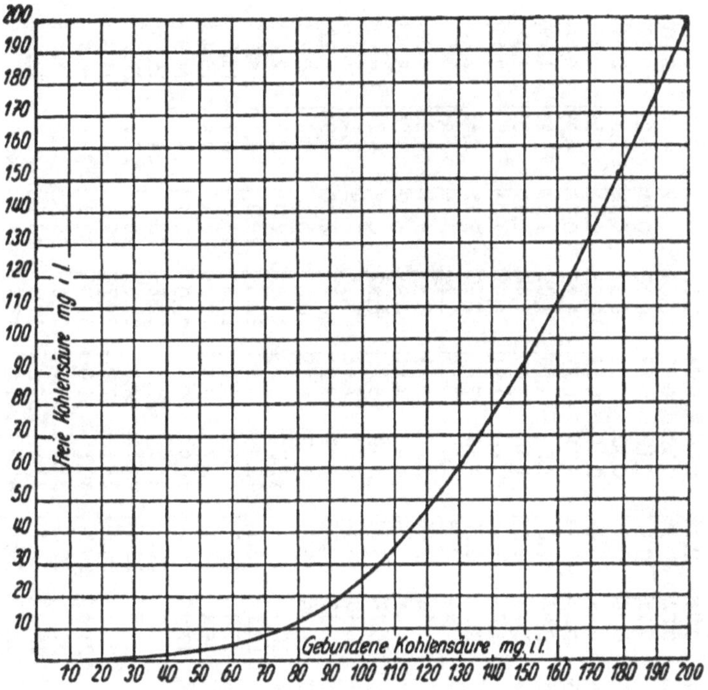

G e b r a u c h s a n w e i s u n g f ü r d i e CO_2 - K u r v e v o n A u e r b a c h: Nehmen wir an, in einem Wasser wären 80 mg gebundene Kohlensäure und 50 mg freie Kohlensäure im Liter analytisch ermittelt worden. Um nun die kalkangriffsfähige Kohlensäure zu finden, suchen wir zunächst auf der Abszissenachse den Punkt 80 (gebundene Kohlensäure), den wir für das weitere Vorgehen als Nullpunkt ansehen. Die Aufgabe präzisiert sich nun dahin, durch Ausprobieren zu dem Punkt der Kurve zu kommen, bei dem Ordinate + Abszisse, vom angegebenen Nullpunkt (in unserem Fall dem Punkt 80) an gerechnet, die Zahl 50 ergeben. Das vom Nullpunkt (80) an sich ergebende Stück der Abszissenachse ist dann die kalkangriffsfähige Kohlensäure.

Bei unserem Beispiel beträgt sie mithin 22,5 mg im Liter (l. c.).

Popp hat gefunden, daß die Werte für die zugehörige Kohlensäure im hohen Maße von der Temperatur des Wasser abhängen. Die *Tillmans*sche Tabelle ist auf eine Wassertemperatur von 17° C berechnet, die in der Praxis jedoch selten vorliegt. *Popp* hat daher empfohlen, die nachfolgende Tabelle der Berechnung der aggressiven Kohlensäure zugrunde zu legen (*Popp*, Gesundheitsingenieur 65. [1942] 323 u. 397).

Die nach der *Popp*schen Tabelle erhaltenen Werte für aggressive Kohlensäure erscheinen nach den praktischen Erfahrungen der Wasserwerkstechnik zu hoch. Danach würden z. B. in Niedersachsen die meisten Wässer als aggressiv bezeichnet werden müssen. Aus theoretischen Erwägungen soll aber die *Popp*sche Tabelle hier beigebracht werden.

Tabelle nach Popp

Zugehöriger Kohlensäuregehalt von im Kalk-Kohlensäure-Gleichgewicht befindlichen Wässern bei Temperaturen von 5 bis 20°

Alkalinität	Gebundene CO_2	Karbonathärte	5°	6°	7°	8°	9°	10°	11°	12°	13°	14°	15°	16°	17°	18°	19°	20°
0,18	3,85	0,50	—	—	—	—	—	—	—	—	—	—	—	—	—	—	—	—
0,35	7,70	1,00	—	—	—	—	—	—	—	0,01	0,01	0,01	0,01	0,01	0,01	0,01	0,01	0,01
0,53	11,5	1,50	0,03	0,03	0,03	0,04	0,04	0,04	0,04	0,04	0,04	0,04	0,04	0,05	0,05	0,05	0,05	0,05
0,71	15,6	2,00	0,07	0,07	0,07	0,07	0,07	0,08	0,08	0,08	0,08	0,09	0,09	0,09	0,09	0,10	0,10	0,10
0,89	19,4	2,50	0,14	0,15	0,15	0,16	0,16	0,17	0,17	0,18	0,18	0,19	0,19	0,20	0,21	0,22	0,22	0,23
1,07	23,5	3,00	0,23	0,23	0,24	0,25	0,26	0,26	0,27	0,28	0,29	0,30	0,30	0,31	0,32	0,33	0.34	0,35
1,25	27,3	3,50	0,38	0,40	0,41	0,42	0,44	0,45	0,46	0,48	0,49	0,51	0.51	0,53	0,54	0,56	0,57	0,59
1,43	31,5	4,00	0,54	0,56	0,58	0,59	0,61	0,63	0,65	0,67	0,69	0,71	0,73	0,75	0,77	0,79	0,81	0,84
1,61	35,3	4,50	0,79	0,82	0,84	0,86	0,89	0,92	0,95	0,97	1,00	1,03	1,06	1,09	1,12	1,16	1,19	1,23
1,78	39,2	5,00	1,06	1,08	1,11	1,14	1,18	1,21	1,25	1,28	1,32	1,36	1,40	1,44	1,48	1,53	1,57	1,62
1,96	43,0	5,50	1,39	1,47	1,52	1,57	1,61	1,65	1,71	1,75	1,81	1,86	1,91	1,97	2,03	2,09	2,15	2,21
2,14	47,1	6,00	1,82	1,87	1,93	2,00	2,04	2,10	2,17	2,23	2,30	2,36	2,43	2,50	2.58	2,65	2,73	2,81
2,32	50,9	6,50	2,27	2,43	2,50	2,58	2,65	2,73	2,81	2,89	2,98	3,06	3,15	3,24	3,34	3,44	3,54	3,64
2,50	55,0	7,00	2,90	2,99	3,08	3,17	3,26	3,36	3,45	3,56	3,66	3,77	3,88	3,99	4,11	4,23	4,36	4,48
2,68	58,8	7,50	3,60	3,71	3,82	3,93	4,04	4,16	4,28	4,41	4,54	4,67	4,81	4,95	5,10	5,25	5,40	5,56
2,85	62,7	8,00	4,30	4,43	4,56	4,69	4,83	4,97	5,12	5,27	5.42	5,58	5,75	5,92	6,09	6,27	6,45	6,64
3,03	66,5	8,50	5,22	5,37	5,53	5,69	5,86	6,03	6,21	6,40	6,58	6,78	7,48	7,18	7,39	7,61	7,83	8,06
3,21	70,6	9,00	6,14	6,32	6,51	6,70	6,90	7,10	7,31	7,53	7,75	7,98	8,21	8,45	8,70	8,96	9,22	9,49
3,39	74,4	9,50	7,29	7,51	7,73	7,96	8,19	8,43	8,70	8,96	9,22	9,49	9,75	10,0	10,3	10,6	10,9	11,2
3,57	78,5	10,00	8,45	8,70	8,96	9,22	9,49	9,77	10,1	10,4	10,7	11,0	11,3	11,6	12,0	12,3	12,7	13,1
3,75	82,5	10,50	9,92	10,1	10,4	10,7	11,0	11,3	11,7	12,1	12,4	12,8	13,2	13,5	14,0	14,3	14,8	15,2
3,93	86,5	11,00	11,4	11,60	11,9	12,3	12,7	13,0	13,4	13,8	14,2	14,6	15,1	15,5	16,0	16,4	16,9	17,4
4,11	90,4	11,50	13,0	13,3	13,6	14,1	14,5	14,9	15,3	15,8	16,3	16,7	17,3	17,7	18,3	18,8	19,4	19,9
4,28	94,2	12,00	14,6	15,00	15,4	15,9	16,4	16,8	17,3	17,8	18,4	18,9	19,5	20,0	20,6	21,2	21,9	22,5
4,46	98,1	12,50	16,6	17,0	17,5	18,1	18,6	19,1	19,7	20,2	20,9	21.5	22,1	22,8	23,4	24,1	25,9	25,6
4,64	102,1	13,00	18,6	19,1	19,7	20,3	20,8	21,5	22,1	22,7	23,4	24,1	24,8	25,6	26,3	27,1	27,9	28,7
4,82	106,0	13,50	20,9	21,5	22,1	22,8	23,4	24,1	24,8	25,5	26,3	27,1	27,9	28,7	29,6	30,5	31,3	32,3
5,00	110,0	14,00	23,2	23,9	24,6	25,3	26,1	26,8	27,6	28,4	29,3	30,1	31,0	31,9	32,9	33,9	34,8	35,9
5,18	113,9	14,50	25,9	26,6	27,4	28,2	29,1	29,9	30,3	31,7	32,7	33,6	34,6	35,6	36,7	37,8	38,8	40,0
5,35	117,9	15,00	28,6	29,4	30,3	31,2	32,1	33,0	34,0	35,0	36,1	37,1	38,2	39,3	40,5	41,7	42,9	44,2
5,53	121,8	15,50	31,6	32,5	33,4	34,4	35,4	36,5	37,5	38,6	39,8	41,0	42,2	43,4	44,7	46,0	47,4	48,8
5,71	125,6	16,00	34,6	35,6	36,6	37,7	38,8	40,0	41,1	42,3	43,6	44,9	46,2	47,6	49,0	50,4	51,9	53,4
5,89	129,5	16,50	38,0	39,1	40,3	41,5	42,7	44,0	45,2	46,5	47,9	49,4	50,3	52,3	53,9	55,4	57,1	58,7
6,07	133,5	17,00	41,5	42,7	44,0	45,3	46,6	48,0	49,4	50,8	52,3	53,9	55,5	57,1	58,8	60,5	62,3	64,1
6,25	137,4	17,50	45,4	46,7	48,1	49,5	51,0	52,5	54,0	55,6	57,2	58,9	60,7	62,5	64,3	66,2	68,1	70,1
6,43	141,4	18,00	49,3	50,8	52,3	53,8	55,4	57,0	58,7	60,4	62,2	64,0	65,9	67,9	69,9	71,9	74,0	76,2
6,61	145,3	18,50	53,5	55,1	56,8	58,4	60,1	61,9	63,7	65,6	67,5	69,5	71,6	73,7	75,9	78,1	80,4	82,8
6,78	149,2	19,00	57,8	59,5	61,3	63,1	64,9	66,8	68,8	70,8	72,9	75,1	77,3	79,6	81,9	84,3	86,8	89,8

Alkalinität	Gebundene CO_2	Karbonathärte	5°	6°	7°	8°	9°	10°	11°	12°	13°	14°	15°	16°	17°	18°	19°	20°
6,96	153,1	19,50	62,6	64,5	66,4	68,3	70,3	72,4	74,5	76,7	79,0	81,4	83,7	86,2	88,8	91,3	94,0	96,9
7,14	157,1	20,00	67,5	69,5	71,5	73,6	75,8	78,0	80,3	82,7	85,1	87,7	90,2	92,9	95,7	98,4	101,3	104,3
7,32	161,0	20,50	72,9	75,1	77,2	79,5	81,9	84,3	86,7	89,3	91,9	94,7	97,5	100,3	103,3	106,3	109,4	112,7
7,50	165,0	21,00	78,4	80,7	83,0	85,5	88,0	90,6	93,2	96,0	98,8	101,7	104,8	107,8	111,0	114,3	117,6	121,1
7,68	168,9	21,50	84,3	86,7	89,2	92,4	94,6	97,4	100,2	103,2	106,2	109,4	112,6	115,9	119,3	122,9	126,4	130,2
7,89	173,5	22,00	90,2	92,8	95,5	98,4	101,3	104,3	107,3	110,5	113,7	117,1	120,5	124,1	127,7	131,5	135,3	139,3
8,04	176,9	22,50	96,5	99,3	102,2	105,2	108,3	112,5	114,8	118,2	122,0	125,2	128,9	132,7	136,6	140,6	144,8	149,0
8,21	180,7	23,00	102,8	105,8	108,9	112,1	115,4	118,8	122,3	125,9	129,6	133,4	137,4	141,4	145,6	149,8	154,3	158,8
8,39	184,6	23,50	109,8	113,0	116,3	119,8	123,3	126,9	130,7	134,5	138,5	142,5	146,8	151,1	155,5	160,1	164,8	169,7
8,57	188,5	24,00	116,8	120,3	123,8	127,5	131,2	135,1	139,1	143,2	147,4	151,7	156,2	160,8	165,5	170,4	175,4	180,6
8,75	192,4	24,50	124,5	128,2	131,9	135,8	139,8	143,9	148,2	152,5	157,0	161,6	166,8	171,3	176,3	181,5	186,9	192,4
8,93	196,4	25,00	132,2	136,1	140,1	144,2	148,4	152,8	157,3	161,9	166,7	171,6	176,6	181,9	187,2	192,7	198,4	204,2
9,11	200,3	25,50	140,3	144,5	148,7	153,1	157,6	162,2	167,0	171,9	177,0	182,2	187,5	193,1	198,8	204,6	210,7	216,8
9,28	204,2	26,00	148,5	152,9	157,4	162,1	166,8	171,7	176,8	182,0	187,4	192,9	198,5	204,4	210,4	216,6	223,0	229,5
9,46	208,1	26,50	159,0	162,1	166,9	171,8	176,8	182,0	187,4	192,9	198,6	204,5	210,5	216,7	223,1	229,6	236,7	243,3
9,64	212,1	27,00	166,5	171,4	176,4	181,6	186,9	192,4	198,1	203,9	209,9	216,1	222,5	229,0	235,8	242,7	250,4	257,2
9,82	216,0	27,50	176,1	181,3	186,6	192,1	197,7	203,6	209,6	215,7	222,1	228,6	235,4	242,3	249,4	256,8	264,6	272,1
10,00	220,0	28,00	185,7	191,2	196,8	202,6	208,6	214,8	221,1	227,6	234,3	241,2	248,3	255,6	263,1	270,9	278,8	287,0
10,18	223,9	28,50	196,1	201,9	207,8	213,9	220,2	226,7	233,4	240,3	247,3	254,6	262,1	269,8	277,8	286,0	294,4	303,0
10,36	227,9	29,00	206,5	212,6	218,8	225,3	231,9	238,7	245,8	253,0	260.4	268,1	276.0	284.1	292,5	301,0	310,0	319,1
10,54	231,8	29,50	217,3	223,7	229,8	236,6	244,0	251,2	258,6	266,2	274,1	282,1	290,4	298.5	307,8	316,9	326,2	335,8
10,71	235,7	30,00	228,1	234,9	241,8	248,9	256,2	263,8	271,5	279.5	287,8	296,2	304,9	313,9	323,2	332,7	342,5	352,5
11,07	243,5	31,00	251,9	259,3	266,9	274,8	282,9	291,2	299,8	307,9	317,7	327,0	336,6	346,6	356,8	367,3	378,1	389,2
11,42	251,2	32,00	276,5	284,6	293,0	301,6	310,5	319,6	329,1	338,0	348,7	359,0	369,5	380,4	391,6	403,2	415,0	427,2
11,78	259,2	33,00	303,3	312,3	321,5	330,9	340,7	350,7	361,0	370,8	382,6	393,8	405,4	417,4	429,7	442,3	455,9	468,7
12,14	267,1	34,00	331,9	341,7	351,8	362,2	372,8	383,8	395,1	405,8	418,7	431,0	443,6	456,7	470,2	484,1	498,2	512,9
12,50	275,0	35,00	362,8	373,5	384,5	395,8	407,5	419,5	431,8	443,5	457,6	471,1	484,9	499,2	513,9	529,1	544,6	560,6
12.85	282,7	36,00	394,1	405,7	417,6	429,9	442,5	455,6	469,0	481,7	497,0	511,6	526,6	542,2	558,1	574,6	591,5	608,8
13,21	290,6	37,00	428,1	440,7	453,6	467,0	480,7	494,9	509,5	523,3	539,9	555,8	572,1	589,0	606,3	624,2	642,5	661,4
13,57	298,5	38,00	464,0	477,7	491,7	506,2	521,1	536,5	552,3	567,2	585,2	602,4	620,1	638,5	657,2	676,6	696,5	716,9
13,92	306,2	39,00	500,8	515,6	530,7	546,4	562,5	579,0	596,1	602,2	631,6	650,2	669,3	709,4	709,4	730,3	751,7	773,8
14,28	314,1	40.00	540,6	556,5	572,9	589,8	607.1	625,0	643,4	660,9	681,8	701,9	722,5	743,8	765,7	788,3	811,4	835,3
14,64	322,0	41,00	582,5	599.6	617,3	635,5	654,1	673,4	693,3	712,0	734,6	756,2	778,5	801,4	825,0	849,4	874,3	900,0
15,00	330,0	42,00	627,0	645,4	664,4	684,0	704,1	724,8	746,2	766,4	790,7	814,0	837,9	862,6	888,0	914,2	941,0	968,7
15,35	337,7	43,00	671,8	691,6	711,9	732,9	754,5	776,7	799,6	821,2	847,3	872,2	897,8	924,3	951,5	979,6	1008	1038
15,71	345,6	44,00	720,1	741,3	763,1	785,6	808,7	832,9	857,1	880,3	908,2	934,9	962,4	990.8	1020	1050	1080	1112
16,07	353,5	45,00	770,5	793,2	816,6	840,6	865,3	890,8	917,1	941,9	971,8	1000	1029	1060	1091	1123	1156	1190
16,42	361,2	46,00	822.0	846,2	871,1	896,8	923,1	950,3	978,4	1004	1036	1067	1098	1131	1164	1198	1233	1271
16;78	369,1	47,00	877,1	903,0	929,5	956,9	985,1	1014	1044	1072	1106	1138	1172	1206	1242	1279	1316	1355
17,14	377,0	48,00	934,7	962,2	990,5	1019	1049	1080	1112	1142	1178	1213	1249	1286	1323	1363	1402	1444
17,50	385,0	49,00	995,6	1024	1055	1086	1118	1151	1185	1217	1255	1292	1330	1369	1410	1452	1494	1538
17,85	392,7	50,00	1056,0	1087	1119	1152	1186	1221	1257	1291	1332	1371	1411	1453	1496	1540	1585	1632

Nach den praktischen Erfahrungen im Wasserwerksbetrieb entsprechen vielmehr die nach *Tillmans* gefundenen Werte für aggressive Kohlensäure durchaus den tatsächlichen Verhältnissen, auch wenn die Wassertemperatur bei der Entnahme niedriger ist als die der Tabelle entsprechende (10° statt 17°).

Als theoretische Begründung könnte man anführen, daß die Reaktionsgeschwindigkeit bei der niedrigeren Wassertemperatur im Rohrnetz (9° bis 10°) wesentlich geringer ist (s. auch die Ausführungen von *R. Schmidt* im Jahrbuch Vom Wasser, Bd. VIII, 1934).

Gewöhnlich wird für die Rubrik „Karbonathärte" die gesamte Karbonathärte, also Kalk-Karbonathärte und Magnesiakarbonathärte, zugrunde gelegt. Nur bei erheblichen Abweichungen vom dolomitischen Verhältnis des Calciums und Magnesiums muß durch den Heyer-Versuch der Wert für die Überschußkohlensäure kontrolliert werden, wie dies schon *Tillmans* in seiner grundlegenden Arbeit (Ges. Ing. **35**, 669–677, 1912) ausgeführt hat.

So fand Verf. in mehreren harten Wässern im Gebiet des „Münder Mergels" (Bad Münder — Bad Nenndorf) rechnerisch ein Defizit von 20 bis 30 mg/l zugehöriger Kohlensäure. Wenn man aber den hohen Magnesiumgehalt des Wassers berücksichtigt, wären diese Wässer mit 20 bis 25° Karbonathärte als aggressiv zu bezeichnen. Der *Heyer*-Versuch bestätigt dies nicht, man findet bei diesem keine CO_3-Zunahme, sondern sogar eine geringe Abnahme.

Formelmäßige Errechnung.

Nach *R. Strohecker* kann man aus dem genau ermittelten p_H-Wert und dem Gehalt an gebundener Kohlensäure die kalkaggressive Kohlensäure berechnen (GWF 30, 524, 1937).

Rostschutzschichtverhindernde Kohlensäure.

Kalk-Kohlensäure-Gleichgewicht

Wenn in einem Wasser so viel freie Kohlensäure vorhanden ist, daß sie gerade ausreicht, um das vorhandene Calciumbicarbonat in Lösung zu halten, bildet sich im Rohrnetz die erwünschte Schutzschicht ganz allmählich aus. Wenn zu wenig Kohlensäure vorhanden ist, um das Calciumbicarbonat in Lösung zu halten, dann bildet sich die Schutzschicht zu schnell aus, und es kommt zu unerwünschten Inkrustationen im Rohrnetz.

Wenn aber zu viel Kohlensäure vorhanden ist — mehr als zum Inlösunghalten des vorhandenen Calciumbicarbonats erforderlich ist —, so bildet sich keine Schutzschicht aus, da das Calciumbicarbonat gelöst bleibt. Darüber hinaus greift die überschüssige Kohlensäure die Eisenrohre an, und es kommt zu Rostknollenbildungen.

Der gesamte Überschuß an freier Kohlensäure, also die über die zugehörige Kohlensäure hinaus vorhandene, wird daher als „rostschutzverhindernde Kohlensäure" bezeichnet.

Die rostschutzverhindernde Kohlensäure ist mit anderen Worten die Differenz zwischen der gesamten freien Kohlensäure und der zugehörigen Kohlensäure. Die Werte für rostschutzverhindernde Kohlensäure können also aus der Tabelle S. 84 direkt entnommen werden. Dabei ist aber noch zu berücksichtigen, daß sehr harte Wässer, besonders solche, die gleichzeitig hohe bleibende Härte haben, fast immer 2 bis 5 mg/l Überschußkohlensäure haben und doch das Rohrnetz erfahrungsgemäß nicht angreifen.

Die überschüssige Kohlensäure greift die metallischen Rohre, insbesondere solche aus Eisen, Zink und Blei, an und löst das entsprechende Metall auf. Durch eine genaue Eisenbestimmung am Anfang und am Ende eines neuen Rohrnetzes kann man also feststellen, ob die gesamte vorhandene Kohlensäure zugehörig ist oder ein Teil als überschüssige Kohlensäure das Rohrnetz angreift und Eisen von den Rohrwandungen auflöst.

Bleiangreifende Kohlensäure: Für den Bleiangriff ist in erster Linie der Sauerstoffgehalt des Wassers maßgeblich. Sauerstofffreie Wässer, z. B. Grundwässer aus größerer Tiefe, greifen Blei überhaupt nicht an. Es muß sich an den Bleirohrwandungen nämlich zunächst das Bleioxyd bilden, und dieses erst wird von aggressivem Wasser zu löslichen Bleisalzen umgesetzt.

Während also viele Kalk, Beton, Mörtel und Eisen stark angreifende Wässer Blei wegen Sauerstoffmangels überhaupt nicht angreifen können, haben sauerstoffreiche Wässer, auch wenn sie nur wenig freie Kohlensäure enthalten, oft sehr starkes Bleilösungsvermögen, z. B. Regenwasser (*K. Höll*, Arch. f. Hygiene **113**, 283—295, 1935). Bei den härteren Wässern tritt starker Bleiangriff erst dann auf, wenn die freie Kohlensäure die Hälfte des Betrages an gebundener Kohlensäure übersteigt. Wenn die gesamte freie Kohlensäure weniger als $^1/_5$ der gebundenen Kohlensäure beträgt, tritt nie Bleiangriff auf (*K. Höll*, Ges. Ing. **58**, 323—328, 1935).

Bei weichen sauerstoffhaltigen Wässern muß man immer Bleiangriff befürchten, auch wenn wenig aggressive Kohlensäure vorhanden ist; besonders unübersichtlich sind die Bleilösungsvorgänge bei neuverlegten Bleirohren. Ein Bleilösungsversuch ist deshalb oft erforderlich.

i) Bleilösungsversuch

In Zylindern mit weitem Hals und schräg abgeschnittenem Glasstopfen werden Bleistreifen oder halbierte Bleirohrstücke, die von allen Seiten entfettet sind und mit verdünnter Salpetersäure gereinigt und mit Wasser gründlich abgespült sind, mit dem Untersuchungswasser, das nicht mit der Luft in Berührung war, mit Hilfe eines kleinen Heberschlauches vorsichtig übergossen und einige Minuten mit dem Wasser überspült. Auf das zum Überlaufen gefüllte Gefäß wird der Glasstopfen vorsichtig aufgesetzt.

Nach 12 Stunden werden die Bleistücke herausgezogen und dabei mehrmals hin und her bewegt. In dem Wasser wird dann, wie auf S. 116 angegeben, der Bleigehalt bestimmt.

Bei Wasserleitungen kann man auch ein neues Bleirohr, das durch zwei Absperrhähne vorn und hinten abgeschlossen ist, an die Druckleitung anschließen. Nach 10stündigem Stehen unter Druck entnimmt man das Wasser zur Prüfung, nachdem die ersten 50 bis 100 ccm Wasser fortgelassen wurden.

Der Versuch sollte nach längerem Stehen des Wassers in dem Versuchsrohr 7mal in Abständen von 3 Tagen wiederholt werden. Die Proben sind mit einigen ccm Essigsäure zu versetzen, da die Bleiverbindungen sich leicht an den Glaswandungen festsetzen (*Jackson*, Water and Wat Eng. Bd. 39, 1937 u. *K. Höll*, D. Apoth. Ztg. 1935).

j) Sauerstoff

Orientierende Feldbestimmung: Man versetzt den Inhalt einer bis zum Überlaufen gefüllten Glasstopfenflasche (s. u.) mit je 2 ccm Mangan(II-)chloridlösung[1]) und Natronlauge[1]) und schüttelt nach Aufsetzen des Stopfens um. Nach der Färbung

[1]) Man kann dafür auch die von der Fa. E. Merck, Darmstadt, herausgebrachten Tabletten verwenden.

des Niederschlages kann man den Sauerstoffgehalt abschätzen, evtl. unter Zuhilfenahme der Farbtafel von *Hofer* (zu beziehen von der Fa. Bergmann & Altmann, Berlin-Zehlendorf und Hamburg 1). Sauerstofffreies Wasser erzeugt einen fast weißen, sauerstoffarmes einen hellgelben und sauerstoffreiches einen braunen Niederschlag.

Für die limnologische Feldbestimmung des Sauerstoffs eignet sich recht gut die Methode nach Gilreas (Zeitschr. Wasser und Abwasser 33. 464, 1935) mit 2 ccm Amidollösung (13%ig) und vorherigem Zusatz von 1 ccm Calciumcitratlösung (2 : 1) auf 100 ccm Wasser. Der Farbvergleich kann mit Standard-Farblösungen aus Kobaltchlorid und Kaliumbichromat feldmäßig vorgenommen werden.

Für die Gewässerüberwachung bedient man sich heute des Sauerstofflotes nach *F. Tödt* (*F. Tödt* u. *G. Petsch*, Ges. Ing. 76, 1955, 104—106. Hersteller Fa. Hartmann & Braun, Frankfurt/Main). Man erspart dadurch zahlreiche Einzelbestimmungen des Sauerstoffs und findet Abwasserstränge in einem Flußlauf viel besser mit diesem Gerät; ebenso kann man leicht den Verlauf der Sprungschicht in stehenden Gewässern erkennen (s. *W. Ohle* „Vom Wasser" XIX, 1953, 99—123). In der neuen Ausführungsform mit Goldamalgam-Elektrode gibt das Sauerstofflot auch bei harten Wässern exakte Werte.

Jodometrische Sauerstoffbestimmung nach Winkler-Bruhns

Vorbereitung: Das Untersuchungswasser wird nach den unter „Probenahme" besprochenen Vorsichtsmaßregeln (s. S. 16) mit Hilfe des Entnahmegummischlauches in Glasstopfenflaschen zu 300 ccm, sog. Sauerstoffflaschen, deren Inhalt bis zu 1/10 ccm genau bestimmt ist, eingefüllt. Nach längerem Überlaufenlassen befindet sich in der Flasche nur Wasser, welches nicht mit der Luft in Berührung gekommen ist. Der Gummischlauch wird während des Einlaufens vorsichtig herausgezogen bzw. wird die Sauerstoffflasche herabgezogen und der abgeschrägte oder zugespitzte[1]) Glasstopfen aufgesetzt. Während des Befüllens ist darauf zu achten, daß keine Luftbläschen in die Probeflasche gelangen. Bei Unterwasserpumpen gibt es oft eine milchige Trübung von feinsten Bläschen. Es handelt sich in diesem Falle nicht um Luftbläschen, sondern um Wirbel von der Pumpe her. Bei sauerstofffreiem Tiefenwasser kann man dies einwandfrei feststellen.

Stopfen und Flaschenhals müssen gut eingefettet sein. Es darf kein Luftbläschen mehr vorhanden sein. Die einige Zeit nach dem Reagenzienzusatz auftretenden Gasbläschen sind jedoch belanglos; es handelt sich um Stickstoffbläschen. Gleichzeitig ist die Temperatur zu messen und bei genauen Untersuchungen der Barometerstand zu verzeichnen.

Sofort nach der Entnahme werden nacheinander je 2 ccm Mangan(II)-chloridlösung (40%ig, ferrisalzfrei!)[2]) und Natronlauge (33%ig) mit Hilfe von langgezogenen Pipetten sowie bei Gegenwart von Nitrit 20 Tropfen Natriumazidlösung (5%ig) zugefügt, ungeachtet des Überlaufens. Nach jedesmaligem vorsichtigem Aufsetzen des Glasstopfens vermischt man durch mehrmaliges vorsichtiges Umkehren der Flasche unter Festhalten des Stopfens. In diesem Zustand kann die Probe längere Zeit aufbewahrt werden, für genaue Untersuchungen unter Wasser; auf dem Transport werden

[1]) s. *W. Ohle*, IVL-Mitteilungen der Standardis. Kommission Nr. 3, 153.
[2]) Diese darf in angesäuerter KJ-Lösung keine Jodfärbung geben (evtl. Stärkezusatz).

die Probeflaschen mit feuchten Tüchern umwickelt (W. Ohle), am besten in Blechkästen (R. Maucha).

Man kann nach kurzem Stehenlassen auch noch 5 g gepulvertes Kaliumbicarbonat zusetzen. Besser ist eine 20%ige Lösung von Ammoniumbicarbonat, wobei kein Luftsauerstoff hinzutreten kann. Man verschließt mit dem *Lübbert-Schneider*schen Flaschenverschluß.

Für größere Serienuntersuchungen, z. B. für limnologische Zwecke, kann man auch mit 100-ccm-Flaschen auskommen und benötigt dann nur je 1 ccm Mangan(II)-chloridlösung und Natronlauge.

Titration: Nach längerem Stehen hebert oder saugt man die über dem Niederschlag stehende klare Flüssigkeit bis auf etwa 100 ccm ab und versetzt den Rest mit 1 g Kaliumjodid und 5 ccm Salzsäure 25%ig oder, besonders bei Gegenwart von Eisen (III)-Verbindungen im Grundwasser, Phosphorsäure 85%ig. Bei verschlossener Flasche läßt man 10 Minuten lang stehen.

Den Kaliumjodidzusatz nimmt man am besten mit Hilfe eines Pulvertrichters (weithalsiger Trichter) vor, damit die Kristalle nicht am Flaschenhals hängenbleiben. Bei Anwendung von 100 ccm Wasser sind 0,5 g Kaliumjodid und 2 ccm Salzsäure ausreichend.

Nach dieser Zeit titriert man das frei gewordene Jod mit einer n/100 Natriumthiosulfatlösung und dem üblichen Stärkezusatz am Schluß der Titration. Gegen Ende muß hier besonders langsam titriert werden, da sonst leicht übertitriert wird. Die Thiosulfatlösung wird mit aufgekochtem Wasser hergestellt oder durch Verdünnung einer mit 1% Isobuthylalkohol oder Amyalkohol konservierten n/10 Thiosulfatlösung frisch bereitet. Die Thiosulfatlösung kann auch mit 0,4 g Natriumhydroxyd je Liter oder 1 g Salicylsäure oder Benzoesäure je Liter haltbar gemacht werden.

Die Titerstellung der Thiosulfatlösung geschieht am besten mit einer Kaliumbijodatlösung, die 0,325 g KJO_3 im Liter enthält. Von dieser werden 10,0 ccm nach Verdünnen im Erlenmeyerkolben mit 0,5 g Kaliumjodid und 5 ccm einer 10%igen Salzsäure versetzt. Zur Jodtitration müssen nach einigem Stehen 10,0 ccm n/10 Thiosulfat verbraucht werden, anderenfalls muß mit dem Umrechnungsfaktor gerechnet werden.

Die Titerstellung soll nach *R. Czensny* immer beim Endvolumen der normalen Titration, also bei 100 ccm, vorgenommen werden.

Störungen können auftreten bei Wässern mit viel organischen Stoffen, die einen Teil des abgeschiedenen Jods binden. Man setzt in diesem Falle nach *Winkler* zu 100 ccm des gelbgefärbten Wassers daher 10 ccm n/100 Jodlösung, läßt einige Minuten stehen und titriert mit Thiosulfat zurück. Die hierbei verbrauchten ccm Jodlösung zählt man dem Sauerstofftitrationswert zu.

Bei Huminwässern und verschmutzten Wässern mit viel organischen Stoffen empfiehlt es sich, wie schon angeführt, etwas Kaliumbicarbonat zuzusetzen und nach einiger Zeit den Manganniederschlag abzufiltern, auszuwaschen und in einem Schliffkolben überzuspülen und dort nach Säurezusatz jodometrisch zu bestimmen. Noch besser ist es, nach dem Verfahren von *W. Ohle* (s. S. 92) zu arbeiten.

Schon ein geringer Nitritgehalt macht sich bei der Titration unangenehm bemerkbar, da der Endpunkt durch die Nachbläuung sehr unscharf wird. An und für sich ist sonst der Fehler gering, für 0,1 g N_2O_3 0,021 mg O_2 nämlich. Um das „Ziehen" bei der Titration zu vermeiden, ist der Zusatz von Natriumazid, wie oben angegeben, ratsam.

Wenn im Wasser viel organische Stoffe und Sulfite vorhanden sind (z. B. bei Vorflutern, die Abwässer von Sulfitzellstoff-Fabriken aufgenommen haben), so muß man — wie unten angegeben — nach *Alsterberg* (Biochem. Zschr. Bd. 170) oder *W. Ohle* verfahren.

Berechnung des Sauerstoffgehalts: Bei der Berechnung ist der genaue Inhalt der Probeflasche zu berücksichtigen. Der Sauerstoffgehalt in mg/l O_2 wird nach folgendem Ansatz berechnet:

$$\frac{\text{a ccm verbrauchtes n/100 Natriumthiosulfat} \cdot (0{,}08) \cdot 1000}{\text{Flascheninhalt minus 4 ccm}}$$

Findet man nach dem *Winkler*schen Verfahren keinen Sauerstoff, so können 0,025 mg/l doch vorhanden sein. Durch die zugesetzten Reagenzmengen wird aber fast immer eine geringe Menge Sauerstoff hineingebracht, die man bei genauen Untersuchungen in Abzug bringen sollte (durchschnittlich 0,1 mg/l O_2).

Umrechnungen	1 mg O_2 ist = 0,70 ccm O_2;
	1 ccm O_2 ist = 1,429 mg O_2.

Jedoch ist die Angabe in ccm/l O_2 ungenau und irreführend (*Hj. Schmaßmann*, Schweiz. Zschr. für Hydrologie 1949). Der Sauerstoffwert wird deshalb in mg/l O_2 angegeben.

Sauerstoffbestimmung nach Alsterberg

Eine Sauerstoffflasche wird ohne Luftzutritt mit dem Untersuchungswasser gefüllt (s. S. 16) und sogleich 2 ccm Bromlösung (20 g Natr. bromid + 3 g Kaliumbromat und 25 ccm HCl auf 100 ccm Wasser) zugefügt. Nachdem man den Stopfen vorsichtig aufgesetzt hat, läßt man 15 Minuten stehen. Darauf fügt man 2 ccm Salicylatlösung hinzu (10 g Salicylsäure und 20 ccm Natronlauge auf 100 ccm), schüttelt und nach weiteren 15 Minuten setzt man 1 ccm Mangan(II)-chloridlösung (40%ig) und 1 ccm Natronlauge (33%ig) zu. Nach einer weiteren Viertelstunde gibt man 10 ccm Phosphorsäure (20%ig mit 0,3 g Kal. jodid) zu.

Nach jedem Zusatz wird der Stopfen vorsichtig aufgesetzt und sofort umgeschüttelt. Es darf sich hierbei keine Luftblase bemerkbar machen.

Die Endtitration wird wie bei der normalen Bestimmung mit 1/100 Normal-Thiosulfat vorgenommen.

Sauerstoffbestimmung in Oberflächenwässern und verschmutzten Wässern nach W. Ohle Jod-Differenzverfahren

Wie auf S. 16 angegeben werden 2 Sauerstoffflaschen zu etwa 100 ccm befüllt und je 1 ccm Jodlösung mit einer ausgezogenen Pipette zugegeben.

Diese Jodlösung wird durch Lösen von 5 g Jod und 100 g Kaliumjodid in 80 ccm abgekochtem Wasser und Verdünnen von 10 ccm mit 100 ccm gesättigter Kochsalzlösung (35%ig) hergestellt, 1 ccm = 4 mg Jod und 80 mg Kaliumjodid.

Nach vorsichtigem Aufsetzen des Glasstopfens werden beide Flaschen umgeschüttelt. Zu der einen Flasche gibt man dann 0,5 ccm Manganchloridlösung und 0,5 ccm Natronlauge (100 g Natriumhydroxyd und 200 ccm abgekochtes Wasser + 50 g Kaliumjodid). Nach dem Aufsetzen des Glasstopfens wird 10 Sek. lang geschüttelt und dann sogleich 3 ccm Natriumbisulfatlösung (50%ig) zugesetzt. Zu der anderen Probe werden die gleichen Reagenzien außer der Manganlösung gegeben; dafür erhält diese Probe 0,5 ccm Natriumbisulfatlösung mehr.

Die Titration muß nach 10 Min. vorgenommen werden, und zwar nach dem Umfüllen in einen Erlenmeyerkolben mit n/100 Thiosulfat, wie beim Standardverfahren beschrieben. Die bei der Parallelprobe verbrauchten ccm Thiosulfat werden von den beim Hauptversuch verbrauchten ccm abgezogen. Die Berechnung erfolgt unter Berücksichtigung der zugesetzten Reagenzmengen wie beim Standardverfahren, nur müssen 0,12 mg/l O_2 für den mit den Reagenzien eingeführten Sauerstoff vom Endresultat abgezogen werden.

Nitrite, Sulfite, Schwefelwasserstoff, Sulfide, Eisen und Mangan stören nicht.

Die *Alsterberg*sche Methode ist durch die Methode von *W. Ohle* überholt.

Man kann die Sauerstoffbestimmung auch im Hellige-Apparat ausführen. In der 40-mm-Küvette wird die Intensität der durch das frei gewordene Jod auftretenden Gelb- oder Braunfärbung gemessen.

Eine besonders genaue Methode für die Sauerstoffbestimmung im Kesselspeisewasser kann mit Hilfe des o-Tolidin-Reagenz im Hellige-Apparat durchgeführt werden. Für kleinste Mengen Sauerstoff hat sich das Ferroinverfahren nach *Töller* am besten bewährt (Veröff. d. Vereinig. d. Großkesselbesitzer 1954). Für ganz geringe Sauerstoffmengen im Kesselwasser wird der Manganniederschlag mit 5 ccm Phosphorsäure gelöst und durch Zusatz von 2 ccm o-Tolidin kolorimetrisch bestimmt (*R. Freier*, Chem. Zeitg. 76, 1952).

Eine exakte Sauerstoffbestimmung im Kesselspeisewasser kann man auf photometrischem Wege nach *E. Schumann* folgendermaßen durchführen: Zu dem Inhalt einer nach der auf S. 16 beschriebenen Weise gefüllten Sauerstoffflasche von ca. 100 ccm setzt man 0,15 ccm Cer(III)chloridlösung und 0,20 ccm 40%ige Natronlauge, verschließt und schüttelt um.

Die Cer(III)chloridlösung wird bereitet durch Auflösen von 120 g $CeCl_3 + 7\ H_2O$ in 100 ccm aufgekochtem destilliertem Wasser und längeres Auskochen nach Zusatz von 3 ccm Salzsäure*. Mit aufgekochtem Wasser wird wieder aufgefüllt.

Auch die Natronlauge wird mit aufgekochtem Wasser bereitet und längere Zeit ausgekocht.

Zu dem Flascheninhalt werden 4 ccm des nachfolgenden Tolidin-Reagenz gegeben und photometriert oder kolorimetriert.

Tolidin-Reagenz: 1 Raumteil Schwefelsäure 1: 1 Vol. wird mit 3 Raumteilen einer Lösung von 0,4 g o-Tolidin in 100 ccm n/10 Salzsäure gemischt. Diese Mischung ist nur 3 Stunden haltbar.

Bestimmung der Sauerstoffzehrung bei Flußwasser und Abwasser

Die Sauerstoffzehrung ist ein Maß für den Gehalt des Wassers an zersetzlichen organischen Substanzen.

Um festzustellen, ob viel fäulnisfähige Stoffe in einem Vorfluter enthalten sind, bestimmt man daher die Sauerstoffzehrung des Wassers.

Hierzu wird gleichzeitig mit der Probe für die Sauerstoffbestimmung (s. S. 16) eine zweite Probe in einer Glasstopfenflasche bekannten Inhalts (300 ccm) für die Bestimmung der Sauerstoffzehrung entnommen, wie schon auf S. 90 angegeben. Diese zweite Probe wird ohne jeden Chemikalienzusatz 48 Stunden bei 22° C unter Lichtabschluß aufbewahrt. Nach dieser Zeit wird die Sauerstoffbestimmung wie oben angegeben ausgeführt. Die Differenz der Werte beider Bestimmungen ist die Sauerstoffzehrung. Sauerstoffzehrung ist nicht mit Sauerstoffdefizit zu verwechseln. O_2-Defizit oder Sättigungsdefizit bedeutet Fehlmenge an Sauerstoff gegenüber dem Sättigungswert des Wassers (s. u.) für Sauerstoff bei der gleichen Temperatur.

Die Sauerstoffzehrung kann auch in Prozenten des ursprünglichen Sauerstoffgehalts angegeben werden. Manchmal werden die betreffenden Werte auch in Prozenten der Sättigung angegeben, wenn kein Sauerstoffdefizit bei der Entnahme vorhanden war.

Wenn bei der Bestimmung der Sauerstoffzehrung der Restsauerstoff auf unter 2 mg/l gesunken ist, ist das Ergebnis ungenau. Einen genaueren Anhalt für den Sauerstoffverbrauch gibt der biochemische Sauerstoffbedarf BSB5 (s. S. 185).

k) Sauerstoffdefizit, Sauerstoffsättigungsdefizit

Sauerstoffdefizit ist die Menge Sauerstoff, die dem Wasser zum theoretischen Sättigungswert bei der gleichen Temperatur und dem gleichen Luftdruck fehlt; sie ist also die Differenz zwischen Sauerstoffsättigungskonzentration und aktueller Konzentration.

Grundwässer aus großer Tiefe und auch Tiefenwässer von eutrophen Seen haben ein hohes Sauerstoff*defizit*. Auch in verunreinigten Wässern, sowohl in Grundwässern als auch in Oberflächenwässern, findet man ein hohes Sauerstoff*defizit*, da infolge des bei den Zersetzungsvorgängen verursachten Sauerstoffverbrauchs ein Defizit an dem theoretisch zu erwartenden Sättigungswert des Sauerstoffs vorhanden ist. Die theoretischen Werte können aus der folgenden Tabelle entnommen werden.

Ein Mindergehalt entspricht dem Sauerstoffdefizit, ein Mehrgehalt einer Übersättigung an Sauerstoff.

l) Sättigungsindex

Der Sättigungsindex ist das in Prozenten ausgedrückte Verhältnis der aktuellen Sauerstoffkonzentration zur Sauerstoffsättigungskonzentration.

Über die Ermittlung der relativen Sauerstoffsättigung kann man Näheres bei *R. Burkard* im Jahrbuch „Vom Wasser" (22, 1955) ersehen.

Sauerstoffsättigungswert: Unter Sauerstoffsättigungswert oder Sauerstoffsättigungskonzentration versteht man die aktuelle Sauerstoffkonzentration eines Wassers, die bei der obwaltenden Temperatur und dem an der Wasseroberfläche herrschenden Druck im Gleichgewicht mit der Atmosphäre sich befindet.

Neue Tabelle für Sauerstoffsättigungskonzentration

nach *Truesdale, Downing* und *Lowden* (1955) bei einem Gesamtdruck der wasserdampfgesättigten Atmosphäre von 760 Torr in mg/l O_2.

t °C	0,0°	0,1°	0,2°	0,3°	0,4°	0,5°	0,6°	0,7°	0,8°	0,9°
0°	14,16	14,12	14,08	14,04	14,00	13,97	13,93	13,89	13,85	13,81
1°	13,77	13,74	13,70	13,66	13,63	13,59	13,55	13,51	13,48	13,44
2°	13,40	13,37	13,33	13,30	13,26	13,22	13,19	13,15	13,12	13,08
3°	13,05	13,01	12,98	12,94	12,91	12,87	12,84	12,81	12,77	12,74
4°	12,70	12,67	12,64	12,60	12,57	12,54	12,51	12,47	12,44	12,41
5°	12,37	12,34	12,31	12,28	12,25	12,22	12,18	12,15	12,12	12,09
6°	12,06	12,03	12,00	11,97	11,94	11,91	11,88	11,85	11,82	11,79
7°	11,76	11,73	11,70	11,67	11,64	11,61	11,58	11,55	11,52	11,50
8°	11,47	11,44	11,41	11,38	11,36	11,33	11,30	11,27	11,25	11,22
9°	11,19	11,16	11,14	11,11	11,08	11,06	11,03	11,00	10,98	10,95
10°	10,92	10,90	10,87	10,85	10,82	10,80	10,77	10,75	10,72	10,70
11°	10,67	10,65	10,62	10,60	10,57	10,55	10,53	10,50	10,48	10,45
12°	10,43	10,40	10,38	10,36	10,34	10,31	10,29	10,27	10,24	10,22
13°	10,20	10,17	10,15	10,13	10,11	10,09	10,06	10,04	10,02	10,00
14°	9,98	9,95	9,93	9,91	9,89	9,87	9,85	9,83	9,81	9,78
15°	9,76	9,74	9,72	9,70	9,68	9,66	9,64	9,62	9,60	9,58
16°	9,56	9,54	9,52	9,50	9,48	9,46	9,45	9,43	9,41	9,39
17°	9,37	9,35	9,33	9,31	9,30	9,28	9,26	9,24	9,22	9,20
18°	9,18	9,17	9,15	9,13	9,12	9,10	9,08	9,06	9,04	9,03
19°	9,01	8,99	8,98	8,96	8,94	8,93	8,91	8,89	8,88	8,86
20°	8,84	8,83	8,81	8,79	8,78	8,76	8,75	8,73	8,71	8,70
21°	8,68	8,67	8,65	8,64	8,62	8,61	8,59	8,58	8,56	8,55
22°	8,53	8,52	8,50	8,49	8,47	8,46	8,44	8,43	8,41	8,40
23°	8,38	8,37	8,36	8,34	8,33	8,32	8,30	8,29	8,27	8,26
24°	8,25	8,23	8,22	8,21	8,19	8,18	8,17	8,15	8,14	8,13
25°	8,11	8,10	8,09	8,07	8,06	8,05	8,04	8,02	8,01	8,00
26°	7,99	7,97	7,96	7,95	7,94	7,92	7,91	7,90	7,89	7,88
27°	7,86	7,85	7,84	7,83	7,82	7,81	7,79	7,78	7,77	7,76
28°	7,75	7,74	7,72	7,71	7,70	7,69	7,68	7,67	7,66	7,65
29°	7,64	7,62	7,61	7,60	7,59	7,58	7,57	7,56	7,55	7,54
30°	7,53	7,52	7,51	7,50	7,48	7,47	7,46	7,45	7,44	7,43
31°	7,42	7,41	7,40	7,39	7,38	7,37	7,36	7,35	7,34	7,33
32°	7,32	7,31	7,30	7,29	7,28	7,27	7,26	7,25	7,24	7,23
33°	7,22	7,21	7,20	7,20	7,19	7,18	7,17	7,16	7,15	7,14
34°	7,13	7,12	7,11	7,10	7,09	7,08	7,07	7,06	7,05	7,05
35°	7,04	7,03	7,02	7,01	7,00	6,99	6,98	6,97	6,96	6,95
36°	6,94	6,94	6,93	6,92	6,91	6,90	6,89	6,88	6,87	6,86
37°	6,86	6,85	6,84	6,83	6,82	6,81	6,80	6,79	6,78	6,77
38°	6,76	6,76	6,75	6,74	6,73	6,92	6,71	6,70	6,70	6,69
39°	6,68	6,67	6,66	6,65	6,64	6,63	6.63	6,62	6,61	6,60
40°	6,59	6,58	6,57	6,56	6,56	6,55	6,54	6,53	6,52	6,51

Da die Sättigungswerte auf den normalen Atmosphärendruck von 760 Torr bezogen werden, muß man bei höher gelegenen Gewässern und Fließgewässern die Höhenlage berücksichtigen, und zwar nach Formel:

$$\log B = \log 760 - \frac{h}{18\,400}$$

oder genauer

$$\log B = \log 760 - \frac{h}{18\,421 \cdot (1 + 0{,}004\,t)}$$

wobei B = mittlerer Barometerstand des Standortes in Torr,
h = Höhenlage des Gewässers über dem Meeresspiegel
t = mittlere Lufttemperatur

bedeutet.

Näheres bei *H. Schmaßmann* (Schweiz. Zeitschr. f. Hydrologie XI, 1949, 430—462 und XVIII, 1956) sowie bei *G. A. Truesdale, A. L. Downing* und *G. F. Lowden* (Journ. Appl. Chem. 5, 53—62, 1955) und bei *W. Ohle* (Mitt. d. Methoden-Kom. Nr. 3, 1953).

Die Sauerstoffsättigungswerte sind abhängig vom Salzgehalt des Wassers. Für je 100 mg/l Cl erniedrigt sich je nach der Wassertemperatur der Sauerstoffsättigungswert um 0,006 bis 0,017 mg/l O_2.

II. Technisch-chemische Wasseranalyse

a) Eisenbestimmung

Vorkommen: Im Grundwasser 0 bis 10,0 mg/l Fe, selten darüber (gewöhnlich 0,5 bis 1 bis 3 mg/l). Im Oberflächenwasser bedeutend weniger (bis 0,5 mg/l Fe), in den Alpengebieten Eisen nur spurenweise. In der Tiefenzone von eutrophen Seen findet man oft höheren Gehalt an Eisen, das unter gewissen Voraussetzungen aus den Sedimenten in der Stagnationsperiode gelöst wird und in der Zirkulationsperiode auch in die oberen Wasserschichten gelangt.

Schüttelprobe: Wenn man das frisch entnommene Wasser in einer Probeflasche einige Minuten kräftig schüttelt, so kann man eisenreiche Wässer meist durch die Eisenabscheidung erkennen. Wässer, die mehr als 3 mg/l Fe enthalten, geben hierbei sogleich eine gelbliche Trübung und innerhalb weniger Stunden einen braunen Eisenniederschlag. Wässer, die 1 bis 3 mg/l Fe enthalten, geben nach mehreren Stunden erst die Eisentrübung und das Absetzen dauert oft 1 bis 2 Tage. Es gibt jedoch manchmal starke Abweichungen von dieser Regel. Bei Wässern mit niedrigen p_H-Werten z. B. ist das Eisen schwer abscheidbar, bei p_H-Werten über 7 ist es durch Belüftung leicht abscheidbar. Im ersteren Falle wird der Eisengehalt leicht zu niedrig, im letzteren Falle zu hoch geschätzt.

Huminwässer enthalten meist viel Eisen, dieses aber in schwer abscheidbarer Form.

Auf jeden Fall notiere man das Verhalten bei der Schüttelprobe, da man hierdurch Fingerzeige für die Enteisenungsmethodik erhält (s. S. 150).

Reagenzglasprobe auf Ferroeisen: 20 ccm Untersuchungswasser werden in einem Reagenzglas mit einem Tropfen Natriumsulfidlösung* (Na_2S 5 g, Wasser

10 g, Glyzerin 30 g) versetzt. Bei einem Eisengehalt über 3 mg/l Fe tritt sofort eine braunschwarze Färbung auf, bei 2 mg/l Fe ist sie braun und bei 1 mg/l Fe gelb, bei 0,3 mg/l Fe schwachgelblich (in der Aufsicht).

Da viele Wässer eine gelbliche Eigenfärbung aufweisen, verwende man zum Vergleich ein zweites Reagenzglas mit dem unbehandelten Wasser.

Bei Leitungswässern können hierbei Störungen durch Blei und Kupfer auftreten. Mit einigen Tropfen Salzsäure verschwindet die vom Eisen herrührende Färbung, die von Kupfer nicht.

Bestimmung der Ferrosalze: 100 ccm Wasser werden mit 0,5 ccm n/10 Schwefelsäure und 1 ccm einer 0,4%igen α, α'-Dipyridyllösung (Heyl u. Co., Hildesheim) in n/10 Schwefelsäure versetzt und gemischt. Nach einigem Stehen erscheint bei Gegenwart von Ferrosalzen eine Rosa- bis Rotfärbung. Diese Reaktion kann quantitativ gestaltet werden, z. B. durch Vergleich mit Testlösungen von Ferroammonsulfat (Reag. Nr. 12) in Hehnerzylindern oder im Photometer innerhalb von 1 bis 2 Stunden.

Für limnologische Zwecke ist diese Methode empfehlenswert und der Methode der EV mit Isonitrosoacetophenon vorzuziehen. Auch bei den eisenarmen schwedischen Urgesteinswässern hat *W. Rodhe* jetzt gute Erfahrungen mit dieser Methode gemacht.

Prüfung auf Ferrisalze: 100 ccm des frisch entnommenen Wassers werden mit 2 ccm Salzsäure und 2 ccm 10%ige Kaliumrhodanidlösung versetzt. Die auftretende Farbe wird in Hehnerzylindern mit der von gleichzeitig angesetzten Vergleichslösungen (aus Reag. Nr. 12) oder mit Farbvorlagen, z. B. *Meinck-Horn* (s. S. 5), nach 5 bis 10 Minuten verglichen.

Bei geringen Spuren von Ferriverbindungen verwendet man 0,1%ige salzsaure Tripyridyllösung.

Kolorimetrische Bestimmung des Gesamteisens

100 ccm Untersuchungswasser werden mit 2 ccm Salzsäure* und 0,5 ccm Wasserstoffsuperoxydlösung (3%ig) versetzt und etwa 5 Minuten gekocht oder über Nacht stehen gelassen. Wenn es sich um Proben handelt, bei denen ein Teil des Eisens sich abgeschieden hat, ist das Erhitzen vorzuziehen. Die gegebenenfalls abgekühlte Probe wird mit 2 ccm 10%iger Kaliumrhodanidlösung versetzt. Die entstehende Rotfärbung wird mit derjenigen der gleichzeitig angesetzten Vergleichslösungen (aus Reag. Nr. 12) in Hehnerzylindern oder Kolorimetern nach 10 bis 20 Minuten verglichen.

Sehr bequem ist der Vergleich mit Hilfe des Kolorimeters nach Meinck-Horn (Fa. Bergmann & Altmann, Berlin-Zehlendorf und Hamburg 1). Mit Hilfe des Stufenphotometers kann man durch Eichkurven den Vergleich vornehmen. Man erspart bei beiden Methoden das Ansetzen zahlreicher Vergleichslösungen. Für Serienuntersuchungen auf Eisen ist der Hellige-Apparat nicht so vorteilhaft wie für einzelne Feldbestimmungen, da man jede Probe für sich behandeln und sofort nach dem Rhodanidzusatz ablesen muß. Die Farbscheiben im Hellige-Komparator sind leider nicht auf die Maximalfärbung eingestellt.

Empfindlichkeit der Probe im Hehnerzylinder bis 0,05 mg/l Fe herab.

Aus der Differenz der Werte für Gesamteisen und Ferrieisen (s. voriges Kapitel) erhält man den Wert für das Ferroeisen.

Störungen verursachen organische Stoffe, insbesondere Huminstoffe, durch ihre Eigenfärbung. In diesem Falle, d. h. wenn der $KMnO_4$-Verbrauch über 50 mg/l liegt, werden 100 ccm Wasser mit 2 ccm Salpetersäure und 2 Tropfen kalt gesättigter Kaliumpermanganatlösung versetzt. Nach einigem Stehen werden 2 ccm Kaliumrhodanid zugesetzt, wobei die rötliche Farbe des Kaliumpermanganats verschwindet und die Eisenrhodanidfärbung auftritt. Die Vergleichslösungen müßten auf gleiche Weise behandelt werden, da die auftretenden Färbungen sonst nicht genau übereinstimmen.

Braune Huminwässer werden am besten mit Kaliumpersulfat eingedampft und der Rückstand in einer Platinschale oder im Tiegel erhitzt, bis die Schwefelsäure abgeraucht ist. Der Rückstand wird mit 2 ccm Salzsäure aufgenommen und nach dem Auffüllen wie oben verfahren.

Bei sehr salzreichen Wässern (z. B. Brakwässern) wird die Rhodanidfärbung beeinträchtigt. Man muß daher die Vergleichslösungen mit entsprechenden Salzkonzentrationen ansetzen.

Wenn die Wasserprobe älter als 12 Stunden ist, müssen vor dem Abfüllen des für die Eisenbestimmung benötigten Wassers die Wandungen und der Flaschenboden mit einem Gummiwischer bearbeitet werden (s. S. 2).

$$1 \text{ mg Fe} = 1{,}43 \text{ mg } Fe_2O_3; \quad 1 \text{ mg } Fe_2O_3 = 0{,}7 \text{ mg Fe}.$$

b) Manganbestimmung

Vorkommen: Im Grundwasser nur einige $^1/_{10}$ mg/l, selten über 1 mg/l Mn. Im Oberflächenwasser nur Spuren, nur in Tiefenwasser von Seen zuweilen einige $^1/_{10}$ mg/l Mn.

Orientierende Feldbestimmung: In zwei Erlenmeyerkolben werden je 250 ccm Untersuchungswasser mit 1 Tropfen Methylorangelösung (1 : 5000) versetzt. Zur ersten Probe wird nun 1 ccm Natronlauge zugefügt. Nach kurzem Stehen werden beide Flüssigkeiten mit je 5 ccm 10%iger Salzsäure angesäuert. Bei Gegenwart von Mangan (bis 0,1 mg/l herab) wird die erste Flüssigkeit entfärbt. In chloriertem Trinkwasser kann diese Vorprüfung nicht durchgeführt werden, da Chlor dieselbe Reaktion gibt.

Kolorimetrische Manganbestimmung

100 ccm Untersuchungswasser werden mit 10,0 ccm Salpetersäure (D 1,2)[1]) sowie mit der bei der Chloridtitration verbrauchten Menge n/50 Silbernitratlösung und weiterhin mit einem überschüssigen ccm n/50 Silbernitratlösung versetzt und aufgekocht. Bei gelbgefärbten Wässern ist diese Mischung 10 Minuten lang zu kochen.

Bei chloridreichen Mineralwässern, besonders bei Solewässern, dampft man im Weithals-Erlenmeyer nach Zusatz von einigen ccm Schwefelsäure ein, bis weiße Dämpfe entweichen. Durch Zusatz von 1 ccm n/50 Silbernitratlösung überzeugt man sich von der Abwesenheit von Chlorid in dem aufgefüllten Gemisch.

In die siedende Flüssigkeit gibt man 10 ccm einer 10%igen Ammoniumpersulfatlösung und läßt noch 5 Minuten kochen. Wenn Mangan zugegen ist, färbt sich die Flüssigkeit dabei rosa bis rotviolett. Die Flüssigkeit wird abgekühlt und mit reinstem destilliertem

[1]) ca. 32%ig, herzustellen durch Verdünnen der konz. Salpetersäure D 1,4 mit gleichen Teilen Wasser.

Wasser (Reag. Nr. 10), das mit Salpetersäure gekocht wurde, auf 100 ccm aufgefüllt. In Schauröhren oder Hehnerzylindern wird die entstandene Färbung mit derjenigen von Vergleichslösungen verglichen. Die Schauröhren und Hehnerzylinder müssen mit heißem, salpetersaurem Wasser vorher gespült werden. In die Vergleichszylinder werden 100 ccm destilliertes Wasser, das mit 10 ccm Salpetersäure gekocht und wieder abgekühlt wurde, gefüllt und bis zur Farbgleichheit mit n/100 Kaliumpermanganatlösung versetzt. Das Vermischen darf nicht durch Handauflegen erfolgen, sondern nur mit einem Rührstab oder Rührkugel (*K. Höll*, Z. Chem. Fabrik, 1934).

Manganmengen bis 0,05 mg/l herab können bestimmt werden. Bei genauen Wasseruntersuchungen muß bei negativem Befund eine größere Wassermenge für die Bestimmungen eingedampft werden.

Berechnung: 1 ccm n/100 Kaliumpermanganatlösung entspricht bei dieser Versuchsanordnung 1,1 mg/l Mn. Man kann auch eine Lösung von 0,2877 g/l $KMnO_4$, die 0,1 mg Mn pro ccm enthält, als Standardlösung verwenden.

Man kann auch mit dem Trommelkolorimeter nach *Meinck-Horn* den Vergleich vornehmen und genaue Bestimmungen im Photometer mit Hilfe von Eichkurven vornehmen.

Störungen: Bei salzreichen Wässern und bei Wässern mit Permanganatverbrauch über 60 mg/l kann man auch mit Schwefelsäure und etwas Kaliumpersulfat eindampfen und den Rückstand im Tiegel glühen, bis Schwefelsäuredämpfe entweichen. Der mit Wasser und 10 ccm Salpetersäure aufgenommene Rückstand wird wie oben weiterbehandelt.

Hoher Eisengehalt über 5 mg/l kann ebenfalls stören, was durch Natriumphosphatzusatz verhindert werden kann.

Durch Lichteinwirkung wird das ausgefällte Silberchlorid violett gefärbt und kann u. U. zunächst einen positiven Manganbefund vortäuschen. Deshalb sollte die Manganbestimmung nicht im Sonnenlicht ausgeführt werden.

Bei älteren Proben müssen die Flaschenwandungen mit einem Gummiwischer bearbeitet werden (s. S. 2).

c) Bestimmung der Härte

Über den Begriff der Härte s. S. 153.

Vorkommen der Härtebildner: Wasser aus Kalk- und Dolomitgebieten sind hart, sie haben Härtegrade bis zu 50° Gesamthärte und 25° Karbonathärte und mehr, gewöhnlich 10 bis 20° Gesamthärte und 8 bis 15° Karbonathärte.

Wässer aus Urgesteingebieten sind weich, sie haben meist nur 1 bis 3 Härtegrade. Oberflächenwässer haben oft geringere Härtegrade als die Grundwässer derselben Formation.

Seifenmethode nach Boudron und Boudet: Nach der Methode von Boudron und Boudet füllt man 40 ccm Untersuchungswasser in die für die Bestimmung benötigte Glasstopfenflasche bis zur Ringmarke (bei 40 ccm) ein, fügt 0,1 ccm Phenolphthaleïnlösung hinzu und neutralisiert mit n/10 NaOH bzw. n/10 HCl. Dann füllt man die Gießbürette (Hydrotimeter), die man in dem Bürettenhalter befestigt, mit

Hilfe einer Pipette voll. Darauf läßt man die Seifenlösung langsam an dem Glasstab herunterfließen und stellt auf den Nullpunkt ein. Man faßt die Gießbürette dabei mit Daumen und Mittelfinger, die große Öffnung nach oben. Auf die große Öffnung legt man den Zeigefinger. Durch Neigung zur Waagerechten läßt man dann soviel abfließen (evtl. unter Abheben des Zeigefingers), bis die Seifenlösung auf der Nullmarke steht. Nun gibt man zu dem Untersuchungswasser auf dieselbe Weise Seifenlösung, bis sie auf dem Teilstrich 1 steht, und schüttelt die wieder verschlossene Glasstopfenflasche mehrmals in senkrechter Richtung. Wenn kein Schaum auf dem Wasser verbleibt, gibt man weitere Mengen von Teilstrich zu Teilstrich zu, so lange, bis ein mehrere Minuten lang beständiger Schaum von etwa 1 cm Höhe bestehen bleibt, der nicht mehr „knistert".

Wenn man nämlich zu Beginn der Titration die Öffnung der Schüttelflasche an das Ohr hält, hört man nach jedem Schütteln ein „knisterndes" Geräusch („Selterswassergeräusch"), das dann beim Endpunkt der Titration nicht mehr wahrnehmbar ist.

Bei Wässern, die verhältnismäßig viel Magnesiumsalze haben, ist die Schaumbildung oft gestört durch die sich bildende käsige Magnesiumseife; der Endpunkt wird zu früh vorgetäuscht durch Bildung eines Zwischenschaumes. In diesem Falle wiederholt man die Bestimmung mit entsprechend verdünntem Wasser.

Bei Wässern, die mehr als 15 bis 20 Teilstriche von der Seifenlösung verbrauchen, muß stets mit destilliertem, abgekochtem Wasser verdünnt werden.

Bei Wässern, die weniger als 2 Teilstriche von der Seifenlösung verbrauchen, wird die Untersuchung nach *Splittgerber-Mohr* mit einer größeren Wassermenge (500 ccm) in einem geeigneten Gefäß wiederholt, nachdem man vorher etwas Natriumchlorid (etwa 0,2 g) zugegeben hat und mit $^{1}/_{10}$ Normal-Natronlauge bis zur Phenolphthaleïnrötung (p_H 11 bis 13) versetzt hat. Freie Kohlensäure verbraucht nämlich ebenfalls Seifenlösung (s. u.). Bei stark phenolphthaleïnalkalischen Speisewässern neutralisiert man mit n/10 Salzsäure bis zur schwachen Rosafärbung. Bei Kondensatprüfung arbeitet man mit der 5fach mit 50%igem Alkohol oder Methanol verdünnten *Clark*schen Seifenlösung (s. u.), 1 ccm davon entspricht bei Anwendung von 500 ccm Wasserprobe 0,003° d H (Richtlinien d. Ver. der Großkesselbesitzer u. Ammer, „Vom Wasser" 1939).

B e r e c h n u n g : Die heute gebräuchlichen Gießbüretten haben eine Einteilung in deutschen Härtegraden. Auch die älteren Büretten mit Einteilung in französischen Härtegraden können bei Multiplikation mit 0,56 (um auf deutsche Härtegrade zu kommen) benutzt werden.

S t ö r u n g e n : 7 mg/l freie Kohlensäure verbrauchen soviel Seifenlösung als einem französischen und 12,5 mg/l CO_2 als einem deutschen Härtegrad entspricht.

B e s t i m m u n g m i t *C l a r k* s c h e r S e i f e n l ö s u n g : Bei der *Clark*schen Methode wird eine dünnere Seifenlösung verwendet; sie ist deshalb genauer als die Methode nach *Boudron-Boudet* und eignet sich besonders für sehr weiche Wässer und für die Resthärtebestimmung von enthärteten Wässern. Diese Resthärte stammt hauptsächlich von Magnesiumverbindungen.

Man verwendet bei dieser Methode mindestens 100 ccm Wasser. Nach *Splittgerber-Mohr* werden für die Resthärtebestimmung sogar 500 ccm verwendet. 1 ccm verdünnte *Clark*sche Seifenlösung entspricht dann 0,003° deutscher Härte (s. o.).

Die verschiedenen Seifenlösungen sind käuflich zu haben. Die Wasserproben für die Resthärtebestimmungen dürfen nur in Kunststoffflaschen, in paraffinierten Flaschen oder allenfalls in Jenaer Glasflaschen aufbewahrt werden.

Die Chem. Fabrik Gebr. Heyl, Hildesheim, hat jetzt ein Reagenz „Durognost" zur schnellen Härtebestimmung im Wasser und Kesselspeisewasser herausgebracht, das sich auch für Wasserwärter und Dampfkesselbetriebe eignet.

Genaue Bestimmung der Karbonathärte nach Lunge

In einem Erlenmeyerkolben von 200 bis 250 ccm Inhalt werden 100 ccm Untersuchungswasser mit genau 0,1 ccm Methylorange-Indikator (0,1%ige wäßrige Lösung [DIN 8106]) versetzt und mit n/10 Salzsäure bis zum eben erkennbaren Farbumschlag von Gelb auf Orangegelb titriert. Die Titration soll bei hellem Tageslicht (aber nicht im direkten Sonnenlicht) auf einer weißen Unterlage vorgenommen werden. Eine nicht austitrierte Wasserprobe mit Methylorange wird für den Farbvergleich danebengestellt. Wenn hierbei mehr als 8 ccm n/10 Salzsäure verbraucht werden, so wird die Bestimmung mit einer geringeren Probemenge wiederholt oder es muß nach dem Farbumschlag durch Lufteinblasen die frei gewordene Kohlensäure vertrieben und bei evtl. Rückschlag auf den gelben Farbton mit n/10 HCl weitertritiert werden (s. u.).

Wenn beim Indikatorzusatz keine Gelbfärbung auftritt, sondern sogleich eine Orangefärbung, so hat das Wasser keine Karbonathärte.

Bei höherem Gehalt an Eisen und Mangan ist pro 1 mg/l Fe und Mn 0,1 Härtegrad von dem Gesamtergebnis abzuziehen. Sehr hoher Sulfatgehalt verursacht etwas zu hohe Werte für Karbonathärte.

Störungen: Moorwässer geben Störungen wegen der Eigenfärbung, die aber durch Filtration mit Aktivkohle beseitigt werden können. Nach *Biskei* ist die Genauigkeit bei sehr weichem Wasser durch die freie Kohlensäure herabgesetzt (Zeitschr. für analytische Chemie, 1937). Das gleiche gilt für kohlensäurereiche Mineralwässer, insbesondere Säuerlinge. Durch Erwärmen muß die freie Kohlensäure entfernt werden, mitunter muß auch zwischendurch einmal die bei der Titration frei gewordene Kohlensäure vertrieben werden. Für Moorwasser ist der Mischindikator nach *Mortimer* (Fa. E. Merck, Darmstadt) vorteilhaft.

Harte Wässer dürfen vor der Untersuchung nicht tagelang in halbgefüllten Flaschen stehen, da sonst Calciumcarbonat ausfällt und sich an den Wänden festsetzt. Dadurch werden zu niedrige Werte für Karbonathärte, Gesamthärte und zu hohe Werte für die zugehörige Kohlensäure gefunden.

Berechnung: Die für 100 ccm Wasser verbrauchten ccm n/10 HCl ergeben mit 2,8 multipliziert die Karbonathärte des Wassers in deutschen Härtegraden.

Genaue Bestimmung der Gesamthärte nach Blacher

Zur Bestimmung der Gesamthärte wird die mit n/10 Salzsäure gegen Methylorange austitrierte Wasserprobe verwendet. Hierfür wird die durch den Säurezusatz in Freiheit

gesetzte Kohlensäure durch kurzes Aufkochen oder längeres Luftdurchblasen (5 Minuten mit der Wasserstrahlpumpe) entfernt. Dadurch wird der Farbumschlag viel schärfer.

Die gegebenenfalls abgekühlte Wasserprobe wird mit einigen Tropfen Phenolphthaleïnlösung (1%ig) und tropfenweise mit 1/10 Normallauge bis zur schwachen Rosafärbung versetzt. Diese Rosafärbung wird durch Hinzufügen eines Tropfens n/10 Salzsäure zum Verschwinden gebracht.

Die neutralisierte Probe wird sofort mit n/10 Kaliumpalmitatlösung (Reag. Nr. 14) bis zur kräftigen Phenolphthaleïn-Rotfärbung titriert[1]).

Mit 0,3 ccm n/10 Salzsäure soll die Rotfärbung wieder zum Verschwinden gebracht werden. Sollte hierbei weniger als 0,3 ccm n/10 HCl verbraucht werden, so wird die Titration auf kräftiges Rot wiederholt. Sollte jedoch mehr als 0,3 ccm n/10 Salzsäure verbraucht werden, so ist die über 0,3 ccm hinausgehende Menge vom Palmitatverbrauch abzuziehen.

Sehr harte Wässer geben ungenauen Farbumschlag. Wenn bei der Titration insgesamt mehr als 8 ccm Kaliumpalmitatlösung verbraucht werden, so wiederholt man die Titration nach entsprechender Verdünnung und nach Aufkochen und Abkühlen mit destilliertem Wasser.

Bei sehr weichen Wässern verwendet man zur Titration am besten n/28 Kaliumpalmitatlösung, von der 1 ccm = 1,0° d H bei Anwendung von 100 ccm Wasser entspricht.

Berechnung: 1 ccm von der verbrauchten n/10 Kaliumpalmitatlösung entspricht bei Anwendung von 100 ccm Wasser einer Gesamthärte 2,8 deutschen Härtegraden = 28,0 mg/l CaO. Die Genauigkeit beträgt etwa 0,3° d H.

Bei eisenreichen Wässern ist von dem Ergebnis 0,1° d H pro 1 mg/l Fe abzuziehen, ebenso für 1 mg/l Mn, jedoch nur, wenn diese noch in Lösung sind. Bei ganz weichen Wässern (< 1,0° d H) fallen die Werte um 1/3 zu hoch aus (CO_2-Störung u. a.).

Störungen durch viel Huminstoffe (braungefärbte Moorwässer) können durch Eindampfen von 200 ccm Wasser mit etwas Kaliumchlorat und Salzsäure beseitigt werden. Der Trockenrückstand wird mit heißem destilliertem Wasser aufgenommen und muß nach dem Abkühlen und Hinzufügen von 2 Tropfen Methylorange und 1 Tropfen Phenolphthaleïn genau neutralisiert werden. In dieser neutralisierten Lösung wird die Titration mit Kaliumpalmitat vorgenommen.

Rechnerische Ermittlung der Gesamthärte aus der Kalkhärte und Magnesiahärte

Die für das Untersuchungswasser gefundene Anzahl mg/l CaO wird durch 10 dividiert und so die Kalkhärte erhalten. Die Magnesiahärte wird durch Division der Anzahl mg/l MgO durch 7,14 oder durch Division der mg/l MgO durch 10 und Multiplikation mit 1,399 auf Kalkhärte umgerechnet. Durch Addition von Kalkhärte und umgerechneter Magnesiahärte wird dann die Gesamthärte erhalten.

---

[1]) Das zugefügte Kaliumpalmitat wird zunächst durch die vorhandenen Calcium- und Magnesiumsalze gebunden. Beim Endpunkt wird das Phenolphthaleïn durch das aus dem Kaliumpalmitat hydrolytisch entstandene Kaliumhydroxyd gerötet.

Schnellmethode der Bestimmung der Gesamthärte mit Titriplex

Auf die Arbeiten von *Schwarzenbach* (Helv. Chim. Acta 29, 1946, S. 811) fußend, hat die Fa. E. Merck, Darmstadt, Meßlösungen mit Äthylendiamintetraacetat (Komplexon) unter dem Namen Titriplexlösung A (für harte Wässer) und Titriplex B (für weiche Wässer) herausgebracht. Beide enthalten eine Zinkverbindung, so daß auch bei magnesiumfreien und magnesiumarmen Wässern genaue Ergebnisse erzielt werden und in jedem Falle ein scharfer Umschlag erhalten wird.

A u s f ü h r u n g : V o n h a r t e n W ä s s e r n werden 100 ccm mit einer Indikatortablette (enthaltend einen Mischindikator mit Eriochromschwarz) versetzt, die beim Umschwenken sich sofort löst. Nach Zugabe von 1 ccm Ammoniak (konz., D = 0,910) wird mit Titriplex A titriert, bis die rote Farbe in reines Grün umschlägt.

B e r e c h n u n g : Die Anzahl der verbrauchten ccm Titriplex A gibt bei Anwendung von 100 ccm Wasser mit 5,6 multipliziert den Grad der Gesamthärte d H an.

V o n w e i c h e n W ä s s e r n (bis zu 3 Härtegraden) werden 100 ccm auf 40° C erwärmt, mit einer Indikatortablette und nach Umschwenken mit 1 ccm Ammoniak (konz., D = 0,910) versetzt. Die erwärmte Lösung wird langsam bis zum Umschlag nach Grün titriert. Die verbrauchten ccm Titriplex B geben direkt den Härtegrad an (Gesamthärte).

Bei weichen Wässern werden mit Titriplex B brauchbare Ergebnisse erzielt. Jedoch liegen die Werte nach Untersuchungen des Verfassers regelmäßig etwas niedriger als bei der Standardmethode nach Blacher mit Kaliumpalmitat; bei harten Wässern sind bei Verwendung von Titriplex A die Werte um ca. 5 % zu niedrig.

Bei eisenhaltigen Wässern (über 0,3 mg/l) versagt die Methode, da der Indikator keinen eindeutigen Umschlag gibt. Auch der von E. Merck empfohlene Na_2S-Zusatz ist nicht wirksam. Man kann jedoch nach Versuchen des Verfassers durch Zusatz von einigen Tropfen einer 5%igen Natriumphosphatlösung ganz leidliche Resultate erzielen.

Das Arbeiten mit konzentrierter Ammoniaklösung ist im Trinkwasserlabor ungünstig, selbst wenn man unter dem Abzug arbeitet.

Titrimetrische Ca- und Mg-Bestimmung mit Komplexon, Methode in Anlehnung an die neuen EV

C a l c i u m b e s t i m m u n g : Man titriert zunächst die Alkalität mit n/10 Salzsäure unter Verwendung von 0,5 ccm des Mischindikators (100 ccm Methylrotlösung [0,03 %] und 15 ccm Methylenblaulösung [0,1 %]) bis zum Farbumschlag von Grün nach Rot und verkocht nach Zusatz von weiteren 0,5 ccm n/10 HCl die Kohlensäure. Die noch etwa 50° C warme Probe bringt man mit 0,4 ccm Natronlauge (15%ig) auf einen p_H-Wert von 12 bis 13, gibt 1 ccm Murexid-Indikator (frisch bereitete, dünne, wäßrige Lösung)[1]) hinzu und titriert sofort mit einer Komplexonlösung (6,65 g Komplexon III[2]) zu 1 l mit Aqua dest. gelöst) bis zum Farbumschlag von Rot nach Blauviolett.

1 ccm der Komplexonlösung entspricht 1 mg CaO = 0,714 mg Ca.

[1]) Die in den EV angegebene Indikatorkonzentration ist viel zu hoch.

[2]) Hersteller A. G. Siegfried, Zofingen (Schweiz) (erhältlich bei jeder größeren Chemikalienhandlung). Man kann hierzu in gleicher Weise auch Titriplex III der Fa. Merck, Darmstadt, oder das Idranal III von der Fa. J. D. Riedel-E. de Haën, Hannover-Seelze, verwenden.

Magnesiumbestimmung: Für die Magnesiumtitration wird die obige Lösung mit 0,5 ccm Salzsäure (25 %) angesäuert und, um den Murexid-Indikator zu zerstören, kurz auf 60 bis 80° C erwärmt. Sobald die rote Färbung des Mischindikators aufgetreten ist, versetzt man die noch warme Probe mit 5 ccm Ammoniakpuffer (hergestellt durch Lösen von 54 g Ammoniumchlorid unter Zusatz von 350 ccm Ammoniak [25 %] mit destilliertem Wasser zum Liter) sowie 1 ccm Ammoniak (25 %) und bringt sie dadurch auf einen p_H-Wert von etwa 10.

Dann fügt man 0,1 ccm Eriochromschwarzlösung[1]) (0,2 g Eriochromschwarz T und 0,5 ccm Ammoniak [25 %] mit destilliertem Wasser zu 100 ccm gelöst) zu und titriert bei 40 bis 50° C mit Komplexon-III-Lösung (hergestellt durch Lösen von 6,65 g Komplexon III und 5,0 g Magnesiumkomplex mit destilliertem Wasser zum Liter), bis die Farbe des Eriochromschwarz von Weinrot nach Tintenblau umschlägt.

Bei weichen Wässern ist die Bestimmung von Calcium und Magnesium mit Komplexon sehr exakt und bequem; bei harten Wässern, besonders bei eisenhaltigen harten Wässern, ist der Umschlagspunkt nicht so genau zu erkennen und die Genauigkeit viel geringer, besonders bei hohem Magnesiumgehalt und bei calciumsulfatreichen Wässern. Bei magnesiumreichen Wässern tritt nach der Zersetzung des Murexids eine Trübung auf, die durch erhöhten Salzsäurezusatz verhindert werden kann.

1 ccm Komplexon-III-Lösung entspricht 0,719 mg MgO;
1 mg MgO = 0,603 mg Mg.

Störungen: Bei eisenhaltigen Wässern sind die Resultate ungenau, bei eisenreichen Wässern (über 2 mg/l Fe) versagt die Methode überhaupt. Durch Zusatz von etwas Natriumphosphat ist der Farbumschlag jedoch besser zu erkennen.

Beim Zusatz der Natronlauge darf keine Trübung infolge von Kalkabscheidung eintreten; deshalb darf man vor der Titration eine zu weit abgekühlte Probe nach dem Laugezusatz nicht erneut erwärmen.

Rechnerische Ermittlung der Nichtkarbonathärte: Wenn man von der Gesamthärte die Karbonathärte abzieht, erhält man die Nichtkarbonathärte, früher als bleibende Härte oder permanente Härte bezeichnet.

d) Calcium- und Magnesiumbestimmung

Vorbereitung: Bei weichen Wässern werden 400 ccm Untersuchungswasser, bei harten Wässern 200 ccm angewandt. Bei eisenhaltigen Wässern wird nach Zusatz von 0,5 ccm 3%igem Wasserstoffsuperoxyd und 2 ccm Salzsäure in einem Becherglas auf ca. 100 ccm eingedampft.

Zu der siedenden Flüssigkeit wird Ammoniak im Überschuß zugesetzt und zur vollständigen Abscheidung des Eisens noch einige Minuten bei kleiner Flamme weitererhitzt. Das ausgefallene Eisenhydroxyd wird abfiltriert und das Filter kurz mit heißem destilliertem Wasser nachgewaschen.

Bei gelbgefärbten Huminwässern setzt man vor dem Eindampfen noch 0,5 g Ammoniumpersulfat hinzu.

1) Siehe Fußnote 1 Seite 103.

Gravimetrische Calciumbestimmung

Das von Eisen und gegebenenfalls von organischen Stoffen befreite Filtrat (s. o.) wird nach dem Ansäuern mit Essigsäure im Becherglas zum Sieden gebracht und dann tropfenweise mit 10 bis 20 ccm einer heißen 4%igen Ammoniumoxalatlösung versetzt. Bei kleingestellter Flamme oder auf dem Wasserbad wird noch eine Stunde im bedeckten Becherglas weiter erhitzt.

Nach längerem Stehen und vollständigem Absetzen wird durch S. u. S.-Filter 589² abfiltriert und der Calciumoxalat-Niederschlag mit heißem ammonoxalathaltigem Wasser und zum Schluß noch kurz mit destilliertem Wasser nachgewaschen. Das Filtrat wird für die Magnesiumbestimmung verwendet. Den Trichter mit Filter setzt man auf ein neues Becherglas. Das Trichterrohr wird vorsorglich auch äußerlich mit destilliertem Wasser vorher abgespült. Den Calciumoxalat-Niederschlag löst man mit heißer verdünnter Salzsäure auf dem Filter und spült mit heißem salzsäurehaltigem destilliertem Wasser in das Becherglas. Dies ist besonders bei magnesiumreichen Wässern zu empfehlen. Durch Zusatz von überschüssigem Ammoniak stumpft man die Säure ab und säuert dann wieder mit Essigsäure an. Darauf wird die Calciumoxalatfällung in essigsaurer Lösung mit einigen ccm Ammoniumoxalatlösung wiederholt, wobei man einen magnesiumfreien Calciumoxalat-Niederschlag erhält. Dieser Niederschlag wird in einem genau gewogenen Porzellanfiltertiegel, der eine Stunde im Trockenschrank bei 105° C gestanden hat und im Exsiccator erkaltet ist, gesammelt und mit ammonoxalathaltigem Wasser und mit etwas destilliertem Wasser ausgewaschen. Der Tiegel wird 2 bis 3 Stunden im Trockenschrank bei 105° C getrocknet und nach dem Erkalten im Exsiccator gewogen.

Störungen: Calciumsulfatreiche Wässer werden vor dem Eindampfen ammoniakalisch gemacht, weil sie sonst sehr stark stoßen und auch Calciumsulfatabscheidungen geben, die an den Wandungen haften.

Berechnung: 1 mg Calciumoxalat = 0,2743 mg Ca bzw. 0,3838 mg CaO.

1 mg Ca = mg CaO × 0,714; mg CaO = mg Ca × 1,399.

Titrimetrische Calciumbestimmung

Anstatt den Calciumoxalat-Niederschlag zur Wägung zu bringen, kann man denselben auch titrimetrisch bestimmen. Man sammelt zu diesem Zweck den zweiten (magnesiumfreien) Calciumoxalat-Niederschlag auf einem glatten dichten Filter und wäscht mit heißem essigsaurem Wasser bis zum Verschwinden der Oxalatreaktion nach.

Der Trichter wird auf einen 300 ccm Erlenmeyerkolben gesetzt und der noch feuchte Calciumoxalat-Niederschlag wird nach Durchstoßen des Filters mit einem zugespitzten Glasstab mit destilliertem Wasser und heißer verdünnter Schwefelsäure (ca. 20 ccm, 1 + 5) in den Kolben gespült. Dabei ist darauf zu achten, daß keine Filterfasern in den Kolben gelangen, weil sonst das Resultat stark beeinträchtigt wird (Verzuckerung der Cellulose). Die frei gewordene Oxalsäure wird nun mit n/20 Kaliumpermanganatlösung heiß titriert, bis der erste Tropfen eine beständige schwache Rosafärbung verursacht. Nach dem Zusatz der ersten 10 bis 20 Tropfen muß kurze Zeit gewartet werden. Der Umschlagspunkt kann nach *Kuisel* besser erkannt werden, wenn man einige Tropfen

Ferroinlösung (Redoxindikator Merck) zusetzt, wobei man einen scharfen Umschlag von Rot nach Blau erhält.

1 ccm n/20 Kaliumpermanganatlösung entspricht bei Anwendung von 200 ccm Wasserprobe 5 mg/l Ca. 1 ccm verbrauchte n/20 $KMnO_4$ = 1,4 mg CaO bzw. 1,0 mg Ca.

Titrimetrische Magnesiumbestimmung

Zur Magnesiumbestimmung wird das Filtrat von der Calciumoxalatfällung (s. o.) auf etwa 30 ccm eingedampft. Nach dem Abkühlen werden 10 ccm Natriumphosphatlösung (10%ig) und 25 ccm Ammoniak (25%ig) zugesetzt. Zur vollständigen Ausfällung wird das bedeckte Becherglas bis zum nächsten Tag stehengelassen. Nach dieser Zeit wird der Niederschlag von Magnesiumammoniumphosphat abfiltriert und mit 2%igem Ammoniak bis zum Verschwinden der Chloridreaktion nachgewaschen. Das Waschwasser darf nach Ansäuern mit Salpetersäure keine Trübung mehr mit Silbernitratlösung geben. Das Filter mit dem Mg-Niederschlag wird bei 50 bis 70° im Trockenschrank getrocknet.

Das getrocknete Filter wird in ein Becherglas von 100 ccm gebracht und mit 20 ccm n/10 Salzsäure übergossen. Nach einigem Stehen und mehrmaligem Umschwenken wird unter Zusatz von 0,1 ccm Dimethylgelb (0,1%ige alkoholische Lösung) mit n/10 Natronlauge von Rot auf Gelb zurücktitriert. Aus der Differenz wird der Mg-Gehalt errechnet.

B e r e c h n u n g : Bei Anwendung von 200 ccm Wasser entspricht 1 ccm verbrauchter n/10 Salzsäure 6,08 mg/l Mg.

1 ccm n/10 HCl = 2,016 mg MgO = 1,216 Mg
1 mg Mg = 1,658 mg MgO
1 mg MgO = 0,603 mg Mg

Geringe Mg-Mengen (unter 10 mg/l Mg) werden kolorimetrisch mit Titangelb bestimmt. 50 ccm Wasser werden mit 1 ccm Schwefelsäure (1 : 35), 8 ccm Stärkelösung (1%ig), 10 ccm gesättigter Calciumsulfatlösung und 1 ccm Titangelblösung (0,05%ig) sowie 5 ccm 2/n Natronlauge nacheinander unter jedesmaligem Umschütteln versetzt. Danach wird mit Aqua dest. auf 100 ccm aufgefüllt und nach 5 Minuten mit den gleichzeitig angesetzten Vergleichslösungen verglichen. Die hierfür benutzte Standardlösung enthält 2,5341 g $MgSO_4 \times 7\ H_2O$ in 500 ccm; 1 ccm = 0,5 mg Mg.

Bestimmung von Magnesiumchlorid und Calciumchlorid

Mit den Kaliabwässern kommen $CaCl_2$ und $MgCl_2$ in die Vorfluter und in das Grundwasser. Der Gehalt an $MgCl_2$ darf im Trinkwasser nicht mehr als 170 mg/l betragen.

300 ccm des Wassers werden in einer Porzellanschale bis zur Trockne eingedampft; der Trockenrückstand wird im Trockenschrank bei 110° C vollkommen getrocknet. Mit einem Pistill wird dieser Rückstand nach dem Erkalten verrieben und dann mit 20 ccm absolutem Alkohol durchgerührt. Nach dem Absetzen wird der überstehende Alkohol durch ein dichtes Filter filtriert. Diese Extraktion wird sechsmal wiederholt, so daß insgesamt höchstens 200 ccm Alkohol verarbeitet werden.

Die vereinigten Filtrate werden zur Trockne eingedampft und der Rückstand wird mit Wasser wieder aufgenommen. In dieser Lösung werden Calcium und Magnesium, wie in den vorigen Kapiteln angegeben, bestimmt und die gefundenen Ca- und Mg-Werte auf $CaCl_2$ und $MgCl_2$ umgerechnet.

e) Schwefelwasserstoff und Sulfide

Orientierende Feldbestimmung: Zur Orientierung genügt in den meisten Fällen die Geruchsprobe (s. S. 21). Wenn man H_2S chemisch nachweisen will, füllt man einen 100-ccm-Kolben zu dreiviertel voll mit dem zu prüfenden Wasser und hängt an den Stopfen einen Streifen angefeuchtetes Bleiacetatpapier. Bei H_2S-Gegenwart wird das Bleiacetatpapier gelb bis braun verfärbt.

Wenn man das Wasser ansäuert, kann man daneben auch gebundenen Schwefelwasserstoff — Sulfide — erkennen.

Kolorimetrische H_2S-Bestimmung bei geringen H_2S-Mengen

Eine Glasstopfenflasche (zu 300 ccm, sog. Sauerstoffflasche) wird, wie auf S. 16 beschrieben, durch längeres Durchlaufenlassen mit Wasser, das mit der Luft nicht in Berührung kam, bis zum Rand des Flaschenhalses gefüllt. Dann werden 5 ccm alkalische Bleilösung (s. u.) mit einer lang ausgezogenen Pipette zugesetzt. Nach dem Aufsetzen des abgeschrägten Stopfens wird umgeschüttelt. Eine entstehende Färbung wird nach vorsichtigem Umfüllen in Hehnerzylinder mit den Färbungen von Vergleichslösungen verglichen oder im Hellige-Komparator mit Hilfe von Farbgläsern bestimmt.

Sulfid-Standardlösung: 100 mg reinstes trockenes Natriumsulfid ($Na_2S \cdot 9\,H_2O$) wird mit 50 g Natriumnitrat und etwas Glycerin zu 100 ccm gelöst. 1 ccm = 0,1419 mg H_2S. Alkalische Bleilösung: 25 g Seignettesalz, 5 g Natriumhydroxyd und 1,0 g Bleiacetat werden mit Aqua dest. auf 100 ccm aufgefüllt.

Störungen: Die Störung durch Eigenfärbung der Huminwässer wird dadurch ausgeschaltet, daß man zum Ansetzen der Vergleichslösungen das durch Belüftung von Schwefelwasserstoff befreite Untersuchungswasser verwendet oder den Farbwert des unbehandelten Wassers mit Sulfid-Standardlösungen bestimmt.

Jodometrische H_2S-Bestimmung

Wenn sich durch den Geruch größere Mengen Schwefelwasserstoff zu erkennen geben, so werden diese in einer Literflasche mit Glasstopfen oder einer Sauerstoffflasche durch Zusatz einiger Kristalle von Cadmiumacetat oder 3 ccm einer 5%igen essigsauren Lösung von Cadmiumacetat an Ort und Stelle gebunden (Probenahme wie oben). Der abgesetzte CdS-Niederschlag wird später nach Abhebern des größten Teiles des darüberstehenden Wassers abfiltriert und der Niederschlag mitsamt dem Filter in einem Glasstopfenkolben mit $^1/_{100}$ N-Jodlösung versetzt und mit 10 ccm Salzsäure* angesäuert. Nach 15 Minuten wird mit n/100 Thiosulfatlösung zurücktitriert. 1 ccm der verbrauchten Jodlösung entspricht 0,1704 mg H_2S.

Bei der Berechnung ist von der angewandten Wassermenge die zugesetzte Menge an Chemikalien abzuziehen.

Bei geringen H_2S-Mengen kann man das Wasser in einer Literflasche wie oben entnehmen und dann direkt mit 10 ccm 1/100 N-Jodlösung versetzen und nach kurzem Stehen mit n/100 Natriumthiosulfatlösung zurücktitrieren. Organische Stoffe, die durch ihre Färbung stören und die ebenfalls etwas Jod verbrauchen, werden durch den Jodverbrauch einer von Schwefelwasserstoff durch Lufteinblasen befreiten Wasserprobe berücksichtigt. Wenn man das Sulfid bestimmen will, vertreibt man den freien Schwefelwasserstoff durch Einleiten von Kohlendioxyd oder Stickstoff in eine abgemessene Wassermenge bis zum Verschwinden des H_2S-Geruchs.

f) Abdampfrückstand, Glührückstand und Glühverlust

Zur Bestimmung des Abdampfrückstandes werden 200 ccm Wasserprobe in einer ausgeglühten und genau gewogenen Platinschale auf dem Wasserbad bis zur Trockne eingedampft und der Trockenrückstand 1 bis 2 Stunden lang im Trockenschrank bei 105° C getrocknet. Nach dem Erkalten im Exsiccator wird schnell gewogen. Die Gewichtszunahme der Schale mit 5 multipliziert gibt den Abdampfrückstand in mg/l. Wenn der Rückstand weniger als 50 mg/l beträgt, wird die Bestimmung mit einer entsprechend größeren Wassermenge wiederholt.

Nach den neuen EV soll in Zukunft bei 180° C getrocknet werden, wie es bei der Mineralwasseranalyse und bei Kesselwässern schon üblich ist.

Wenn viel ungelöste Stoffe vorhanden sind, bestimmt man in unfiltriertem Wasser den Gesamtrückstand und im filtrierten (S. u. S. 589[2]) den Abdampfrückstand der gesamten gelösten Stoffe.

Der Meßkolben mit der Wasserprobe darf nicht, wie sonst in der quantitativen Analyse üblich, auf dem Wasserbad mit erwärmt werden, da sich die Carbonate an den Wänden absetzen und somit zu niedrige Werte gefunden werden.

Bestimmung des Glührückstandes

Der Abdampfrückstand wird durch Erhitzen der Platinschale auf dunkle Rotglut mit Hilfe eines kleingestellten Pilzbrenners oder im Muffelofen bei 600 bis 700° C geglüht. Dabei achtet man auf etwa auftretende Gerüche. Verunreinigte Wässer, die zumeist Eiweißstoffe enthalten, ergeben dabei Geruch nach verbrannten Haaren. Erhöhter Gehalt an organischen Stoffen gibt sich durch Dunkelfärbung des Abdampfrückstandes kurz vor dem Durchglühen zu erkennen.

Zur Rückbildung der zersetzten Karbonate wird mit Ammoncarbonatlösung (man kann auch mit etwas Ammonnitratlösung befeuchten und dann glühen) nochmals auf dem Wasserbad eingedampft und darauf ganz schwach geglüht. Der Glührückstand soll rein weiß sein; bei eisenreichen Wässern ist dies allerdings nicht der Fall. Man glüht dann nach Zusatz von Ammoniumnitrat. Der Glührückstand wird nach dem Erkalten im Exsiccator gewogen. Die Gewichtszunahme gegenüber der leeren Schale mit 5 multipliziert gibt den Glührückstand.

Glühverlust: Abdampfrückstand minus Glührückstand gibt den Glühverlust in mg/l. Der Glühverlust darf nicht als organische Substanz bezeichnet werden, da auch anorganische Stoffe (Nitrate, Bicarbonate, Karbonate u. a.) einen Gewichtsverlust erleiden.

g) Elektrolytische Leitfähigkeit

Das elektrolytische Leitvermögen des Wassers gibt einen Anhalt für die Menge der in einem Wasser vorhandenen Salze. Das spielt z. B. eine Rolle bei der Kontrolle von Vorflutern und Flußläufen, die wechselnde Mengen von Abwasser aufnehmen (Flußversalzung), und von Grundwasser, das durch Oberflächenwasser beeinflußt werden kann. Zur Kontrolle von Entsalzungsanlagen ist eine Leitfähigkeitsbestimmung ebenfalls angezeigt (s. S. 69).

In Küstengebieten sowie in tropischen Gebieten kann durch die Leitfähigkeitsbestimmung schnell ein Urteil über den Salzgehalt des Gewässers in verschiedenen Tiefen abgegeben werden. Dort muß oft schnell festgestellt werden, bis zu welcher Tiefe das salzarme Wasser, das auf einer Schicht von Salzwasser lagert, reicht. Auch in unseren Süßwasserseen können durch Leitfähigkeitsbestimmungen Anhaltspunkte für unterschiedliche Mineralstoffkonzentrationen gewonnen werden.

Das elektrolytische Leitvermögen wird ausgedrückt durch den reziproken Wert des elektrischen (spezifischen) Widerstandes in Ω (Ohm), bezogen auf einen Wasserwürfel von 1 cm Kantenlänge bei 20° C, und angegeben in Siemens ($S = \frac{1}{\Omega}$) bzw. in Mikrosiemens.

Die Leitfähigkeitsapparatur nach *Pleißner* (Hersteller Fa. R. Bosse, Berlin SO 36) hat sich besonders bewährt. Genaue Messungen können auch mit der Apparatur nach *Freye* (Fa. H. A. Freye, Braunschweig) durchgeführt werden. Ferner sind das Gerät nach *Kunze* (Fa. Dr. Kunze, Düsseldorf), das Gerät von der Fa. Kurt Hillerkus, Krefeld, und das Leitfähigkeitsgerät vom Drägerwerk, Lübeck, im Gebrauch. Mit dem Labor-Lyo-Ionostat der Fa. F. u. M. Lautenschläger, München 5, kann man Leitfähigkeits- und p_H-Messungen vornehmen.

Durch Multiplikation mit 10^{-6} und 0,75 kann aus dem Leitfähigkeitswert der Gesamtsalzgehalt ungefähr größenordnungsmäßig ermittelt werden. Durch Berücksichtigung des Leitvermögens für Calciumbicarbonat und Calciumsulfat erhält man nach *Czensny* (Untersuchungsverfahren, Stuttgart 1943, Verlag Schweizerbarth) genauere Resultate. Als Einheitslösung für die Leitfähigkeitsmessung wird eine Lösung von 0,7453 g Kaliumchlorid p. a. zu 1000 ccm Leitfähigkeitswasser verwendet. Die Lösung hat bei 25° C die spez. Leitfähigkeit von 1408,8 Mikroohm = 709,824 μS/cm.

Gutes destilliertes Wasser soll Werte unter $0{,}3 \times 10^{-6}$ cm Siemens haben ($< 5\ \mu$S/cm).

h) Interferometerwert

Mit Hilfe des *Zeiss*schen Flüssigkeits-Interferometers (Lief. Fa. Carl Zeiss, Jena) kann man die Lichtbeugung des unbehandelten Wassers und des mit Bariumsulfat behandelten Wassers messen und so einen Anhaltspunkt für das Vorhandensein von kolloiden Stoffen im Wasser gewinnen. Die Kolloide werden nämlich durch das Bariumsulfat absorbiert und dadurch werden unterschiedliche Interferometerwerte erhalten[1]).

[1]) *W. Prée*, Anwendungsmöglichkeiten des Zeiss'schen Flüssigkeits-Interferometers bei Trinkwasseruntersuchungen. Diss. Dresden 1931.

i) Spezifisches Gewicht

Spezifisches Gewicht und Dichte werden bei 20° C, bezogen auf Wasser von 4° C, bestimmt; bei Heilquellen wird auf vier Stellen hinter dem Komma berechnet. Die Bestimmung geschieht mit geeichten Pyknometern zu 100 ccm Inhalt.

k) Die Radioaktivität von Trinkwasser und ihre Messung

Die Radioaktivität von Stoffen wie auch die vom Wasser besteht in der Aussendung von Strahlung, die beim Zerfall radioaktiver Stoffe entsteht.

Man muß unterscheiden zwischen der natürlichen Radioaktivität des Wassers und der künstlichen. Die natürliche Radioaktivität ist immer unschädlich für Mensch und Tier; sie wird bekanntlich zu Heilzwecken ausgenutzt (radioaktive Heilwässer). Die künstliche Radioaktivität ist schädlich bzw. sie kann von einer bestimmten Toleranzgrenze an schädlich wirken, soweit sie durch „Kontamination“ (radioaktive Verseuchung durch Abwässer oder Luft) bedingt ist. Eine Ausnahme bildet bei der künstlichen Radioaktivität das verhältnismäßig ungefährliche Na^{24}.

Man kennt heute von den meisten Elementen Isotope, die radioaktiv sind, nicht nur von den Elementen der Radium-Thorium-Gruppe, sondern auch von den „harmlosen“ Elementen, wie z. B. vom Kalium, Wasserstoff und Sauerstoff. Die natürliche Radioaktivität stammt zum großen Teil von einem radioaktiven Kalium, dem $Kalium^{40}$, das in der Natur überall vorkommt, zum anderen aber auch von den beiden Komponenten des Wassers, Wasserstoff und Sauerstoff, z. B. von dem radioaktiven Wasserstoff Tritium H^3.

Die natürliche Radioaktivität ist deshalb unschädlich, weil die sie erzeugenden Isotopen eine nur kurze Lebensdauer haben; ihre „Halbwertzeit“ zählt nur nach Stunden oder Tagen. Die künstliche Radioaktivität wird dagegen durch die langlebigen Isotopen des Strontiums, Radiums und Thoriums mit Halbwertzeiten von mehreren Jahren oder durch Uran 238 mit $4{,}5 \times 10^9$ Jahren Halbwertzeit erzeugt.

Das Strontium-Isotop $Strontium^{90}$, das eines der gefährlichsten radioaktiven Isotope ist, hat mit dem normalen Strontium, das in Mineralwässern und Heilquellen vorkommt, nichts zu tun. Derartige Fragen werden heutzutage immer wieder an den Quellenfachmann von Laienseite herangetragen. Das $Strontium^{90}$ spielt eine große Rolle bei der Kontamination der Vorflut mit Abwässern von Kernenergie-Anlagen und bei der Dekontamination dieser Abwässer. Der Grenzwert für $Strontium^{90}$ im Trinkwasser ist für die Gesamtbevölkerung gerechnet $= 8 \times 10^{-8}\ \mu C/cm^3$.

Die radioaktive Aussendung besteht aus α-, β- und γ-Strahlung, der Korpuskularstrahlung (α- und β-Strahlen) und der elektromagnetischen Strahlung (γ-Strahlen). Bei der natürlichen Radioaktivität spielt die β-Strahlung, bei der künstlichen die γ-Strahlung die Hauptrolle. Die γ-Strahlen sind die gefährlicheren, weil sie ein weitaus größeres Durchdringungsvermögen haben und man sich dagegen viel schwerer schützen kann.

Nach dem 1. Bericht des „Sonderausschusses Radioaktivität Bundesrepublik Deutschland“ (Stuttgart 1958, Verlag G. Thieme) hat die mittlere spez. Strontiumaktivität der Milch von 1955 bis 1957 um den Faktor 3 zugenommen. Der genannte Ausschuß ist im Begriff, die Normalwerte für Lebensmittel und Wasser festzulegen und ihre Weiterentwicklung infolge von Kernwaffenversuchen und von friedlicher Anwendung der Atomkernenergie zu verfolgen. Im Raum von Berlin haben *G. Gad* und *Th. Kempf* den Radioaktivitätsspiegel des Grundwassers festgelegt (Ges.Ing. 79, 84—87, 1958) und in Bayern *H. Unger* (Öffentl. Gesundheitsdienst 21, 16—25, 1959). Für den Bodensee hat *Wieser* in 40 m Tiefe einen Anstieg der Radioaktivität von 0,02 auf $0{,}22 \times 10^{-10}$ C/l, an der Oberfläche eine Gesamtaktivität von 0,43 bis $0{,}60 \times 10^{-10}$ C/l gefunden (Lit. Ber. 1959, Heft 4, S. 236).

Die Messung der Radioaktivität geschieht durch Zählung der Anzahl der Kernzerfalle pro min pro Volumeneinheit z. B. in 1 Liter Trinkwasser. Bei Verdacht auf künstliche Radioaktivität, z. B. durch Kontamination mit radioaktiv verseuchtem Abwasser, darf die Zahl der Zerfalle nicht mehr als 22 pro min betragen; das sind $0{,}1 \times 10^{-7}$ $\mu C/cm^3$ (Mikrocurie/cm^3). Die natürliche β-Radioaktivität des Grundwassers und damit des normalen Trinkwassers beträgt nur 1×10^{-8} bis 1×10^{-10} $\mu C/cm^3$.

Diese außerordentlich geringen Mengen im Trinkwasser können in den meisten Fällen nur nach Konzentrierung des angesäuerten Wassers bzw. im Abdampfrückstand oder Glührückstand bestimmt werden, und zwar nach einem Trennungsgang, bei dem die Silikate durch Abrauchen mit Salzsäure, die Erdalkalien durch Fällung als Sulfat und das Kalium durch Fällung als Kaliumaluminiumsulfat abgetrennt werden (*E. Wosahlo*, Gas- u. Wasserfach 99, Heft 14, 1958). Näheres auch bei *K. Haberer* in der Schriftenreihe des Bundesministers für Atomkernenergie und Wasserwirtschaft, Heft 6, 1958. Bei harten, salzreichen Wässern ist die Messung erschwert, da nur geringe Mengen von Abdampfrückstand in die Zählschalen eingebracht werden können. Beim Eindampfen entstehen Verluste an radioaktiver Substanz, die durch gleichartige Behandlung von Standardpräparaten ermittelt werden müssen. Dafür wird aber durch das Eindampfen die Fehlerquelle des Radongehalts ausgeschaltet, der beim Eintauch-β-Zählrohr zu hohe Werte gibt.

Die Strahlung wird in einem Abdampfrückstand von normalerweise 300 mg in einer Zählschale gemessen und mit dem Meßwert von Standardpräparaten verglichen.

Zur Messung der α- und β-Strahlung dient das Geiger-Müller-Zählrohr, ferner das Endfenster-Zählrohr und schließlich der Methan-Durchflußzähler. Zur Messung der γ-Strahlung dient der Szintillationszähler. Die Anzahl der Impulse wird in einem Meßschrank registriert. Durch die Feststellung des Abfalls der Impulse erhält man einen Anhalt an die Art des Strahlers.

Folgende Firmen sollen als Bezugsquellen für die Meßgeräte genannt werden:

Elektro Spezial, Hamburg 1 (Philips-Haus),

Kirem GmbH, Frankfurt/Main (System Hartmann u. Braun), sowie Landis & Gyr, Zug (Schweiz),

Frieseke & Hoepfner, Erlangen-Bruck.

Eine komplette „Trinkwasser-Überwachungsanlage" der Firma Landis & Gyr liefert die Kirem GmbH, Frankfurt/Main; eine fahrbare Dekontaminationsanlage für Trinkwasser die Fa. Krupp, Essen.

Die Messung der natürlichen Radioaktivität der Heilquellen, des Radongehalts geschieht mit dem Fontaktoskop (Lief. Kirem GmbH, Frankfurt/Main).

III. Künstliche Wasserzusätze

(Sofort nach der Probenahme auszuführen)

a) Freies Chlor

Freies Chlor und Hypochlorite werden dem Trinkwasser zur Sterilisierung zugesetzt (0,1 bis 1,0 mg/l). Ferner wird freies Chlor zur Entfärbung von Huminwässern mit verwendet.

Chlornachweis und Bestimmung mit o-Tolidin

100 ccm der Wasserprobe werden im Kolorimeterzylinder zu 5 ccm Tolidinreagenz (Reagenz Nr. 32) gegeben und vor Licht geschützt 5 Minuten stehengelassen. Mit den folgenden Vergleichslösungen wird dann der Farbvergleich in Hehnerzylindern oder Kolorimetern vorgenommen. Empfindlichkeit bis 0,02 mg/l Cl herab. Erfaßt wird sowohl das freie Überschußchlor als auch das Aminchlor.

Störungen bei der Tolidinmethode: Die Methode versagt bei Wässern, die mehr als 0,3 mg/l Eisen und 0,01 mg/l Mangan oder 0,1 mg/l NO_2 haben. 1 mg/l Fe täuscht 0,1 mg/l Cl vor.

Die Temperatur soll bei der Messung 20° C betragen.

Die Chlorette: Zur titrimetrischen Chlorbestimmung hat die Fa. W. Kauhausen, Berlin-Lichterfelde-West, die „Chlorette“ nach den Angaben von Prof. Dr. *Gad* herausgebracht, mit der man von 0,01 bis 0,6 mg/l freies Chlor bestimmen kann. Bei dieser Methode stören Eisen und Mangan nicht. Sie beruht auf der Bleichwirkung des Chlors auf Methylorange (s. auch *Moll*, „Vom Wasser“ 1957). (Lief. jetzt Fa. Franz Bergmann KG, Berlin-Zehlendorf-West u. Hamburg 1.)

Vergleichslösungen für Chlorbestimmung

Cl frei mg/l	1,5 % $CuSO_4$ Lösung mit 1 % H_2SO_4	0,025 % Kaliumdichromat und 0,1 % H_2SO_4
0,01	0,0 ccm	0,8 ccm
0,02	0,0 ccm	2,1 ccm
0,03	0,0 ccm	3,2 ccm
0,04	0,0 ccm	4,3 ccm
0,05	0,4 ccm	5,5 ccm
0,06	0,8 ccm	6,6 ccm
0,07	1,2 ccm	7,5 ccm
0,08	1,5 ccm	8,7 ccm
0,09	1,7 ccm	9,0 ccm
0,1	1,8 ccm	10,0 ccm
0,2	1,9 ccm	20,0 ccm
0,3	1,9 ccm	30,0 ccm

Beide Lösungen mischen und das Gemisch auf 100 ccm auffüllen.

b) Chlorbedarf des Wassers (Chlorbindungsvermögen)

Fast alle Wässer haben die Eigenschaft, je nach ihrer chemischen Beschaffenheit geringe Mengen an freiem Chlor zu binden, was früher als Chlorkapazität, jetzt als Chlorbedarf oder Chlorbindungsvermögen, in den englisch sprechenden Ländern als „breakpoint", bezeichnet wird.

Zur Bestimmung des Chlorbindungsvermögens werden zu mehreren 1-l-Proben steigende Mengen von 0,1%igem Chlorwasser zugesetzt (0,05 bis 3 ccm) und gut vermischt. Nach 10 Min. wird 1 g Kaliumjodid zugesetzt und nach weiteren 10 Min. unter Zusatz von reichlich Stärkelösung in einem großen Becherglas mit n/100 Thiosulfat das überschüssige Chlor zurücktitriert (1 ccm n/100 Thiosulfat = 0,355 mg/l Cl). Die entsprechende Menge Chlor zieht man von der zugesetzten Chlormenge ab.

Chlorzehrung: Die Chlorzehrung gibt die Chlormenge an, die während längerer Zeit durch organische Stoffe verbraucht wird. Man gibt hierbei zu dem Wasser überschüssiges Chlor und bestimmt nach einigem Stehen den Restgehalt an Chlor. Wasserproben von 1 l werden mit der dem Chlorgehalt entsprechenden Chlormenge und dann mit weiteren 3 ccm überschüssigem Chlorwasser versetzt. Nach halbstündigem Stehen bei 22° C (evtl. im Brutschrank) wird, wie im vorigen Kapitel angegeben, titriert. Die während dieser Zeit verzehrte Chlormenge ist die Chlorzehrung.

c) Ozon

Die zum Zwecke der Entkeimung dem Trinkwasser zugesetzten Ozonmengen können durch Titration von 200 ccm Wasserprobe nach Zusatz von 0,5 g Kaliumjodid mit n/100 Thiosulfatlösung bestimmt werden. Man kann auch ansäuern.

1 ccm verbrauchter n/100 Thiosulfatlösung entspricht 0,24 mg/l O_3. Freies Chlor gibt dieselbe Reaktion.

Geringe Ozonmengen können nach den Angaben von *F. Zehender* und *W. Stumm* folgendermaßen bestimmt werden. 100 ccm des Untersuchungswassers werden mit 10 ccm einer 0,5%igen Mangansulfatlösung, die noch 0,5 ccm Schwefelsäure enthält, versetzt. Nach einer Minute werden 5 ccm einer 0,1%igen o-Tolidinlösung[1]) zugesetzt und gut durchgemischt. Nach einer weiteren Minute wird die Gelbfärbung kolorimetrisch bestimmt. Größte Sauberkeit aller Gefäße ist hierbei besonders wichtig. Auch die Temperatur ist genau zu beachten.

Ozonbestimmung nach *Hettche:*

Nach *H. Hettche* kann man geringe Ozonmengen in gleicher Weise wie Chlor mit o-Tolidin bestimmen.

Zu 100 ccm Untersuchungswasser gibt man 5 ccm Tolidin-Reagenz (Nr. 32) und nimmt den Farbvergleich im Hellige-Komparator vor; der abgelesene Wert muß hierbei mit 0,67 multipliziert werden. Von *F. Sulzer* wurde diese Methode als einfachste und beste bezeichnet. (Schweiz. Z. f. Hydrologie 20, 16—29, 1958.) Dies gilt aber nur für die normalen Ozonkonzentrationen bis 0,4 mg/l O_3.

---

[1]) 0,1 g Tolidin in 50 ccm Wasser lösen und in 50 ccm verdünnte Salzsäure gießen.

d) Wasserstoffsuperoxyd

100 ccm Untersuchungswasser werden mit 1 ccm Titanlösung versetzt und die entstehende Gelbfärbung mit den gleichzeitig behandelten H_2O_2-Vergleichslösungen verglichen. Die Titanlösung wird hergestellt durch Schmelzen von 1 g Titandioxyd mit 20 g Kaliumpyrosulfat, Auflösen der erkalteten Schmelze in 20 ccm Schwefelsäure (1 : 3) und Auffüllen auf 100 ccm. Eine Vergleichslösung wird durch Verdünnen einer genau eingestellten 3%igen Wasserstoffsuperoxydlösung hergestellt.

e) Silber

(Katadynverfahren s. S. 60.)

1 l Untersuchungswasser wird mit 1 ccm Salpetersäure auf 50 bis 100 ccm eingedampft. Nach Zusatz von 2 ccm Seignettesalzlösung (20 %) wird Ammoniak bis zur alkalischen Reaktion gegen Lackmus zugesetzt. Darauf fügt man 1 ccm einer 1%igen Gummiarabikumlösung und schließlich als Reagenz 0,5 ccm p-Dimethylaminobenzylidenrhodaminlösung (0,03 g in 100 ccm Azeton nach *Feigl*) hinzu. Eine rötliche Verfärbung zeigt Silber an. Mit Hilfe von Vergleichslösungen kann man nach 5 Min. auch die Menge kolorimetrisch bestimmen.

Standardlösung: 0,1445 g Silbersulfat und 5 ccm verdünnte Schwefelsäure auf 1 l; 1 ccm = 0,1 mg Ag.

Mit Silber entkeimtes Wasser soll etwa 0,1 bis 0,2 mg/l Ag haben.

Nach O. *Hettche* (Ges. Ing. 1953, S. 164) kann man 2 γ Ag in 0,5 ccm Wasser ohne Eindampfen nachweisen.

f) Aluminiumbestimmung

Orientierende Feldbestimmung: Man setzt zu 20 ccm Untersuchungswasser 3 Tropfen Essigsäure und 1 ccm Morinlösung (0,005 g in 100 ccm 96%igem Alkohol). Die auftretende Fluoreszenzfärbung vergleicht man mit der von ebenso behandelten Vergleichslösungen (s. u.).

Kolorimetrische Aluminiumbestimmung

Wenn das Untersuchungswasser Eisen enthält, werden 100 ccm davon zunächst mit Natronlauge im starken Überschuß versetzt und aufgekocht. Das sich hierbei abscheidende Eisen wird abfiltriert, das Filtrat mit Essigsäure neutralisiert und zusätzlich mit 1 ccm Essigsäure versetzt.

Zu dieser Lösung setzt man je 1 ccm Natriumthiosulfatlösung (1%ig) und 0,1%ige Lösung von alizarinsulfonsaurem Natrium hinzu. Nach dem Vermischen wird mit 25%igem Ammoniak neutralisiert und nach 10 Min. wieder mit Essigsäure angesäuert. Der kolorimetrische Vergleich wird in Hehnerzylindern oder Kolorimetern mit gleichzeitig angesetzten Al-Vergleichslösungen vorgenommen; die hierzu verwendete Standardlösung enthält 0,168 g Alaun ($Al(NH_4)(SO_4)_2 \cdot 12\,H_2O$) in 1000 ccm Wasser. 1 ccm dieser Lösung enthält 0,01 mg Al.

Aluminiumbestimmung nach Gad

100 ccm Wasserprobe werden im Erlenmeyer mit n/10 Salzsäure bis zum Farbumschlage mit Methylorange titriert und durch Luftdurchblasen von der freien Kohlen-

säure befreit. Darauf setzt man 1,0 ccm Gummiarabikumlösung (10%ig, extra weiß, Merck) und unter ständigem Umschwenken tropfenweise 0,5 ccm Alizarinlösung zu (0,1 g Alizarin in 100 ccm absolutem Alkohol). Zum Schluß werden noch 0,5 ccm 10%ige Natriumacetatlösung zugesetzt und in Kolorimeterzylinder gefüllt. Der kolorimetrische Vergleich wird wie oben vorgenommen. Standardlösungen s. o.

g) Bestimmung der Metaphosphate

In einer abgemessenen Wassermenge von 250 bis 500 ccm werden die Metaphosphate nach dem Ansäuern mit Salzsäure bei Zimmertemperatur mit 2%iger Bariumchloridlösung gefällt. Der entstehende Niederschlag wird abfiltriert, gut ausgewaschen und schließlich in verdünnter Salpetersäure gelöst. Das ungelöste Bariumsulfat wird abfiltriert. Das Filtrat wird nach Zusatz von 15 ccm Salpetersäure 15 Min. gekocht, wodurch die Metaphosphorsäure in Orthophosphorsäure übergeführt wird, die als solche bestimmt wird.

Als Identitätsprobe auf Metaphosphate werden die m-Phenylendiaminprobe (5%ige wäßrige Lösung des salzsauren Salzes) und die o-Tolidinprobe empfohlen (0,5 g o-Tolidin in 6 ccm Eisessig gelöst und auf 50 ccm aufgefüllt).

Die Bestimmung kann auch vereinfacht werden, indem man 100 ccm Wasserprobe mit 10 ccm Schwefelsäure (1 : 1) eine Stunde lang am Rückflußkühler kocht und dann die Zunahme des Phosphatgehalts nach den Angaben auf S. 42 bestimmt.

h) Sulfitbestimmung

Mit Hilfe des Entnahmegummischlauches (s. S. 16) oder des doppelt durchbohrten Stopfens (s. S. 18) füllt man das zu untersuchende Wasser bzw. Kesselspeisewasser oder Abwasser in eine Sauerstoffflasche (s. S. 90) ohne Luftberührung bis zum Überlaufen und fügt mit einer lang ausgezogenen Pipette je 3 ccm $^1/_{10}$ oder $^1/_{100}$ Normal-Jodlösung und 25%ige Phosphorsäure zu. Nach luftblasenfreiem Verschließen der Flasche wird umgeschüttelt. Nach 10 Min. langem Stehen wird der Überschuß des Jods mit Natriumthiosulfatlösung ($^1/_{10}$ bzw. $^1/_{100}$ N) zurücktitriert mit dem üblichen Zusatz der Stärkelösung gegen Schluß der Titration.

Man kann auch direkt mit Jodlösung und vorherigem Stärkezusatz titrieren bis zur Blaufärbung, nur muß die Titration langsam erfolgen.

1 ccm $^1/_{100}$ Normal-Jodlösung entspricht 0,4 mg SO_3.

IV. Bestimmung der Metalle

a) Bleibestimmung

Vorkommen von Blei. In natürlichen Wässern selten, z. B. in Bleibergbaugebieten 0,1 bis 0,5 mg/l. In Bleirohrleitungen bei aggressiven Wässern bis 5 mg/l und darüber, gewöhnlich 1 bis 2 mg/l Pb.

Probenahme und Vorbereitung der Probe für die Bleiuntersuchung

Vorbedingung für die Bleiuntersuchung ist die ordnungsgemäße Entnahme der Probe. Man muß sich zunächst vergewissern, ob das Wasser tatsächlich einige Stunden (9 bis 12

Stunden, s. S. 130) im Bleirohr gestanden hat. Auf die Angaben der Hausbewohner kann man sich hierbei meistenteils nicht verlassen. Es empfiehlt sich also vorheriges Plombieren des Zapfhahnes.

Zunächst wird eine ½-l-Probe für die Bleiuntersuchung entnommen. Die ersten 100 bis 300 ccm läßt man langsam weglaufen und läßt dann ruckartig ½ l für die Untersuchung in die Probeflasche ablaufen. Da sich das Blei beim Aufbewahren der Probe an den Wandungen der Probeflaschen festsetzt und somit der Untersuchung entgehen kann, setzt man nach der Entnahme sogleich 2 bis 3 ccm Essigsäure hinzu.

Nach längerem Ablaufenlassen entnimmt man dann die Proben für die übrigen Bestimmungen (Kohlensäure, Härte u. a.). Bei eingesandten Proben wird der Inhalt der Probeflasche bis auf einen kleinen Rest in ein Becherglas ausgegossen, zu dem Rest 5 ccm verdünnte Essigsäure gegeben und kräftig geschüttelt. Darauf gibt man das abgegossene Wasser wieder in die Flasche zurück und mischt. Etwa abgeschiedene Eisenflocken müssen durch Essigsäure (evtl. unter Erwärmen) in Lösung gebracht werden, da diese meist einen Teil des Bleies absorbiert haben (*K. Höll*, Dt. Apoth. Ztg. 1935).

Kolorimetrische Bleibestimmung

In Schauröhren oder Hehnerzylindern werden je 100 ccm der vorbereiteten Wasserprobe (s. o.) sowie der Vergleichslösungen mit 10 Tropfen verdünnter Essigsäure und nach dem Umschütteln mit 10 ccm 20%iger Ammoniumchloridlösung, die 2 % Essigsäure enthält, versetzt. Man schwenkt um, läßt kurze Zeit stehen und setzt 2 Tropfen Natriumsulfidlösung* hinzu. Nach dem Sulfidzusatz mischt man behutsam, um Trübungen durch Luftbeimischung zu verhindern[1]).

Die auftretende gelbe, gelbbraune oder braune Färbung wird mit der der gleichzeitig angesetzten Vergleichslösungen[2]), und zwar innerhalb von 1 bis 2 Minuten, verglichen. Nachträglicher Zusatz von Standardlösung zu dem Sulfidgemisch ist zu vermeiden, da hierbei Trübungen auftreten, die einen höheren Bleigehalt vortäuschen. Die Schichthöhen sollen hierbei nur wenig voneinander abweichen.

Empfindlichkeit: 0,1 bis 0,2 mg/l Pb können auf diese Weise noch gut nachgewiesen werden. Wässer mit mehr als 3 mg/l Pb sind zu verdünnen. Mengen unter 0,1 mg/l Pb können durch Schütteln einer größeren Wassermenge mit etwas Calciumcarbonat angereichert und durch Auflösen des abfiltrierten Calciumcarbonats in verdünnter Essigsäure wie oben bestimmt werden (s. o.).

Störungen: Wenn gleichzeitig Kupfer zugegen sein kann, werden an Stelle der 10 Tropfen Essigsäure 3 ccm verdünnte Schwefelsäure zugesetzt. Eine Gelbfärbung kann dann nur vom Kupfer herrühren.

Bei hohem Nitritgehalt muß man sehr schnell arbeiten, da der sich abscheidende Schwefel Trübungen gibt und höhere Bleiwerte vortäuscht.

Eisen(II)-Verbindungen stören nicht, Eisen(III)-Verbindungen geben Trübungen, die aber durch Zusatz von 0,5 g Natriumpyrophosphat oder 1 ccm Seignettesalzlösung vor dem Natriumsulfidzusatz verhindert werden können.

---

[1]) Am besten mit der großen Rührkugel (s. S. 7).

[2]) Reagenz 6.

Die Eigenfärbung von Moorwässern stört bei dem Bleinachweis. Solche Wässer werden schwach alkalisch gemacht und mit reinem kristallisiertem Calciumcarbonat geschüttelt. Das Calciumcarbonat, das praktisch alles Blei adsorbiert hat, wird abfiltriert und auf dem Filter mit heißer verdünnter Essigsäure behandelt. Calciumcarbonat und die basischen Bleisalze gehen in Lösung. Das Filter wird nachgewaschen und das Filtrat nach Verdünnung zur Bleibestimmung nach obiger Methode benutzt (vgl. die Ausführungen von *K. Höll,* Apoth. Ztg. 1935).

Bleibestimmung bei Gegenwart von Kupfer

Wenn gleichzeitig Blei- und Kupferrohre vorliegen, verfährt man folgendermaßen:

100 ccm Untersuchungswasser werden mit 10 ccm Ammoniumchloridlösung (20 g NH_4Cl zu 100 g 3%igem Ammoniak gelöst), 2 Tropfen einer 10%igen Kaliumcyanidlösung und nach dem Umschwenken mit 2 Tropfen Natriumsulfidlösung[1]) versetzt und behutsam umgeschwenkt. Man vergleicht mit genau gleichzeitig in gleicher Weise angesetzten Bleivergleichslösungen (Reag. Nr. 6).

Bleilösungsversuch s. S. 89.

b) Kupferbestimmung

Vorkommen: In natürlichen Wässern kommt Kupfer nicht vor. Leitungswasser mit aggressiven Eigenschaften greift u. U. Kupferteile des Leitungsnetzes an und löst Mengen bis zu einigen mg/l Cu auf.

Orientierende Kupferbestimmung: Im Reagenzglas werden 20 ccm Untersuchungswasser mit 3 Tropfen Natriumsulfidlösung[1]) versetzt. Bei Vorhandensein von viel Kupfer ist in der Durchsicht eine Gelbbraunfärbung, wenn nur wenig Kupfer vorhanden ist, eine Gelbfärbung der Flüssigkeit erkennbar, vorausgesetzt, daß keine Eigenfärbung vorliegt (s. u.). Die von Kupfer herrührende Färbung verschwindet auf Zusatz von 3 Tropfen 10%iger Kaliumcyanidlösung.

Kolorimetrische Kupferbestimmung nach Winkler

100 ccm Wasser versetzt man mit 5 bis 10 Tropfen 10%iger Seignettesalzlösung und nach dem Umschütteln mit 3 Tropfen Ammoniak. Nach 2 Minuten setzt man 2 Tropfen 5%iger Kaliumeisen(II)cyanidlösung hinzu und vergleicht eine auftretende rötliche Färbung mit der von gleichzeitig angesetzten Vergleichslösungen. Für die Kupfervergleichslösungen wird eine Standardlösung von 0,393 g kristallisiertem Kupfersulfat in 1000 ccm Wasser (1 ccm = 0,1 mg Cu) verwendet.

Kupfer und Blei nebeneinander

Um Blei neben Kupfer nachzuweisen, setzt man zu obiger Flüssigkeit 2 Tropfen 10%iger Kaliumcyanidlösung zu, wodurch die Färbung in Grünlichgelb umschlägt. Die Farbtiefe muß in beiden Zylindern die gleiche sein. Weiterhin setzt man zu beiden Flüssigkeiten 10 ccm 20%ige Ammoniumchloridlösung mit 5% Ammoniak hinzu sowie 3 Tropfen Natriumsulfidlösung. Die bleifreie Cu-Vergleichslösung entfärbt sich vollkommen; ent-

[1]) 5 g $Na_2S \cdot 9\ H_2O$ in 10 ccm Aqua dest. + 30 ccm Glycerin.

hält die Untersuchungslösung außer Kupfer noch Blei, so tritt eine Gelbfärbung auf, die mit Standardlösungen verglichen werden kann (siehe unter Blei).

Störungen durch hohen Eisengehalt können durch Zusatz von 2 ccm 50%iger Seignettesalzlösung (vor den obigen Reagenzien) vermieden werden (*J. Müller*, Ges. Ing. 70, 1949, 407—410).

c) Zinkbestimmung

Vorkommen: Zink kann beim Stehen aggressiver Wässer in Zinkrohren in Mengen bis 5 mg/l Zn vorkommen, meist jedoch nicht mehr als 1 bis 2 mg/l. In Grubenwässern der Zinkbergwerke kommt Zink in Mengen bis zu mehreren mg/l vor.

In gewerblichen Abwässern (Beizereien, Munitionsanstalten) und in damit beladenen Vorflutern kommt es in wechselnder Menge vor.

Vorprüfungen: Mit Hilfe von Schwefelwasserstoff prüft man zunächst, ob außer Zink noch andere Metalle vorhanden sind. Man leitet nacheinander in mineralsaure, essigsaure und ammoniakalische Lösung Schwefelwasserstoff ein. Wenn nur in der essigsauren Lösung eine weiße Trübung entsteht, ist nur Zink vorhanden.

Zink bei Gegenwart von Cu und Sn: Wird in mineralsaurer Lösung eine schwarzbraune Trübung erhalten, so ist Kupfer (evtl. Zinn) vorhanden. Man säuert in diesem Falle eine größere Wassermenge mit Salpetersäure an, setzt noch etwas Kupfersulfat hinzu (s. *Höll*, Apoth. Ztg. 1935), leitet längere Zeit Schwefelwasserstoff ein und läßt über Nacht verschlossen stehen. Man filtriert ab, kocht aus dem Filtrat den Schwefelwasserstoff weg und kocht weiter mit Salpetersäure (3 ccm verdünnte HNO_3). Vorhandenes Eisen, Mangan und Aluminium werden nun in der Siedehitze mit überschüssigem Ammoniak gefällt und abfiltriert. Das Filtrat wird (wie unten) weiter auf Zink geprüft.

Zink bei Abwesenheit von Cu, Fe und Sn: 100 ccm Wasser oder obiges Filtrat, das von Metallen nur noch Zink enthalten kann, werden nach Abkühlen mit 25 ccm Natriumacetatlösung (25%ig), 3 ccm Essigsäure, 2 ccm Gummiarabikumlösung (10%ig) und mit 2 ccm Kaliumferrocyanidlösung (Kaliumeisen(II)cyanidlösung) (5%ig) oder 0,1 ccm Natriumsulfidlösung* unter jedesmaligem Umschwenken versetzt.

In beiden Fällen wird die auftretende weißliche Trübung nach längerem Stehen mit den in Vergleichslösungen erzeugten Trübungen verglichen. Als Zinkvergleich benutzt man eine Lösung von 0,100 g Zn p.a. in verdünnter Salzsäure gelöst zu 1 l; 1 ccm davon enthält 0,1 mg Zn.

Störungen: Störungen können weiterhin durch organische Stoffe hervorgerufen werden. Gelb- oder braungefärbte Huminwässer werden mit Bromwasser gekocht. Das überschüssige Brom wird durch Kochen vertrieben. Darauf wird filtriert und auf das ursprüngliche Volumen aufgefüllt.

Zink bei Gegenwart von Eisen: Eine kolorimetrische Bestimmung des Zinks, bei der Eisen nicht stört, haben *W. Hermanowicz* und *E. Sikorowka* vorgeschlagen (Chem. Zbl. 124, 1953, 4585). Danach werden 25 ccm Untersuchungswasser mit 1 ccm 5%iger Kaliumfluoridlösung versetzt und filtriert. Das Filtrat und die Vergleichslösungen werden mit 1 ccm Salzsäure (25%ig), 1 ccm 0,03%iger Kristallviolettlösung und 1 ccm 20%iger Kaliumrhodanidlösung versetzt und die Mischung sogleich kolorimetriert.

d) Chrombestimmung

100 ccm Untersuchungswasser werden mit 5 ccm n/1 Silbernitratlösung, mit 10 ccm 10%iger Ammoniumpersulfatlösung und mit 6 ccm n/1 Salzsäure versetzt. Das Filtrat von diesem Gemisch wird mit 2 ccm Schwefelsäure (1 + 1) und 0,4 ccm einer Lösung von Diphenylcarbacid in Aceton versetzt. Nach dem Auffüllen wird die entstehende Färbung kolorimetrisch oder photometrisch bestimmt.

e) Arsenbestimmung

Vorkommen: Arsen kommt sehr vereinzelt in Grundwässern u. a. durch Auslaugung von Asche- und Schutthalden und Friedhofserde in Mengen bis 0,2 mg/l vor. In Vorflutern durch Abwasserzufuhr. In seltenen Fällen kommt das Arsen geologisch bedingt in Quellwässern vor; in Heilquellen ist es häufiger anzutreffen (z. B. Dürkheimer Max-Quelle).

Orientierende Feldbestimmung: In einem Rundkolben von 150 ccm Inhalt werden 100 ccm Wasser mit 5,0 ccm konzentrierter Schwefelsäure versetzt und abgekühlt. Störende Gase entweichen hierbei. Mit Hilfe von einigen verkupferten Zinkstückchen wird die Wasserstoffentwicklung eingeleitet. Auf die Öffnung wird ein Allihnsches Rohr mit Stopfen gesetzt und darauf eine Filtrierpapierkappe gebracht, die mit einem Gummiband befestigt wird. Auf das Filtrierpapier wird ein Tropfen 66%iger Silbernitratlösung gegeben. Man beobachtet längere Zeit. Die Gelbfärbung des Silbernitrats zeigt Arsen an.

Störungen: Größere Mengen organischer Stoffe verhindern die Reaktion. Huminwässer und Abwässer müssen daher mit Salpetersäure und Schwefelsäure eingedampft und der Rückstand einer nassen Veraschung unterzogen werden.

Bei harten Wässern ist das Eindampfen des letzten Rückstandes mit der Schwefelsäure mit Schwierigkeiten verbunden; deshalb ist das folgende Verfahren mehr zu empfehlen.

Genauere Bestimmung von Arsen: Von reinem, farblosem Wasser werden 100 bis 1000 ccm mit 0,5 g Eisenalaun und nach dem Erwärmen mit Ammoniak versetzt. Das abgeschiedene Eisenhydroxyd enthält fast alles Arsen; es wird abfiltriert, ausgewaschen und in 20 ccm arsenfreier verdünnter Schwefelsäure gelöst. Die Lösung wird in einem Rundkolben mit etwas verkupfertem Zink[1]) versetzt. Der Kolben wird mit einem durchbohrten Stopfen verschlossen, durch den ein Allihnsches Rohr geführt ist, dazu noch eine Glasröhre von 5 mm aufgesetzt. In der bauchigen Erweiterung des Allihnsches Rohres wird ein kleiner Wattebausch, der mit 5%iger Bleiacetatlösung getränkt ist, eingeschlossen. In der Glasröhre befindet sich ein Streifen Quecksilberbromidpapier. Dieses Reagenzpapier wird hergestellt durch Tränken des besonders festen Reagenzpapiers Nr. 575 (oder nach Lockemann Nr. 589 Blauband oder Nr. 606 der Fa. Schleicher & Schüll) mit 5%iger alkoholischer Quecksilberbromidlösung und Trocknenlassen.

Eine gelbe bis gelbbraune Verfärbung des Hg-Streifens innerhalb von 12 Stunden zeigt Arsen an. Durch Vergleich mit Streifen bekannter Arsenwerte kann man bis 0,005 mg As herab ermitteln.

---

[1]) Nach der Verkupferung müssen die Zinkstücke gut abgespült werden, da Kupferspuren den Arsennachweis beeinträchtigen.

Arsenvergleichslösung: 0,132 g arsenige Säure werden mit 10 ccm $^1/_1$ n-Schwefelsäure und destilliertem Wasser zu 1000 ccm gelöst. 1 ccm davon = 0,1 mg As; bei 100facher Verdünnung ist 1 ccm = 1 γ As.

$$1 \text{ mg As} = 1{,}85 \text{ mg } AsO_4.$$

f) Zinnbestimmung

Vorkommen: Nur in Spuren im Leitungswasser. Zur Ermittlung von Zinn sind 2 bis 3 l Wasser mit Salzsäure einzudampfen, mehrfach abzurauchen und schließlich mit Salpetersäure einzudampfen. Zur Entfernung der Kieselsäure wird mit 1 ccm konzentrierter Schwefelsäure und 5 ccm Flußsäure erhitzt und der Rückstand mit Soda und Schwefel geschmolzen. Die gelöste Schmelze wird in sehr verdünnte Natriumsulfidlösung eingetragen. Gelbfärbung zeigt Zinn an (Vergleich mit Standardlösungen).

Bei Vorhandensein größerer Zinnmengen fällt bei dem Zusatz von Natriumsulfid Zinnsulfid aus, das dann gravimetrisch bestimmt werden kann.

g) Kaliumbestimmung[1])

1 bis 10 l Untersuchungswasser werden unter Zusatz von etwas Essigsäure auf etwa 50 ccm eingeengt und das erhaltene Konzentrat filtriert.

Das auf etwa 60 bis 70° C erwärmte Filtrat wird bei schwach essigsaurer Reaktion mit einer 0,1molaren (ca. 3%igen) Lösung von Tetraphenylbornatrium[2]) in kleinen Anteilen versetzt, und zwar so lange, bis nach dem Absetzen keine erneute Fällung oder Trübung mehr auftritt (1 ccm des Reagenz entspricht ca. 3,5 mg K). Nach kurzem Stehen in der Wärme wird durch ein bei 110° C getrocknetes und gewogenes Filter filtriert und der Niederschlag auf dem Filter mit essigsäurehaltigem Wasser gut ausgewaschen. Das Filter mit dem Niederschlag wird im Trockenschrank bei 110° C getrocknet.

An Stelle des Filters kann man zweckmäßigerweise auch einen Porzellanfiltertiegel A 2 verwenden, der nach Gebrauch mit Aceton gereinigt werden kann.

Die Erfassungsgrenze liegt bei 50 γ K pro l.

Um den Transport großer Wassermengen und das zeitraubende Eindampfen derselben zu vermeiden, kann man das Wasser an Ort und Stelle durch geeignete Filterrohre mit dem Ionenaustauscher I der Fa. E. Merck, Darmstadt, filtrieren und das im Filter ausgetauschte Kalium nach der Elution mit verdünnter Salzsäure im Laboratorium quantitativ bestimmen[3]).

Berechnung: Die Umrechnung für die gravimetrisch ermittelte Menge des Niederschlags von Tetraphenylborkalium erfolgt durch Multiplikation mit 0,1091.

Fehlergrenze: ± 0,3 % bei Anwesenheit von nur wenigen mg K im Konzentrat.

---

[1]) In Anlehnung an die Arbeit von *P. Raff* und *W. Brotz* (Zschr. f. analyt. Chemie 133, 241—248) 1951 vom Verf. ausgearbeitet.

[2]) Die Substanz ist unter dem Handelsnamen „Kalignost" bei der Fa. Heyl & Co., Hildesheim, erhältlich.

[3]) *E. Abrahamczik*, Mikrochemie, Bd. XXV, 1938 (Versuche mit Neopermutit), und *Folke Nydahl*, Verh. der IVL, Bd. XI, Stuttgart 1951 (Versuche mit Kationenaustauschern).

Störungen: Die Erdalkalien des Wassers stören nur bei hoher Wasserhärte. In solchen Fällen ist es zweckmäßig, Calcium und Magnesium zusammen mit den Sulfaten durch Bariumhydroxyd auszufällen und das überschüssige Bariumhydroxyd in der Siedehitze im eingedampften Filtrat durch Einleiten von Kohlendioxyd zu fällen; nach dem Ansäuern mit Essigsäure kann man die Kaliumfällung vornehmen.

Eisen(III)-Salze können durch Komplexbindung mit NaF ausgeschaltet werden.

Störungen durch Ammonsalze können durch Zugabe von etwas Formalin zu der stark alkalisch gemachten Lösung verhindert werden (Chem. Zeitung 1954, Heft 1).

h) Natriumbestimmung

Sofern in seltenen Fällen eine direkte Natriumbestimmung notwendig ist, wird diese wie auch die Kaliumbestimmung am schnellsten und genauesten auf flammenphotometrischem Wege vorgenommen. Noch 0,0003 mg Na im ccm Wasser sind auf diesem Wege nachweisbar (Standard-Werk der „Flammenphotometrie", R. Herrmann, Berlin und Göttingen 1956). Flammenphotometer liefern u. a. die Fa. Dr. B. Lange, Berlin-Zehlendorf, und die Fa. Zeiss-Opton, Oberkochem (Württ.), letzteres mit einem wesentlich genauer arbeitenden Zusatzgerät.

Gewöhnlich wird aber das Natrium durch Differenzbestimmung aus der gesamten Menge der Alkalichloride und der Kaliummenge ermittelt. Man dampft zu diesem Zweck 1 bis 2 l des Wassers ein und versetzt mit 5%iger Bariumhydroxydlösung bis zur vollständigen Fällung der Sulfate. Die Mischung wird erhitzt, filtriert und das Filtrat mit gasförmiger Kohlensäure in der Siedehitze behandelt. Nach abermaligem Filtrieren wird mit etwas Salzsäure eingedampft und im Trockenschrank bei 110° getrocknet. Der Alkalichloridrückstand wird gewogen und die Kaliummenge abgezogen.

Wenn größere Na-Mengen zu erwarten sind, kann man sich der gravimetrischen Magnesium-Uranylacetat-Methode bedienen.

V. Bestimmung der Fluoride (nach Sanchis)

Vorkommen: In normalen Grundwässern findet man 0,05—0,5 mg/l F[1]). In manchen Heilquellen, besonders in alkalischen Schwefelquellen, viel mehr (*K. E. Quentin,* Ges. Ing. 78, 1—4, 1957).

Zu 100 ccm Wasserprobe und Vergleichslösung werden genau 5 ccm Zirkonsäure-Alizarin-Reagenz (Reagenz Nr. 34) zugesetzt und nach dem Umschwenken 1 Stunde bei Zimmertemperatur stehengelassen. In Hehnerzylindern, Neßlerrohren, Kolorimetern oder Photometern wird dann der Farbvergleich vorgenommen. Untersuchungswasser und Vergleichslösung müssen von vornherein genau übereinstimmende Temperatur haben. Die Prüfung derselben mit dem Thermometer ist in diesem Falle unerläßlich. Je höher die Fluoridkonzentration, desto blasser sind die Farben der Lösung; die Färbungen gehen von Rötlich über Orange nach Gelb. Werte von 0,01 bis 0,15 mg F in 100 ccm sind bestimmbar. Bei Fluoridgehalten über 0,15 mg wird entsprechend verdünnt.

---

[1]) Nach Untersuchungen des Instituts für Wasser-, Boden- und Lufthygiene, Berlin, und nach *A. Kaeß,* Vom Wasser 23, 70—94, 1956.

Als Vergleichslösung dient eine Lösung von 0,221 g Natriumfluorid in 1 l; diese wird noch zehnfach verdünnt, so daß 1 ccm = 0,01 mg F entspricht.

Störungen: Aluminium stört in Mengen über 0,5 mg/l; Eisen stört erst über 2 mg/l Fe, Mangan oberhalb 0,2 mg/l. Ferner stören Chloride in Mengen über 500 mg/l Cl und Sulfate über 200 mg/l SO_4.

In diesen Fällen müssen auch die entsprechenden Stoffe den Vergleichslösungen zugesetzt werden oder man muß die Fluoride abdestillieren unter Zusatz von 0,2 g Kieselsäurepulver und 25 ccm Überchlorsäure (nach Abbindung der Chloride mit Silberchlorat). Nach den Erfahrungen der ORCA (Europ. Arb.-Gem. f. Fluorforschung) ist diese Wasserdampfdestillation bei jedem Wasser zu empfehlen. Die Manganstörung wird durch 1 Tropfen Wasserstoffsuperoxyd auf 100 ccm Wasser verhindert, und der Überschuß wird durch 1 Tropfen 3%iger Kaliumjodidlösung und dieser durch n/10 $Na_2S_2O_3$ entfernt. Freies Chlor beeinträchtigt die Farblackbildung ebenfalls etwas; durch Natriumthiosulfatzusatz kann dies vermieden werden (*Jacobson,* Journ. Amer. Water Works Ass. **44,** 1169–1173, 1952).

K. E. Quentin, J. Indinger u. *S. W. Souci* haben sehr empfindliche Nachweismethoden für Fluoride ausgearbeitet (Z. Lebensmittel-Unters. u. -Forsch. **109,** 213–218, 1959).

Neue Arbeitsvorschrift

In einer weiteren sehr verdienstvollen Arbeit haben *K. E. Quentin* und *J. Indinger* die Arbeitsabschnitte der obigen Fluorbestimmungsmethode eingehend überprüft (Z. Lebensmittel-Unters. u. -Forsch. **110,** 249–260, 1959). Die Anreicherung des Fluorids und Trennung von den störenden Stoffen geschieht am besten aus einem 53,6gewichtsprozentigem Perchlorsäuregemisch, das bei 135° C siedet (2 Vol. 70%iger Perchlorsäure + 1 Vol. Aq. dest.). Halogene müssen restlos zurückgehalten werden durch Silberperchlorat.

Für die kolorimetrische Bestimmung in den Destillaten haben *Quentin* und *Indinger* eine modifizierte Zirkon-Alizarin-Methode und Zirkon-Eriochromcyanin-Methode genau beschrieben. Wegen des Umfangs der genauen Arbeitsvorschrift muß auf die obige, soeben erschienene Arbeit verwiesen werden. Bei Heilwasseranalysen ist diese nicht zu umgehen.

Beurteilung: Nach *Rieder* (Journ. Amer. Water Works Ass. 1935) ist die untere schädliche Grenze 0,7 mg/l F. Bei ständigem Genuß von Wasser mit mehr als 2 mg/l F stellt sich das Krankheitsbild der Trinkwasser-Fluorose ein: die Zähne zeigen „gefleckten Schmelz“. Durch Magnesitfilter könnte ein zu hoher Fluorgehalt herabgesetzt werden *(O. Hettche).* Mit Hilfe von Defluorit, einem aktivierten Aluminium, werden in den USA fluorreiche Wässer behandelt (Ind. Eng. Chem. **29,** S. 424, 1937, s. auch *K. Haller,* Städtehyg. **3,** 73/74, 1952). Es finden sich in den USA Wässer mit 10 mg/l F und darüber (*F. Sierp,* GWF [1956]). Wasser mit 4,3 mg/l F soll ständig ohne Schaden in Isparta getrunken werden (*S. Velicangil* u. *S. Eser,* Z. f. prophylakt. Med., Heft 2, 1957).

Vom europäischen Büro der Weltgesundheitsorganisation ist wegen der Fluoroseschädigung ein Grenzwert von 1,5 mg/l F festgelegt worden (s. H. *Kruse* **54**).

Wenn das Wasser aber weniger als 0,5 mg/l F enthält, treten andererseits Fluormangelschäden (Karieshäufung) ein, so daß man in den USA dazu übergegangen ist, das Wasser „aufzufluorieren“, z. B. mit „Flural“, auf ca. 1 mg/l F (*W. E. White,* Journ. Amer. Water

Works Ass. 44, 1952) oder mit Kieselfluorwasserstoffsäure (Wat. a. Sew. Works 101, 1954). In den USA erhält heute bereits der fünfte Teil der Bevölkerung künstlich fluoridiertes Trinkwasser aus über 600 Wasserwerksanlagen; neuerdings wird Natriumsilicofluorid, bei den kleineren Anlagen Natriumfluorid zugesetzt. Über das Fluorproblem gibt das Werk von *H. J. Schmidt,* „Karies-Prophylaxe", Hüthig-Verlag Heidelberg, 1951, erschöpfende Auskunft. Einen kurzen Überblick geben *H. Müller* in D. Leb. Rundschau, 47, 254—260, 1951, und *H. Kruse* in GWF 94, 1953. Über die Trinkwasserfluorierung in Kassel berichtet *H. Hugelmann* in GWF 94, 1953. Nach *S. Gericke* ist 1 mg F als Tagesbedarf des Menschen anzusehen (Z. f. prophylakt. Med., Heft 1, 1957). Ein optimaler Fluorgehalt der Nahrung wirkt sich nach *C. Parma* nicht nur auf die Zähne, sondern auf das ganze Knochengerüst günstig aus (Dt. Zahnärztebl., Heft 2, 1956). Der DVGW lehnt eine Trinkwasserfluorierung ab (*N. Deliva,* Zschr. 1955, Heft 8). Auch in der Schweiz findet sie Ablehnung (*E. Boßhard,* Mon. Bull. Vers. Gas- u. Wasserfachm. 35, 236/237, 1955). Durch die kommende Novelle des Deutschen Lebensmittelgesetzes wird eine Trinkwasserfluorierung in Deutschland sich nicht allgemein einführen lassen (strenge Forderung der Naturreinheit der Lebensmittel, s. auch S. 127 u. folg.).

VI. Bestimmung der Jodide (nach den neuen EV)

Vorkommen: Nach *Stooff* liegt der Jodgehalt des Grundwassers zwischen 0,01—20 γ/l J.

2 bis 10 l Wasser werden nach Zusatz von etwas Kaliumcarbonatlösung bis zur alkalischen Reaktion (gegen Phenolphthaleïn) auf ca. 100 ccm eingedampft und filtriert. Das Filtrat wird nach nochmaliger Zugabe von Kaliumcarbonat (1 bis 2 Tropfen pro l angew. Wasser) zur Trockne eingedampft und anschließend im Tiegel erhitzt, ohne zu glühen. Bei Anwesenheit von organischen Stoffen muß man allerdings schwach glühen. Der Trockenrückstand wird pulverisiert und wiederholt mit warmem 96%igem Alkohol ausgezogen.

Der alkoholische Extrakt wird wieder zur Trockne verdampft und der Trockenrückstand mit 30 ccm Wasser aufgenommen. Nach Zusatz von 1 ccm Phosphatmischung[1]) versetzt man mit 5 ccm n/10 Bromwasser. Nach dem Vermischen setzt man sofort 2 ccm 2/n Ameisensäure zu. Die Mischung bleibt unter Umschütteln 2 Min. stehen, während welcher Zeit sie sich entfärbt; dann wird sie mit 1 ccm $^{n}/_{1}$ Kaliumjodidlösung versetzt und nach einer weiteren Minute mit $^{n}/_{200}$ Natriumthiosulfatlösung unter Zusatz von Stärkelösung titriert. Hierbei ist die Verwendung einer Mikrobürette zu empfehlen. 1 ccm $^{n}/_{200}$ Natriumthiosulfat entspricht 0,1058 mg J.

Störungen: Nitrite stören und müssen entfernt werden; Nitrate stören, da bei dem Verglühen der organischen Substanz Nitrit entstehen kann.

VII. Kieselsäurebestimmung

Vorkommen: Einige mg/l fast in jedem Wasser, zumeist etwa 5 bis 8 mg/l, mitunter aber auch bis 50 mg/l, besonders in weichen Wässern, z. B. in Silikat-Heilwässern.

---

[1]) Phosphatmischung 20 g Mononatriumphosphat, 20 g Dinatriumphosphat und 20 g Natriumpyrophosphat zu 250 ccm dest. Wasser.

Bedeutung der Kieselsäure: Die Kieselsäure ist bei der Schutzschichtbildung beteiligt und ist im Rohrbelag fast immer nachweisbar.

Im Kesselspeisewasser für Hochdruckkessel darf keine Kieselsäure vorhanden sein (s. S. 197).

Kolorimetrische Bestimmung nach Winkler

Zu 100 ccm Untersuchungswasser werden 5 ccm einer frisch bereiteten 10%igen Ammoniummolybdatlösung und gleich darauf 5 ccm einer 10%igen Salzsäure zugefügt und jedesmal umgeschwenkt. Nach 5 Min. wird 1 ccm 10%ige Oxalsäurelösung zugesetzt, um etwaige Phosphatstörungen auszuschalten.

Eine auftretende Gelbfärbung wird in Hehnerzylindern oder Kolorimetern nach 10 bis 30 Min. mit den Färbungen von Vergleichslösungen verglichen. Als Vergleichslösung dient eine 0,5%ige Boraxlösung[1]), die mit dem Kaliumchromat-Standard (0,53 g K_2CrO_4 auf 1 l Aqua dest.) versetzt wird. 1 ccm dieses Kieselsäure-Standards auf 100 ccm Boraxlösung entspricht 1 mg/l SiO_2.

Wässer, die mehr als 10 mg/l SiO_2 enthalten, müssen vor der Bestimmung entsprechend verdünnt werden.

Man kann den Farbvergleich auch im Hellige-Komparator vornehmen (Farbscheibe 3060/90).

Im Stufenphotometer kann der Vergleich mit einer Lösung von 25,6 mg/l Pikrinsäure, die 23,4 mg/l Si entspricht, vorgenommen werden (Filter S 43). Bei Heilquellen wird die Kieselsäure als m-Kieselsäure (H_2SiO_3) angegeben. 1 mg SiO_2 = 1,3 mg H_2SiO_3.

Störungen: Beim Stehen der Wasserproben in Glasflaschen, besonders solchen aus gewöhnlichem Glas, wird die Kieselsäurebestimmung ungenau, wenn sie nicht alsbald vorgenommen werden kann. Es sind dann besondere Proben in Kunststoffflaschen zu entnehmen.

Schwefelwasserstoff stört bei dieser Methode und muß zuvor durch Aufkochen oder Schütteln entfernt werden; Phosphatstörung muß durch Oxalsäure beseitigt werden.

Hoher Salzgehalt stört. Bei Brackwasser und Solen muß man daher vor der Bestimmung verdünnen.

Kolloide Kieselsäure wird bei obiger Methode nicht erfaßt. Um diese zu erfassen, werden 100 ccm Untersuchungswasser mit 0,4 g Natriumbicarbonat 1 Stunde auf dem Wasserbad erwärmt. Nach dem Abkühlen wird mit verdünnter Salzsäure neutralisiert und wie oben weiterverfahren.

Hierfür kann nur das Natriumbicarbonat pro analysi von E. Merck verwendet werden, das aber immerhin noch einen Blindwert von 0,4 mg/l SiO_2 ergibt, der abzuziehen ist.

---

[1]) Für genaue Bestimmungen muß diese mit ausgekochtem, kohlensäurefreiem dest. Wasser hergestellt werden.

VIII. Bestimmung der Borsäure

Als Vorprobe auf Borverbindungen kann die von *H. Baron* (Zschr. f. analyt. Chemie, **143**, Heft 5, 1954) für den Nachweis von Bor in Pflanzenmaterial empfohlene Farbreaktion von 1,1 Dianthrimid (Merck) in konzentrierter Schwefelsäure (2,5 ccm der eingeengten Wasserprobe + 12,5 ccm konz. Schwefelsäure + 5 ccm Dianthrimid-Schwefelsäure[1]) benutzt werden. Durch Stehenlassen des Gemisches im Trockenschrank bei 70° über 5 Stunden kann die Methode quantitativ ausgestaltet werden, wenn man Parallelversuche mit Standardlösungen anstellt.

Untersuchungsgang: 2 bis 5 l Wasser werden nach Zusatz von etwas reinstem Natriumcarbonat auf ein geringes Volumen eingedampft. Dieser Rest wird filtriert und das Filtrat noch weiter eingedampft; nach dem Ansäuern mit Salzsäure wird in absoluten Alkohol gegossen. Das Filtrat dieses Gemisches wird mit Natronlauge alkalisch gemacht und der Alkohol abdestilliert. Der Rückstand wird in einem Tiegel zur Trockne verdampft und geglüht. Der Glührückstand wird mit heißem Wasser unter Zusatz von Ammoniumcarbonat aufgenommen und vom Ungelösten durch Filtration befreit.

Zur Entfernung der Kieselsäure wird das Filtrat mit ammoniakalischer Zinklösung zur Trockne verdampft und geglüht. Der Glührückstand wird mit Wasser aufgenommen und durch Einleiten von Kohlensäure vom Zinksilicat und Zinkkarbonat befreit.

Das eingeengte Filtrat wird mit n/10 HCl bis zum Umschlag von Methylorange versetzt und die hierbei frei gewordene Kohlensäure durch 10 Min. langes Kochen am Rückflußkühler entfernt.

Zur Borsäuretitration wird nun die erkaltete Lösung nach Zusatz von 10 g Mannit mit $^1/_{10}$ n-Natronlauge bis zur Rotfärbung des Phenolphthaleïns (1 ccm der 0,0375%igen Lösung) titriert. 1 ccm n/10 Natronlauge = 4,383 mg HBO_2.

IX. Nachweis einer Grundwasserverunreinigung durch Mineralöl

Mineralöle, Benzin und Benzol geben sich durch ihre Fluoreszenz im ultravioletten Licht zu erkennen. Wenn die verdächtige Wasserprobe in einer farblosen Probeflasche unter die Quarzlampe gehalten wird, erkennt man leicht die gelblichweiße Fluoreszenz bei Gegenwart von Mineralöl im Wasser oder auf dem Wasser.

Wenn nur Spuren von Mineralöl zu vermuten sind, schüttelt man 1 Liter des Wassers mit ca. 1 g Magnesiumoxyd und betrachtet das abfiltrierte Magnesiumoxyd auf dem Filter unter der Quarzlampe. Am besten eignen sich Hochdrucklampen (365 bis 366 mμ).

Huminstoffe stören nicht, aber Abwässer geben unsichere Resultate.

Man kann das Mineralöl auch mit Petroläther aus dem Wasser extrahieren und nach Verdunsten des Petroläthers die Glasschale mit dem Petrolätherrückstand unter der Quarzlampe betrachten. Bis 1 γ/l kann man auf diese Weise nachweisen. Näheres s. bei *Nietsch*, Vom Wasser (1954) und Mikrochim. Acta 171—178, 1956.

---

[1]) 0,05 g 1,1'- — Dianthrimid (Merck) in 100 ccm konz. Schwefelsäure lösen.

Beurteilung: Nach *H. Kruse* sollen Heizöltanks nur in Entfernungen von mehr als 300 m von Wasserversorgungsanlagen errichtet werden; in 300—500 m Entfernung dürfen sie nur in gesicherten Betonwannen angelegt werden. (Schriftreihe a. d. Geb. öffentl. Gesundheitswes., Heft 8.)

Die „Richtlinien für die baurechtliche Genehmigung von Lagerbehältern für Öl und Treibstoffe" des DVGW sollen in Zukunft eine Grundwasserverunreinigung verhüten, ebenso wie die kommenden Richtlinien zum Schutze des Grundwassers in Verbindung mit dem § 34 des Wasserhaushaltsgesetzes (BGBl. I vom 12. 8. 1957). Fälle wie in Butzbach (Der Naturbrunnen **2** [1958] 22) und wie in Wesel (Ges.-Ing. **74** [1953] 394) sollen in Zukunft nicht mehr auftreten.

Durch Aktivkohle-Filter kann man gegebenenfalls eine Reinigung bei einem durch Mineralöle verunreinigten Wasser vornehmen (*K. Fricke*, Ges.-Ing. **74**, 394—396 [1955] u. *Daur*, GWF **96**, 153—155 [1955]).

F. Beurteilung des Trink- und Brauchwassers für die zentrale Wasserversorgung

I. Behandlung und Aufbereitung des Wassers

a) Allgemeines

Wenn auch nur ein kleiner Teil des Wassers zum Trinken und zur Nahrungszubereitung gebraucht wird, so ist doch eine Trennung von Trink- und Brauchwasser im Haushalt, wie bereits eingangs gesagt, aus Gründen der Volksgesundheit nicht angängig.

Die Grundforderungen an Leitungswasser

Das zur Speisung einer zentralen Trinkwasserleitung benutzte Wasser soll nicht nur hygienisch absolut einwandfrei sein (s. S. 50), sondern auch für Wirtschaftszwecke, zur Herstellung von Speisen, Getränken sowie zum Waschen, Baden und Reinigen brauchbar sein. Es soll ferner das Rohrmaterial nicht angreifen und Eisen, Blei, Kupfer und andere Metalle nicht aufnehmen, und es soll Kalk und Mörtel aus den Behältern nicht herauslösen. Rohrzerfressungen durch aggressive Wässer sind schon oft Anlaß zum Eindringen von Schmutzwasser in das Leitungsnetz gewesen (s. S. 130 und S. 134).

Eine der Hauptforderungen an das Leitungswasser ist nächst den hygienischen Anforderungen die, daß das Wasser die Eigenschaft hat, eine Schutzschicht im Rohrnetz zu bilden (s. u.).

Neben der gesundheitlichen Frage der Bleiaufnahme aus Bleiröhren spielen hier auch wirtschaftliche Belange mit, da Rohrzerstörungen und Rohrverstopfungen im städtischen Wasserleitungsnetz große Kosten verursachen, die in keinem Verhältnis zu den Aufbereitungs- oder Impfungskosten stehen.

Trinkwasser-Aufbereitungsverordnung vom 19. Dezember 1959

(Verordnung über den Zusatz fremder Stoffe bei der Aufbereitung von Trinkwasser, erlassen vom Bundesminister des Innern. — Bundesgesetzblatt Teil I 1959 Nr. 52)

Während der Drucklegung dieses Buches ist die obige Verordnung auf Grund der §§ 3 und 5 a des Lebensmittelgesetzes vom 17. Januar 1936 bzw. der Novelle vom 21. Dezember 1958 veröffentlicht worden, wodurch ziemlich klare Richtlinien für die Aufbereitungstechnik des Trinkwassers und die zulässigen Höchstwerte an Zusätzen den Wasserwerken gegeben werden.

Zugelassen sind für Trinkwasser nach abgeschlossener Aufbereitung folgende Zusätze:

1. *Chlor*
   Natriumhypochlorit

Kalziumhypochlorit
Chlorkalk
Magnesiumhypochlorit

in Mengen von höchstens 0,3 mg/l, berechnet auf wirksames Chlor. „Der Chlorgehalt des Trinkwassers kann bis auf 0,6 mg/l erhöht werden, wenn dies für die ausreichende Entkeimung des Trinkwassers vorübergehend erforderlich ist", heißt es in der Verordnung.

Ammoniak
Ammonsalze

An Ammonium-Ion soll einschließlich des natürlichen Gehaltes an Ammonium-Ionen im aufbereiteten Wasser höchstens 0,6 mg/l enthalten sein.

2. *Ozon*
3. *Kalium-, Natrium- und Kalzium-Salze der Mono- und Polyphosphorsäure*

im Trinkwasser in Mengen von höchstens 5 mg/l, berechnet als Phosphorpentoxyd.

4. *Kieselsäure und ihre Natrium-Verbindungen*

in einer Menge von 40 mg/l im Trinkwasser (berechnet als SiO_2).

5. *Silber*
Silberchlorid
Natriumsilberchlorid-Komplex
Silbersulfat

im Trinkwasser in Mengen von höchstens 0,1 mg/l Ag.

Zur Bindung der freien Kohlensäure im Trinkwasser werden zugelassen:

Kalziumkarbonat
Magnesiumkarbonat
halb gebrannter Dolomit
Kalziumoxyd
Magnesiumoxyd
Kalziumhydroxyd
Natriumkarbonat
Natriumhydroxyd

Der p_H-Wert des mit diesen Stoffen behandelten Wassers darf 7,5 nicht überschreiten. (Diese Forderung ist technisch schwer erfüllbar. Es müßte heißen: auf die Dauer nicht überschreiten. Eine Änderung ist schon vorgesehen! d. Verf.)

Zur Herabsetzung einer erhöhten Alkalität oder zur Einstellung eines bestimmten p_H-Wertes im Trinkwasser werden zugelassen:

Schwefelsäure
saure Salze der Schwefelsäure
Salzsäure

bis zu einer Menge, bei der das Kalk-Kohlensäure-Gleichgewicht erhalten bleibt.

Von den Aufbereitungschemikalien dürfen nach erfolgter Aufbereitung als Reste vorhanden sein:

Eisen(III)-chlorid
Eisen(II)-sulfat
Eisen(III)-sulfat
Eisensulfatchlorid

in Mengen von höchstens 0,2 mg/l Fe (einschl. des natürlichen Eisengehalts des Wassers).

Kaliumpermanganat

in Mengen von höchstens 0,1 mg/l Mn (einschl. des natürlichen Mangangehalts des Wassers).

Aluminiumsulfat
Aluminiumchlorid
Natriumaluminat

in Mengen von höchstens 0,2 mg/l Al (ausschl. des natürlichen Aluminiumgehalts des Wassers).

Schwefeldioxyd
Natriumsulfit
Kalziumsulfit

in Mengen von höchstens 5 mg/l SO_3.

Natriumthiosulfat

in Mengen von höchstens 0,5 mg/l S_2O_3.

Tone
Aktivkohle

in Mengen von höchstens 0,5 mg/l.

Jeder neue Zusatz aller dieser Stoffe ist in Zukunft in der Tagespresse vom Wasserwerk bekanntzugeben.

Die zugelassene Menge an Rest-Eisen und -Mangan erscheint im Hinblick auf die Leitsätze für die Trinkwasserversorgung und der DIN 2000 (14) etwas zu hoch, die Höchstmenge an Silber zu niedrig für die wirksame Entkeimung bestimmter Wässer.

b) Korrosion

1. Das Angriffsvermögen des Wassers

Harte sauerstoffhaltige Wässer ohne aggressive Kohlensäure (s. S. 138) bilden an den Rohrwandungen eine Schutzschicht von Kalk- und Magnesiumverbindungen mit wechselnden Mengen Eisen und Kieselsäure aus. Alle Wässer aber, die nicht im Kalk-Kohlensäure-Gleichgewicht stehen und daher einen niedrigen p_H-Wert — p_H 7,0 und darunter — haben, also harte und weiche Wässer mit aggressiver Kohlensäure, greifen das Rohrmaterial und das Material der Sammelbehälter an. Sie lösen das Metall der Rohre, Eisen, Blei, Zink und andere Metalle aus den Rohrwandungen sowie das Calciumcarbonat aus dem Beton und Mörtel der Sammelbehälter heraus. Beim Eisen und Blei spielt auch der Sauerstoff eine große Rolle, indem sauerstofffreie und -arme Wässer Eisen immer angreifen, Blei aber gar nicht angreifen. Näheres siehe bei den einschlägigen Kapiteln.

Salzarmut erhöht das Angriffsvermögen des Wassers, ebenso wie ein geringer Härtegrad. Dies trifft sowohl in bezug auf Metallangriff wie auf Betonangriff zu. Beim Betonangriff spielt aber auch erhöhter Salzgehalt, besonders ein hoher Sulfatgehalt eine große Rolle; Behälter aus Beton und Zement werden von Wässern mit hohem Sulfatgehalt stark angegriffen und werden dadurch mitunter undicht. Durch chemische Umsetzungen bilden sich Sulfoaluminatkristalle, vom Praktiker „Zementbazillus" genannt, die das Gefüge des Betons sprengen, da eine Ausdehnung stattfindet (s. S. 181).

Sehr weiche Wässer mit viel aggressiver Kohlensäure und p_H-Werten unter 7,0 wirken stets auf alle Metalle besonders stark zerstörend; sie nehmen beim Rohrangriff mehr oder weniger große Mengen des betreffenden Metalls in Lösung auf. Dieser Vorgang hat beim Blei und Zink auch gesundheitliche Bedeutung, da beide Metalle gesundheitsschädlich sind.

Ausschlaggebend ist neben der freien Kohlensäure die Karbonathärte, von deren Höhe auch die Ausbildung einer Schutzschicht abhängt.

Beim Eisenangriff lagert sich das Korrosionsprodukt aber auch am Entstehungsort ab und bildet die sogenannten Rostknollen. Eisenfreiheit des Wassers ist deshalb nicht immer ein Beweis, daß keine Korrosion stattfindet.

Stehendes Wasser erzeugt in den Rohren stärkere Korrosionen als fließendes Wasser, weshalb sich ja auch eine ungünstige Wasserbeschaffenheit in den Endsträngen des Rohrnetzes besonders stark auswirkt. Allgemein kann man sagen: Je geringer die Fließgeschwindigkeit, desto stärker ist die Korrosion. Bei langsamer Fließgeschwindigkeit macht sich die Abnahme des Sauerstoffgehalts besonders bemerkbar. In den Endsträngen des Rohrnetzes kommt es daher sehr häufig zu Rohranfressungen durch Sauerstoffmangel.

2. Nachteilige Veränderung des Angriffsvermögens beim Mischen zweier Wässer

Beim Mischen von zwei an und für sich nicht aggressiven Wässern wird zumeist ein Mischwasser erhalten, das aggressive Eigenschaften hat. Wenn beide Wässer verschiedene Härtegrade haben, ist dies immer der Fall, auch wenn beide Wässer vollkommene Gleichgewichtswässer sind (s. u.). Selbst dann, wenn ein weiches Wasser vollkommen entsäuert ist und gar keine freie Kohlensäure enthält, gibt es beim Mischen mit hartem Gleichgewichtswasser ein Mischwasser mit aggressiven Eigenschaften. Bei zentraler Wasserversorgung muß also erst eine Mischung der Wässer und dann die Entsäuerung vorgenommen werden. Zahlenwerte findet man bei *L. W. Haase* (**26**, S. 83).

Das Ziel der Wasseraufbereitung muß immer die Bildung einer Schutzschicht durch das betreffende Wasser sein, also die Herstellung des Kalk-Kohlensäure-Gleichgewichts und eine genügende Menge Sauerstoff im Wasser.

3. Rohrzerfressungen und Wasserhygiene

Die Korrosion der Wasserleitungsrohre hat nicht nur eine technisch-wirtschaftliche Bedeutung für die Erhaltung der im Leitungsnetz investierten sehr erheblichen Vermögenswerte, sondern auch eine hygienische Bedeutung, insofern als bei Lochfraß infolge von Rohrkorrosionen auch Schmutzwasser und Abwasser in die Wasserleitung eingesaugt werden kann. Dies ist bei wechselnder Fließgeschwindigkeit des Leitungswassers durchaus möglich. Wie der Fall Altötting gezeigt hat, hat dies äußerst unangenehme Folgen für die Verantwortlichen.

Der Schutz des Leitungsnetzes ist also in jeder Beziehung eine der wichtigsten Aufgaben des Wasserwerksleiters.

4. Das Verhalten der metallischen Werkstoffe gegenüber Wasser

Blei: Blei wird von kohlensäurehaltigen Wässern angegriffen, sofern der Gehalt des Wassers an freier Kohlensäure mehr als ein Fünftel des Gehalts an gebundener Kohlensäure beträgt und sofern das Wasser sauerstoffhaltig ist. (Näheres s. bei *K. Höll,* Ges.-Ing., **58**, 323—326, 1935.)

Wenn das Verhältnis freie Kohlensäure zu gebundener Kohlensäure wie 1 : 2 ist, findet immer starke Bleilösung statt. Mindestens ein geringes Bleilösungsvermögen haben alle Wässer mit p_H-Werten unter 7,0. Bei härteren Wässern ohne aggressive Kohlensäure bildet sich eine Schutzschicht von basischem Bleicarbonat aus. Bei Abwesenheit von Sauerstoff wird Blei in keinem Falle angegriffen (umgekehrt wie beim Eisen) (siehe unten).

Es sind dem Verfasser in letzter Zeit aber auch Fälle bekannt geworden, wo stark alkalisches Wasser, und zwar sehr weiches, aufbereitetes Talsperrenwasser mit p_H-Werten von 9,0 bis 9,5, starke Bleikorrosionen hervorgerufen hat. Die dabei durch das Wasser aufgenommenen Bleimengen von 2 bis 3 mg/l Pb hatten bereits in kurzer Zeit zu Bleivergiftungen der Verbraucher geführt (Deistergebiet). Diese Erfahrungen in der Praxis stehen nicht im Gegensatz zu den Versuchsergebnissen von *J. Müller* („Vom Wasser" Bd. XVIII, 1950/51), da bei dessen Versuchen die p_H-Werte etwas unter 9,0 lagen.

Durch die neue Trinkwasser-Aufbereitungsverordnung (s. S. 127) wird in Zukunft eine derartige Überalkalisierung unterbunden (s. o.).

Hinweise auf die Korrosionsgefahren bei Bleirohren durch stark alkalische Wässer finden sich in der allgemeinen Trinkwasser-Literatur leider nicht; nur *L. W. Haase*, 26, erwähnt die mangelnde Schutzschichtbildung bei den carbonat- und kohlensäurearmen Oberflächenwässern und die Plumbitbildung in Bleirohren (s. S. 147). Nach *Haase* darf bei chemischen Entsäuerungsanlagen kein Überschuß an Alkali nach abgeschlossener Reaktion im Wasser verbleiben.

Hoher Kieselsäuregehalt des Wassers schützt vor Bleiangriff, ebenso wie hoher Phosphatgehalt auch bei aggressiven Wässern. Silikate und Phosphate werden deshalb den aggressiven Wässern zugesetzt, um Bleirohre zu schützen.

Hoher Salzgehalt (> 500 mg/l Cl) erhöht die Bleilöslichkeit. Brackwasser und Meerwasser wirken auch von außen stark zerstörend auf Bleirohre.

Ferner vermehrt sehr hoher Nitratgehalt des Wassers die Bleiaufnahme (Ostfriesland und Ostwestfalen (s. S. 64).

Neue Bleirohre geben fast immer Blei ab, auch bei nicht aggressiven Wässern (*G. Gad* und *K. Naumann*, Ges.-Ing. 1953).

E i s e n : Eisen wird von Wässern mit rostschutzverhindernder Kohlensäure (s. S. 139) angegriffen und gelöst. Bei Abwesenheit von Sauerstoff wird Eisen als Eisen(II)-hydrogencarbonat gelöst und bei Sauerstoffzutritt als Eisen(III)-hydroxyd abgeschieden. Bei übermäßigem Sauerstoffgehalt wird Eisen ganz unabhängig von der übrigen Wasserbeschaffenheit ebenfalls angegriffen, besonders, wenn der Sauerstoff nicht in echt gelöster Form vorliegt. Sehr gefährlich ist die Lochfraßbildung.

Für die Fortleitung in eisernen Rohren ist also ein höherer — nicht übermäßiger — Sauerstoffgehalt im Leitungswasser erwünscht (6 bis 10 mg/l O_2, je nach der Wassertemperatur), weil er dem Eisenangriff entgegenarbeitet.

Bei ungenügendem Sauerstoffgehalt greift jedes Wasser die Eisenrohre an, auch wenn die übrigen Korrosionsfaktoren nicht dafür sprechen. Beim Eisen liegen die Verhältnisse also umgekehrt wie beim Blei. Auf jeden Fall soll im Rohrnetz der Sauerstoffgehalt nicht unter 4,0 mg/l und in den Endsträngen der Wasserleitung nicht unter 2 mg/l sinken.

Ein hoher p_H-Wert des Leitungswassers ist für eiserne Rohre günstig, wie die langjährigen Erfahrungen bei der Söse-Wasserleitung gezeigt haben (*Wiendel,* Neue Deliwa, Heft 1, 1958). Hoher natürlicher Phosphatgehalt des Wassers schützt erfahrungsgemäß eiserne Rohre vor Kohlensäureangriff des Wassers. Deshalb setzt man zu aggressiven Wässern ohne natürlichen Phosphatgehalt künstlich größere Phosphatmengen zu (s. S. 148). Hoher Chloridgehalt soll für eiserne Rohre ungünstig sein. Brackwasser greift auch von außen die Rohre stark an. Bei Salzgehalten von 5 ‰ verdoppelt sich der Korrosionsverlust (*N. A. Malischewski,* Wass.-Vers. u. san. Technik, Heft 10, 1956).

Bei geschlossenen Enteisenungsanlagen kommt es vor, daß bei dem Enteisenungsvorgang der gesamte Sauerstoff des Wassers verbraucht wird. Das nunmehr sauerstoffarme oder -freie Wasser, das noch etwas freie Kohlensäure enthält, wird dadurch eisenaggressiv. Es tritt die Erscheinung der Wiedervereisenung des Wassers auf. Durch Belüftung kann man diese verhindern. Bei geschlossenen Enteisenungsanlagen muß deshalb Luft mit Hilfe eines Luftkompressors zugeführt werden, damit ungefähr 6 bis 8 mg/l O_2 im Reinwasser vorhanden sind.

Wenn das Wasser keine rostschutzverhindernde Kohlensäure enthält, bildet es eine Rostschutzschicht aus, wozu ebenfalls Sauerstoff benötigt wird.

In seltenen Fällen kommt es vor, daß selbst stark aggressive Wässer das Rohrnetz nicht angreifen; in solchen Ausnahmefällen stellt sich bei der Untersuchung zumeist heraus, daß das Wasser viel Phosphat oder Silicat enthält.

Eiserne Rohre werden auch von außen durch das Grundwasser leicht angegriffen, besonders von sauren und von gipshaltigen Lehm- und Tonböden, sowie von salzhaltigem Grundwasser. Stahlrohre sind hierbei mehr gefährdet als gußeiserne Rohre. Auch sonst haben Gußrohre manche Vorzüge in korrosionstechnischer Beziehung. Bei hohem Sauerstoffgehalt und aggressiven Eigenschaften eines weichen Wassers sind gußeiserne Rohre korrosionsfester als Stahlrohre (*L. W. Haase*).

Bei Verlegung von Eisenrohren bei ungünstigen Bodenverhältnissen müssen besonders gut asphaltierte oder bituminierte Rohre verwendet und diese in eine Lage von 30 bis 50 cm Sand oder Kies gebettet werden (*I. Müller,* Wass.-Wirtsch. u. -techn. 2, 275—281, 1952). Chloridgehalte über 200 mg/l Cl begünstigen den Metallangriff bes. bei weichen Wässern (*H. Klut,* Trink- und Brauchwasser, Berlin 1924). Flußstahlrohre (Habitrohre) mit guten Bitumanstrichen haben sich in Grenzfällen bewährt. Im Brackwasser- und Seewassergebiet werden eiserne Rohrleitungen stark angegriffen (Wasserwerk Emden). In diesen Gebieten haben Asbestzementrohre und Kunststoffrohre den Vorzug (s. u.).

Stehendes Wasser verursacht gerade bei eisernen Rohrleitungen, wie bereits gesagt, stärkeren Rohrangriff als fließendes Wasser, weshalb sich eine ungünstige Wasserbeschaffenheit in den Endsträngen besonders auswirkt.

Kupfer: Kupfer wird vom Wasser wenig angegriffen. Sauerstofffreies Wasser greift Kupfer — wie Blei — nicht an. Ganz weiche sauerstoffreiche Wässer greifen Kupfer nur anfänglich an. Von den natürlichen Salzen und Säuren des Wassers wird Kupfer nicht angegriffen, auch die bei neuen Kupferrohren sich bald bildende Kupferoxydul-Schicht nicht.

Hoher Salzgehalt wirkt auf Kupfer stark korrodierend (*L. W. Haase* u. *O. Ulsamer*, Die Umschau, Heft 4, 1934). Messingrohre werden von sauerstoffhaltigen aggressiven Wässern vornehmlich unter Herauslösung von Zink angegriffen (*L. W. Haase*, Ges.-Ing., Nr. 49, 1933).

Zink: Von luftfreien, kohlensäurehaltigen Wässern wird Zink aus den Rohrwandungen herausgelöst, besonders von weichen Wässern. Nach *Baylis* lösen alle Wässer mit p_H-Werten unter 6,5 Zink aus den Rohrwandungen. Verzinkte Rohre sollten deshalb nur bei hartem Wasser ohne aggressive Eigenschaften verlegt werden. Aber auch stark alkalische Wässer, also solche mit p_H-Werten über 9,0, greifen Zinkrohre an und lösen das Zink als Zinkat heraus. Chloride und Sulfate verstärken die Zinkkorrosion. Höherer Nitratgehalt bewirkt erhöhte Korrosion bei Zinkrohren.

Aluminium wird von hartem Leitungswasser in der Wärme braun oder schwarz verfärbt (Brunnenwasserschwärzung der Aluminium-Kochgeschirre) (*D. Altenpohl*, Metalloberfläche 9, S. 118–121, 1955).

Zinn wird von Wasser nur wenig angegriffen. Bei Verzinnung der Eisenrohre ist zu beachten, daß das Zinn bleifrei sein muß, da das Blei sonst herausgelöst werden kann.

Bei aggressiven Eigenschaften des Wassers und des Bodens haben sich Asbestzementrohre neuerdings bewährt. Das gleiche gilt für Kunststoffrohre (s. *W. Reinhold*, Komm.-Wirtschaft 7, 1956, und *M. Mosler*, Komm. Wirtsch. 6, 231–237, 1957).

Kunststoffrohre haben den Vorteil, daß sie von keinem Wasser angegriffen werden. Kohlensäure, Huminsäuren, Sulfate und Chloride können in jeder Menge im Leitungswasser und im Boden vorhanden sein, ohne daß Kunststoffrohre Schaden leiden. So haben sich Kunststoffrohre in der Bädertechnik und bei der Fortleitung von Mineralwasser bestens bewährt (*Wevelmeyer*, Heilbad u. Kurort [1958]). Immerhin gibt es auch Produkte, die bei aggressiven Wässern ungünstig sind. Nach *W. Reinholdt* sind Rohre auf PVC-Basis (Polyvinylchlorid) besser geeignet als Polyäthylenrohre (Komm. Wirtsch. 7, 316–318, 1956). *J. Böing* kam von einer anderen Seite zu dem gleichen Schluß (Z. f. Bakt. Org. **168**, 324–328, 1957).

Manche Kunststoffe können den Bakterien als Nährboden dienen, besonders schlechte Polyäthylenrohre. Man überzeuge sich bei Ankauf durch Versuche mit dem gepulverten Rohrmaterial, ob es von aggressivem Wasser aufgenommen wird. *S. Scheminsky* hat durch Fluoreszenzanalyse festgestellt, daß von einigen Kunststoffsorten organische Stoffe in das Wasser übergehen (Fundamenta balneologica 1, 1958). Das mag die Ursache dafür sein, daß bei Trinkwasserkontrollen eine Keimvermehrung festgestellt wurde, wenn das Wasser in Kunststoffrohren stagnierte. Nach *W. Ahrens* und *Ch. Siegert* ist diese Keimvermehrung jedoch nur anfänglich vorübergehend bei neuen Kunststoffrohren feststellbar (GWF 98, 345–351 u. 661–663, 1957). *W. Zimmermann* fand bei PVC-Rohren günstigere Keimzahlen als bei Polyäthylenrohren (Städtehygiene 7, 266–268, 1956). *W. Schwartz* und *A. Müller* haben diese Fragen eingehend geprüft und gefunden, daß Kunststoffrohre genau so wie alle anderen Rohre beim Stagnieren von Wasser anfänglich Keimvermehrungen zeigen (Kunststoffe 47, 583–588, 1957).

Wenn die alte Regel bei der Probenahme beachtet wird, daß man eine Viertelstunde ablaufen lassen muß, wird man keinen Nachteil bei Kunststoffrohren gegenüber metallischen Rohren finden.

Nur auf eins muß bei den Kunststoffrohren noch hingewiesen werden, daß nämlich manche Kunststoffe mit Stabilisatoren, die Blei, Cadmium und Barium enthalten, hergestellt werden. Belgische und niederländische Wasseruntersuchungsämter haben geringe Bleimengen in Versuchsrohren aus verschiedenen Kunststoffen gefunden, anfänglich sogar 1 mg/l, später 0,3 mg/l Pb und weniger. Eine von acht Sorten, die ständig mehr als 0,3 mg/l Pb abgab, wurde vom Niederländischen Kiwa-Institut beanstandet. (*R. Buydens*, Bull. Centr. Belg. d'Etude des Eaux **1958**, 84—88 u. *W. D. Tiedemann*, Journ. Am. Wat. Works Ass. **46**, 775—785, 1954, u. Ref. in Lit. Ber., Heft 1, 1959).

In der Bädertechnik haben sich Kunststoffrohre auch bei Fortleitung von Schwefelwasserstoff-Heilwässern gut bewährt. Deshalb sollte man bei der Förderung von H_2S-haltigem Grundwasser bis zur Aufbereitungsanlage im Wasserwerk jetzt Steigrohre aus Kunststoff bevorzugen.

In der Wasserleitungstechnik hat — so kann man sagen — im Jahre 1959 das Kunststoff-Zeitalter begonnen, nachdem auch die Preisgestaltung durchaus wirtschaftlich geworden ist. Das ist nicht nur technisch ein großer Fortschritt wegen der Rohrverlegung und der Korrosionsbeständigkeit gegenüber jedem Wasser und Boden, sondern auch für die Wasserhygiene (s. S. 130, 3).

Asbestzementrohre haben in der letzten Zeit in der Wasserleitungstechnik unter den Bezeichnungen Eternit, Fulgurit und Toschi weitgehende Verwendung gefunden, da sie sehr widerstandsfähig gegen hohe Salzkonzentrationen von innen und von außen her sind. Auch hoher Sulfatgehalt schadet den Asbestzementrohren nicht. Nach Carière (GWF Heft 2, 1956) haben Gehalte von 2000 mg/l $CaSO_4$ und 5000 mg/l Na_2SO_4 und $MgSO_4$ keinen korrosiven Einfluß auf Toschi-Rohre bei ausgedehnten Versuchen in den Niederlanden gehabt. Zu dem gleichen Resultat kam *Ph. H. Perkins* (J. Americ. Wat. Works Ass. 50, 257—262, 1958).

Huminsäuren schaden den Asbestzementrohren ebensowenig wie Schwefelwasserstoff. Nur höherer Gehalt an aggressiver Kohlensäure bei niedriger Karbonathärte ist schädlich; bei diesen Wässern ist Bitumenauskleidung und außen Teerpechverkleidung notwendig. Wenige mg/l aggressive Kohlensäure sind aber belanglos.

c) Wasserstoffionenkonzentration, pH

Die Wasserstoffionenkonzentration gibt die aktuelle Konzentration an H-Ionen an. Zum Unterschied davon geben Acidität und Alkalität die potentielle Menge an H- und OH-Ionen als Verbrauch von Normallauge bzw. Normalsäure an.

Reines Wasser ist zu einem außerordentlich geringen Anteil in seine Ionen — H-Ionen und OH-Ionen — gespalten. Da das reine Wasser neutral ist, enthält es gleich viel H- und OH-Ionen; 1 l chemisch reines Wasser enthält ein zehnmillionstel Gramm Wasserstoffion $= 10^{-7}$. Ist die Wasserstoffionenkonzentration höher, z. B. ein millionstel Gramm je Liter $= 10^{-6}$, so wird das Wasser als sauer bezeichnet; ist sie niedriger, z. B. 10^{-8}, so wird es als alkalisch bezeichnet. Dasselbe gilt für alle wäßrigen Lösungen, die Elektrolyte — Säuren, Basen oder Salze — enthalten. Die Werte können zwischen 10^{-1} und 10^{-14} schwanken.

An Stelle der Wasserstoffionenkonzentration wird die aktuelle Reaktion durch den p_H-Wert angegeben. p_H (pondus Hydrogenii) ist der negative Logarithmus der Wasserstoffionenkonzentration, z. B. $H = 10^{-7}$ g; $p_H = 7$.

p_H unter 7 = sauer
(p_H 1—7,0)
pH = 7 = neutral
p_H über 7 = alkalisch
(p_H 7,0—14,0).

Der p_H-Wert ist in wassertechnischer Beziehung wichtig; fast alle Wässer mit p_H-Werten unter 7,0 haben materialangreifende Eigenschaften[1]). Sie enthalten zumeist freie überschüssige Kohlensäure (s. S. 137), die zu Rohranfressungen und Zerstörung von Beton und Mauerwerk der Sammelbehälter Veranlassung gibt. Aber auch Wässer mit p_H-Werten über 7,0 (7,0 bis 7,5) können aggressive Eigenschaften haben, wenn sie wenig Kalksalze haben.

Normalerweise haben Grundwässer p_H-Werte zwischen 6,0 und 8,0, meist p_H 7,0 bis 7,5. Häufig kommen aber auch p_H-Werte von weniger als 6,0 vor. Die betreffenden, meist kohlensäurereichen Wässer sind stark aggressiv und müssen vor der Einspeisung in das Leitungsnetz entsäuert werden. Leitungswasser soll p_H-Werte über 7,0, möglichst 7,3 bis 7,5 haben; es soll im Kalk-Kohlensäure-Gleichgewicht stehen (s. S. 138). Neuerbohrte Brunnen aus kalkreichen Böden haben oft Wasser mit p_H-Werten über 8,0, Wässer aus frisch gemauerten Kesselbrunnen oder Wasserbehältern haben ebenfalls oft derartig hohe p_H-Werte. Nach einigen Wochen sinkt der p_H-Wert ab.

d) Kohlensäure

V o r k o m m e n : Freie und gebundene Kohlensäure kommt in jedem natürlichen Wasser vor, wenigstens in Mengen von einigen mg/l. Freie Kohlensäure ist größtenteils gasförmig als CO_2 gelöst und nur zum geringen Prozentsatz (0,7 %) als hydratisierte Kohlensäure (H_2CO_3) vorhanden, die in H-Ionen und HCO_3-Ionen dissoziiert. Gewöhnlich beträgt der Gehalt an freier Kohlensäure im Grundwasser 10 bis 20 mg/l CO_2, häufig kommen jedoch auch Wässer mit 30 bis 80 mg/l und darüber vor. Natürlich gibt es auch Übergänge zu Mineralwässern, die 1000 mg/l CO_2 und mehr haben, z. B. „Säuerlinge", die mindestens 1000 mg/l CO_2 haben müssen.

O b e r f l ä c h e n w ä s s e r haben im allgemeinen viel weniger freie Kohlensäure als Grundwässer, meist nur einige wenige mg/l, höchstens 10 bis 15 mg/l (im Winter). In den Oberflächenschichten vieler nährstoffreicher Seen wird im Sommer durch die Mikroorganismen des Wassers (Planktonlebewesen) oft lange Zeit die gesamte freie Kohlensäure und manchmal auch ein Teil der Bicarbonatkohlensäure verbraucht (letztere bes. durch submerse Wasserpflanzen). Das Wasser ist dann phenolphthaleïn-

[1]) Außer den sehr harten Wässern, bei denen das Kalk-Kohlensäure-Gleichgewicht bei p_H 6,9 liegt.

alkalisch und hat p_H-Werte über 8,0. In den Gewässern warmer Länder ist dies sehr häufig der Fall. In den tieferen Zonen der Seen, unterhalb der „Sprungschicht", können die CO_2-Verhältnisse während der Stagnationsperiode ganz anders sein als in den oberflächlichen Schichten des Pelagials. Während der Zirkulationsperiode im Frühjahr und im Herbst findet ein Ausgleich der Schichten statt.

Durch Gärungen in der Schlammregion werden mit den Vertikalströmungen die CO_2-Vorräte der Oberflächenschichten von Zeit zu Zeit wieder aufgefüllt.

Die gebundene Kohlensäure findet sich gewöhnlich an Calcium und Magnesium als Bicarbonat gebunden; sie bedingt die Karbonathärte des Wassers. In warmen Ländern findet sich auch Calcium- und Magnesiumcarbonat und manchmal Natriumbicarbonat und Natriumcarbonat, besonders in kohlensäurefreien Oberflächenwässern, den sog. Soda-Seen, z. B. Neusiedler See. Auch in deutschen Küstengebieten gibt es Wässer mit geringen Mengen Natriumbicarbonat, in seltenen Fällen auch im Binnenland, z. B. bei Bad Nenndorf. Die Bicarbonate — Hydrogencarbonate — sind im Wasser in Ca- bzw. Na-Ionen und HCO_3-Ionen — Hydrogencarbonat-Ionen — gespalten.

Hygienische Bedeutung hat der Kohlensäuregehalt kaum. In seltenen Fällen kann freie Kohlensäure als Zersetzungsprodukt auf Verwesungsvorgänge zurückgeführt werden. Infolge der Lösungsvorgänge im Boden ist dann auch der Gehalt an gebundener Kohlensäure erhöht (s. S. 155).

Ein gewisser Kohlensäuregehalt gibt dem Wasser einen angenehmen, erfrischenden Geschmack.

1. Technische Bedeutung des Kohlensäuregehalts des Wassers

Der Gehalt des Wassers an freier Kohlensäure spielt in wassertechnischer Hinsicht eine sehr große Rolle. Die freie Kohlensäure, insbesondere die überschüssige Kohlensäure (s. u.), hat nämlich die Eigenschaft, die metallischen Werkstoffe der Rohrleitungen sowie den kohlensauren Kalk im Mörtel und Beton anzugreifen und aufzulösen. Wasser für zentrale Wasserversorgung muß daher vor der Einspeisung in das Netz von der überschüssigen Kohlensäure befreit werden, entsäuert werden, wie es in der Wasseraufbereitungstechnik heißt. Die Entsäuerungsverfahren werden unten in einem besonderen Kapitel behandelt. Nur bei sehr hartem Wasser ist ein geringer Überschuß von 1 bis wenigen mg/l überschüssiger Kohlensäure tragbar. Bei weichen und mittelharten Wässern wirken sich kleine Mengen Überschuß-Kohlensäure jedenfalls viel ungünstiger aus als bei harten Wässern.

Wenn eine Entsäuerung in den ersten Leitungsabschnitten zwischen der Brunnengalerie und dem Wasserwerk nicht möglich ist oder bei kleinen Anlagen nicht durchführbar ist, verwendet man als Rohrmaterial gut bituminierte Stahlrohre, z. B. das Habit-Rohr des Röhrenverbandes GmbH in Düsseldorf, oder Asbestzement-Rohre (z. B. Eternit-Rohre) und neuerdings auch Kunststoffrohre oder auch V 2 A-Stahlrohre in besonderen Fällen. Die Rohrweiten sollen in diesen Fällen möglichst gering sein, um schnellen Durchfluß zu erzielen.

Für den Innenanstrich von Wasserleitungsrohren darf nur reines, d. h. phenolfreies Erdölbitumen verwendet werden, da bei gechlortem Wasser der unangenehme Chlorphenolgeschmack auftreten würde. Auch Inertol ist gut geeignet für Innenanstriche. In allen anderen Fällen müssen Wässer mit aggressiven Eigenschaften vor Einspeisung in das Rohrnetz entsäuert werden (s. S. 141).

2. Schutz des Rohrmaterials durch Phosphatierung des Wassers

In Grenzfällen hat man jetzt einen Ausweg durch die Impfung des Wassers mit Polyphosphat, die sich in der Wasserwerkspraxis in den letzten Jahren gut eingeführt hat und die mit nur sehr geringen Kosten verbunden ist, z. B. mit Tetranatriumpyrophosphat. Bei Wässern mit geringen Mengen aggressiver Kohlensäure und p_H-Werten, die nur wenig unter 7,0 liegen, schützt ein Zusatz von Natriumpolyphosphat die eisernen Rohre vor dem Angriff und bewirkt eine Schutzschichtbildung in den Rohren. Die Schutzschicht besteht aus Calciumeisenphosphat ($FeCa [PO_4]_2$). Auch Bleirohre werden durch Phosphat-Dosierung hinreichend geschützt und eine Bleiaufnahme des Wassers verhindert[1]). Mit 1 kg Polyphosphat zum Preise von ca. 2,— DM kann man 500 cbm ausreichend behandeln. Starke Überdosierungen sind zu vermeiden wegen der Bildung von Tricalciumphosphat. Über Prüfungsmethoden für Polyphosphate findet man Näheres im **„Albert-Handbuch"** der Fa. Albert-Werke, Wiesbaden-Biebrich (s. ferner *E. Naumann*, GWF **91**, 108–115, 1950. Weiterhin *A. Wüstefeld*, „Die Phosphatierung als topochemische Reaktion", Arch. f. Metallkunde **3**, 43—45, 1949).

3. Schutz durch Silicat-Impfung

Auch ein erhöhter Kieselsäuregehalt des Wassers wirkt dem Rohrangriff entgegen. In den USA werden deshalb seit 20 Jahren dem Wasser Silicate zugesetzt, und zwar in Form von Wasserglaslösungen z. B. in New York. Die Dosierung beträgt 10 mg/l SiO_2. In Deutschland sind einige Anlagen zur Silicat-Impfung durch die Fa. Henkel & Cie., Düsseldorf, erstellt worden (*Böttcher*, GWF **93**, 1953). Das Ferrosil der Fa. Henkel & Cie. ist ein besonders alkaliarmes Wasserglas.

Die Silicat-Schutzschicht haftet anfänglich nicht so fest an den Rohrwandungen wie die Polyphosphat-Schutzschicht. Man befürchtet, daß bei starken Spülungen die Silicat-Schutzschicht leidet.

4. Die zugehörige Kohlensäure

Am Kalkangriff beteiligt sich nicht die gesamte freie Kohlensäure, sondern nur diejenige, die nicht als zugehörige Kohlensäure anzusehen ist. Die zugehörige Kohlensäure ist die zur Inlösunghaltung des Calciumbicarbonats erforderliche freie Kohlensäure. Die darüber hinaus vorhandene freie Kohlensäure ist die überschüssige Kohlensäure, die Überschußkohlensäure. Geringe Mengen von Calciumbicarbonat, die einer Karbonathärte unter 2,0° d H entsprechen, benötigen keine zugehörige Kohlensäure; in ganz weichen Wässern ist also die gesamte freie Kohlensäure aggressiv (s. Tabelle S. 84).

Mit steigendem Gehalt an Calciumbicarbonat steigt auch die zugehörige Kohlensäure; zusätzliches Calciumbicarbonat benötigt auch zusätzliche zugehörige Kohlensäure (s. unter kalkaggressive Kohlensäure S. 140).

---

[1]) Die Stadt Brüssel hat dies erfolgreich durchgeführt.

Über das Verhalten des Magnesiumbicarbonats in bezug auf zugehörige Kohlensäure gehen die Ansichten noch immer auseinander. Während man früher annahm, daß Magnesiumverbindungen keine zugehörige Kohlensäure benötigen, nimmt man heute an, daß auch das Magnesiumbicarbonat zugehörige Kohlensäure benötigt. *L. W. Haase* sagt sogar 26, „daß zur Aufrechterhaltung des Magnesium-Kohlensäure-Gleichgewichts mehr Kohlensäure als bei dem Kalk-Kohlensäure-Gleichgewicht erforderlich ist". *L. W. Haase* sagt an anderer Stelle seines Standardwerkes über Korrosionsfragen 26: „Größere Mengen von freier Überschußkohlensäure sind in Gegenwart von Magnesiumverbindungen, insbesondere von Magnesiumhydroxyd, wenig schädlich." Die Praxis wird in der Mitte liegen. Etwas zugehörige Kohlensäure werden größere Mengen Magnesiumbicarbonat sicherlich zur Aufrechterhaltung des Magnesium-Kohlensäure-Gleichgewichts auch benötigen.

5. Kalk-Kohlensäure-Gleichgewicht und Rostschutzschicht

Das Kalk-Kohlensäure-Gleichgewicht eines Wassers ist ein Zustand, bei dem das Wasser einerseits keine Kalkabscheidungen gibt, andererseits keine aggressiven Eigenschaften hat. Im Kalk-Kohlensäure-Gleichgewicht ist ein Wasser, wenn es gerade die notwendige Menge zugehöriger Kohlensäure hat. Ein solches Wasser bildet in den eisernen Rohren eine Schutzschicht von Calciumcarbonatkristallen mit Einlagerung von Magnesium- und Eisen(III)verbindungen — die Rostschutzschicht. Diese entsteht jedoch nur bei ausreichenden Sauerstoffmengen im Wasser (> 6 mg/l O_2) und nur in Wässern mit einer Karbonathärte von mindestens 2,0° dH.

Wasser mit einem Minderbetrag an zugehöriger Kohlensäure kommt in der Natur kaum vor, jedoch bei aufbereitetem Wasser ist dies häufig der Fall; bei diesem kommt es zu unerwünscht starken Kalkinkrustationen im Rohrnetz, zu Kalksinterbildungen und späterer Rohrlumenverengung.

Ganz weiche Wässer bilden nie eine Schutzschicht aus, auch wenn die Kohlensäure vollkommen aus ihnen entfernt ist (z. B. entsäuertes Talsperrenwasser). Bei diesen Wässern muß daher eine Phosphatierung vor der Einspeisung in das Rohrnetz vorgenommen werden (s. S. 148).

Wasser mit überschüssiger Kohlensäure, d. h. einem Mehrbetrag als der zugehörigen Kohlensäure entspricht (s. o.), bildet keine Schutzschicht aus, sondern greift das Rohrmaterial an (s. u.).

Das Kalk-Kohlensäure-Gleichgewicht ist in starkem Maße von der Temperatur abhängig. Das spielt auch im Wasserwerksbetrieb mitunter eine große Rolle. Wenn die Wassertemperatur bei der Fortleitung im Rohrnetz steigt, was z. B. bei flach verlegten Rohren im Hochsommer leicht vorkommt, besteht die Gefahr von Rohrinkrustationen, da das Wasser dann zu wenig zugehörige Kohlensäure hat.

Wenn das Wasser bei der Fortleitung oder im Wasserwerk eine Abkühlung erfährt, entsteht die Gefahr des Rohrangriffs, auch wenn das geförderte Wasser nicht aggressiv ist. In Seen fand *W. Ohle* gelegentlich kalkübersättigtes Wasser, ohne daß Kalk sich abschied: *Ohle* spricht daher von „Metabilität".

Allzu hohe p_H-Werte verhindern eine Schutzschichtbildung. Bei den weichen Talsperrenwässern, wie z. B. bei dem Sösetalsperrenwasser, mit p_H-Werten über 9,5 bildet sich trotz des Sodazusatzes keine wirkliche Schutzschicht aus, weil dem Wasser der hierzu notwendige Kalk fehlt. Nach der neuen Trinkwasser-Aufbereitungsverordnung wird in Zukunft eine Überalkalisierung des Wassers unterbunden (s. S. 127).

6. p_H-Wert in Gleichgewichtswässern

Normalerweise haben Wässer, die im Kalk-Kohlensäure-Gleichgewicht stehen, einen p_H-Wert, der um 7,0 herum liegt. Harte Wässer, die neben viel gebundener Kohlensäure auch viel zugehörige freie Kohlensäure haben, haben oft niedrige p_H-Werte, die bei p_H 6,9 oder sogar p_H 6,8 liegen können, auch wenn sie genau im Kalk-Kohlensäure-Gleichgewicht stehen. Demgegenüber können Wässer mit p_H-Werten von 7,5 mitunter nicht unbeträchtliche Mengen von Überschußkohlensäure haben. Der p_H-Wert allein reicht also für die Beurteilung der Aggressivität eines Wassers nicht aus. Bei einer Karbonathärte von 1,0° d H ist das Gleichgewicht bei p_H = ca. 7,9, bei einer Karbonathärte von 20,0° d H liegt das Gleichgewicht bei p_H = ca. 6,9.

7. Rostschutzverhindernde Kohlensäure

Wenn ein Wasser gerade im Kalk-Kohlensäure-Gleichgewicht steht, d. h. wenn gerade so viel freie Kohlensäure im Wasser vorhanden ist, als zum Inlösunghalten des in diesem Wasser vorhandenen Calciumhydrogencarbonats notwendig ist, dann bildet sich die erwünschte Schutzschicht an den Rohrwandungen ganz allmählich aus.

Wenn zuwenig freie Kohlensäure vorhanden ist, d. h. weniger als zum Inlösunghalten des in dem Wasser vorhandenen Calciumhydrogencarbonats notwendig ist, dann bildet sich die Schutzschicht zu schnell aus, und es gibt infolge des Kalkausfalls unerwünscht starke Rohrinkrustationen.

Wenn aber zuviel freie Kohlensäure im Wasser vorhanden ist, d. h. mehr als zum Inlösunghalten des vorhandenen Calciumhydrogencarbonats notwendig ist, dann bildet sich keine Schutzschicht aus, da das Calciumhydrogencarbonat in Lösung bleibt.

In Niedersachsen finden sich unbeeinflußte Grundwässer, die rechnerisch zuwenig freie Kohlensäure haben. Wenn man bei diesen aber den hohen Magnesiumgehalt entsprechend berücksichtigt, findet man, daß sie im Kalk-Kohlensäure-Gleichgewicht stehen. Hierdurch wird die Ansicht gestützt, daß Magnesiumverbindungen keine zugehörige Kohlensäure haben.

Bei einigen dieser harten Wässer findet man aber nach Berücksichtigung der Magnesiumverbindungen noch Überschußkohlensäure. Bei der hohen Nichtkarbonathärte kann man nach *Heckmann* annehmen, daß diese Überschußkohlensäure der Nichtkarbonathärte zugehörig ist.

Die gesamte über die zugehörige Kohlensäure hinaus vorhandene freie Kohlensäure, die überschüssige Kohlensäure im eigentlichen Sinne, ist die rostschutzschichtverhindernde Kohlensäure; diese wirkt sich im Wasser nicht nur schutzschichtverhindernd aus, sondern greift darüber hinaus die eisernen Rohre der Wasserleitung an.

Wenn ein Wasser nicht im Kalk-Kohlensäure-Gleichgewicht ist, ist die gesamte überschüssige Kohlensäure als aggressiv gegenüber Metallen zu betrachten. Beim Angriff auf Beton und Mörtel ist dies anders (s. unten).

Bei Neuanlagen von Wasserwerken ist es zweckmäßig, von vornherein Kontrollrohrstücke in das Ortsnetz einzubauen, um eine Kontrolle über die Schutzschichtbildung bzw. über den Rohrangriff zu haben. In fraglichen Fällen sollten diese in den bestehenden Ortsnetzen eingebaut werden.

8. Kalkaggressive Kohlensäure

Wenn ein Wasser mehr Kohlensäure enthält als dem Betrag der zugehörigen Kohlensäure entspricht, ist das Wasser auch kalkangreifend. Die kalkangreifende Kohlensäure ist ein Teil der überschüssigen Kohlensäure, nämlich der, der Calciumcarbonat als Bicarbonat aufzulösen und in Lösung zu halten vermag. Bei diesem Lösungsvorgang entsteht zusätzliches Calciumbicarbonat, das seinerseits auch wieder etwas zugehörige freie Kohlensäure zum Inlösungbleiben benötigt. Diese zugehörige Kohlensäure ist beim Begriff des Kalkangriffs von der überschüssigen Kohlensäure, der rostschutzverhindernden Kohlensäure, abzuziehen. Der verbleibende Rest ist die kalkaggressive Kohlensäure.

Die kalkaggressive Kohlensäure ist also nicht gleichzusetzen mit der rostschutzverhindernden Kohlensäure.

9. Bleiangreifende Kohlensäure

Wiederum anders sind die Vorgänge beim Bleiangriff des Wassers, der nicht allein von der Kohlensäure, sondern auch in erster Linie, wie bereits oben ausgeführt, vom Sauerstoffgehalt abhängig ist (s. auch S. 130).

Nur bei Anwesenheit von Luftsauerstoff findet Bleiangriff statt; auch bei Gegenwart von viel aggressiver Kohlensäure findet ein Bleiangriff nicht statt, wenn kein Sauerstoff im Wasser vorhanden ist.

Während bei sehr weichen Wässern immer mit Bleiangriff zu rechnen ist, auch wenn freie Kohlensäure nur spurenweise vorhanden ist, wie besonders bei Regenwasser, ist bei harten Wässern Bleiangriff nur zu befürchten, wenn die freie CO_2 mehr als ein Fünftel der gebundenen beträgt, sofern, wie gesagt, Sauerstoff im Wasser vorhanden ist. Wenn bei harten Wässern die freie Kohlensäure weniger als $^1/_5$ der gebundenen Kohlensäure ausmacht, findet praktisch keine Bleiaufnahme statt (*K. Höll*, Ges.-Ing. **58**, 1935, 323—324).

Bei kieselsäurereichen Wässern (> 10 mg/l SiO_2) wird die Bleiaufnahme des Wassers verzögert oder verbleibt gänzlich (*J. C. Threske, J. F. Beale*, The examination of waters and waters supplies, London 1925).

Auch Phosphatgehalt des Wassers wirkt der Bleilösung entgegen (*B. Haupt*, Vom Wasser XIV, 1939). Drei Faktoren sind es also, die der bleiaggressiven Kohlensäure gegebenenfalls entgegenwirken:

Sauerstoffmangel,
Silicate,
Phosphate.

10. Freie und gebundene Kohlensäure im Wasser

Gesamtkohlensäure = Bicarbonatkohlensäure + freie Kohlensäure

Gebundene Kohlensäure	Freie Kohlensäure	
geb. CO_2 = 1. / ganz gebundene z. B. in $CaCO_3$ 2. / halb gebundene (= Hälfte der Kohlensäure z. B. in $Ca(HCO_3)_2$	Zugehörige Kohlensäure = unschädliche Kohlensäure	Überschüssige Kohlensäure = aggressive Kohlensäure. 1. Gesamte Überschuß-Kohlensäure = rostschutzverhindernde Kohlensäure. 2. Ein Teil davon kalkaggressive Kohlensäure.

e) Entsäuerung des Wassers

Entfernung der Kohlensäure aus dem Wasser

Für die Entfernung der Kohlensäure aus dem Wasser werden verschiedene Verfahren angewandt. Je nachdem, ob es sich um weiches oder hartes Wasser mit viel oder wenig Kohlensäure handelt und je nach dem Eisengehalt bedarf es großer Fachkenntnisse, um das richtige Entsäuerungsverfahren zu finden.

1. Mechanische Entsäuerung

Für harte bis mittelmäßig harte Wässer (mehr als 6—8° d H).

a) Das Wasser ist fast im Kohlensäure-Gleichgewicht, es fehlt nur Sauerstoff dem Wasser. Für diese Fälle wählt man die geschlossene Belüftung, weil keine Kohlensäureverluste auftreten dürfen.

b) Das Wasser hat überschüssige Kohlensäure und bedarf zusätzlich noch der Sauerstoffanreicherung. Hier ist eine offene Verdüsung zu empfehlen.

Übersicht über die Belüftungsverfahren

1. hartes Wasser mit wenig Überschuß-Kohlensäure:
   Rieselung, Kaskadenbelüftung
2. weiches Wasser mit wenig Überschuß-Kohlensäure:
   Verregnung oder chemische Entsäuerung
3. ganz weiches Wasser mit viel Überschuß-Kohlensäure:
   Verdüsung, unter Umständen auch doppelte Verdüsung und chemische Entsäuerung.

Rieselung

Die Kaskadenrieselung oder Hürdenbelüftung kommt für harte Wässer mit geringen Mengen aggressiver Kohlensäure und wenigstens 5 mg/l zugehöriger Kohlensäure in Betracht. Bei dem ersten Verfahren wird das Wasser über Steinkaskaden gerieselt, in dem zweiten über Reisigstapel oder Holzrosten. Neuerdings verwendet man auch schon Kunststoffroste. Das Wasser belädt sich bei der Rieselung mit Sauerstoff und verliert dabei den größten Teil der Überschußkohlensäure; nebenher wird Eisen als Eisen(III)-hydroxyd ausgeflockt. Es verbleibt eine gewisse Restkohlensäure, weshalb diese Verfahren für weiche Wässer vollkommen ungeeignet sind. Für harte Wässer aber sind sie gerade günstig, weil die zugehörige Kohlensäure nicht mit entfernt wird. Bei diesen würde es im Rohrnetz sonst zu Rohrinkrustationen kommen, besonders wenn die Rieselanlagen nicht richtig dimensioniert sind.

Wegen der Verschlammung und der damit verbundenen Gefahr der Verschmutzung des Wassers werden diese Arten von Belüftungsanlagen kaum noch gebaut; sie dienen auch nur als Vorbehandlung für eine Enteisenung. Anlagekosten mittelmäßig, Betriebskosten sehr gering.

Ausführende Firmen: Balke Maschinenbau AG, Bochum; Bamag-Meguin AG, Gießen; Kary, Bremen; Neue Continentale Bau-Gesellschaft, Hannover-Linden; Wabag, Kulmbach.

Verregnung

Die Verregnung durch Siebe, Brausen oder perforierte Bleche kommt bei harten und weichen Wässern mit höherem Kohlensäuregehalt in Betracht. Eine Verregnung aus 2 bis 3 m Höhe ist natürlich viel wirksamer als die Rieselung; durch sog. Prallteller kann die Wirkung noch gesteigert werden. Es muß nur Sorge getragen werden, daß die erforderliche Menge an zugehöriger Kohlensäure im Wasser verbleibt, um Kalkabscheidungen des Wassers vorzubeugen.

Anlagekosten hoch, Betriebskosten mäßig. Ausführende Firmen: siehe oben.

Verdüsung (Düsenzerstäubung)

Noch wirksamer als die Verregnung ist die Düsenzerstäubung. Die Zerstäubung geschieht durch Düsen verschiedener Art; bisher verwandte man die Amsterdamer Düsen, Schlicksche oder Körtingsche Düsen, jetzt Hochleistungs-Kreiseldüsen u. a. der Fa. Lechler, Stuttgart. Die Zerstäubung geschieht von unten nach oben in abgeschlossenen Räumen mit seitlicher Luftzufuhr durch Jalousien. Die Düsen werden beim Bau auf eine bestimmte Pumpenleistung eingerichtet; wenn die Pumpenleistung sich mit dem Verbrauch von Zeit zu Zeit ändert, ist es unbedingt erforderlich, die entsprechende Anzahl der Düsen an- bzw. abzuschalten, weil sonst die Steighöhe und damit der Effekt nicht mehr erreicht wird. Die Untersuchung gibt dann das Resultat: zuviel überschüssige Kohlensäure.

Die Düsenzerstäubung kommt für Wässer mit hohem Gehalt an aggressiver Kohlensäure und Eisen in Betracht. Bei sehr hohem Kohlensäuregehalt muß man gegebenenfalls eine doppelte Zerstäubung vornehmen, was zumeist keine nennenswerten Mehrkosten verursacht. Hoher Gehalt an organischen Stoffen ist für eine Verdüsung ungünstig, da die Feinstverteilung der Wassertröpfchen beim Verdüsungsvorgang mit zunehmendem Gehalt des Wassers an organischen Stoffen abnimmt.

Anlagekosten hoch, Betriebskosten ziemlich hoch.

Ausführende Firmen: Bamag-Meguin, Gießen; DEFAC, Düsseldorf; Neue Continentale Bau-Gesellschaft, Hannover-Linden; Preußag, Hannover; Wabag, Kulmbach, u. a.

Intensiv-Belüftung

Für schwierig aufzubereitende Wässer, z. B. weiche Wässer mit viel Kohlensäure neben Schwefelwasserstoff u. a., ist ein neues Intensiv-Belüftungsverfahren in den letzten Jahren in der Wasserwerkspraxis eingeführt worden. Neben der Verdüsung wird bei diesem auch noch Luft von unten aus dem Filterboden zugeführt und mit einem Exhaustor abgesaugt.

Anlagekosten hoch (geringer als bei obigem), Betriebskosten ziemlich hoch.

Ausführende Firma: Neue Continentale Bau-Gesellschaft, Hannover-Linden.

Vakuum-Rieselung

Für sehr kohlensäurereiche Wässer, die gleichzeitig zuviel Sauerstoff haben, kommt die Vakuum-Rieselung in Betracht. Da der Sauerstoff aber zum größten Teil mit entfernt wird, ist das Verfahren für zentrale Trinkwasserversorgung nicht so günstig; es wird aber bei der Kesselspeisewasseraufbereitung mit gutem Erfolg angewandt. Noch besser ist das neue Verfahren der Druckentgasung bei 101—105° C.

Anlagekosten sehr hoch, Betriebskosten sehr hoch.

Ausführende Firmen: Bamag; Wabag.

Druckentgasung: Neue Continentale Bau-Gesellschaft, Hannover-Linden, und Permutit AG, Duisburg.

Beurteilung der Belüftungsverfahren

Bei den Belüftungsverfahren besteht die Gefahr, daß die Entfernung der Kohlensäure zu weit geht und daß infolgedessen Kalkabscheidungen im Rohrnetz auftreten, wenn zugehörige Kohlensäure fehlt. Es kann aber auch die Gefahr bestehen, daß die Kohlensäureentfernung nicht ausreichend ist und eine gewisse Aggressivität bestehen bleibt.

Nachteile der Belüftungsverfahren: 6 bis 8 mg/l freie Kohlensäure verbleiben bei den Belüftungsverfahren immer im Wasser. Bei weichem Wasser ist dieser Kohlensäuregehalt im Reinwasser als aggressive Kohlensäure vorhanden und müßte durch chemische Behandlung entfernt werden.

Die Belüftungsverfahren eignen sich also nur für Wässer mit 5 bis 18 mg/l zugehöriger Kohlensäure und einer Karbonathärte von mindestens 7° d H und höchstens 12° d H. Eine Überwachung ist notwendig, mindestens in größeren Abständen.

Vorteile der Belüftungsverfahren: Der Vorteil der Belüftungsverfahren ist der, daß sie nicht allzuviel Wartung beanspruchen und daß neben der Entsäuerung auch eine oft sehr erwünschte Sauerstoffanreicherung erzielt wird. Gerade den kohlensäurereichen Tiefenwässern fehlt dieser zur Erzielung der Schutzschicht. Deshalb nimmt man im Wasserwerk den Druckverlust gern mit in Kauf. Sauerstoffmangel ist nach *L. W. Haase* bedeutend nachteiliger für das Leitungsnetz als Sauerstoffüberschuß.

Die Belüftung in geschlossenen Systemen darf jedoch nicht zu milchiger Trübung des Reinwassers führen (s. S. 167).

Weiche, kohlensäurereiche Wässer

Weiche Wässer, d. h. solche mit etwa 2 bis 3 Härtegraden, die viel freie Kohlensäure enthalten, und bei denen eine unnötige Härtezunahme vermieden werden soll, werden am besten zunächst einem der Belüftungsverfahren, z. B. einer Verdüsung, und dann einer Nachentsäuerung nach einem der folgenden chemischen Verfahren unterworfen.

2. Chemische Entsäuerung

Eisenfreie, weiche Wässer mit geringem bis mittlerem Gehalt an aggressiver Kohlensäure

Marmorfilterung

Das Wasser wird durch Filterkessel oder offene Bassins, die mit feingekörntem Marmor gefüllt sind, gefiltert. Entsprechend dem Gehalt an kalkaggressiver Kohlensäure wird hierbei ein Härteanstieg erzielt, und zwar ist der Anstieg der Karbonathärte doppelt so hoch wie bei den unten aufgeführten Kalkhydrat- und MgO-Verfahren, was bei sehr weichen Wässern erwünscht ist.

Von Zeit zu Zeit müssen die Marmorfilter zur Reinigung rückgespült werden.

Das Marmorverfahren hat sich nur bei Wässern mit weniger als 6 bis 7 Härtegraden, aber mehr als 2 Härtegraden bewährt.

Die Filtergeschwindigkeit soll 1 bis 2 m/h nicht übersteigen. Die Verweildauer des Wassers im Filter soll mindestens 40 Min. betragen.

10 mg/l frei abzubindende Kohlensäure geben eine Härtezunahme von 1,27° d H. 1 g CO_2 bindet 2,3 g Marmor.

Für eisenhaltige Wässer ist das Marmorverfahren vollkommen ungeeignet, da sich Eisenverbindungen auf den Marmorkörnern fest auflagern und diese unwirksam machen. Das Rohwasser darf am besten überhaupt keine Spur von Eisen enthalten.

Wassertrübungen und kolloide Humussubstanzen im Wasser führen zur Verminderung der Filterleistung. Sehr tiefe Raumtemperatur setzt die Entsäuerungswirkung herab. Bei winterlichen Wassertemperaturen ist die Wirkung der Marmorfilter geringer; bei 6° C ist sie nur ein Drittel so hoch wie bei 20° C.

Die Entsäuerung durch Marmorfilterung hat den Vorteil, daß sie wenig Wartung und keine Dosiervorrichtungen beansprucht.

Anlagekosten mittelmäßig, Betriebskosten gering: ca. 0,1 Pf/cbm, Raumbedarf groß.

Ausführende Firmen: Bamag-Meguin, Gießen; Neue Continentale Bau-Gesellschaft, Hannover-Linden; Kary, Bremen; Wabag, Kulmbach.

Eisenhaltige, weiche Wässer mit mittlerem CO_2-Gehalt

Magnesit-Entsäuerung nach Tillmans

Filtermaterial aus gebranntem, gekörntem Magnesit wurde vor dem zweiten Weltkrieg mit gutem Erfolg in Deutschland für die Wasserentsäuerung verwendet, als noch eigene Magnesitvorkommen in Deutschland vorhanden waren. Sie sind bedeutend wirtschaftlicher als Marmorfilter und Filtermaterialien aus gebranntem Dolomit. Die Härtegrenze ist nicht so niedrig wie bei Marmorfilterung, doch sollte ein Wasser mit mehr als 15 Härtegraden nicht für Magnesitfilterung vorgesehen werden.

Eisen wird bei der Magnesitfilterung gleichzeitig entfernt. Änderungen der Wasserbeschaffenheit in bezug auf Kohlensäure- und Eisengehalt spielen bei der Magnesitfilterung keine so große Rolle, was den Wasserwerksbetrieb natürlich sehr erleichtert, allerdings soll der Eisengehalt 3 mg/l nicht übersteigen. Während die Wirksamkeit des Magnesitfilters etwa 5mal so groß ist wie die des Marmorfilters, ist der Härteanstieg beim Magnesit nur halb so hoch; für 10 mg/l CO_2 ist die Härteerhöhung 0,65° d H. Filtergeschwindigkeit: 8 bis 20 m/h.

Raumbedarf gering, Anlagekosten mittelmäßig, Betriebskosten mittelmäßig.

Die Entsäuerung mit dolomitischen Filtermassen

Magno-Filterung Akdolit-Filterung

Das ideale Verfahren der Trinkwasser-Entsäuerung ist das mit dolomitischen Filtermassen. Das Verfahren besteht in der Filterung über halbgebrannten gekörnten Dolomit — Magno und Akdolit – in offenen Filterbecken oder geschlossenen Filterkesseln mit einer Schichthöhe von 1–2 m und mit einer Filtergeschwindigkeit von 5 bis 10 m/h bei offenen und 15 bis 20 m/h bei geschlossenen Filtern. Die Anlagen benötigen ein Minimum an Wartung und sind in keiner Weise störungsanfällig. Nur zu bestimmten Zeiten, gewöhnlich ein- bis zweimal in der Woche, je nach Reinheit und Eisengehalt des Wassers, muß eine Rückspülung vorgenommen werden. Diese muß dann aber auch sorgfältig und regelmäßig vorgenommen werden. Je nach der Wasserbeschaffenheit ist eine Nachfüllung von Filtermasse in bestimmten Zeitabständen vorzunehmen. In bezug auf den geringen Aufwand an Wartung und Kontrollen sind diese Entsäuerungsverfahren unübertrefflich.

Das Filtermaterial wird durch Brennen von Dolomit, einem in der Natur vorkommenden Doppelsalz von Calciumcarbonat und Magnesiumcarbonat bei ca. 600 bis 700° C gewonnen. Bei dieser Brenntemperatur geht das enthaltene Magnesiumcarbonat in Magnesiumoxyd über, während das Calciumcarbonat praktisch unverändert bleibt. Das Brennprodukt wird in körniger Form für die Filterfüllung verwendet; es wird in mehreren Korngrößen geliefert. Die Körnung soll wegen der Rückspülung tunlichst gleichmäßig sein. Je kleiner das Korn, um so größer die wirksame Oberfläche des Filters. Bei Verwendung der feinen Körnung können die Filterabmessungen kleiner sein; bei härteren Wässern ist aber die gröbere Körnung angezeigt.

Die gebrannten und gekörnten dolomitischen Filtermassen, die Magno- und die Akdolit-Masse, enthalten als wirksame Komponenten Magnesiumoxyd in Mengen von 22 bis 27 % und Calciumcarbonat in Mengen von 60 bis 70 %. Bei weichen Wässern sind nach *Holluta* („Vom Wasser" Bd. XX, 1953) beide Komponenten an der Entsäuerungswirkung beteiligt, bei höherer Wasserhärte hauptsächlich das Magnesiumoxyd. Nach vielen analytischen Befunden des Verf. ist die Härtezunahme bei der Filterung bei allen Wässern überwiegend auf den Anstieg der Magnesiumhärte zurückzuführen. Je nach der Laufzeit der Filterfüllung kann dies etwas schwanken.

Magno-Filter und Akdolit-Filter haben sich besonders bei weichen Wässern mit 2 bis 8° Karbonathärte bewährt. Auch bei mittelharten Wässern mit Karbonathärten bis 12° d H sind die dolomitischen Filtermassen gut brauchbar; nach *J. Holluta* u. *H. Armbruster* auch bei Karbonathärten über 12° d H bei besonderer Filteranordnung („Vom Wasser" Bd. XXII). Bei ganz weichen Wässern sind die Dolomit-Filter ideal, wenn die Wässer wenigstens 10 mg/l freie Kohlensäure haben. Beim Abbinden dieser freien Kohlensäure findet nämlich eine erwünschte Karbonathärteerhöhung statt, die dann zu einer Schutzschichtbildung im Rohrnetz führt. Wenn die ganz weichen Wässer nur wenige mg/l freie Kohlensäure haben, ist die Karbonathärte des Reinwassers oft zu gering, um eine Schutzschicht auszubilden, wie dies bei der Entsäuerung von Talsperrenwässer oft vorkommt.

Wenn gleichzeitig eine Klärung des Wassers erforderlich ist, wird man zweckmäßigerweise das Aluminiumsulfatverfahren in Verbindung mit Sodazusatz zur Klärung wählen, das in Verbindung mit Magno- oder Akdolit-Filterung eine geringe Härteerhöhung durch die Abbindung der aus dem Natriumcarbonat frei gewordenen Kohlensäure gibt.

Bei sehr kohlensäurereichen Wässern kann man aus wirtschaftlichen Gründen ein Belüftungsverfahren vorschalten (s. S. 141). Andererseits wird man bei weichen, kohlensäurereichen Wässern dem Belüftungsverfahren immer eine Dolomitfilterung nachschalten, weil bei der Belüftung weicher Wässer die Überschußkohlensäure nicht restlos entfernt wird und das behandelte Wasser aggressiv bleibt. Bei der Filterung über dolomitische Filtermassen ist ein geringer Eisengehalt des Wassers belanglos. Das Eisen wird in den oberen Filterpartien im Magno- und Akdolit-Filter in flockiger Form abgeschieden. Bei eisenhaltigen Wässern mit aggressiver Kohlensäure werden bei der Dolomitfilterung also zwei Arbeitsgänge in einen vereinigt. Allzu hoch darf der Eisengehalt des Rohwassers allerdings nicht sein; als obere Grenze gilt: 2 bis 3 mg/l Fe. Bei eisenhaltigen Wässern ist das Dolomitverfahren also dem Marmorverfahren weit überlegen, ebenso wie in bezug auf die Filtergeschwindigkeit und die Aufhärtung. Für 1 g abzubindende Kohlensäure wird 1,3 g dolomitische Filtermasse verbraucht (einschließlich Spülverlust). Die Härteerhöhung beträgt für je 10 mg/l abgebundene Kohlensäure 1,0° d H, bei Marmorfilterung 1,27° d H.

Eine synthetische dolomitische Filtermasse ist das Magno-Syn. Dieses hat sich in der Praxis bereits bewährt, wenn es sich um Entsäuerung von wenig verschmutzten, stark kohlensäurehaltigen Wässern handelt. Wenn die Kosten für die Magno-Syn-Masse etwas höher sind, so werden diese durch einen geringeren Verbrauch an Filtermasse bzw. geringere Anlagekosten ausgeglichen.

Wenn mehrere Filter mit dolomitischen Filtermassen parallel betrieben werden, muß auf eine gleichmäßige Belastung aller Filter geachtet werden. In den Filtern mit einer geringeren Durchlaufmenge als der Bemessung entspricht, würde das Wasser eine Überalkalisierung erfahren. Neben einer unerwünschten p_H-Erhöhung würden die unteren Partien der Filtermasse zu Verbackungen neigen. Deshalb muß auch bei der Planung von Entsäuerungs-Filtern mit dolomitischen Filtermassen auf die richtige Dimensionierung besonderer Wert gelegt werden.

Von besonderem Vorteil ist die Filterung über dolomitische Filtermassen für kleinere Städte und Gemeinden, deren Wasserwerksanlagen oft weit auswärts liegen, schon wegen der geringen Wartungsbeanspruchung.

Lieferfirmen für dolomitische Filtermassen: 1) Magno-Werk, Duisburg, für Magno-Masse, 2) Hans Börner u. Co. GmbH, Düsseldorf, für Akdolit. Fertige Anlagen mit alkalischen Filtermassen liefern alle einschlägigen Wasseraufbereitungsfirmen.

Decarbolithverfahren: In Ostdeutschland wird zur Zeit als Ersatz für obige alkalische Filtermassen das Decarbolith, ein gebrannter Dolomit aus der Gegend von Gera, verwendet. Diese Dolomitfilter sind als offene oder geschlossene Filter verwendbar. Geschlossene Filter haben den Vorteil, daß kein vollständiger Druckverlust entsteht und zweimaliges Pumpen vermieden wird. Außerdem sind sie vom hygienischen Standpunkt aus günstiger zu beurteilen. Schwankungen der Filtergeschwindigkeiten sollten wie beim Marmorverfahren vermieden werden.

Harte und weiche aggressive Wässer

Kalkhydrat-Verfahren

Für harte und weiche Wässer, welche gleichzeitig viel freie Kohlensäure und Eisen enthalten, kann das ältere Kalkhydrat-Verfahren ebenfalls mit gutem Erfolg verwendet werden. Das Verfahren besteht in der Zudosierung von Kalkwasser (mit etwa 1,3 g/l CaO) oder von Kalkmilch (einer Aufschlämmung von Ätzkalk mit Wasser).

Das ursprüngliche Kalkhydrat-Verfahren, das *Bücher*-Verfahren, bestand in der Zudosierung von pulverförmigem Kalkhydrat zwecks Enthärtung des Wassers; da die Wartung einer solchen Anlage sehr große Sorgfalt beansprucht, wird es kaum noch zur Anwendung gebracht, da die Gefahr besteht, daß sich bei mangelnder Sorgfalt des Bedienungspersonals Kalkablagerungen im Rohrnetz bilden.

Auch die Dosierung des Kalkwassers und der Kalkmilch muß sehr sorgfältig erfolgen, sonst tritt auch bei diesem Verfahren Rohrverkrustung ein. Eine genaue kontinuierliche p_H-Kontrolle des Reinwassers ist daher notwendig. Die p_H-Kontrolle kann aber nicht sogleich hinter die Kalkdosiermaschine geschaltet werden, da die Neutralisation eine Zeitreaktion ist, sondern erst hinter einen Reaktionsbehälter. Gleich nach der Kalkzugabe findet man p_H-Werte von 9,0 und mehr und erst nach mehreren Stunden erhält man den anzustrebenden p_H-Wert, der bei 8,0 bis 8,5 liegen soll. Bei harten Wässern soll der Endwert $p_H = 8{,}0$ nicht übersteigen, bei weichen Wässern soll er bei $p_H = 8{,}3$ bis 8,5 liegen. Genauer gesagt soll er auf ein Kalk-Kohlensäure-Gleichgewicht eingestellt werden. Zu hohe Alkalität verursacht Bleiaufnahme des Wassers aus Bleirohren (s. S. 122).

Nach der Trinkwasser-Aufbereitungsverordnung von 1959 darf der p_H-Wert beim aufbereiteten Trinkwasser 7,5 nicht übersteigen.

Raumbeanspruchung: hoch, Anlagekosten ziemlich hoch, Betriebskosten mittelmäßig.

Ausführende Firmen: Bamag-Meguin AG, Gießen; Neue Continentale Bau-Ges., Hannover-Linden; Kary, Bremen; Wabag, Kulmbach.

Weiche Wässer mit geringem oder mittelmäßigem Gehalt an aggressiver Kohlensäure

Für diese käme in manchen Fällen eine Zudosierung von Soda- oder Ätznatronlösung in Betracht, z. B. bei Talsperrenwasserversorgung. Sie erfordert genaueste Überwachung der Dosierungsanlagen (laufende p_H-Messungen) und der Rohwasserbeschaffenheit (Schwankungen des Kohlensäuregehalts). Eine Schutzschichtbildung wird allerdings nicht erreicht. Über Entsäuerung mit Soda siehe *Wette,* Gas- u. Wasserfach **85,** S. 551, 1942.

Raumbeanspruchung gering. Anlagekosten gering. Betriebskosten hoch.

Ausführende Firmen: Bamag-Meguin AG, Gießen; Wabag, Kulmbach.

Silicat-Dosierung und Phosphat-Impfung aggressiver Wässer zum Innenschutz des Rohrnetzes

Bei harten und weichen Wässern und geringer Kohlensäureagressivität kann man einem Rohrangriff durch Impfung des Wassers mit Ortho-Phosphaten zusammen mit kondensierten Phosphaten vorbeugen. Die Phosphate bilden bei allen aggressiven Wässern, die nicht allzuviel aggressive Kohlensäure haben, an den Rohrwandungen die erwünschte Schutzschicht (s. S. 167) aus, die in diesem Falle aus Calcium-Eisenphosphaten besteht. Die Schutzschichtbildung tritt besonders gut bei silicatreichen Wässern auf; aber auch bei silicatarmen Wässern bildet sie sich aus.

Alleinige Dosierung von Kieselsäure ergibt zwar auch eine Schutzschichtbildung. Diese haftet aber nicht so fest wie die Phosphatschutzschicht oder eine natürliche Schutzschicht; sie ist mehr ein Schutzfilm kolloider Natur. Wenn das Wasser von Natur aus 8–10 mg/l SiO_2 als ionisierte Kieselsäure hat, erübrigt sich ein Zusatz von Kieselsäure, sonst wählt man den kombinierten Zusatz Phosphat-Silicat.

Mitunter schützt auch ein natürlicher höherer Phosphatgehalt (0,1 mg/l und mehr) das Rohrnetz vor Kohlensäureangriff (*H. Haupt,* Vom Wasser 1939/40).

Voraussetzung für die Schutzschichtbildung nach Phosphatzusatz ist jedoch, daß das Wasser genügend Sauerstoff hat, sonst muß es belüftet werden. Die Mindestmenge ist wie bei jeder anderen Schutzschichtbildung 6 mg/l O_2, sonst ist eine Phosphatierung zwecklos.

Die Praxis hat gezeigt, daß durch das phosphatierte Wasser auch die Rostknollen und Rostschichten im Rohrnetz aufgelöst werden und die bestehenden Rohrverengungen in kurzer Zeit je nach der Phosphatzugabe wieder durchlässig werden und bald normalen Durchfluß zeigen. Nach einer Phosphat-Schutzschichtbildung unterbleibt auch die Sauerstoffzehrung im Rohrnetz.

Die Chemikalienkosten belaufen sich bei diesen Verfahren auf 0,2 bis 0,5 Pf/cbm.

In den USA ist man von der reinen Wasserglasdosierung jetzt auch zur kombinierten Silicat-Phosphat-Dosierung übergegangen.

Bei sehr harten Wässern und bei p_H-Werten über 8,5 ist die Schutzschichtbildung durch Phosphatierung erschwert.

Lieferfirmen für Phosphate: Chem. Werke Albert, Joh. A. Benckiser, Ludwigshafen; Chem. Fabrik Budenheim, Mainz-Budenheim; Gebr. Giulini, Ludwigshafen.

Anlagen bauen: Fa. Bran & Lübbe, Hamburg; Berkefeld Filterwerke, Celle.

Das Siliphos-Verfahren für Kleinbetriebe der Fa. Gebr. Giulini, Ludwigshafen, besteht in der automatischen Auflösung farbloser Phosphat-Silicat-Kristalle in einer „Siliphosschleuse", ähnlich wie bei der Mikrophosschleuse.

Das Ferrosil-Verfahren der Fa. Henkel & Cie., Düsseldorf, arbeitet nur mit Silicat.

Die Phosphatierung bzw. die Silicat-Dosierung bei aggressiven Wässern erspart mitunter die großen Summen für eine Entsäuerungsanlage. Beide Verfahren wie auch das kombinierte Phosphat-Silicat-Verfahren stellen also einen großen Fortschritt in der Wasserreinigungstechnik dar.

f) Eisen und Mangan

Vorkommen: Eisen und Mangan kommen oft gemeinsam im Wasser vor; beide gewöhnlich als Bicarbonate. Viele Grundwässer der Norddeutschen Tiefebene haben erhebliche Mengen von Eisen, und zwar 1 bis 3 mg/l. Es kommen aber auch Mengen bis annähernd 10 mg/l Fe vor, weiterhin auch alle Übergänge zu den Mineralwässern, die 10 bis 50 mg/l Fe haben (Pyrmont 20 mg/l Fe). Grenzwert für „Stahlquelle" 10 mg/l Fe (s. S. 204).

In Moorwässern kommt Eisen als Humat in organischer Bindung vor. In Braunkohlengebieten kommt Eisen als Eisensulfat im Grundwasser vor, gelegentlich neben freier Schwefelsäure.

Fließgewässer haben gewöhnlich wenig Eisen (bis 0,3 mg/l), wenn sie nicht aus Moorgebieten kommen oder Abwässerzuflüsse haben.

Der Mangangehalt ist zwar geringer und übersteigt selten 1 bis 2 mg/l Mn. Mangan macht sich aber mitunter auch schon in Mengen von einigen zehntel Milligrammen pro Liter im Leitungswasser sehr unangenehm bemerkbar.

Eisen und Mangan im Wirtschaftswasser: Eisenreiche Wässer sind zu Wirtschaftszwecken ungeeignet, da sie fleckige Wäsche (Rostflecke) geben. Mangan gibt braune Flecke, die sehr schwer entfernbar sind.

1. Eisen und Mangan im Leitungswasser

Das für die Speisung eines städtischen Wasserleitungsrohrnetzes benötigte Wasser soll praktisch frei von Eisen und Mangan sein. Viele Gewerbebetriebe benötigen eisenfreies Wasser, wie Molkereien, Brauereien, Wäschereien, Färbereien und viele andere. Durch die Anwesenheit von Eisen- und Manganverbindungen im Wasser, besonders im harten Wasser, entstehen im Rohrnetz Rohrverkrustungen und Rohrverschlammung sowie Ablagerungen in Wasserzählern. Die Ablagerungen können so stark werden, daß beträchtliche Verengungen des Rohrlumens auftreten, besonders wenn hierbei Eisen- und Manganbakterien mitwirken. Es gibt nämlich eine Reihe von Bakterien, die durch Gallertscheiden zusammengeschlossen in eisenhaltigem Wasser zu fädigem Wachstum befähigt sind (vor allem Leptothrix ochracea und L. trichogenes sowie Gallionella ferruginea und G. minor; weiterhin Clonothrix fusca und Cl. polyspora als Eisen- und Manganbakterien, ferner Bacillus manganicus, Lept. echinata und L. lopholea als Manganbakterien). Wenn der Eisengehalt weniger als 0,1 mg Fe im Liter beträgt, ist ihr Wachstum gehemmt. Bei höherem Eisengehalt entwickeln sie sich im Rohrnetz und es kann spontan zu einer Massenentfaltung der Eisenbakterien kommen, was für den Wasserwerksbetrieb und das Rohrnetz sehr unangenehme Folgen haben kann.

Vor der Einspeisung in das Rohrnetz sollte daher eisenhaltiges Wasser stets „enteisent" werden. Nach den „Hygienischen Leitsätzen der Trinkwasserversorgung" [11] soll der Eisengehalt 0,1 mg/l nicht übersteigen. Der Mangangehalt soll nicht mehr als 0,05 mg/l Mn betragen. Bei Einzelbrunnen (Handpumpen) kann man bis 1 mg/l Fe und 0,3 mg/l Mn zulassen. Bei kleinen Wasserwerken sind 0,2 mg/l Fe und 0,1 mg/l Mn noch tragbar. Molkereien benötigen eisen- und manganfreies Wasser, besonders für die Butterei.

2. Enteisenung

Die Entfernung des Eisens kann bei vielen Wässern durch Belüftung erfolgen. Hierzu dienen Holzgerüste oder neuerdings Kunststoffgerüste (früher Koksfilter), über die das Wasser rieselt. Hierbei wird das Eisen(II)bicarbonat des Wassers infolge von Luftsauerstoffoxydation als Eisen(III)hydroxyd abgeschieden.

Bei hohem Kohlensäuregehalt wendet man das Regenfallverfahren (Prof. *W. Lehmann*), das Düsenzerstäubungsverfahren oder das Pralltellerverfahren an (s. S. 141–143).

Der offenen Enteisenungsanlage muß ein Absetzbecken für das Absetzen der Eisenflocken und ein Kiesfilter nachgeschaltet werden, besonders bei hohem Eisengehalt. Das Kalk-Kohlensäure-Gleichgewicht darf durch die offene Belüftung nicht unterschritten werden, sonst gibt es Rohrverkrustungen und auch Filterverbackungen durch Auflagerung von kohlensaurem Kalk auf dem Filterkorn und als Folge davon ein Versagen der Filter. Wenn dies einmal passiert ist, kann man nur durch starke Rückspülung mit mindestens 25 m/h und qm Filterfläche das Filter wieder regenerieren.

Die Berührung des Wassers mit der Außenluft ist in hygienischer Beziehung an und für sich unerwünscht. Deswegen werden jetzt mehr die geschlossenen Enteisenungsanlagen gebaut, besonders, wenn eine gleichzeitige Entsäuerung nicht notwendig ist. Die geschlossenen Enteisenungsanlagen bestehen aus einem Filterkessel, in dem das Wasser mit Druckluft durch Kiesschichten von verschiedener Körnung geleitet wird, wobei das Eisen in den oberen Filterschichten abgeschieden wird. Durch zeitweilige Rückspülung mit Hilfe von Druckluft und Spülwasser kann das Filter immer wieder gewaschen werden.

Bei den älteren Anlagen muß der gesamte Filtersand alle 2 bis 3 Jahre herausgenommen und gewaschen werden (außer bei den Bollmann-Filtern), sog. „F i l t e r w ä s c h e".

Neuerdings liefern die meisten Firmen Filterböden, bei denen das Filtermaterial durch eine kombinierte Wasser-Luft-Spülung einwandfrei gereinigt wird, so daß eine Ausräumung der Filter sich jetzt erübrigt.

Überschüssige Luft muß durch selbsttätige Entlüfter entfernt werden. Bei geschlossenen Enteisenungsanlagen muß man mit einer Einarbeitungszeit rechnen, da sich erst genügend Eisenoxydhydrat auf dem Filter absetzen muß, das dann als Adsorbens den Enteisenungsvorgang beschleunigt. Bei geschlossener Enteisenung muß stets Luftsauerstoff zugeführt werden, auf 1 g Fe ca. 0,5–1 l Luft (theoretisch 0,143 g Sauerstoff). Dies geschieht entweder mit Hilfe eines Kompressors oder durch Schnüffelung. Wenn nicht genügend Luft zugeführt wird, erhält man unter Umständen ein sauerstoffarmes oder -freies Reinwasser, das zur Wiedervereisenung des Wassers im Rohrnetz führt. Kontrollvorrichtungen für den Sauerstoffgehalt des Reinwassers sind deshalb bei größeren Anlagen angebracht. Solche liefert z. B. die Chlorator-Gesellschaft, Grötzingen.

Bei den angeführten offenen und geschlossenen Enteisenungsanlagen ist die Enteisenung bei mittlerer Karbonathärte und p_H-Werten über 7,0 leicht, bei niedriger schwer. Auch bei sehr harten Wässern, deren Gleichgewichts-p_H-Wert ja um 6,9–7,0 herum liegt, ist die Enteisenung erschwert. Die Enteisenungsanlage muß wegen evtl. Störungen vor der Chlorungsanlage liegen, außer bei einwandfreier Dosierung von HClO, die eine Enteisenung unterstützt. Bei Wässern von mehr als 4 mg/l Fe muß der geschlossenen Enteisenungsanlage eine offene Enteisenung (s. o.) mit Reaktionsbecken vorangehen oder bei kohlensäurearmen eine geschlossene Enteisenungsanlage mit Reaktionsbecken.

Bei geschlossener Enteisenung in Sand- und Kiesfiltern hat das Reinwasser eine geringe Erhöhung der freien Kohlensäure, die aus dem Eisenbicarbonat stammt. Bei hohem Eisengehalt kann ein Wasser also leicht aus dem Kalk-Kohlensäure-Gleichgewicht kommen.

Hoher Chloridgehalt erschwert die geschlossene Enteisenung.

Enteisenungsanlagen bauen z. B. die Firmen Balke, Bochum; Bamag-Meguin, Gießen; Bollmann, Hamburg 1; Defac, Düsseldorf; Neue Continentale Bau-Ges., Hannover-Linden; Komm.-Ges. Kary, Bremen; Rob. Reichling & Co., Krefeld; Wabag, Kulmbach.

Chemische Enteisenung

Die Enteisenung kann auch auf chemischem Wege erfolgen, wobei das Wasser ebenfalls nicht mit der Außenluft in Berührung kommt. Hierzu werden geschlossene Filter mit gekörntem, gebranntem Magnesit oder Dolomit (Magno oder Akdolit) verwendet, durch die das Wasser mit etwa 15 m/h Durchlaufgeschwindigkeit hindurchgeschickt wird. Das Eisen wird in der obersten Filterschicht in flockiger Form abgeschieden und gleichzeitig wird die Kohlensäure abgebunden (s. S. 145). Von Zeit zu Zeit wird das abgeschiedene Eisen durch Rückspülung vom Filter entfernt. Darüber hinaus benötigen diese Filter kaum eine Wartung. Der Eisengehalt des Rohwassers soll aber auch nicht allzu hoch sein (nicht über 3 bis 5 mg/l). In letzterem Falle müssen Reaktionsbecken vorgeschaltet werden.

Ausführende Firmen: Fa. Hans Börner & Co., Düsseldorf; Magno-Werk, Duisburg, und alle anderen Wasseraufbereitungsfirmen.

Enteisenung von Moorwässern: Aus humussäurehaltigen Moorwässern ist Eisen schwer entfernbar, da es als Humat gebunden ist. Bei der Planung von Enteisenungsanlagen ist daher die Feststellung wichtig, ob es sich gegebenenfalls um organisch gebundenes Eisen handelt. Man erkennt dies schon an dem hohen Kaliumpermanganatverbrauch. In solchen Fällen muß dann eine Flockung der organischen Substanz mit Aluminiumsulfat oder Natriumaluminat, in anderen Fällen eine Permanganatoxydation oder eine Hochchlorung nach dem ADAM-Verfahren (s. S. 59) vorgesehen werden.

Nach neueren Forschungen können zur Ausflockung von organischen Substanzen und Eisen die Salze der unterchlorigen Säure mit Erfolg verwendet werden. Ausführende Firma: Neue Continentale Bau-Ges., Hannover-Linden.

Allgemeine Regeln für die zweckmäßigste und wirtschaftlichste Enteisenungstechnik lassen sich nicht aufstellen. Oft ist es am zweckmäßigsten, dies durch einen Versuch zu ermitteln. In schwierigen Fällen scheint auch das Accellator-Verfahren bzw. Reaktivator-Verfahren (s. S. 194) eine vollständige Enteisenung in sehr wirtschaftlicher Weise herbeizuführen.

Gesundheitliche Bedenken gegen hohen Eisen- und Mangangehalt bestehen nicht. Für Einzelwasserversorgungen ist deshalb ein gewisser Eisen- und Mangangehalt nicht so streng zu beurteilen (s. o.), besonders wenn das Eisen sich nicht alsbald abscheidet. Störend wirkt das Eisen erst dann, wenn es beim Stehen des Wassers sich in Flocken abscheidet oder das Wasser trübt. Dies gilt aber nur für Einzelwasserversorgung. Geschmacklich tritt das Eisen in Mengen über 2 bis 3 mg/l stark hervor, indem es einen zusammenziehenden, fast tintenartigen Geschmack hervorruft. Für Bereitung von Kaffee und Tee sowie von Speisen ist stark eisenhaltiges Wasser ungeeignet.

Phosphat-Bindung des Eisens

Bei geringeren Eisenmengen (0,1–0,3 mg/l Fe) kann man nach *Höper* durch Beimpfung des Wassers mit Natriumhexametaphosphat auskommen, was für die Versorgung kleiner Gemeinden vertretbar und auch am wirtschaftlichsten ist. Besonders wenn das Wasser aus anderen Gründen keiner Aufbereitung bedarf, kann man eine kostspielige Anlage den finanzschwachen kleinen Gemeinden ersparen. Man rechnet nach *Holluta* die vierfache Menge des Eisengehalts als Dosis für das Metaphosphat.

Enteisenung im Kleinbetrieb: Häufig ist aus den oben angeführten Gründen auch im Kleinbetrieb eine Enteisenung notwendig. Diese kann im einfachsten Falle durch Belüften oder Abkochen und Stehenlassen des Wassers in Holz- oder Tonbehältern erfolgen. Nach dem Absetzen kann man praktisch eisenfreies Wasser abhebern.

Mehrere Firmen bauen für Kleinbetrieb Enteisenungsfilter (z. B. Berkefeld, Celle, auf verschiedener Basis [z. B. Rapid-Filter (MgO-Filter)]; früher Bieske [besondere Kontaktmasse]; Lurgi, Frankfurt/Main [A-Kohle]; Schubert, Hamburg 33 [besondere Kontaktmasse]; K. Klein, Mannheim [MgO-Filter]). Wenn sich mehrere Haushaltungen gemeinsam solche Kleinenteisener halten, sind die Kosten für den einzelnen gering.

3. Entmanganung

Bei manchen Wässern fällt das Mangan bei der Enteisenung des Wassers mit dem Eisen zusammen aus, z. B. beim Kalkdosierungsverfahren und in vielen Fällen auch bei den dolomitischen Filtermaterialien wie Magno und Akdolit[1]). In anderen Fällen ist die Entfernung des Mangans erheblich erschwert, nicht nur, wenn das Mangan in seltenen Fällen als Sulfat vorliegt. Im letzteren Falle führt nur das Kalkhydratverfahren zum Ziel, während man sonst auch mit braunsteinhaltigem Filtersand, „Mangankies" genannt, eine Entmanganung mit gutem Erfolg durchführen kann. Die Braunsteinfilter benötigen allerdings eine längere Einarbeitungszeit, bis die Entmanganung voll befriedigend ist. Man kann dies aber dadurch beschleunigen, daß man dem Rohwasser Kaliumpermanganatlösung zusetzt, die einen Niederschlag von Mangandioxyd auf den Filterkörpern bewirkt. Der Entmanganungseffekt wird durch sehr intensive Belüftung sehr erleichtert. Besondere Erfahrungen auf diesem Gebiet hat die Neue Continentale Bau-Ges., Hannover-Linden. Wenn auch Eisen und Mangan durch geschlossene Enteisenung im Kiesfilter sich leicht entfernen lassen und das Eisen sich in den oberen Filterpartien, das Mangan sich dagegen in den unteren Filterpartien abscheidet, empfiehlt es sich trotzdem nach den Erfahrungen der Praxis, zwei Filterkessel hintereinanderzuschalten. Die Enteisenungsfilter werden nämlich viel stärker und schneller rückgespült als die Entmanganungsfilter.

Bei Wässern mit viel organischen Stoffen, besonders bei Huminwässern, ist eine Entmanganung nur nach Fällung mit Aluminiumsulfat möglich.

[1]) s. S. 145

Der p_H-Wert soll bei der Entmanganung in jedem Falle bei etwa 7,8 bis 8,0 liegen, keinesfalls unterhalb von p_H 7,5.

Mit dem neuen Magno-Entmanganungsmaterial soll eine Entmanganung auch im sauren Bereich möglich sein (Ausführung Magno-Werk, Duisburg).

Als allgemeine Regel gilt, daß eisenhaltiges Wasser vor der Entmanganung enteisent und gegebenenfalls vorher entsäuert werden muß. Eisenhaltige Wässer lassen sich leichter entmanganen als eisenfreie.

Durch höheren Ammoniakgehalt kann die Entmanganung gestört werden. Auch chloridreiche Wässer sind schwer zu entmanganen.

In Dresden wurde seit vielen Jahren die Entmanganung mit Hilfe von Sandfiltern, die auf dem Filterkorn einen biologischen Rasen von gezüchteten Manganbakterien haben, vorgenommen und durch diese Filtration eine vollständige Entmanganung erreicht.

g) Die Härte des Wassers

1. Begriff der Härte

Die Härte eines Wassers ist bedingt durch seinen Gehalt an Kalk- und Magnesiasalzen. Man bezeichnet Wasser mit hohem Kalk- und Magnesiagehalt als hart, solches mit wenig Kalk- und Magnesiasalzen als weich. Eine zahlenmäßige Festlegung der Härte geschieht durch Angabe der Härtegrade, wobei 1 Härtegrad einer Konzentration von 1 Teil Kalk (CaO) in 100 000 Teilen Wasser entspricht. Eine internationale Normung der Härte ist leider noch nicht vorgenommen worden. In Frankreich nimmt man als 1 Härtegrad eine Konzentration von 1 Teil $CaCO_3$ in 100 000 Teilen Wasser an, in England 1 Teil $CaCO_3$ in 70 000 Teilen Wasser. Es entspricht also:

1 deutscher Härtegrad, d H°	= 10 mg/l CaO = 7,14 mg/l Ca/l
1 franz. Härtegrad, franz. H°	= 10 mg/l $CaCO_3$
1 engl. Härtegrad, engl. H°	= 10 mg/l $CaCO_3$ in 0,7 l
1 engl. Härtegrad	= 0,8° d H
1 deutscher Härtegrad	= 1,7 franz. Härtegrade
1 franz. Härtegrad	= 0,56 deutsche Härtegrade
1 franz. Härtegrad	= 1,2 englische Härtegrade

Die Begriffe: Gesamthärte, Karbonathärte und Nichtkarbonathärte.

Gesamthärte

Calcium und Magnesium sind in natürlichen Wässern überwiegend an Kohlensäure gebunden, und zwar als Bicarbonate; daneben ist meistenteils ein geringerer Prozentsatz an Schwefelsäure, Salzsäure, Salpetersäure, Kieselsäure und Phosphorsäure gebunden. Es gibt auch ausgesprochene Gipswässer in einigen Gegenden, bei denen das Calcium nur als Calciumsulfat vorliegt.

Die Summe aller dieser Calcium- und Magnesiumverbindungen ergibt die Gesamthärte, ausgedrückt als Milligramm je Liter CaO. 1° Gesamthärte = 10 mg/l CaO. Für die Ermittlung der Gesamthärte werden die Gewichtsanteile der Magnesiumverbindungen durch Umrechnung der MgO-Menge in die äquivalente CaO-Menge durch Multiplikation der mg MgO mit 1,399 erhalten; da 10 mg CaO 7,14 mg MgO äquivalent sind, ist ein Grad Magnesiahärte = 7,14 mg/l MgO.

Karbonathärte

Bei längerem Kochen des Wassers fallen die an Kohlensäure gebundenen Anteile des Calciums und Magnesiums als unlösliche Karbonate bis auf einen kleinen Rest aus. Man spricht deshalb von temporärer oder transitorischer Härte, die jetzt allgemein als Karbonathärte bezeichnet wird. Die Hydrogencarbonate des Calciums und Magnesiums bilden also die Karbonathärte; diese wird ausgedrückt durch die in CaO umgerechnete Menge der Erdalkalibicarbonate. Die Karbonathärte ist gewöhnlich niedriger als die Gesamthärte; ist sie höher, so spricht man von scheinbarer Karbonathärte und berechnet aus der Differenz von Gesamthärte und Karbonathärte die Alkalicarbonate.

Nichtkarbonathärte

Die als Sulfat, Chlorid und Nitrat (Phosphat und Silicat) nach dem Kochen in Lösung verbleibenden Anteile des Calciums und Magnesiums bedingen die bleibende Härte, früher auch permanente Härte oder Mineralsäurehärte genannt. Diese wird jetzt genauer als Nichtkarbonathärte bezeichnet (nicht zu verwechseln mit der „Resthärte", s. S. 159 u. 161).

Man muß also unterscheiden:

Gesamthärte: Gesamtheit der an Kohlensäure, Schwefelsäure, Salzsäure, Salpetersäure und Phosphorsäure gebundenen Erdalkalien, ausgedrückt in Milligramm je Liter CaO (10 mg/l CaO = 1° d H).

Karbonathärte, auch Kohlensäurehärte oder vorübergehende, transitorische — oder temporäre Härte — genannt, = an Kohlensäure gebundene Anteile des Calciums und Magnesiums als Teil der Gesamthärte, ausgedrückt in Milligramm CaO je Liter.

Nichtkarbonathärte, früher bleibende Härte oder permanente Härte oder Mineralsäurehärte genannt, = an Schwefelsäure, Salzsäure, Salpetersäure oder Phosphorsäure gebundene Anteile des Calciums und Magnesiums als restlicher Teil der Gesamthärte, ebenfalls ausgedrückt in mg/l CaO (Sulfathärte).

Einteilung der Wässer nach Härtegraden

Man bezeichnet Wässer mit einer Gesamthärte

von 0— 4° deutschen Härtegraden	als sehr weich,
„ 4— 8° d H	als weich,
„ 8—12° d H	als mittelhart,
„ 12—18° d H	als ziemlich hart,
„ 18—30° d H	als hart,
„ 30° d H und mehr	als sehr hart.

2. Vorkommen der Härtebildner

Wässer aus Kalk-, Gips- und Dolomitgebieten sind hart. Man trifft dort häufig Grundwasser mit einer Gesamthärte von 30° und darüber. In seltenen Fällen finden sich Wässer mit 100 und mehr Härtegraden (Wasserwerk Artern bis 140° d H, zeitweilig

Schwäbisch-Hall bis 105° d H, und das Gebiet von Bad Nenndorf). Wässer aus dem mittleren Gips-Keuper sind hart, ebenso die aus Zechstein- und Juraformationen, z. B. Münder-Mergel mit sehr harten Wässern. Wässer aus Gebieten der Urgesteine, des Granits, Basalts u. a. vulkanischer Gesteine haben meist nur 1 bis 2 Härtegrade (Alpengebiete, Schwarzwald, Thüringen, Norwegen). Wässer aus Buntsandsteingebieten, z. B. Mitteldeutschland, haben ebenfalls nur wenige Härtegrade (etwa 10° d H). Im oberen Buntsandstein, dem Röt, findet man Wasser mit höherer Nichtkarbonathärte. Im ganzen betrachtet haben nach der deutschen Wasserstatistik 85 % aller Wasserwerke Wasser mit mehr als 5 Härtegraden, davon 15 % mehr als 20 Härtegrade. Nach der älteren Statistik von *Bunte* (J. f. Gasbeleuchtung u. Wasserversorg. 58, 76, 1915) hatten von 300 deutschen Städten 25 % weiches Wasser mit weniger als 5 Härtegraden, 30 % solches mit 5 bis 10 Härtegraden, 25 % ein solches mit 10 bis 18 Härtegraden, 20 % hartes Wasser. Bei 500 Brunnenwässern aus der Mark Brandenburg fand Verf. Gesamthärten unter 5° d H bei 4 %, mit 5 bis 10° d H bei 14 %, mit 10 bis 15° d H bei 30 %, 15 bis 20° d H bei 24 %, 20 bis 50° d H bei 28 %. Die Karbonathärte betrug in 13 % der Fälle weniger als 5° d H, bei 17 % 5 bis 8° d H, bei 60 % 8 bis 15° d H, bei 10 % 15 bis 40° d H.

In Niedersachsen fand Verf. Gesamthärten unter 4° d H bei 4 % der Proben, Gesamthärten von 4 bis 12° d H bei 12 %, von 12 bis 30° d H bei 66 %, von 30 bis 40° d H bei 14 % der Proben. 4 % hatten Härtegrade bis 100° d H (insgesamt 500 Wässer).

Die in Braunkohlengebieten vorkommenden Wässer mit freier Schwefelsäure sind frei von Karbonathärte.

Näheres s. bei *G. Giebler*, Chemische Wasserstatistik, DVGW-Bericht 1959.

Oberflächenwässer haben im allgemeinen geringere Härtegrade als Grundwässer. In planktonreichen Seen und Teichen findet manchmal biogene Entkalkung durch die Kohlensäureassimilation der Planktonorganismen statt. Von 600 deutschen Gewässern, die vom Verf. untersucht wurden, hatten 230 weniger als 5° Gesamthärte[1]) und 250 Gewässer 5 bis 10°, rund 100 Gewässer 10 bis 18° und 15 Gewässer mehr als 18° d H.

3. Hygienische Bedeutung der Karbonathärte

Lüning und *Heinsen* (Zschr. f. Unters. Lebensmitt. 67, 627, 1934) wollen die Karbonathärte zur hygienischen Wasserbeurteilung heranziehen. Nach ihren Darlegungen ist das Grundwasser mit mehr als 25° Karbonathärte als verschmutzt anzusehen. Nach Befunden des Verf. in der Provinz Brandenburg ist dies ganz zutreffend. Andererseits fand Verf. bei zahlreichen verschmutzten Grundwässern nur sehr geringe Karbonathärten, besonders in diluvialen Sandgebieten.

4. Verhärtung des Grundwassers durch Müllhalden

Wenn Müllhalden durch versickerndes Regenwasser ausgelaugt werden, geben sie große Mengen freier Kohlensäure, die durch Fäulnis der Pflanzenbestandteile des Mülls, bes. des Sommermülls, entstanden ist, an das Grundwasser ab. In kalkhaltigen Böden bewirkt diese Kohlensäure eine Kalkaufnahme und damit eine Härteerhöhung. Schwan-

[1]) *K. Höll,* Ökologie der Peridineen, Jena 1928.

kungen der Karbonathärte und des Kalkgehalts eines Grundwassers können also einen Verdacht auf Beeinflussung des Grundwassers durch Müllhalden bestätigen helfen. Daneben ist eine Aufnahme von Arsen aus der im Müll enthaltenen Asche von großer Bedeutung, wie Verf. an mehreren Stellen festgestellt hat (s. auch S. 165).

Müllhalden können auch direkt eine Verhärtung des Grundwassers verursachen (*E. Lang,* Zschr. f. Städtehygiene, 1932, und *G. Haupt,* GWF, 1935). G. Haupt berichtet u. a. von einer Grundwasserverhärtung von 1,6° auf 20,8° d H durch eine 700 m entfernte Müllhalde. Nach *E. Lang* kann auch von Zechen und Berghalden eine Grundwasserverhärtung ausgehen.

Ammoniak, Nitrit und Nitrat sind ebenfalls mitunter ein Zeichen von Beeinflussung durch Müllhalden.

5. Gesundheitliche Bedeutung der Wasserhärte

Wenn auch hohe Wasserhärte keine direkten gesundheitlichen Nachteile mit sich bringt, so ist das sehr harte Wasser infolge seiner laxierenden Wirkung doch kein gutes Trinkwasser und ist daher als Trinkwasser abzulehnen. Für die Zahn- und Knochenausbildung ist eine gewisse Wasserhärte wiederum günstig. In Gegenden mit sehr weichem Wasser leidet die Bevölkerung viel unter der schlechten Zahnbeschaffenheit, z. B. in ganz Norwegen; auch in den Vogesen sind Zahnschäden durch das weiche Trinkwasser häufig (*F. Bentz,* GWF, 1942).

Wasserhärte und Trinkwasserleitungen

Für die Fortleitung von Trinkwasser in Rohren ist eine gewisse Wasserhärte erforderlich. Weiche Wässer bilden nämlich keine Schutzschicht aus und verursachen wegen der stets vorhandenen aggressiven Kohlensäure Materialangriff (s. S. 138). Besonders bei Vorhandensein von Bleirohren ist eine höhere Härte des Leitungswassers notwendig, da sonst das in Lösung gehende Blei zu Bleivergiftungen führt.

Wässer mit weniger als 30 mg/l kohlensaurem Kalk bilden keine Schutzschicht aus, deshalb müssen sie oft aufgehärtet werden (s. S. 144). Hierzu gehören aber große Erfahrungen (s. *H. Wette,* GWF 90, 121–126 u. 154–158, 1949, sowie GWF 91, 49–55, 1950).

Andererseits ist aber auch eine hohe Härte technisch ungünstig, besonders dann, wenn das Wasser gerade im Kalk-Kohlensäure-Gleichgewicht ist oder wenn gar ein Defizit an freier Kohlensäure vorhanden ist. Auch ohnedies kann es bei harten Wässern zu unerwünschten Kalkabscheidungen kommen, wenn nämlich z. B. durch Luftzutritt eine Sauerstoffanreicherung stattfindet (z. B. nach Sammelbehältern, s. *Klut,* Trink- u. Brauchwasser, S. 68) oder die Temperatur sich ändert (s. S. 138).

Die Bestimmungen der zugehörigen und aggressiven Kohlensäure müssen aus allen diesen Gründen mit größter Sorgfalt durchgeführt werden und sollten nur wirklich erfahrenen Fachleuten überlassen werden.

6. Bedeutung der Wasserhärte für Brauchwasser und technische Zwecke

Ebenso wie in Kochkesseln aus hartem Wasser sich bekanntlich der Kesselstein ansetzt, so gibt es auch in Warmwasserbereitungsanlagen und Heizungsanlagen bei höherer

Wasserhärte Wassersteinablagerungen. Wegen ihres geringen Wärmeleitvermögens wirken sich die Wassersteine wärmetechnisch oft sehr ungünstig aus. In neuester Zeit hat man in den polymeren Phosphaten und Metaphosphaten Mittel und Wege gefunden, die Wassersteinbildung in der Heizungstechnik zu unterbinden. Die Poly-Metaphosphate haben nämlich die Eigenschaft, die Härtebildner des Wassers recht stabil zu binden und so die Wärmeausfällung zu verhindern (s. auch S. 162).

Auch auf dem Gebiet der Waschtechnik haben sich die Poly- und Metaphosphate gut bewährt, da sie die Kalkseifenbildung verhindern und sofortige Schaumbildung auch bei hartem Wasser ermöglichen; sie verhindern daneben die schädliche Kalkseifenbindung an die Gewebe (s. u.).

Für viele gewerbliche Zwecke ist die Wasserhärte ebenfalls von großer Bedeutung. In der Textilindustrie, in Wäschereien, Bleichereien und Färbereien ist höhere Wasserhärte schädlich. Papier- und Zellstoff-Fabriken sowie Gerbereien benötigen härtearmes Wasser. Bei der Trinkbranntwein- und Likörfabrikation wird nur härtefreies Wasser verwendet. Die Qualität des Bieres ist in hohem Maße von dem Härtegrad des Brauwassers abhängig (s. S. 200). Für die Herstellung von Gemüsekonserven wird weiches Wasser benötigt.

Wasserhärte im Haushalt

Auch im Haushalt macht sich die Wasserhärte bemerkbar. Erbsen werden z. B. beim Kochen in hartem Wasser nicht weich. Das Aroma von Kaffee und Tee wird durch die Wasserhärte beeinträchtigt. Kakaogetränke werden mit hartem Wasser nicht so wohlschmeckend wie mit weichem Wasser; sie werden auch nicht so „glatt", sondern flockig. Beim schwarzen Tee geben die Gerbstoffe mit den Kalksalzen des Wassers Ausfällungen und Trübungen. Die menschliche Haut wird beim Waschen mit hartem Wasser spröde, und die Hautporen verstopfen sich durch die sich abscheidenden Kalk- und Magnesiaseifen. Bei Personen mit empfindlicher Haut können dadurch Entzündungen verursacht werden.

Wasserhärte und Wäscherei

Sehr nachteilig ist hartes Wasser beim Wäschewaschen. Die Kalk- und Magnesiumsalze des Wassers geben mit den Fettsäuren der Seife unlösliche Kalk- und Magnesiaseifen, so daß also ein Teil der Seife hierfür verbraucht wird; je härter das Wasser ist, desto höher ist der Seifenverbrauch und desto mehr Seife geht für die Ausfällung der Härtebildner verloren, bevor die Schaumbildung und damit die Waschwirkung eintritt. In großen Wäschereien spielt die Wasserhärte deshalb eine Hauptrolle; sie enthärten ihr Wasser, wenn ihnen kein weiches Wasser zur Verfügung steht, da dies wirtschaftlicher ist. 1 cbm Wasser verbraucht pro Härtegrad rd. 150 g Seife, ein 20grädiges Wasser also 3 kg Seife pro cbm.

Aber auch im Haushalt macht sich der erhöhte Seifenverbrauch beim Wäschewaschen bemerkbar, ganz abgesehen davon, daß die Stoffasern mit der Zeit durch die im Gewebe sehr fest haftenden Kalk- und Magnesiaseifen geschädigt werden. Die Lebensdauer der Wäsche wird hierdurch wesentlich beeinträchtigt. In Orten mit hartem Wasser wird daher erfahrungsgemäß mit Regenwasser gewaschen oder mit Wasserenthärtungsmitteln gearbeitet.

7. Wasserstein

Beim Kochen und Erwärmen von harten Wässern scheiden sich die Kalk- und Magnesiumsalze sowie Eisen und Mangan ab und bilden den sog. Kesselstein. Warmwasserleitungen können dadurch allmählich verstopft werden. Durch Polyphosphatzusätze kann dies, wie oben schon ausgeführt, verhindert werden. Kesselsteinansätze können durch Brindisäure (Salzsäure mit Zusatz von Brindiharz oder Hivolinsäure) gelöst werden. Kesselsteinbelag im Dampfkessel verursacht erheblichen Wärmeverlust; bei einer Steinstärke von 3 mm werden ca. 20 % mehr Kohlen verbraucht.

8. Enthärtung von Brauchwässern

Kalkdosierung-Entkarbonisierung bei Wässern mit vorwiegender Karbonathärte: Das einfachste und älteste Enthärtungsverfahren ist das Kalkdosierungsverfahren, das ursprünglich von *Chr. Bücher* mit Trockenkalk durchgeführt wurde („Bücher-Verfahren"). Heute verwendet man Kalkmilch oder Kalkwasser zum Ausfällen der Härtebildner wie auch zur Entsäuerung des Wassers. Die zuzusetzenden Mengen müssen stöchiometrisch jeweils genau berechnet werden und die Anlagen ständig genau überwacht werden, am besten durch selbstregistrierende p_H-Meßgeräte (Entcarbonisierungsverfahren Balke-Riwag).

Die Enthärtung geht bei diesem Verfahren auf 2 bis 4 Härtegrade herab, je nach der Höhe der Nichtkarbonathärte. Bei hoher Magnesiumbikarbonathärte muß Kalk im Überschuß (ca. 25 mg/l) zugesetzt werden, um diesen Effekt zu erreichen. Der Überschuß muß vor Einspeisung in ein Versorgungsnetz wieder ausgeglichen werden, dadurch z. B., daß man Kohlensäure in das enthärtete Wasser einleitet (S. 149 Abs. 8).

Wässer mit hohem Chloridgehalt können jedoch durch Kalkhydrat nicht gut entcarbonisiert werden, da die Löslichkeit des bei der Kalkzugabe entstehenden Calciumcarbonats erhöht ist.

Das Wirbosverfahren der Permutit AG arbeitet mit besonderem Kontaktmaterial (Calcitkristallen) und einem Wirbelstrom zur schnellen Abscheidung des Kalkcorbonats. Auch andere Schnell-Reaktor-Verfahren arbeiten in dieser Weise.

Ausführende Firmen: Defac, Düsseldorf; Neue Continentale Bau-Ges., Hannover-Linden; Permutit AG, Duisburg, und Wabag, Kulmbach. Ähnlich arbeiten die Katalyt-Entcarbonisierungsanlagen der Fa. Berkefeld, Celle.

Impfverfahren mit Säuren: Die Entkarbonisierung kann auch durch Säuredosierung zum Wasser vorgenommen werden (Impfverfahren der Fa. Balke, Bochum). Das Verfahren muß natürlich ebenfalls sehr genau überwacht werden und kommt deshalb nur für spezielle Zwecke in Betracht. Das Reinwasser enthält die frei gewordene Kohlensäure und ist daher stark aggressiv.

Das Kalk-Soda-Verfahren: Bei Wässern mit hoher Karbonat- und Nichtkarbonathärte wird gleichzeitig Kalk und Soda dem Wasser zugesetzt, wobei auch die Nichtkarbonathärte mit ausfällt. Es wird daher am meisten angewandt, in den USA auch für zentrale Wasserversorgungsanlagen. Die Enthärtung geht bis auf 1 bis 2° d H herab. Durch sog. Vorwärmer wird die Fällungszeit stark verkürzt und die Fällung vollständiger.

Anlagekosten ziemlich hoch, Betriebskosten mäßig.

Ausführende Firmen: Balcke, Bochum; Bamag-Meguin, Gießen; Bran & Lübbe, Hamburg; Kary, Bremen; Neue Continentale Bau-Ges., Hannover-Linden; Robert Reichling & Co., Krefeld; Wabag, Kulmbach.

Weniger gebräuchlich ist das Ätznatronverfahren, das sich bei Wässern mit niedriger Karbonathärte, besonders wenn die Karbonathärte gleich der bleibenden Härte ist, und mit verhältnismäßig hoher Magnesiahärte bewährt hat.

Die Anlagekosten sind geringer als beim Kalk-Soda-Verfahren, die Betriebskosten aber etwas höher.

Das Soda-Regenerativ-Verfahren wird bei vorwiegender Nichtkarbonathärte für die Kesselspeisung in Verbindung mit Kesselwasserrückführung angewandt („Neckarverfahren" der Fa. Philipp Müller, Stuttgart). Das Rohwasser darf nur geringen Kohlensäuregehalt haben und der Kesseldruck darf 20 atü nicht übersteigen.

Das Trinatriumphosphat-Verfahren (Verfahren Budenheim): Bei diesem Verfahren werden durch Zusatz von Trinatriumphosphat sämtliche Härtebildner ausgefällt. Es bildet sich ein flockiger Schlamm, der auch im Kessel nicht festbrennt. Die Enthärtung geht bis auf 0,1° Resthärte.

Das Verfahren ist jedoch für viele Fälle zu kostspielig, wegen der Chemikalienpreise; es wird daher oft nur als Zusatzverfahren zur Entfernung der Resthärte im Anschluß an das Kalk-Soda-Verfahren angewandt. Die Anlagekosten sind gering. Das Trinatrium-Verfahren hat sich wegen seiner guten Erfolge und Betriebssicherheit überall eingeführt, besonders das Röhrenverfahren der Fa. Budenheim, bei dem vor dem Reaktor mit Trinatriumphosphat eine Erhitzung und Entgasung sowie eine Teilenthärtung in Röhren vorangeht.

Trinatriumphosphat wird auch dem vollenthärteten Kesselspeisewasser und Destillat bei Hochdruckkesseln aus Sicherheitsgründen zugesetzt.

Ausführende Firmen: Chem. Fabrik Budenheim, Mainz-Budenheim und die Wasserreinigungsfirmen.

Lieferfirmen für Trinatriumphosphat: Joh. A. Benckiser, Ludwigshafen; Chem. Werke Albert, Wiesbaden-Biebrich; Chem. Fabrik Budenheim, Mainz-Budenheim; Gebr. Giulini, Ludwigshafen.

Das „Barast"-Verfahren vereinigt drei Enthärtungsverfahren zu einer stufenweisen Enthärtung (Balcke-Rapid-Stufenverfahren der Fa. Balcke, Bochum).

Das Barytverfahren wird hauptsächlich bei Wässern mit hoher Nichtkarbonathärte, insbesondere bei vorwiegender Gipshärte, angewandt. Das Verfahren besteht in der Zudosierung von Bariumhydroxyd oder -carbonat. Die Enthärtung geht auf 1 bis 2 Härtegrade herab, je nach der Karbonathärte.

Ausführende Firmen: Alle Wasseraufbereitungsfirmen, insbesondere Reisert, jetzt Celle.

Enthärtung von Brauchwasser durch Basenaustausch

Permutit- und Lewatit-Verfahren: Im Gegensatz zu den obigen Enthärtungsverfahren braucht man bei dem Permutit- und Lewatit-Kunstharzverfahren keinen Enthärtungszusatz vorzunehmen. Schwankungen der Wasserhärte spielen bei diesen Verfahren keine Rolle. Sie eignen sich besonders für weiche Wässer, die für Kesselspeisung aufbereitet werden sollen. Da eine geschmackliche Beeinträchtigung des Reinwassers nicht eintritt, würden sich diese Verfahren für zentrale Trinkwasserleitungen an und für sich eignen; die Preise für die Filtermaterialien sind allerdings hoch. Wässer mit organischen Stoffen und eisenhaltige Wässer eignen sich nicht für Basenaustausch bzw. es müssen besondere Vorkehrungen getroffen werden.

Permutit-Verfahren: Beim Basenaustausch wird das zu enthärtende Wasser durch einen Filterkessel, der mit körnigem Material angefüllt ist, hindurchgeschickt. Permutite sind Natriumaluminiumsilicate, deren Natrium durch das Calcium und Magnesium des Wassers ausgetauscht wird. Von Zeit zu Zeit wird das Permutitfilter durch Hindurchleiten von Kochsalzlösung regeneriert. Die Enthärtung geht bis auf 0,02° d H herab. Manche Wässer nehmen viel Kieselsäure aus dem Permutitfilter auf.

Bei dem heute verwendeten Neopermutit, einem körnigen Styrolharz, ist die Reaktionsfähigkeit sowohl bei der Enthärtung als auch bei der Regeneration bedeutend beschleunigt gegenüber dem Permutit. Das Permutit RS, ein sulfoniertes Styrolharz, hat besonders hohe Austauschkapazität und gleichzeitig besonders geringen Salzverbrauch. Die Kosten für das Salz zum Regenerieren werden bei der Planung von Enthärtungsanlagen oft nicht eingeplant, sie sind bei größeren Anlagen ganz beträchtlich.

Statt mit Kochsalz kann man auch mit einer Säure regenerieren und erhält dann die H-Form des Kationenaustauschers; mit diesem kann man also Wasserstoff gegen die Kationen Calcium und Magnesium austauschen, erhält dann aber ein saures Filtrat.

Bei dem grünschwarzen Neopermutit sind auch die Spülverluste geringer als beim Permutit, da er spezifisch schwerer ist und daher nicht so leicht aufgewirbelt wird, und da der mechanische Abrieb bei den glatten Kügelchen ebenfalls geringer ist. Eine Kieselsäureabgabe wie beim Permutit findet nicht statt.

Ausführende Firma: Permutit AG, Duisburg, und die einschlägigen Wasseraufbereitungsfirmen.

Wofatit- und Lewatit-Verfahren. Wofatite und Lewatite sind körnige Austauschmassen auf Phenolharz- und Styrolharzbasis, die bei der Filterung ein praktisch nullgrädiges, also härtefreies Wasser geben. Sie sind unempfindlich gegen hohe Temperaturen und gegen Säuren. Wofatit- und Lematitfilter werden mit Kochsalzlösung wie die Permutitfilter regeneriert.

Diese Basenaustauschfilter werden durch wechselnde Härtegrade des Wassers nicht beeinträchtigt. Wässer mit organischen Stoffen ergeben geringere Austauschleistung der Filter. Hoher Eisengehalt des Wassers stört bei manchen Austauschmassen die Filterwirkung.

Ausführende Firmen: Balcke, Bochum; Bamag-Meguin, Gießen; Berkefeld, Celle; Bran & Lübbe, Hamburg; Kary, Bremen; Neue Continentale Bau-Ges., Hannover-Linden; Defac, Düsseldorf; Emil Fischer, Essen; Philipp Müller, Stuttgart-Güglingen; Rhein.-

Westfäl. Wasseraufbereitung R. Krummbiegel, Düsseldorf; Steinmüller, Gummersbach (spez. f. Kesselwasseraufbereitung); Wabag, Kulmbach; K. Klein u. Sohn, Mannheim.

Über die Wartung der Austauschfilter. Das Volumen der Austauschmasse ist im feuchten Zustande viel größer als im trockenen. Die Masse darf daher nicht trocken in die Filterkessel eingefüllt werden; die Filter dürfen auch nicht trocken laufen, z. B. vor der Regeneration, sondern sollen ständig als überstaute Filter laufen. Die Austauschmasse muß vor Verschmutzung geschützt werden. Das Rohwasser muß vollkommen klar sein und soll keine Abscheidungen geben.

Der Verlust an Austauschmasse soll bei guter Qualität nicht mehr als 3 % im Jahr betragen (s. S. 160).

Vollentsalzung. Es gibt auch Kunstharzaustauschmassen, die Anionen austauschen. Durch Hintereinanderschalten von Kationen- und Anionen-Austauschfilter erzielt man eine vollständige Enthärtung und Entsalzung. Bestimmte Austauscher nehmen auch die Kieselsäure aus dem Wasser, so daß man ein ionenfreies und kieselsäurefreies Wasser erhält (Aqua deionisata).

Die Vollentsalzung kann auch im „Mischbettverfahren" durchgeführt werden. Hierbei werden körnige Kationenaustauscher in der H-Form und Anionenaustauscher in der OH-Form in Filterkesseln innig gemischt verwendet. Sie liefern in einem Arbeitsgang ein vollständig ionenfreies Wasser. Näheres über die Basenaustauschverfahren siehe bei K. Schilling im DVGW-Rundschreiben Nr. 49.

Wenn die Resthärte des Basenaustauschfilters über 0,1° angestiegen ist, soll regeneriert werden. Regeneriert wird mit 5- bis 10%igen Kochsalzlösungen. Die Kontrolle geschieht mit Seifenlösungen (s. S. 100) oder mit Titangelb-Indikator (0,01%ige natronalkalische Lösung), der keine Rotfärbung ergeben darf. Die Kontrolle der Vollentsalzung geschieht durch Leitfähigkeitsmessung unter Berücksichtigung der vorhandenen Kohlensäure, die höheren Salzgehalt vortäuscht.

Bei der Regeneration der Basenaustauschfilter wird die stärkste Salzlösung zum Schluß auf das Filter gegeben. Im Anfang kann man mit natürlichen Salzsolen regenerieren oder eine Art Vor-Regeneration vornehmen, auch wenn diese reichlich Härtebildner enthalten. In den USA gibt es genaue Beschaffenheitsbedingungen für Natriumchlorid zur Regeneration (Journ. Am. Wat. Works Ass. **42**, 1950). In Deutschland wird ein mit Kristall-Ponceau vergälltes steuerfreies Salz, Mahlung I von entsprechender Reinheit, verwendet.

Die Kunstharz-Ionenaustausch-Filter brauchen nur halb soviel Salz zur Regeneration wie die Zeolithe (Eng. News Rec.[1], **44**, 42—44, 1950), die überdies ein viel geringeres Austauschvermögen haben und deshalb nicht mehr verwendet werden.

Je cbm der durchgeflossenen Wassermenge und je Härtegrad (Gesamthärte) rechnet man beim Basenaustausch mit 70 g Kochsalz zur Regenerierung der Filter.

Nach der Regeneration wird mit enthärtetem Wasser bis zur Salzfreiheit des ablaufenden Wassers nachgewaschen (Nachweis s. S. 40).

Die Anionenaustauscher werden mit 10%iger Sodalösung oder 4%iger Natronlauge regeneriert. In der Entkieselungsstufe wird mit 1%iger Lauge regeneriert.

Die Filterbehälter müssen einen starken Säureschutz haben. Die Abläufe aus den Basenaustauschern sind nämlich sehr stark aggressiv, da sie die gesamte freie Kohlensäure als aggressive Kohlensäure enthalten; deshalb sind auch die Leitungen im Betrieb stark gefährdet, außer denen aus säurefestem Stahl und aus Vinidur, Mipolam u. a. Kunststoffen. Von den einschlägigen Firmen werden deshalb die Behälter für Wasserstoff-Austauscher gummiert, für die übrigen einbrennlackiert geliefert.

Die Entsalzung mit Kunstharzaustauschern ist bei salzarmem Wasser bedeutend billiger als die Destillation.

Die thermischen Reinigungsverfahren (Kondensat, Destillat) kommen mehr für harte Wässer in Spezialdampfkesselbetrieben in Betracht.

Enthärtung im kleinen: Für die Enthärtung von Brauchwasser im kleinen kommen hauptsächlich Permutitfilter (Permutit AG, Duisburg) und Lewatitfilter (Berkefeld-Filter-Ges., Celle, und Karl Klein & Sohn, Mannheim) in Betracht. In der Spirituosenindustrie werden verschiedene Wasserenthärtungsfilter, z. B. die Puritfilter der Fa. Meyer KG, Wiesbaden, verwendet.

Phosphat-Impfung

Polyphosphatverfahren: In neuerer Zeit hat man in den polymeren Phosphaten Mittel und Wege gefunden, um die Wassersteinbildung in der Heizungstechnik zu unterbinden. Die polymeren Ortho- und Metaphosphate, besonders das Natriumhexametaphosphat und das Tripolyphosphat, haben nämlich die Eigenschaft, die Härtebildner des Wassers in recht stabilen Additionsverbindungen zu maskieren und so die Wärmeausfällung zu verhindern. Auch auf anderen Gebieten der Wasseraufbereitung haben sich die Poly- und Metaphosphate gut bewährt, da sie die Kalkseifenbildung verhindern und sofortige Schaumbildung auch bei hartem Wasser ermöglichen; sie verhindern daneben die schädliche Kalkseifenablagerung an den Geweben. Da zu der Polyphosphatbehandlung nur sehr geringe Mengen von Poly- oder Metaphosphat notwendig sind, sind diese Verfahren sehr wirtschaftlich. Neben der Verhinderung des Ausfallens der Härtebildner soll auch eine allmähliche Ablösung der an den Rohrwandungen vorhandenen Inkrustationen erfolgen.

Die Polyphosphate dürfen vor der Dosierung nicht heiß gelöst werden, da sie sonst ihre Wirkung durch Entpolymerisation verlieren. Die polymeren Phosphate werden durch Dosierpumpen oder „Phosphatschleusen" (das sind Filtertöpfe, die in das Wasserleitungsrohr eingebaut werden) in Mengen von 1 bis 2 g/cbm dem Wasser zugesetzt.

Für Kleinbetrieb hat sich das Mikrophosverfahren der Fa. Karl Klein u. Sohn, Mannheim, gut eingeführt und verdrängt die älteren Chromverfahren bei der Warmwasserversorgung allmählich. Es besteht in der automatischen Zudosierung von Polyphosphat durch eine Phosphatschleuse (s. o.).

Obwohl Metaphosphate als eiweißfällende Substanzen für den menschlichen Organismus nicht ohne Bedeutung sind, hat sich eine Gesundheitskommission in den USA nach jahrelangem Studium dieser Frage für die Unbedenklichkeit der im Trinkwasser eingebrachten Metaphosphatmengen ausgesprochen. Bis 10 mg/l sollen gesundheitlich unbedenklich sein (s. auch *P. Höfer*, Ges.-Ing. 77, 1956). Nach einem Gutachten des Instituts für Wasser-, Boden- und Lufthygiene des Bundesgesundheitsamtes (III B — A 687 vom

10. 8. 1954) bestehen keine Bedenken, dem Trinkwasser bis 7 mg/l P_2O_5 in Form von Ortho- und Polyphosphaten zuzusetzen. Bis 5 mg/l P_2O_5 sind nach der neuen Trinkwasserverordnung von 1959 zugelassen (s. S. 127).

Pharmakologische Fütterungsversuche haben ergeben, daß Futter mit Zusätzen von 1 % Hexametaphosphat von Tieren ohne Schaden vertragen wird (*B. Behrens* u. *K. Seelkopf*, Arch. f. exper. Path. u. Pharmakol. **169**, 241, 1956).

Herstellerfirmen der Polyphosphate: Chem. Werke Albert, Wiesbaden-Biebrich; Joh. A. Benckiser, Ludwigshafen; Gebr. Giulini, Ludwigshafen, und Chemische Fabrik Budenheim, Mainz-Budenheim.

Ausführende Firmen: Berkefeld-Filter GmbH, Celle; Bran & Lübbe, Hamburg; Neue Continentale Bau-Ges., Hannover; Phosphatit KG, Erlangen, und die anderen Wasserreinigungsfirmen.

In der Technik haben sich die Polyphosphate bei der Kühlwasserbereitung ebenfalls bewährt. Kühlwässer müssen nämlich möglichst carbonatfrei sein (s. S. 197). Die Erwärmung darf aber beim Kühlprozeß nicht über 75° C gehen, sonst wird trotz Phosphatierung an den Kühlflächen Kalk abgeschieden. Ganz besondere Bedeutung haben die Härtebildner in den Dampfkesselbetrieben. Geringe Härten kann man bei Niederdruckkesseln in Kauf nehmen, wenn man diese mit Trinatriumphosphat bindet und für die Abführung des entstehenden Kalkschlammes Sorge trägt (Abschlämmen).

Für Hochdruckkessel ist aber eine restlose Enthärtung erforderlich (s. S. 197 und S. 198), einmal aus betriebstechnischen Gründen, zum anderen aus wärmetechnischen Gründen wegen des Wärmeverlustes durch den sich sonst bildenden Kesselstein. (Näheres s. S. 158.)

h) Metalle

1. Blei

V o r k o m m e n : In seltenen Fällen findet sich Blei in natürlichen Grundwässern und Oberflächenwässern, die Berührung haben mit Bleierzlagern. Der Verfasser hat solche Vorkommen gelegentlich im Harz, im Sauerland und in der Eifel kennengelernt (siehe *Wiemann*, Dtsch. tierärztl. Wschr. 1936).

Meist handelt es sich nur um wenige 1/10 mg/l von gelöstem Blei.

Hygienisch bedeutungsvoll sind besonders die Fälle, wo aggressive Wässer das Blei aus den Bleirohren herauslösen. Weiche, kohlensäurereiche Wässer, überhaupt alle Wässer mit p_H-Werten unter 7,0 wirken bleilösend. Die auftretenden Bleimengen schwanken zwischen 0,1 mg/l und 10 mg/l; zumeist bewegen sie sich um 1 bis 3 mg/l. Auch sehr sauerstoffreiche Wässer mit und ohne Überschuß-Kohlensäure wirken bleiangreifend. Die Bleiaufnahme findet bei den meisten Wässern während des Stehens im Rohr allmählich statt; der Bleigehalt steigt bis zu etwa 10 Stunden an, um dann konstant zu bleiben, oder auch — was seltener vorkommt — wieder abzunehmen. Manche sehr aggressiven Wässer können jedoch schon bei einstündigem Stehen im Rohr beträchtliche Bleimengen aufnehmen und nach 10 Stunden bereits eine Abnahme des Bleigehalts zeigen.

G e s u n d h e i t l i c h e B e d e u t u n g d e s B l e i g e h a l t s : Schon sehr geringe Mengen von Blei können bei dauernder Aufnahme zu einer chronischen Bleivergiftung führen. Deshalb ist eine häufige Überwachung der weichen Wässer bei Zentralversorgung besonders wegen der möglichen Schwankungen des Kohlensäuregehaltes unbedingt notwendig. Daß auch alkalische weiche Wässer bleiauflösend wirken können, wurde auf S. 131 bereits erwähnt.

In den Ländern Württemberg, Oldenburg und Hessen sind Bleirohre für Wasserleitungszwecke seit langer Zeit verboten.

Da geringe Spuren von Blei von jedem Wasser aufgenommen werden und das Blei aus technischen Gründen schwer entbehrlich ist, wurde ein geringer Bleigehalt von jeher zugelassen. Nach den Hygienischen Leitsätzen für die Trinkwasserversorgung (11) gilt „als allenfalls noch zulässig ein Gehalt von 0,3 mg/l Pb nach 9stündigem Stehen — etwa über Nacht — im Rohr".

Die Weltgesundheitsorganisation hat jetzt als Höchstwert für bleihaltiges Wasser 0,1 mg/l Pb vorgeschlagen.

Es wurde bereits oben darauf hingewiesen, daß bei manchen aggressiven Wässern eine Bleiaufnahme schon in viel kürzerer Zeit stattfindet und daß man nach längerer Zeit mit einer Abnahme von Bleigehalt rechnen muß. Autochthoner Bleigehalt soll nach *J. Harmand* 0,1 mg/l Pb nicht übersteigen (Nancy 1941).

Näheres über die Massenvergiftungsfälle in Leipzig im Jahre 1930 bei *Fuchß, Bruns, Haupt* „Die Bleivergiftungsgefahr durch Leitungswasser" und bei *K. Höll* „Bleivergiftungen auf Helgoland". Arch. f. Hyg. 1934.

Durch elektrische Ströme im Boden (vagabundierende Ströme) kann Blei aus Bleirohren vom Leitungswasser aufgenommen werden, wodurch es zu Bleivergiftungen kommt. Der DVGW hat zusammen mit der Vereinigung der Elektrizitätswerke Richtlinien für die Erdung an Wasserleitungen ausgearbeitet (GWF **96**, 332, 1955). In den USA ist jegliche Stromverbindung oder Erdungsleitung an Installationen verboten (Ref. im GWF **95**, 334, 1954).

Entfernung von Blei: Die Entgiftung von bleihaltigem Wasser geschieht nach Untersuchungen des Verfassers am besten durch Schütteln mit etwas Aktivkohle und nachheriges Filtrieren. Sehr geeignet ist fernerhin der gekörnte gebrannte Magnesit, der beim Durchfiltrieren das Wasser augenblicklich bleifrei macht und sehr ausgiebige Wirkung hat (*K. Höll*, Arch. f. Hyg. 1935, und Dtsch. tierärztl. Wschr. **43**, 339, 1935). Auch Dolomitfilter sind hierzu brauchbar. (Lieferfirmen: Akdolitwerk Hans Börner, Düsseldorf, und Magno-Werk, Duisburg.)

2. Kupfer

Vorkommen: Kupfer kommt in natürlichem Wasser bei uns praktisch nicht vor. Von sauerstoffreichen und stark aggressiven Wässern wird auch Kupfer anfänglich angegriffen und gelöst (bis 3 mg/l). In harten Wässern wird jedoch allmählich das gelöste Kupfer als basisches Salz abgeschieden. Bei der Algenbekämpfung und Entkeimung von Schwimmbadwasser wird Kupfersulfat zugesetzt (in Mengen von 1 bis 10 mg/l) (s. auch S. 177).

Gesundheitliche Bedeutung des Kupfergehalts: Eine chronische Kupfervergiftung ist nicht bekannt. Auch eine akute Kupfervergiftung ist sehr selten vorgekommen. Kupfersalze, auch der sog. Grünspan, haben nicht die Giftigkeit, die ihnen nachgesagt wird. Die im Trinkwasser und Badewasser vorkommenden Konzentrationen können niemals Vergiftungen hervorrufen; außerdem ist der Geschmack eines stark kupferhaltigen Wassers so schlecht, daß es niemand trinkt (s. u.). Bei Konserven wird ein Gehalt bis 55 mg Cu/kg Konserve als zulässige Grenze angesehen. Der Mensch nimmt täglich 4 bis 5 mg Kupfer mit der normalen Nahrung zu sich.

Kupfersalze verleihen dem Wasser einen metallischen, bitteren Nachgeschmack. Nach *Klut* sind schon 2 mg Kupfersulfat pro Liter geschmacklich feststellbar. Eine Kupferentfernung ist durch Magnofilter und Akdolitfilter möglich (*K. Höll*, Arch. f. Hyg. **113**, 1935, 113).

Als Grenzwert ist vom europäischen Büro der Weltgesundheitsorganisation 0,05 mg/l Cu festgelegt worden (s. *H. Kruse* **54**).

3. Arsen

Vorkommen: Arsen kommt in seltenen Fällen im Grundwasser vor. Manche Böden sind arsenhaltig. Mineralwässer sind häufig stark arsenhaltig; sie enthalten bis 20 mg/l As_2O_3 (Dürkheimer Maxquelle). Der Grenzwert für Arsenheilwässer ist 1 mg/kg $HAsO_2$. Im normalen Grundwasser kommen höchstens 0,1 mg/l Arsen vor. Auch in Flußwässern findet man bisweilen Arsen in Mengen von 0,05 mg/l As und mehr.

Bei unsachgemäßer Anlage von Müllhalden kann es zu bedenklichen Arsengehalten in benachbarten Brunnenwässern kommen. Die Asche von Braunkohlen enthält nämlich erhebliche Mengen Arsen, das durch Regenwasser oder Grundwasser gelöst wird. Durch den sehr empfindlichen Arsennachweis kann man nach Erfahrungen des Verf. eine Beeinflussung des Grundwassers leichter als durch die Härte-Erhöhung (s. S. 155) nachweisen.

Hygienische Beurteilung des Arsengehalts: Da es eine chronische Arsenvergiftung gibt, ist in den Leitsätzen für Trinkwasserversorgung (11) als zulässige Höchstmenge 0,2 mg/l As_2O_3 festgesetzt worden (s. Veröff. a. d. Gebiet Med. Verw. **38**, 1932 u. DIN 2000 [14]).

Entarsenung: Nach *H. Stooff* und *L. W. Haase* (Vom Wasser, Bd. XII) kann Arsen durch Eisenchlorid oder -sulfat und anschließendes Filtrieren über Magnomasse entfernt werden. Dies gilt jedoch nur für anorganisches Arsen. In Form der Arsine ist (z. B. in Kampfstoffen) das Arsen viel wirksamer als anorganisches Arsen.

4. Zink

Vorkommen: Zink kommt in engbegrenzten Zinkbergbaugebieten im Grundwasser vor (*Stolberg*). Auch findet sich Zink im Trinkwasser, wenn dieses in verzinkten Rohren gestanden hat, und zwar in Mengen bis 5 mg/l Zn, selten darüber. Weiche kohlensäurehaltige Wässer sowie chloridreiche und sulfatreiche nehmen nämlich leicht Zink aus verzinkten Rohren auf und zerstören diese allmählich (s. S. 133). Nitratreiches Wasser löst ebenfalls leicht Zink aus den Zinkrohren auf.

Gesundheitliche Bedeutung des Zinks: Gesundheitsschädigungen durch zinkreiches Wasser sind bisher noch nicht mit Sicherheit nachgewiesen worden. Allgemein gilt ja auch das Zink als weniger giftiges Metall. 12 mg Zink werden von einem erwachsenen Menschen täglich mit der Nahrung aufgenommen. 1 kg Fleisch enthält durchschnittlich 50 mg Zn. Nach *Lewin* (Gifte und Vergiftungen, Berlin 1929) sollen erst Mengen über 8 mg/l Zn im Trinkwasser bei längerer Zufuhr gesundheitlich nachteilig sein. Nach amerikanischen Vorschriften ist bis 5 mg/l Zn im Wasser zulässig. Ein Brunnenwasser in Tullendorf wird mit 7 mg/l Zn seit 100 Jahren ohne Schaden getrunken. Geschmacklich macht sich Zink erst bei einem Zinkgehalt von 10 bis 20 mg/l bemerkbar. Zinkhaltiges Wasser neigt aber zu Trübungen und wird deshalb nicht gern genossen. Schon Mengen von ca. 2 mg/l geben opalisierende Trübungen, je nach der Wasserhärte. Wenn nitrathaltiges Wasser in verzinkten Rohren steht, so wird unter Umständen ein Teil des Nitrats zu Nitrit reduziert, besonders bei aggressiven Wässern.

5. Zinn

Gesundheitsschädigungen durch zinnhaltiges Wasser sind noch nicht bekanntgeworden, da Zinn weniger giftig ist. Zinn ist auch gegenüber aggressivem Wasser viel widerstandsfähiger als Zink.

6. Aluminium

Aluminium hat gesundheitlich keine Bedeutung in den Mengen, in denen es im normalen Wasser vorkommt (ca. 1 bis 2 mg/l Al).

7. Chrom

Dieses kommt in Amerika in geringen Mengen im Grundwasser vor und soll bis 0,05 mg/l Cr unschädlich sein (*C. Muehlberger,* Journ. Am. Wat. Works Ass., **42,** 1950). Die Weltgesundheitsorganisation hat diesen Wert von 0,05 mg/l Cr als Höchstwert angegeben.

i) Sauerstoff

Vorkommen: In wechselnder Menge in Grundwasser und Oberflächenwasser bis zum Sättigungswert (14,5 mg/l O_2 bei 0,1° C). In Oberflächenwässern beobachtet man bei starker pflanzlicher Produktion häufig Übersättigung an Sauerstoff. Viele Tiefbrunnenwässer sind sauerstofffrei; ebenso die Tiefenwässer von manchen Seen (*F. Ruttner,* 31). Dazwischen gibt es alle Übergänge.

Bei Untersuchungen von Seen muß beachtet werden, daß Litoral und Profundal bzw. Epilimnion und Hypolimnion sehr verschieden in bezug auf Sauerstoff- und Kohlensäuregehalt sein können. Bei eutrophen Seen ist dies während der sommerlichen und winterlichen Stagnationsperiode immer der Fall. Während im Epilimnion durch die Planktontätigkeit oft eine Sauerstoffübersättigung vorliegt, ist im Hypolimnion manchmal schon kurz unterhalb der Sprungschicht gar kein Sauerstoff und im Profundal sogar Schwefelwasserstoff vorhanden, ohne daß der See verunreinigt ist.

Bedeutung des Sauerstoffgehalts: Für das Leben der tierischen und pflanzlichen Organismen ist der Sauerstoffgehalt des Oberflächenwassers notwendig. Bei der Beurteilung von Abwassereinleitungen in Vorfluter spielt der Sauerstoffgehalt deshalb eine große Rolle (s. S. 183 u. 184).

In eisernen Rohrleitungen spielt der Sauerstoffgehalt insofern eine große Rolle, als alle Wässer bei Sauerstoffmangel (unter 2 bis 3 mg/l O_2) eiserne Rohre stark angreifen und Eisen auflösen. Nach *L. W. Haase* muß man sogar bei Sauerstoffgehalten von weniger als 4 mg/l O_2 schon mit Wiedervereisenung des Leitungswassers rechnen, wenn das Wasser nicht sehr hart ist. Das kann nicht nur bei von Haus aus sauerstoffarmem Wasser vorkommen, sondern auch dann, wenn sauerstoffhaltiges Wasser in Endsträngen auf chemischem oder biogenem[1]) Wege sauerstoffarm wird, oder wenn bei geschlossenen Enteisenungsanlagen der Sauerstoff des Rohwassers bei der Eisenoxydation verbraucht wird.

Zur Schutzschichtbildung (s. S. 138) muß genügend Sauerstoff im Wasser vorhanden sein. Eine Belüftung ist bei Sauerstoffgehalten unter 2 mg/l daher immer ratsam[2]). Ein sauerstofffreies Wasser kann nach neueren Erfahrungen nie eine Schutzschicht ausbilden, auch wenn die anderen Faktoren günstig sind. Auch eine Phosphat-Impfung ist zwecklos, wenn sauerstoffarmes Wasser vorliegt. Nur bei Wässern mit mehr als 6 mg/l O_2 ist ein Erfolg bei diesem Verfahren gewährleistet. Die Belüftung geschieht mit Hilfe eines Luftkompressors im Druckrohr.

Die Belüftung darf bei geschlossener Belüftungsweise aber nicht so weit gehen, daß das Wasser am Zapfhahn im Ortsnetz milchige Trübung zeigt (s. unten). Gegebenenfalls muß für Druckentlastung hinter dem Kompressor gesorgt werden.

Sauerstoffübersättigtes Wasser, besonders solches, das Gasbläschen abscheidet, gibt Veranlassung zu Rostknollenbildung in eisernen Rohren, ebenso Wasser mit Luftbeimengung infolge undichter Ventile, Kolbenpumpen und Stoffbuchsen. Da ein frischgezapftes Trinkwasser mit milchiger Trübung vom Verbraucher abgelehnt wird, sollte auch aus diesem Grunde die milchige Lufttrübung vermieden werden. Eine milchige Trübung kann auch in der Hauswasserleitung entstehen, wenn ein sehr kühles sauerstoffgesättigtes Wasser (z. B. Quellwasser) sich erwärmt, z. B. durch benachbarte Warmwasserleitungen.

Bei der Kesselspeisung spielt der Sauerstoffgehalt eine große Rolle (s. S. 198). Wässer mit mehr als 0,3 mg/l O_2 müssen für die Speisung von Hochdruckkesseln sauerstofffrei gemacht werden, z. B. durch Natriumsulfit (Desoxygenverfahren genannt) oder neuerdings durch Natriumdithionit, durch Eisenspäne in der Hitze oder durch thermische Entgasung, jetzt auch mit Hydrazin.

Mit dem Belüftungsaggregat der Neuen Continentalen Bau-Ges., Hannover-Linden, wird eine geschlossene Intensivbelüftung erreicht, die sich auch bei schwieriger Entmanganung und bei gleichzeitiger H_2S-Entfernung bewährt hat.

j) Schwefelwasserstoff

Das Vorkommen von Schwefelwasserstoff kann auf Fäulniserscheinungen im Boden zurückzuführen sein, was in hygienischer Beziehung sehr bedenklich ist. Bei Tiefenwasser (Brunnentiefe 20 m und mehr) tritt dieser Fall kaum ein; solche Wässer enthalten jedoch häufig Schwefelwasserstoff (und keinen Sauerstoff), der im Boden durch

[1]) Bei Abscheidungen von organischen Stoffen im Rohrnetz siedeln sich Organismen an, die eine Sauerstoffzehrung verursachen.

[2]) Vgl. auch *L. W. Haase*, Werkstoff u. Korrosion, 1, 1950, 4—9.

Umsetzung von Schwefeleisen und Kohlensäure entstanden ist. In Moorwässern findet man häufig Spuren von H_2S.

Das Vorhandensein von Schwefelwasserstoff im Wasser ist schädlich für Bleirohre, da das entstehende Bleisulfid löslich ist und zu Bleivergiftungen Anlaß geben kann. Durch Belüftung über Koksfilter oder Kaskaden und bei Konzentrationen von 1 bis 2 mg/l kann H_2S durch Verdüsung entfernt und gleichzeitig die notwendige Menge an Sauerstoff zugeführt werden.

Durch das Belüftungsaggregat der Neuen Continentalen Bau-Gesellschaft, Hannover-Linden, wird eine starke Sauerstoffanreicherung erreicht und dadurch H_2S auch in größeren Konzentrationen restlos vertrieben (durch Entlüftungsrohre).

Diese geschlossene Entschwefelung, besonders die unter erhöhtem Druck (wobei mehr Sauerstoff aufgenommen wird) ist der offenen Belüftung weit überlegen (s. auch *S. W. Wells,* Journ. Amer. Wat. Works Ass. **46,** 160—170, 1954). In sauren Wässern ist die H_2S-Entfernung leichter durchführbar als in alkalischen. Deshalb kommt man bei letzteren durch p_H-Erniedrigung bei einfachen Belüftungsverfahren leichter zum Ziel; man müßte dann jedoch zweimal dosieren, nämlich, um eine Aggressivität des Reinwassers zu verhindern, den p_H-Wert nachträglich wieder erhöhen. Eine Chlorung nach der Belüftung erhöht die Sicherheit der Entschwefelung.

II. Beispiele für Analysen von Leitungswasser und deren Begutachtung

Übersicht über vorkommende Analysenwerte

Wasseruntersuchung Ibergquelle

Allgemeines:

Aussehen bei der Entnahme: vollkommen klar und farblos

Trübungswert und Farbwert: nicht meßbar im 1,5 m-Schaurohr

Aussehen nach 24stündigem Stehen: unverändert

Geruch und Geschmack: o. B., gut

Temperatur des Wassers: 8,9° C, Luft: 19,0° C

Hygienisch-chemische Analyse:

Ammoniak- bzw. Ammoniumverbindungen	0	mg/l NH_4	(Nullwert bedeutet: weniger als 0,01 mg/l)
Nitrite	0	mg/l NO_2	(Nullwert bedeutet: weniger als 0,01 mg/l)
Nitrate	9,0	mg/l NO_3	
Phosphate	0	mg/l PO_4	(Nullwert bedeutet: weniger als 0,005 mg/l)
Chloride	13,5	mg/l Cl	
Sulfate	23,3	mg/l SO_4	
Kaliumpermanganatverbrauch	1,8	mg/l $KMnO_4$	
Urochrom	0	mg/l (unter 0,1 mg/l)	

Technisch-chemische Analyse:

Eisen gesamt	0 mg/l Fe	(Nullwert bedeutet: weniger als 0,01 mg/l Fe)
Eisen im Filtrat nach 24stündigem Stehen	0 mg/l Fe	
Mangan	0 mg/l Mn	(Nullwert bedeutet: weniger als 0,01 mg/l Mn)
Gesamthärte	14,56° d H (deutsche Härtegrade)	
Karbonathärte (vorübergehende Härte)	10,92° d H (deutsche Härtegrade)	
Nichtkarbonathärte (bleibende Härte)	3,64° d H (deutsche Härtegrade)	
p_H-Wert	7,33	
Gesamte freie Kohlensäure	17,0 mg/l CO_2	
Davon zugehörige Kohlensäure	15,0 mg/l CO_2	
Kalkaggressive Kohlensäure		
a) theoretisch durch Berechnung	2,0 mg/l CO_2	
b) praktisch durch Marmorlösungsversuch nach Heyer	0 mg/l CO_2	
Eisenaggressive Kohlensäure (Rostschutzverhindernde Kohlensäure)	2,0 mg/l CO_2	
Bleiaggressivität des Wassers	nicht vorhanden	
Alkalität	3,9 mval	
Gebundene Kohlensäure	85,8 mg/l CO_2	
Sauerstoff	8,1 mg/l O_2	
Schwefelwasserstoff	0 mg/l H_2S	
Calciumverbindungen (Kalksalze)	83,0 mg/l CaO	
Magnesiumverbindungen	45,0 mg/l MgO	
Abdampfrückstand	290,0 mg/l	
Glührückstand	238,0 mg/l	
Glühverlust	52,0 mg/l	
Kieselsäure	8,5 mg/l SiO_2	

Beurteilung

Das Wasser der Ibergquelle hat einen sehr hohen Reinheitsgrad; es enthält keine Spur von Nitrit, Ammoniak und Phosphat. Nitrat, Chlorid und Sulfat sind fernerhin nur in sehr geringer Menge vorhanden und der Kaliumpermanganatverbrauch — der Ausdruck des Gehalts an organischen Stoffen — ist äußerst niedrig.

Das Wasser der Ibergquelle kann also auf Grund der chemischen Analysendaten zur Zeit als sehr rein und in Verbindung mit den guten bakteriologischen Befunden als hygienisch einwandfrei bezeichnet werden.

Eisen und Mangan sind im Wasser der Ibergquelle nicht nachweisbar.

Das Wasser hat weiterhin einen für diese Gegend verhältnismäßig günstigen Härtegrad; es steht dabei praktisch im Kalk-Kohlensäure-Gleichgewicht und greift deshalb Leitungsrohre und Behältermaterialien nicht an. Auch der p_H-Wert liegt in dieser Beziehung besonders günstig.

Alles in allem handelt es sich bei dem Wasser der Ibergquelle um ein gutes Trinkwasser.

Wasserwerk L.

Allgemeines:

Aussehen bei der Entnahme: vollkommen klar und farblos im 1,5 m-Schaurohr
Geruch und Geschmack: unverändert
Temperatur des Wassers: 9,8° C, Luft: 18,5° C

Hygienisch-chemische Analyse:

Ammoniak- bzw. Ammoniumverbindungen	0	mg/l NH_4	(Nullwert bedeutet: weniger als 0,01 mg/l)
Nitrite	0	mg/l NO_2	(Nullwert bedeutet: weniger als 0,01 mg/l)
Nitrate	15,0	mg/l NO_3	
Phosphate	0,005	mg/l PO_4	(Nullwert bedeutet: weniger als 0,005 mg/l)
Chloride	10,6	mg/l Cl	
Sulfate	16,0	mg/l SO_4	
Kaliumpermanganatverbrauch	4,6	mg/l $KMnO_4$	
Urochrom	0	mg/l	(unter 0,1 mg/l)

Kleine technisch-chemische Analyse:

Eisen gesamt	0,8	mg/l Fe	(Nullwert bedeutet: weniger als 0,01 mg/l Fe)
Mangan	0,11	mg/l Mn	(Nullwert bedeutet: weniger als 0,01 mg/l Mn)
Gesamthärte	3,92°	d H	(deutsche Härtegrade)
Karbonathärte (vorübergehende Härte)	0,42°	d H	(deutsche Härtegrade)
Nichtkarbonathärte (bleibende Härte)	3,50°	d H	(deutsche Härtegrade)
p_H-Wert	5,65		
Gesamte freie Kohlensäure	48,0	mg/l CO_2	
Davon zugehörige Kohlensäure	0	mg/l CO_2	
Kalkaggressive Kohlensäure			
a) theoretisch durch Berechnung	48,0	mg/l CO_2	
b) praktisch durch Marmorlösungsversuch nach Heyer	44,0	mg/l CO_2	
Eisenaggressive Kohlensäure (Rostschutzverhindernde Kohlensäure)	48,0	mg/l CO_2	
Bleiaggressivität des Wassers	sehr stark positiv		
Alkalität	0,15	mval	
Gebundene Kohlensäure	3,3	mg/l CO_2	
Sauerstoff	5,6	mg/l O_2	
Schwefelwasserstoff	0	mg/l H_2S	
Calciumverbindungen	26,5	mg/l CaO	

Magnesiumverbindungen	9,0	mg/l	MgO
Abdampfrückstand	175,0	mg/l	
Glührückstand	155,0	mg/l	
Glühverlust	20,0	mg/l	
Kieselsäure	7,0	mg/l	SiO_2

Beurteilung

Die obigen Untersuchungsresultate zeigen, daß das Wasser von reiner Beschaffenheit ist.

Da das Wasser die Leitungsrohre und Behälter sehr stark angreift, müßte eine Entsäuerung des Wassers baldmöglichst vorgenommen werden. Ferner ist der Eisen- und Mangangehalt des Wassers zu hoch für ein städtisches Leitungswasser. Durch eine Filterung über alkalische Filtermassen, wie z. B. Akdolit oder Magno, würden beide Mängel behoben und ein einwandfreies Wasser erhalten werden.

Wasser aus einem Tiefbrunnen in C.

Allgemeines:

Aussehen bei der Entnahme: klar, fast farblos
Trübungswert und Farbwert: Farbwert 10 mg/l Pt
Aussehen nach 24stündigem Stehen: gelblich trübe, bräunlicher Bodensatz
Geruch und Geschmack: schmeckt stark nach Eisen
Temperatur des Wassers: 10,2° C, Luft: 18,5° C

Hygienisch-chemische Analyse:

Ammoniak- bzw. Ammoniumverbindungen	0,4	mg/l	NH_4	(Nullwert bedeutet: weniger als 0,01 mg/l)
Nitrite	0	mg/l	NO_2	(Nullwert bedeutet: weniger als 0,01 mg/l)
Nitrate	0,5	mg/l	NO_3	
Phosphate	0,01	mg/l	PO_4	(Nullwert bedeutet: weniger als 0,005 mg/l)
Chloride	25,0	mg/l	Cl	
Sulfate	32,0	mg/l	SO_4	
Kaliumpermanganatverbrauch	4,7	mg/l	$KMnO_4$	
Urochrom	0	mg/l	(unter 0,1 mg/l)	

Technisch-chemische Analyse:

Eisen gesamt	3,5	mg/l	Fe
Eisen im Filtrat nach 24stündigem Stehen (nach 24stündigem Stehen und Schütteln)	0,5	mg/l	Fe
Mangan	0,45	mg/l	Mn
Gesamthärte	6,72°	d H	(deutsche Härtegrade)

Karbonathärte (vorübergehende Härte)	2,52° d H (deutsche Härtegrade)
Nichtkarbonathärte (bleibende Härte)	4,20° d H (deutsche Härtegrade)
p_H-Wert	6,44
Gesamte freie Kohlensäure	58,0 mg/l CO_2
Davon zugehörige Kohlensäure	0,5 mg/l CO_2
Kalkaggressive Kohlensäure	
a) theoretisch durch Berechnung	57,5 mg/l CO_2
b) praktisch durch Marmorlösungsversuch nach Heyer	48,4 mg/l CO_2
Eisenaggressive Kohlensäure .... (Rostschutzverhindernde Kohlensäure)	57,5 mg/l CO_2
Bleiaggressivität des Wassers	sehr stark
Alkalität	0,9 mval
Gebundene Kohlensäure	19,8 mg/l CO_2
Sauerstoff	0 mg/l O_2
Schwefelwasserstoff	0 mg/l H_2S
Calciumverbindungen .... (Kalksalze)	44,5 mg/l CaO
Magnesiumverbindungen	16,2 mg/l MgO
Abdampfrückstand	194,0 mg/l
Glührückstand	178,0 mg/l
Glühverlust	16,0 mg/l
Kieselsäure	6,0 mg/l SiO_2

Beurteilung

Die Resultate der chemischen Wasseruntersuchung zeigen in Übereinstimmung mit den bakteriologischen Resultaten und mit der Ortsbesichtigung, daß das Wasser des Wasserwerks C. zur Zeit rein und hygienisch einwandfrei ist[1]).

Das Wasser kann aber ohne Aufbereitung als Leitungswasser nicht verwendet werden, da es stark aggressiv ist. Bei dieser Wasserbeschaffenheit werden sowohl eiserne Rohrleitungen als auch Blei- und Zinkrohre stark angegriffen und dabei die betreffenden Metalle gelöst. Beim Blei und Zink bringt dies gesundheitliche Gefahren (Bleivergiftung!), beim Eisen störende wassertechnische und geschmackliche Nachteile mit sich, wie z. B. Rohrzerfressungen, Braunfärbung des Wassers, Eisengeschmack usw. Durch Rohrzerfressungen können weiterhin seuchenhygienische Gefahren infolge Eindringens von Schmutzwasser und Abwasser auftreten. Auch Beton und Mörtel in den Wasserwerksbehältern werden bei dieser Wasserbeschaffenheit angegriffen und können undicht werden.

---

[1]) Der geringe Ammoniakgehalt ist hier nicht auf Verunreinigung, sondern auf Reduktionen in dem sauerstroffreien Grundwasser zurückzuführen.

Durch Mischen mit dem etwas härteren Wasser der alten Brunnen wird entgegen der dort herrschenden Ansicht die Aggressivität nicht herabgesetzt, sondern noch mehr erhöht.

Eine Entsäuerung des Mischwassers aus allen Brunnen wäre daher unbedingt notwendig.

Ferner ist der Eisengehalt des Wassers sehr hoch. Eine Entsäuerung und Enteisenung des Wassers wäre also unbedingt erforderlich. Das kann am besten durch ein Belüftungsverfahren, z. B. Düsenzerstäubung mit nachgeschaltetem Absetzbecken und Filter vorgenommen werden. Zur restlosen Entfernung der aggressiven Kohlensäure und des vorhandenen Mangans wird auch dies nicht ausreichen, sondern eine Nachbehandlung durch Filtration durch alkalische Filtermassen wie Akdolit (Lief. Hans Börner & Co., Düsseldorf) oder Magno (Lief. Magno-Werk, Duisburg) notwendig sein.

Wasser aus dem Tiefbrunnen der Fa. B.

Allgemeines:

Aussehen bei der Entnahme: klar und farblos

Aussehen nach 24stündigem Stehen: schwach opalisierend, kein Bodensatz

Geruch und Geschmack: o. B.

Temperatur des Wassers: 12,0° C

Hygienisch-chemische Analyse:

Ammoniak- bzw. Ammoniumverbindungen	0,05	mg/l NH_4	
Nitrite	0	mg/l NO_2	(Nullwert bedeutet: weniger als 0,01 mg/l)
Nitrate	18,0	mg/l NO_3	
Phosphate	0,06	mg/l PO_4	
Chloride	90,0	mg/l Cl	
Sulfate	610,0	mg/l SO_4	
Kaliumpermanganatverbrauch	4,5	mg/l $KMnO_4$	
Urochrom	0	mg/l	(unter 0,1 mg/l)

Technisch-chemische Analyse:

Eisen gesamt	0,84	mg/l Fe
Eisen im Filtrat nach 24stündigem Stehen	0,03	mg/l Fe
Mangan	0,35	mg/l Mn
Gesamthärte	58,80°	d H (deutsche Härtegrade)
Karbonathärte (vorübergehende Härte)	15,80°	d H (deutsche Härtegrade)
Nichtkarbonathärte (bleibende Härte)	43,00°	d H (deutsche Härtegrade)
p_H-Wert	6,88	
Gesamte freie Kohlensäure	95,0	mg/l CO_2
Davon zugehörige Kohlensäure	75,0	mg/l CO_2

Kalkaggressive Kohlensäure		
a) theoretisch durch Berechnung	20,0	mg/l CO_2
b) praktisch durch Marmorlösungsversuch nach Heyer	19,8	mg/l CO_2
Eisenaggressive Kohlensäure	20,0	mg/l CO_2
Bleiaggressivität des Wassers	schwache Aggressivität	
Alkalität	5,65	mval
Gebundene Kohlensäure	124,3	mg/l CO_2
Sauerstoff	2,8	mg/l O_2
Schwefelwasserstoff	0	mg/l H_2S
Calciumverbindungen (Kalksalze)	326,0	mg/l CaO
Magnesiumverbindungen	185,0	mg/l MgO

Abdampfrückstand:	1112,0 mg/l
Glührückstand:	996,0 mg/l
Glühverlust:	16,0 mg/l

Das Wasser ist von reiner Beschaffenheit. Auf Grund der chemischen Analyse und der bakteriologischen Befunde ist das Wasser als hygienisch einwandfrei zu bezeichnen[1]).

In wassertechnischer und betriebstechnischer Hinsicht sind aber der Eisengehalt, der hohe Härtegrad und die überschüssige Kohlensäure zusammen mit dem niedrigen p_H-Wert sehr ungünstig. Durch das Hineingelangen von Eisenbakterien in das Rohrnetz werden die Braunfärbung des Wassers und die rotbraunen Abscheidungen in den Behältern verursacht. Die rotbraunen Abscheidungen bestehen aus Wucherungen der Eisenbakterie Gallionella ferruginea und Manganbakterien.

Durch Entfernung des Eisens aus dem Wasser (Enteisenung) würde das Bakterienwachstum sofort aufhören, ebenso würden alle Folgeerscheinungen sogleich nachlassen. Eine ein- bis zweimalige starke Chlorung mit Chlorkalk-Aufschlämmung würde die vorhandenen Eisen- und Manganbakterien abtöten, und durch anschließende starke Spülung würde das Rohrnetz von diesen befreit werden.

Die Enteisenung dieses Wassers ist nicht ganz einfach wegen der hohen Härte des Wassers. Da die vorhandenen erheblichen Manganmengen gleichzeitig mit entfernt werden müßten, käme nur ein Intensivbelüftungsverfahren in Betracht. Zur restlosen Entfernung des Mangans wird eine Zudosierung von Chemikalien (Kaliumpermanganat oder Chlor) nicht zu umgehen sein.

Die hohe bleibende Härte des Wassers ist auf seinen Gehalt an Calciumsulfat (Gips) zurückzuführen. Im Trinkwasser ist dies nicht günstig, für Kesselspeisung ist es sehr ungünstig. Für die Kesselspeisung müßte der betreffende Teil des Wassers enthärtet werden, für die jetzigen Kessel am besten nach dem Kalk-Soda-Verfahren.

---

[1]) S. Fußnote S. 172

Günstige und ungünstige Werte für Leitungswasser

(Unter den auf den S. 63 bis 71 und S. 127 bis 168 angegebenen Vorbehalten)

	Günstig				Ungünstig			
Ammoniak, mg/l NH_4	0	0,1		0,2	0,3	0,4	0,5	u.mehr
Nitrite, mg/l NO_2	0	0,025		0,05	0,1	0,15	0,2	„
Nitrate, mg/l NO_3	0	10,0	20,0	30,0	40,0	50,0	60,0	„
Chloride, mg/l Cl	0	10,0	02,0	30,0	40,0	50,0	60,0	„
Organische Stoffe — mg/l Kaliumpermanganatverbrauch, mg/l MnO_4	0	6,0		12,0	20,0	30,0	40,0	„
Urochrom, mg/l	0			0,1		1—50		
Phosphate, mg/l PO_4	0	0,01		0,02	0,1	0,15	0,2	„
Sulfate, mg/l SO_4	0	25,0		50,0	75,0	100,0	125,0	„
Eisen, mg/l Fe	0	0,05		0,1	0,15	0,3	0,5	„
Mangan, mg/l Mn	0	0,01		0,03	0,1	0,15	0,2	„
Gesamthärte, °d H	3,5°	5,0°		10,0° 0°	15,0° 1,0°	20,0° 2,0°	30,0° 3,0°	„
Karbonathärte, °d H	2,0°	5,0°		8,0° 0°	15,0° 1,0°	20,0° 1,5°	25,0	„
Nichtkarbonathärte, °d H	0°	5,0°		10,0°	15,0°	20,0°	25,0°	„
Kalk, mg/l CaO	20,0	50,0		100,0 0	150,0 10,0	200,0 15,0	250,0 20,0	„
Magnesium, mg/l MgO	10,0	50,0		100,0	150,0	200,0	250,0	„
pH-Wert, alkalisch	7,1	7,5		8,0	8,5	9,0	10,0	„
sauer					3,0	0,5	7,0	„
Überschuß-Kohlensäure (Aggressive Kohlensäure) a) bei weichen Wässern b) bei harten Wässern	 1,0	 2,0		1,0 3,0	3,0 10,0	5,0 20,0	10,0 30,0	„ „
Schwefelwasserstoff, mg/l H_2S				0	1,0	2,0	3,0	„
Sauerstoff, mg/l O_2	4,0	5,0		10,0	11,0	12,0		
Abdampfrückstand, mg/l	500,0			1000,0	1500,0	2000,0	3000,0	„

G. Untersuchung und Beurteilung von Schwimmbadwasser, Wasser für Bauzwecke, Oberflächenwasser (Vorflut) und Abwasser

I. Schwimmbadwasser

Das Wasser der Schwimmbäder muß in gesundheitlicher Hinsicht einwandfrei sein, d. h. es muß ständig frei sein von Erregern übertragbarer Krankheiten, wie z. B. Augenbindehautentzündung (Schwimmbadconjunctivitis), Typhus, Paratyphus, Ruhr, Cholera, Kinderlähmung, Weilscher Krankheit; auch Hautkrankheiten, insbesondere die „Schwimmbadkrätze", die durch Cercarien (Saugwürmerlarven)[1]) hervorgerufen wird, ferner Fußpilzkrankheit und Milzbrand spielen eine große Rolle in der Schwimmbadhygiene.

Auch soll der Gehalt an Colikeimen möglichst niedrig sein, keinesfalls höher als 100 Colikeime in 1 ccm[2]). Ferner darf das Schwimmbecken nicht durch Wurmeier verunreinigt sein (diese sinken bei unbewegtem Wasser bald auf den Beckengrund ab). In Flußläufen müssen Badeanstalten stets oberhalb von Abwassereinleitungsstellen angelegt werden. Die Reinigung des Abwassers vor dessen Einleitung in die Flußläufe ist heute wegen der Flußbäder besonders wichtig. Da das Freibaden in Badeanstalten erfreulicherweise immer mehr zunimmt, ist dieser Frage erhöhte Aufmerksamkeit zu schenken. Körperreinigung vor dem Schwimmbad (unter der Brause ohne Badeanzug) ist zu fördern.

Die durchschnittliche Tagesfrequenz ist der Anzahl cbm Beckeninhalt zugrunde zu legen; man rechnet 1 cbm je Tagesbesucher. Bei fortlaufender Umwälzung kann diese Zahl auf die Hälfte oder ein Viertel verringert werden.

Bei abgeschlossenen Schwimmbecken ist eine ständige Umwälzung des Badewassers zu fordern, und zwar soll sie innerhalb von 24 Stunden, bei Spitzenbesuch innerhalb 8 bis 12 Stunden erfolgen; neuerdings werden Umwälzzeiten von 2 bis 4 Stunden eingerichtet. Der Vorteil der kürzeren Umwälzeinheit ist der, daß mit geringerer Chlorkonzentration gearbeitet werden kann. Das umgewälzte Wasser soll durch Reinigungsfilter gehen und laufend erneut gechlort werden.

Ferner soll heutzutage eine Frischwasserzuführung von täglich 5 % des Beckeninhalts vorgenommen werden, wodurch die früher übliche monatliche Frischfüllung sich erübrigt und die Wassertemperatur gehalten wird.

Durch häufige Chlorung ein und desselben Wassers reichert sich Salzsäure im Beckenwasser an, wodurch dasselbe betonangreifend wird und die Beckenwandungen zerstört.

---

[1]) *Neuhaus:* Zschr. f. Parasitenkunde **15**, 1954.

[2]) Für die hygienische Beschaffenheit des Schwimmbeckenwassers hat jedes Bundesland eigene Richtlinien herausgegeben.

Die Karbonathärte nimmt hierbei ab und das Kalk-Kohlensäure-Gleichgewicht verschiebt sich (s. S. 88). Noch viel stärker ist die Karbonathärteabnahme und damit die Verschiebung des Kalk-Kohlensäure-Gleichgewichts bei ständiger Aluminiumsulfat-Schönung des Umwälzwassers.

Durch Chlor wird das Virus der Kinderlähmung abgetötet, besonders aber durch Chlordioxyd (s. S. 59). Chlordioxyd hat sich neuerdings zur Schwimmbadwasser-Entkeimung bewährt, weil seine bakterizide Kraft auch stärker und länger anhaltend ist und weil es nicht wie das Chlor den lästigen Geruch dem Badewasser erteilt. Chlordioxyd wirkt auf organische Stoffe stärker als Chlor.

Ausführende Firmen: Chlorator GmbH, Grötzingen/Baden; Bran & Lübbe GmbH, Hamburg 39, und Defac, Düsseldorf.

Bei kleinen Schwimmbecken hat sich Micropur gut bewährt (auf 10 cbm Beckeninhalt 100 g Micropur). Lieferfirma: Deutsche Katadyn-Gesellschaft, München.

Bei dem Kupfersalz-Entkeimungsverfahren nach *Höll* ist nur eine einmalige Kupferung mit 3 bis 8 mg/l Kupfersulfat oder Kupferchlorid, je nach der Wasserbeschaffenheit, notwendig. Bei diesem Verfahren wird ein restloser Entkeimungseffekt erzielt und nebenher jegliche Algenbildung im Beckenwasser und an den Beckenwandungen verhindert. Die an und für sich vorgeschriebene Sichttiefe an den Sprungtürmen wird hierbei erreicht. Darüber hinaus wird auf dem Wege der Kolloidflockung das Wasser von Kolloidstoffen befreit, und es ergibt sich eine schöne bläuliche Farbe des Wassers. Die Kontrolle des Kupfergehalts des Beckenwassers kann nach der auf S. 117 beschriebenen Methode oder mit einer kleinen Vorrichtung für den Badewärter der Fa. Franz Bergmann & Altmann, Berlin-Zehlendorf-West, erfolgen.

Die Nachteile der Chlorung wie Augenreiz, Chlorgeruch und Chlorphenolbildung im Wasser fallen bei diesem Verfahren fort. Das lästige Entleeren der Chlorgasbomben am Ende der Saison fällt fort.

Nach Wahl kann das Kupfer hinterher auch wieder herausgenommen werden. Das geschieht nach dem Patent Dr. *Höll* mit alkalischen Dolomit-Filtermassen.

Ausführende Firma: Neue Continentale Bau-Ges., Hannover-Linden.

Das Petuniaverfahren beruht auf der Entfernung der Kohlensäure, wodurch ebenfalls ein Algenauftreten im Beckenwasser verhindert wird.

Ausführende Firma: Chemische Fabrik Petunia, Grötzingen.

a) Chemische Untersuchung des Schwimmbadwassers

Auszuführende Bestimmungen

Ammoniak (s. S. 27)
Proteidammoniak (s. S. 29)
Nitrite (s. S. 30)
Nitrate (s. S. 32)
ferner:
Harnstoff (s. u.)

Indikan (s. u.)
Karbonathärte (s. S. 154)
Urochrom (s. S. 44)
Sauerstoffgehalt (s. S. 90)
Sauerstoff nach 48stündigem Stehen (s. S. 91)

b) Beurteilung von Schwimmbadwasser

Der Gehalt an Stickstoffverbindungen im Beckenwasser soll keine wesentliche Erhöhung gegenüber dem Frischwasser zeigen. Durch Verunreinigung mit Harn wird der Ammoniak- und Nitratgehalt des Wassers erhöht. *Mahla* bestimmt auf Grund des Nitratgehaltes die mengenmäßige Harnverunreinigung des Beckenwassers (Arch. Hyg. 1933, 231). Bei Anstieg um 10 mg/l NO_3 ist Wasserwechsel notwendig.

Nach den niedersächsischen Verordnungen darf das Beckenwasser nicht mehr als 0,1 mg/l NH_4 enthalten. Nach 24stündiger Zehrung sollen noch 5 mg/l O_2 vorhanden sein. Andere Bundesländer haben die gleichen oder ähnliche Leitzahlen.

Proteidammoniak soll im Beckenwasser nur in Spuren vorhanden sein. Bei stark verunreinigten Schwimmbadwässern findet man einige mg/l Proteidammoniak. Wo solche Übelstände angetroffen werden, sind diese sofort abzustellen. Wenn zu 100 l Wasser 1 ccm Harn tritt, so wird nach einiger Zeit ein Gehalt von 0,1 mg/l Proteidammoniak gefunden.

Auch die Bestimmung der Aminosäuren kann herangezogen werden (s. S. 179). Bei größeren Mengen von Absetzbarem im Beckenwasser muß die Umwälzungszeit verkürzt werden, was bei nicht ganz reinem Wasser schon bei der Planung entsprechend berücksichtigt werden muß.

Sonderfälle: Nitrite sind bei frisch zementierten Becken (einige Wochen lang) belanglos.

Näheres s. in den „Richtlinien für den Bau von Hallen- und Freibädern"! Dtsch. Ges. f. Badewesen, *A. Schrickel*, Düsseldorf, 1955.

c) Nachweis von Harnbestandteilen im Schwimmbadwasser

Ältere Verfahren: Harnstoffnachweis mit Xanthydrol. Das Verfahren von *Fosse* (C. r. Aced. Sci. Paris 158, 1076 und 1588 [1914] und 159, 253 [1914]) wurde von *I. Wagner* nachgeprüft (Z. U. L. 84, 1942). Die Arbeitsvorschrift lautet:

5 l Untersuchungswasser werden mit 2 ccm Salpetersäure* und 1 g Natriumacetat versetzt und auf dem Wasserbade eingedampft. Der Rückstand wird mit wenigen ccm Wasser aufgenommen und unter Nachspülen in ein Becherglas gegeben; die Gesamtmenge soll 10 ccm betragen. Hierzu werden 15 ccm Eisessig gegeben. Die Mischung wird filtriert und der Filterrückstand mit 3 bis 5 ccm Eisessig nachgewaschen.

Das Filtrat wird mit 5 ccm einer 10%igen Xanthydrollösung in Methylalkohol, und zwar in je 10 Minuten je 1 ccm unter Umschwenken versetzt. Der Niederschlag wird nach längerem Stehen in einem gewogenen Porzellanfiltertiegel gesammelt und mit Methylalkohol nachgewaschen. Nach kurzem Trocknen im Trockenschrank und Erkalten im Exsikkator wird gewogen. Die Gewichtszunahme (Dixanthylharnstoff) mit 142,9 multipliziert gibt die Menge des Harnstoffs in 1 l Wasser an.

1 l Harn kann in 100 000 l Wasser noch nachgewiesen werden.

Störungen treten auf durch Schwermetalle, Halogenide, Wasserstoffsuperoxyd.

Indikannachweis: Die Verunreinigung des Badewassers durch Harn kann auch mit Hilfe der Indikanbestimmung nachgewiesen werden. Nach dem Verfahren von *Jolles* (Ber. Dtsch. Pharm. Ges. 30, 421—442, 1920) werden 3 bis 5 l Wasser auf 250 ccm eingedampft: Wenn Nitrite vorhanden sind, setzt man zu diesem Konzentrat 1 bis 3 g

Mohrsches Salz (Eisen(II)-Ammonsulfat) zu. Nach weiterem Eindampfen auf 10 ccm wird filtriert und zum Filtrat 1 ccm 5%ige alkoholische Thymollösung oder α-Naphthollösung zugegeben. Nach guter Vermischung gibt man noch 10 ccm rauchende, mit 0,5 % Eisenchlorid versetzte Salzsäure dazu. Die Mischung wird unter häufigem Umrühren 10 Minuten stehengelassen und danach mit 5 ccm Chloroform mehrmals geschüttelt.

Ist in der ursprünglichen Wasserprobe mehr als 0,3 mg/l Indikan, so erhält man eine rötlichviolette Chloroformschicht. Man kann diese mit einer durch Standardlösungen erzeugten Färbung vergleichen. Harnindikan (Fa. E. Merck, Darmstadt) 10 mg/l als Stammlösung.

Die Prüfung kann auch bei Grundwasserproben mit Erfolg durchgeführt werden, da das Indikan durch die Bodenpartikeln nicht restlos festgehalten wird.

Ferroammonsulfat-Indikan ist mit Wasser schnell zersetzlich; daher ist die Xanthydrolmethode besser.

G r i e ß s c h e R e a k t i o n : In einem besonders gesäuberten Kolben mit Glasstopfen werden etwa 100 ccm Schwimmbadwasser mit etwas Natronlauge und einigen Körnchen Diazobenzolsulfonsäure versetzt und kräftig geschüttelt. Verunreinigtes Wasser gibt sich durch Gelbfärbung zu erkennen.

Die Reaktion ist jedoch nicht spezifisch für menschliche Ausscheidungsstoffe. Phenole, Kresole u. a. Stoffe geben die gleiche Reaktion.

A m i n o s ä u r e n i m W a s s e r n a c h F o l i n - C i o c a l t e u : Das Reagenz nach *Ciocalteu* wird durch Lösen von 100 g Natriumwolframat und 25 g Natriummolybdat in 700 ccm Wasser und Zusatz von 50 ccm Phosphorsäure (D 1,7) sowie 100 ccm rauchender Salzsäure (D = 1,19) hergestellt.

Das Gemisch wird in einem 2-Liter-Kolben 10 Stunden lang am Rückflußkühler gekocht. Danach werden 150 g krist. Lithiumsulfat, 50 ccm destilliertes Wasser und 5 Tropfen Brom zugegeben. Nachdem weitere 15 Min. gekocht worden ist, wird abgekühlt, wobei der Farbton sich von Grün nach Gelb ändert. Das Gemisch wird auf 1000 ccm aufgefüllt. In dunklen Flaschen ist das Reagenz haltbar.

Dies Reagenz spricht an auf Tyrosin, Cystin und Tryptophan. Nicht erfaßt werden Harnstoff, Alanin und Glykokoll.

Das Reagenz nach *Folin* und *Ciocalteu* ist jetzt auch bei der Fa. E. Merck, Darmstadt, erhältlich.

Ausführung: 250 ccm der filtrierten Wasserprobe werden mit n/10 Salzsäure neutralisiert und im Vakuum bis fast zur Trockne eingedampft, dann mit Wasser aufgenommen.

In ein Reagenzglas gibt man 10 ccm Sodalösung (15 g calc. Soda in 100 ccm Aqua dest.) und 10 ccm des Vakuumkonzentrats.

In einem weiteren Reagenzglas wird 1 ccm Aminosäurevergleichslösung[1]) mit 4 ccm Aqua dest. (Reag. Nr. 10) und 1 ccm Calciumchloridlösung (32,7 g $CaCl_2$ krist. in

---

[1]) 110 mg Tryptophan, 140 mg Tyrosin und 50 mg Cystin werden in 300 ccm 1/1 N-Schwefelsäure gelöst. Vor jedem Gebrauch wird 5fach verdünnt. 1 ccm davon entspricht 0,2 mg Aminosäure.

50 ccm Wasser und 5,1 g $MgCl_2$ krist. mit Aqua dest. auf 100 ccm) sowie 10 ccm obiger Sodalösung versetzt. Ungeachtet der entstehenden Trübung gibt man je 1 ccm des Ciocalteu-Reagenz hinzu. Nach dem Umschütteln erwärmt man 10 Min. im Wasserbad bei 37° C. Danach läßt man 20 Min. lang absetzen und nimmt die überstehende Flüssigkeit zum Kolorimetrieren ab.

Das neue Verfahren des Urochromnachweises nach O. *Hettche* gibt sehr genaue Werte für den Harnfarbstoff Urochrom.

Näheres s. S. 44.

II. Wasser für Bauzwecke

Beton und Mörtel werden von Wässern mit angreifenden Eigenschaften zerstört. Für die Anlage von Betonbauten und Betonfundamenten ist die Beschaffenheit des Grundwassers deshalb von großer Bedeutung. Die Untersuchung soll sich auf folgende Wasserbestandteile erstrecken:

Freie Kohlensäure (s. S. 79)
Kalkaggressive Kohlensäure (s. S. 80)
Wasserstoffionenkonzentration (s. S. 75)
H_2S (s. S. 107)
Freie Mineralsäuren (Schwefelsäure, s. S. 83)
Sulfate (s. S. 47)
Chloride (s. S. 40)
Organische Substanzen (s. S. 36)
Gesamthärte (s. S. 101)
Bleibende Härte (s. S. 104)
Magnesiumsulfat und -chlorid sowie Calciumsulfat (s. S. 106)
Ammoniumsalze (s. S. 27)

Die Probenahme aus Bohrlöchern erfordert sehr viel Geschick. Am besten eignet sich eine ventillose Handpumpe, der Wasserschöpfer nach *Gad* (Lief. f. beide: Franz Bergmann KG, Berlin-Zehlendorf-West), und das Schöpfgerät nach *Friedinger* (Hersteller: Feinmechan. Werkstätten, Kiel-Wik).

Beurteilung der Betonschädlichkeit

Das Wasser, das mit Betonbauten in Berührung steht, muß farblos sein, denn gelbgefärbtes oder braungefärbtes Wasser enthält Huminstoffe und Huminsäuren, die in hohem Maße betonschädlich sind. Das gilt insbesondere für braune Moorwässer, die neben Huminsäuren oft auch freie Schwefelsäure enthalten.

Der Kaliumpermanganatverbrauch soll deshalb nicht mehr als 25 mg/l betragen; andernfalls ist der Beton besonders zu schützen (s. u.).

Wässer mit p_H-Werten unter 7,0 sind als betonschädlich anzusehen. Bei p_H-Werten von 6,5 und darunter liegt stark betonschädliches Wasser vor. Derartig saure Wässer haben nämlich nur geringe Karbonathärte und enthalten aggressive Kohlensäure. Die aggressive Kohlensäure löst aus Beton und Mörtel die Kalksalze heraus und zerstört diese Baustoffe nach und nach. Bei fließendem Wasser mit solchen Eigenschaften geht die Betonzerstörung sehr schnell vonstatten. Die einzelnen Zementarten geben in bezug auf Angriffsvermögen unterschiedliche Betonfestigkeiten, zunehmend in der Reihenfolge: Portlandzement, Hochofenzement, Tonerdezement.

Aber auch Wässer mit p_H-Werten über 7,0 können starke Schädigungen von Beton und Zement hervorrufen, wenn nämlich der Sulfatgehalt hoch ist. Calcium- und Magnesiumsulfat zerstören Beton unter starken Treiberscheinungen (Gipstreiben, auch „Zementbazillus" genannt), in geringem Maße auch Calciumchlorid und Magnesiumchlorid. In der Hauptsache entsteht die Verbindung $Al_2O_3 \cdot CaO \cdot CaSO_4 \cdot 30\ H_2O$, die feine weiße Nadeln bildet.

Wässer mit höherem Gehalt an Ammonsalzen sind betonschädlich. Schwefelwasserstoff und Sulfide sind ebenfalls betonschädlich.

Grenzwerte für Betonschädlichkeit des Wassers

Der Kaliumpermanganatverbrauch des Wassers soll unter 25 mg/l betragen.

Der p_H-Wert soll über 7,0 liegen.

Die Karbonathärte soll nicht unter 2,0° d H liegen. Aggressive Kohlensäure soll im Wasser nicht vorhanden sein.

Der Sulfatgehalt soll bei ruhendem Wasser unter 250 mg/l SO_4 liegen, bei fließendem Wasser soll er 100 mg/l SO_4 nicht übersteigen, wenn es sich um hartes Wasser handelt, und 50 mg/l SO_4 soll er nicht übersteigen, wenn es sich um weiches Wasser handelt. Beim Achensee-Kraftwerk hat man die Erfahrung gemacht, daß im Grundwasserstrom schon 70 mg/l SO_4 Betonschädigungen hervorgerufen haben (*F. Gutberlet*, Das Baugewerbe Nr. 14, 1958). Das Achenseewasser ist weich, aber nicht kohlensäureaggressiv.

Bei der Weserschleuse in Dörverden hat das Weserwasser mit 100 mg/l SO_4 Betonschäden verursacht.

Der Ammoniakgehalt soll 1,0 mg/l nicht übersteigen. Schwefelwasserstoff und Sulfide sollen nicht nachweisbar sein.

Brackwasser und Meereswasser greifen Beton stark an, besonders den porösen Beton.

Abwässer aller Art greifen Beton und Mörtel an. Zum Teil ist dies auf vorhandenen Schwefelwasserstoff zurückzuführen, zum Teil auf Ammoniak und Säuren.

Sulfatbeständige Zemente

Vor kurzer Zeit ist von den Dyckerhoff-Zementwerken (Werk Lengerich i. Westf.) ein hochsulfatbeständiger Zement, der Sulfadur-Zement, herausgebracht worden, bei dem sich die obenerwähnte Doppelverbindung nicht bilden kann. Auch hohe Sulfatgehalte im Grundwasser und Flußwasser haben deshalb keinen Einfluß auf die mit diesem Zement hergestellten Bauten. Wenn dieser Zement auch etwas teurer ist als der normale Portlandzement, so werden aber große Kosten für Klinkerbau oder viel Arbeitszeit für die Mischung des Portlandzements mit Traß oder anderen Zuschlägen vermieden (Güteklasse Z 225 nach DIN 1164).

Die Heidelberger Portlandzementwerke haben kürzlich den Dur-Atherm-Zement als hochsulfatbeständigen Zement herausgebracht. Dur-Atherm soll dem daraus hergestellten Beton auch hohe Beständigkeit gegen aggressive Kohlensäure geben, weil er mit Hochofenschlacke hergestellt ist (der Sulfadur-Zement dagegen nicht). Sulfadur-Zement und Dur-Atherm haben außerdem eine besonders niedrige Abbindewärme (Güteklasse des Dur-Atherm HOZ 275).

Beton-Anmachwasser

Zum Anmachen von Beton darf huminsäurehaltiges Wasser nicht verwendet werden. Der Kaliumpermanganatverbrauch des Anmachwassers darf 20 mg/l nicht übersteigen.

Der Sulfatgehalt soll 250 mg/l nicht übersteigen.

Salzhaltiges Wasser mit mehr als 0,15 % NaCl ist als Anmachwasser ungeeignet, ölhaltiges gleichfalls.

Tonerdezement ist bei salzhaltigem Wasser besonders ungeeignet.

Grenzwerte für Wasser, das mit Eisen und Stahl in Berührung ist

Sulfatgehalt über 250 mg/l SO_4 im Grundwasser zerstört auch von außen die verlegten Eisenrohre. Eisenrohre werden weiterhin in kalkarmen Lehm- und Tonböden, besonders in gipshaltigen sowie in Moorböden von außen angegriffen. Dasselbe gilt für Zinkrohre. Beim Verlegen von Zinkrohren ist Kalksandmörtel an Stelle von Gipssandmörtel zu verwenden.

In allen Fällen von angreifendem Grundwasser sind Beton und Eisen mit wasserabweisendem Anstrich zu versehen, mit Asphalt zu verfugen und mit Teerpappe zu umkleiden oder durch Anstrich mit Fluaten zu versehen.

Eisen und Stahl wird von weichen, karbonathärtearmen Wässern mit aggressiver Kohlensäure und p_H-Werten unter 7,0 angegriffen.

Auch ein hoher Nitratgehalt über 20—50 mg/l NO_3 wirkt sich bei weichen Wässern schädigend auf Eisen-, Stahl- und Zinkteile aus, auch wenn das weiche Wasser keine aggressive Kohlensäure hat.

Bei weichen Grundwässern ist ein Chloridgehalt von über 100 mg/l Cl schädlich für Eisen und Stahl, besonders dann, wenn Magnesiumchlorid vorliegt, z. B. im Weserwasser.

Meerwasser und Brackwasser greifen Eisen und Stahl an, weil sie viel Magnesiumchlorid enthalten.

Betonpfeiler sind bei aggressivem Grundwasser mit Klinkern zu umgeben. Bei Eisenrohren ist der Rohrgraben mit neutralem Sand in ½ m Schichtstärke zu umgeben oder das Grundwasser durch Drainagerohre abzuleiten.

Bei Grenzfällen ist ein möglichst fester, glattgestrichener Beton mit möglichst kalkarmem Zement (Hochofenzement, Tonerdezement oder Traßzement) besonders nach einer Bitumenisolierung verwendbar (DIN 4030 Deutsche Normen). Umstampfen mit Lehm gibt dem Beton weiteren Schutz.

III. Oberflächenwasser und Vorfluter

In den vorhergehenden Abschnitten finden sich an vielen Stellen Hinweise auf die Besonderheiten der Untersuchung von Oberflächenwasser. Bei der allgemeinen Untersuchung auf Brauchbarkeit für Trinkwasserzwecke hat man bei Oberflächenwasser vielfach Schwierigkeiten durch schwer zu beseitigende Trübung der Wasserprobe. In dem Abschnitt „Arbeitsregeln" sind verschiedene Möglichkeiten zur Beseitigung von Trübungen deshalb aufgezeigt.

Die Untersuchungsmethoden für Oberflächenwasser sind sonst die gleichen wie beim Grundwasser und Quellwasser, wie z. B. die Bestimmungen von:

Ammoniak
Nitrit
Nitrat
Kaliumpermanganatverbrauch
Chlorzahl
Chlorid
Phosphat
Sulfat

p_H-Wert
Freie Kohlensäure
Säurebindungsvermögen
Sauerstoff
Sauerstoffzehrung
Eisen
Mangan
Gebundene Kohlensäure
Karbonathärte
Gesamthärte
Abdampfrückstand
Glührückstand

Dazu kommt die Bestimmung des BSB_5 (s. u.).

Beurteilung: Für die Beurteilung einer Gewässerverunreinigung spielt neben dem Sauerstoffgehalt des Wassers die Sauerstoffzehrung eine große Rolle. Bei Verunreinigung durch Abwasser sinkt der Sauerstoffgehalt des Oberflächenwassers zumeist sehr stark, so daß dadurch auch der Fischbestand gefährdet bzw. oft auch vernichtet wird.

Bei Vorfluteruntersuchungen ist die Bestimmung der absetzbaren und der suspendierten Stoffe von Wichtigkeit, da diese sich an ruhigeren Teilen der Vorflut bei Fließgeschwindigkeiten unter 0,3 m/sec absetzen und Schlammbänke bilden, die ihrerseits zu sekundären Flußwasserverunreinigungen mit Sauerstoffschwund im Wasser Anlaß geben können.

Die Probenahme erfolgt bei Vorfluteruntersuchung erstens kurz oberhalb der Einleitungsstelle des Abwassers (je nach der Strömungsgeschwindigkeit 5 bis 50 m oberhalb) und zweitens etwa 50 bis 100 m unterhalb der Einleitungsstelle. Je nach dem Grad der biologischen Selbstreinigungskraft eines Vorfluters werden die Verunreinigungsstoffe mehr oder weniger schnell biologisch abgebaut. Man findet deshalb weiter unterhalb der Einleitungsstelle eines Abwassers wieder normale Werte bei der chemischen Untersuchung. Die Probenahmestelle muß deshalb sorgfältig ausgesucht werden; dabei ist auch die Strömung im Vorfluter von Wichtigkeit, da sich Abwasserstränge bilden können. Die Wasserproben sollen deshalb sowohl im Stromstrich wie auch an beiden Ufern (Gleithang und Prallhang) entnommen werden. Wenn man an mehreren Stellen des Bach- oder Flußlaufes Proben entnimmt, gewinnt man ein Bild über den Grad der Belastung durch das Abwasser und über die Selbstreinigungskraft des Vorfluters. Nach etwa 2 km Flußlauf verschwinden auch massive Verunreinigungen des Flußwassers, ausgenommen solche von Fabrikabwässern, z. B. von Abwässern aus Zucker- und Papierfabriken.

Der p_H-Wert des Wassers ist für den Fischbestand von Bedeutung. In Fischgewässern darf der p_H-Wert nicht unter 5,0 sinken und nicht über 9,0 liegen (*Schäperclaus*)[1].

Beurteilung einer Vorfluterverunreinigung: Für die Beurteilung einer Vorfluterverunreinigung müssen stets die Analysenwerte der oberhalb und unterhalb der Abwassereinleitungsstelle entnommenen Wasserproben zugrunde gelegt werden.

[1]) Vgl. auch *W. Ohle:* Zschr. f. Fischerei **36**, 185—191, 1938.

Eine deutliche Erhöhung des Gehalts an Stickstoffverbindungen, organischen Stoffen und eine Vermehrung der absetzbaren Stoffe beweisen, daß die Abwassereinleitung für den Vorfluter nicht tragbar ist bzw. daß die Reinigung des Abwassers nicht ausreichend ist. Für die Einleitung von Abwasser in Wasserläufe erster bis dritter Ordnung ist für Norddeutschland das Preußische Wassergesetz bindend.

Ein guter Maßstab für die Beeinflussung des Vorfluters ist die Chlorzahl; ist diese höher als die Permanganatzahl, dann ist die Verschmutzung der Vorflut zu stark.

Von großer Bedeutung ist die Prüfung des Sauerstoffgehalts des Vorflutwassers. Im Zusammenhang mit der Sauerstoffbestimmung muß auch eine genaue Temperaturbestimmung vorgenommen werden, um den Sauerstoffsättigungswert ermitteln zu können. Hierbei spielt auch, wie bereits oben gesagt, die Sauerstoffzehrung eine wichtige Rolle, die über den Grad der eventuellen Vorbelastung Aufschluß gibt. Als unterste Grenze für eine Abwasserbelastung eines Vorfluters ist der Sauerstoffsättigungswert von 40 % anzusehen, wobei etwa ein Drittel der Vorflutbelastung von ungelösten und etwa zwei Drittel von den gelösten Stoffen herrühren. Über die „Abwasserlast" und „Abwasserlastpläne" für Vorfluter s. *K. Imhoff*, Ges.-Ing. **71**, 1950 269—271. Bei stark verunreinigtem Wasser ist die Sauerstoffzehrung oft so groß, daß der gesamte Sauerstoff in wenigen Stunden verbraucht ist.

Pilztreiben in abwasserbelasteten Fließgewässern zeigt eine starke Verschmutzung des Gewässers an. Durch die Pilzflocken werden die Netze und Reusen verstopft und die Fischerei durch Fangausfall und Unbrauchbarwerden der Fanggeräte benachteiligt. Wenn Pilzflocken sich an ruhigen Flußabschnitten absetzen, tritt durch sekundäre Fäulnis weiterer Sauerstoffschwund im Flußwasser und weitere Fischereischädigung ein.

Mit Hilfe des „Flockenfängers" nach *Kolkwitz*[1]) kann man eine zahlenmäßige Übersicht oberhalb und unterhalb einer Verunreinigungsstelle in einem Flußabschnitt erhalten.

Bei Fischsterben ist auch an das Vorhandensein von Metallgiften zu denken. Viele Fischarten können z. B. nur wenige mg/l Kupfer, Blei und Zink vertragen.

Sehr wichtig ist bei der Vorfluteruntersuchung eine genaue Besichtigung des Flußbettes bzw. Bachbettes, verbunden mit einer biologischen Untersuchung derselben (*R. Weimann*, Techn. Berichte des Wirtsch. u. Verk. Min. Nordrhein-Westfalen Nr. 8, 1951). Größere Mengen herabgefallener Laubblätter können in stehenden Gewässern zu erheblichem Sauerstoffschwund im Tiefenwasser führen (*E. S. Chase,* Journ. New. Engl. Water Works **71**, 307–312, 1957).

Bei organisch stark verunreinigten Wässern ist der Sauerstoffgehalt spätestens nach 24 Stunden gleich Null und die Sauerstoffzehrung gleich 100 %. Um eine zahlenmäßige Abstufung innerhalb der höheren Verunreinigungsgrade zu erhalten, hat man die Bestimmung des biochemischen Sauerstoffbedarfs eingeführt.

Der biochemische Sauerstoffbedarf — BSB — (s. u.) zeigt den Grad der Belastung des Vorfluters genauer an.

Schließlich ist noch die Bestimmung von Phenolen in Vorflutern und Flußläufen von Wichtigkeit, da diese durch industrielle Abwässer sehr häufig in das Flußwasser ge-

[1]) Lief. Franz Bergmann KG, Berlin-Zehlendorf.

langen und dadurch zu Fischereischäden führen und bei der Aufbereitung des Flußwassers zu Trinkwasser durch Chlorung den sehr ungünstigen Chlorphenolgeschmack geben. Die Einleitung phenolhaltiger Abwässer wird behördlicherseits bei vielen Flußläufen genau überwacht. Als Beispiel sei die Ruhrverunreinigung angeführt (GWF 1929).

Die Versalzung der Flüsse durch die Abwässer der Kaliindustrie und anderer Industrien muß ebenfalls ständig überwacht werden, wobei neben den normalen Chloridbestimmungen die Bestimmung der Alkalimetalle und der Erdalkalien durchgeführt wird.

Ammoniak in Mengen von mehr als 3 mg/l ist für Fische schädlich.

Bestimmung des biochemischen Sauerstoffbedarfs

Verdünnungsmethode: Der biochemische Sauerstoffbedarf (BSB_5) ist diejenige Menge Sauerstoff, die bei der biologischen Selbstreinigung eines Wassers innerhalb von fünf Tagen bei 20° C aufgezehrt wird, in g/cbm.

Das Untersuchungswasser (Vorfluter) bzw. das Abwasser wird sofort nach der Entnahme mit besonders zubereitetem, sauerstoffgesättigtem, nicht übersättigtem Wasser verdünnt. Dieses Verdünnungswasser wird durch häufiges Belüften und Stehenlassen von reinem Leitungswasser oder Aqua dest. (letzteres mit einigen mg/l Natriumbicarbonat) in 5-Liter-Flaschen (etwa 2 bis 4 Wochen lang, d. h. bis zum Gleichgewicht) hergestellt. Es zeigt nach dieser Zeit keine Sauerstoffzehrung mehr und wird verschlossen im Dunkeln aufbewahrt. Der Sauerstoffgehalt wird jeweils festgestellt. Er soll nicht oberhalb des Sättigungswertes liegen.

Das geschöpfte Untersuchungswasser wird in einem Schöpfgefäß von 2 l Inhalt mit dem Verdünnungswasser gemischt. Das Verdünnungsverhältnis richtet sich nach dem Kaliumpermanganatverbrauch des Untersuchungswassers (1 : 5 bis 1 : 20). Der biochemische Sauerstoffbedarf von normal belasteten Vorflutern und Abläufen von Tropfkörpern beträgt das Ein- bis Zweifache des nach der Kaliumpermanganatmethode (s. S. 37) bestimmten Sauerstoffverbrauchs, bei mechanisch geklärten Abwässern das Drei- bis Fünffache.

Die Wassermischung wird mit einer Hebervorrichtung in Glasstopfenflaschen zu 300 ccm (Sauerstoffflaschen) bis zum oberen Rand des Flaschenhalses gefüllt und nach dem Aufsetzen des Stopfens 5mal 24 Stunden bei 22° C stehengelassen. Nach einer Stunde und nach 5mal 24 Stunden wird der Sauerstoffgehalt nach den Angaben auf S. 90 bestimmt. Durch das einstündige Stehenlassen ermittelt man den rein chemischen Sauerstoffbedarf.

Aus der angewandten Verdünnung des Untersuchungswassers = m (= ccm Untersuchungswasser auf 1 l Mischung), dem ursprünglichen O_2-Gehalt des Verdünnungswassers = a und nach fünf Tagen = d und dem Sauerstoffgehalt der Mischung nach 5 mal 24 Stunden = b sowie beim Ansetzen = c errechnet sich der biochemische Sauerstoffbedarf nach folgendem Ansatz:

$$BSB_5 \text{ in mg/l} = m \times 1000 \times \frac{a \text{ mg/l } O_2 - b \text{ mg/l } O_2}{m}$$

$$\text{oder } BSB_5 = a - (a - c)\, m + (d - b) \cdot m - d$$

Über die Auswertung des BSB s. auch *R. Weimann*, Schriftenreihe d. Ausschusses f. Kulturbauwesen in Westdeutschland, Heft 2.

Der Biomassentiter

Als Biomassentiter wird nach *G. Bringmann* die Menge an organischer Substanz bestimmter einzelliger Testorganismen bezeichnet, die unter bestimmten Bedingungen in einer Wasserprobe gebildet werden kann. Bestimmt wird der Biomassentiter von Testorganismen in ihrer Abhängigkeit von nichtmineralisierten Stickstoffverbindungen des Wassers. Der Biomassentiter ermöglicht die Messung einer saproben Belastung eines Gewässers durch organische Stickstoffverbindungen und gibt zugleich eine Vergleichsmöglichkeit zwischen akuter saprober Belastung und Eutrophierung allgemeiner Art in einem Gewässer. (Näheres s. bei *G. Bringmann*, Ges. Ing. 77, 1956, 374—381 und bei *G. Bringmann* u. *R. Kühn*, Ges. Ing. 79, 1958, 329—333.)

Bestimmung des Phenolgehalts

Phenole im Flußwasser (Verfahren *Hinden-Splittgerber*): Als Reagenz dient eine Lösung von 1,38 g p-Nitranilin in 310 ccm n/1 Salzsäure, die auf 2 l aufgefüllt wird. 20 ccm von diesem Reagenz werden mit Eis gekühlt und mit Natriumnitrit entfärbt. Das Untersuchungswasser wird alsbald nach der Entnahme mit Natronlauge versetzt; nach dem Absetzen wird abgehebert und 20 ccm sofort nach dem Ansetzen der obigen Nitranilinlösung zu dieser gleichzeitig mit 30 ccm n/1 Sodalösung hinzugegeben. Bei stärker verunreinigtem Flußwasser und bei Abwasser destilliert man die Wasserprobe (200 ccm oder mehr).

Die auftretende Rotfärbung wird nach 10 Minuten mit der gleichartig behandelten Vergleichslösung verglichen. Als Vergleichslösung dient eine Lösung von 0,5 g m-Kresol und 0,5 g Phenol in 1 l Wasser; 1 ccm enthält 1 mg Phenole. Diese Standardlösung wird entsprechend verdünnt.

Der Farbvergleich ist in Mengen von 0,1 bis 2,0 mg/l Phenol möglich, bei stärkeren Konzentrationen wird verdünnt, bei schwächeren durch Destillation konzentriert. Es reagieren in der Hauptsache Xylenol, Resorcin, α-Naphthol, Kresol und Phenol. Hydrochinon und Brenzkatechin reagieren nicht, Chlorphenole ebenfalls nicht.

Die Phenolbestimmung wird nach *H. Könen* durch Sulfitablauge gestört (Z. f. analyt. Chemie **128**, 127, 1948).

Kolorimetrische Phenolbestimmung nach Martin: Eine spezifische und sehr empfindliche Methode ist die nach *R. W. Martin* (Anal. Chemistry **21**, 1419, 1949). 100 ccm der gegebenenfalls neutralisierten Wasserprobe werden mit 0,6 ccm einer 2%igen Lösung von 1-Phenyl-2,3-dimethyl-4-aminopyrazolon (Merck) und 2 ccm 5%igem Ammoniak sowie 2 ccm 2%iger Kaliumeisen(III)cyanidlösung versetzt (nach jedesmaligem Umschwenken). Die entstehende Rotfärbung wird im Kolorimeter oder Photometer mit den gleichzeitig angesetzten Phenollösungen (s. o.) verglichen. Eisen(II)-Salze stören.

Quantitative Bestimmung der Detergentien nach *F. Sierp* und *Thiele*[1])

50 ccm Wasser werden in einem Scheidetrichter von 125 ccm Inhalt mit 0,5 ccm 5-n-Schwefelsäure und 0,5 ccm 30%iger Wasserstoffsuperoxydlösung eine Viertelstunde stehen-

[1]) „Vom Wasser" Bd. XXI 1954 auf *P. N. Degens*, *H. van der Zee* und *I. D. Kommer* (Sewage Ind. Wastes 25 [1953]) sowie auf *R. Manganelli* und *E. S. Crosby* (Sewage Ind. Wastes 24 [1952]) zurückgehend.

gelassen, um vorhandene Rhodanide zu zerstören. Die gleichfalls störenden Chloride werden mit 0,4%iger Silbernitratlösung gefällt. Nach Verdünnung mit 50 ccm dest. Wasser und Zugabe von 2,5 ccm einer 0,035%igen Methylenblaulösung (in 0,01-n-Schwefelsäure) wird dreimal mit Chloroform ausgeschüttelt. Zum Schluß wird nochmals mit 8 ccm Chloroform ausgeschüttelt. Die Chloroform-Auszüge werden auf 25 ccm aufgefüllt und die Färbung des Methylenblau-Detergentien-Komplexes wird im Photometer gemessen.

Alkylsulfonate und Alkylarylsulfonate machen 90 % der verbrauchten Detergentien zur Zeit aus. Diese können als Substanzen für Vergleichslösungen verwendet werden.

Neue Standard-Methode der Detergentien-Bestimmung

Der Fachausschuß Detergentien hat im Jahre 1960 die Methode von *J. Longwell* und *W. D. Maniece* (The Analyst 1955, 80, 167) als Standardmethode für die Bestimmung der anionischen Detergentien vorgeschlagen. Die Untersuchungsvorschrift ist die folgende:

Von dem zu untersuchenden Wasser oder Abwasser (nach dem Absetzen) werden 100 ccm in einem Scheidetrichter mit 10 ccm Alkaliphosphatlösung und 5 ccm neutraler Methylenblaulösung sowie mit 15 ccm Chloroform (p. a.) unter jedesmaligem Umschütteln versetzt.

Die anzuwendende Probemenge richtet sich nach dem Detergentiengehalt, der zwischen 20 und 150 μ g liegen soll und durch Vorversuche ermittelt werden soll. Bei den höheren Gehalten werden entsprechend geringere Probemengen angewandt und jeweils auf 100 ccm aufgefüllt.

Das Gemisch wird 1 min lang leicht geschüttelt, und zwar gleichmäßig zweimal pro sec. Die Chloroform-Phase wird in einen zweiten Scheidetrichter abgelassen, der 110 ccm Aq. dest. und 5 ccm Methylenblaulösung enthält. In den ersten Scheidetrichter werden dann noch 2 ccm reines Chloroform gegeben und nochmals geschüttelt. Das Chloroform wird in den zweiten Scheidetrichter abgelassen.

Emulsionsbildungen kann man mit einem Glasstab beheben.

Der zweite Scheidetrichter wird in gleicher Weise wie der erste geschüttelt. Die gesamte Chloroform-Phase wird in einen Meßkolben von 50 ccm Inhalt durch einen mit Chloroform getränkten kleinen Wattebausch filtriert und letzterer mit 2 ccm Chloroform ausgewaschen.

Die Ausschüttelung des im ersten Scheidetrichter befindlichen Gemisches wird noch zweimal mit je 10 ccm Chloroform wiederholt und die Chloroform-Phasen in den Meßkolben filtriert, worauf dieser auf 50 ccm aufgefüllt wird.

Der Vergleich wird mit Standardlösungen von Manoxol vorgenommen (Natriumdioctylsulfosuccinat, bei der Fa. Chem. Werke Hüls, Deutsche Eichsubstanz-Tetrapropylenbenzolsulfonat erhältlich).

Reagentien. Alkaliphosphatlösung: 10 g Natriumhydrogenphosphat (sicc.) werden in ca. 200 ccm Aq. dest. gelöst und durch Natronlauge auf einen p_H-Wert von 10 gebracht. Mit Aq. dest. wird auf 1 l aufgefüllt.

Neutrale Methylenblau-Lösung wird bereitet durch Auflösen von 0,35 g Methylenblau in 1 l Aq. dest.

Saure Methylenblau-Lösung wird durch Auflösen von 0,35 g Methylenblau in ca. 500 ccm Aq. dest. und Auffüllen mit Aq. dest. zu 1 l nach Zusatz von 6,5 ccm N-Schwefelsäure.

IV. Abwasser

Probenahme: Was über die Bedeutung der richtigen Probenahme beim Trinkwasser gesagt wurde, gilt in besonderem Maße für die Abwasserprobenahme. Wichtig ist zunächst die richtige Wahl der Entnahmestelle (besonders bei Probenahme im Abwasserkanal) und der Entnahmezeit, z. B. Hauptanfallszeit. In den meisten Fällen ist eine Entnahme des ungeklärten und auch des geklärten Abwassers zu verschiedenen Tageszeiten und die Herstellung von Mischproben aus verschiedenen Einzelproben notwendig.

Da die Abwasserkonzentration im Verlaufe des Tages stark wechselt, muß man zunächst Näheres über den Anfall und die Konzentrationsverhältnisse durch den Wärter der Kläranlage in Erfahrung bringen. Wenn man hierüber keine Klarheit erhalten kann, muß alle 1/4 bis 1/2 Stunde eine Probe entnommen (evtl. Tag und Nacht) und aus diesen die Mischprobe hergestellt werden. Bei ungeklärtem, fäulnisfähigem Abwasser soll die Probenahme jedoch nicht über 6 Stunden ausgedehnt werden; anderenfalls muß man einen Teil der Proben sogleich konservieren (s. u.). Sollte eine Entnahme über viele Stunden nicht möglich sein, so ist die Hauptanfallszeit und die Hauptverschmutzungszeit zu wählen.

Um die Wirkung einer Kläranlage untersuchen zu können, muß man besonders darauf achten, daß korrespondierende Proben ein und derselben Abwasserflut in den verschiedenen Reinigungsstufen entnommen werden. Zu diesem Zweck ist die Durchflußzeit durch die einzelnen Stufen (Klärbecken, Tropfkörper, Nachklärbecken) festzustellen (evtl. durch Kochsalzversuch, Chloridbestimmungen oder Farbstoffversuch mit Uranin).

Das geklärte Abwasser ist möglichst nahe an der Abflußstelle zu entnehmen. Für die Entnahme von Abwasserproben eignet sich besonders der *Dinse*-Becher, den man in die Abwasserflut mit einem Haltestab einsenkt (Lief.: Fa. Franz Bergmann & Altmann, Berlin-Zehlendorf und Hamburg 1). In den *Dinse*-Becher können auch zwei Sauerstoffflaschen eingesetzt werden. Sehr praktisch ist auch die „Stockklammer" nach *Prütz*, an der man alle Gefäße in offene Gewässer und Behälter eintauchen kann (Lief.: Fa. Otto Otto, Hildesheim).

Probemenge: Für eine normale Abwasseruntersuchung werden 2 l der Probe benötigt. Am geeignetsten sind Glasstopfenflaschen aus Jenaer Glas. Für den Versand von Abwasserproben eignen sich auch Aluminiumflaschen mit Innenschutzlack und Kunststoffflaschen.

Konservierung von Proben. Da sich alle häuslichen und städtischen Abwasserproben infolge bakterieller Vorgänge sehr schnell verändern, ist eine Konservierung immer angezeigt, besonders dann, wenn eine alsbaldige Untersuchung nicht möglich ist. Für die Bestimmung des Kaliumpermanganatverbrauchs, des Ammoniaks und der organischen Stickstoffverbindungen konserviert man mit 3 ccm Schwefelsäure (1 + 1) pro Liter, für die Phenolbestimmung mit Ätznatron (3 g/l) und für die übrigen Bestimmungen mit 2 ccm Chloroform je Liter. Für die Chloridbestimmung wird eine unbehandelte Probe mitgenommen. Der Schwefelwasserstoff wird mit Cadmiumacetat fixiert. Eine unbehandelte Probe wird ferner für die Bestimmung des BSB_5 entnommen (s. S. 185).

Untersuchung an Ort und Stelle: Die Temperaturmessung von Abwässern und Luft wird wie bei Trinkwasser (s. S. 20) vorgenommen. Ebenso wird die äußere Beschaffenheit, Farbe, Geruch, Sichttiefe, Durchsichtigkeit und Reaktion wie bei Trinkwasser an Ort und Stelle bestimmt (s. S. 21). Es ist besonders auf den Geruch zu achten, der fäkalartig, faulig, säuerlich oder stinkig sein kann. Das Verhalten der Probe wird weiterhin im Verlauf von mehreren Tagen beobachtet. Weiterhin sind an Ort und Stelle die Methylenblauprobe, die Sauerstoffproben, die BSB-Proben, die Phenolproben und die Schwefelwasserstoffproben anzusetzen sowie die orientierende Prüfung auf Stickstoffverbindungen (Ammoniak, salpetrige Säure, Salpetersäure) und die p_H-Bestimmung auszuführen. Schließlich sind Proben zur Konservierung zu entnehmen.

Die Bestimmung des Trübungsgrades erfolgt wie auf S. 23 beschrieben.

Einige spezielle Abwasserprüfungen

Die Bestimmung der „absetzbaren Stoffe“: Zur ungefähren Ermittlung der zu erwartenden Frischschlamm-Mengen dient die Bestimmung der absetzbaren Stoffe durch die Absetzprobe.

Die Absetzprobe wird bei Abwasser in besonderen konischen Absetzgläsern vorgenommen. Man benutzt Absetzgläser von 250 bis 1000 ccm (nach *Spillner* oder *Schulze-Forster*), die unten mit einer Einteilung in ccm versehen sind; in diesen wird die abgemessene Abwassermenge 2 Stunden stehengelassen. Nach einstündigem Stehen wird das Glas (Lief.: Fa. Franz Bergmann & Altmann, Berlin-Zehlendorf und Hamburg 1, oder Fa. Feddeler, Essen) mehrmals ruckweise um seine Achse gedreht, um die an den Wandungen hängenden Schwebestoffe zum freien Schweben zu bringen. Dies wird kurz vor Ablauf der zweiten Stunde wiederholt. Die abgelesenen ccm werden auf 1000 ccm umgerechnet.

Die Bestimmung der Schwebestoffe erfolgt im Porzellanfiltertiegel oder besser im Asbest-Goochtiegel. In einem Meßzylinder werden hierfür 200 bis 500 ccm der Abwasserprobe abgemessen, und nach längerem Absetzen wird der ausgeglühte und gewogene Filtertiegel portionsweise beschickt und mit der Wasserstrahlpumpe abgesaugt. Die Hauptmenge der Schwebestoffe wird erst zum Schluß in den Filtertiegel gegeben. Meßzylinder und Tiegel werden mit destilliertem Wasser nachgewaschen. Der Tiegel wird darauf eine Stunde im Trockenschrank bei 105° C getrocknet und nach dem Erkalten gewogen. Das Ergebnis wird in mg/l Schwebestoffe angegeben. Man kann weiterhin auch den Gesamtrückstand nach dem Glühen und den Glühverlust der suspendierten Stoffe angeben.

Zur Bestimmung des Glührückstandes der Schwebestoffe wird der ausgewogene Tiegel nach Einsetzen in einen Tiegelschuh auf der Bunsenflamme oder im elektrischen Muffelofen bei 600° C geglüht und nach dem Abkühlen im Exsikkator gewogen. Das Gewicht des Glührückstandes wird auf mg/l umgerechnet.

Der Glühverlust ist die Differenz zwischen Gesamtrückstand in mg/l und Glührückstand in mg/l. Wenn man die Glühtemperatur von 600° C ungefähr einhält, erhält man einen Glühverlust, der nur durch organische Substanzen verursacht worden ist.

Die Berechnung erfolgt nach folgendem Schema:

Gewicht des Tiegels	a Gramm
Gewicht des Tiegels mit Gesamtrückstand	b Gramm
Gewicht der Schwebestoffe	b—a Gramm
Gewicht der Schwebestoffe nach Trocknung bei 105° C	c Gramm
Gewicht des Tiegels mit Glührückstand	d Gramm
Gewicht des Glührückstandes	d—a Gramm
Gewicht der organischen Schwebestoffe	c—a Gramm

Zur Bestimmung des salzsäurelöslichen Anteils des Glührückstandes wird dieser im Glühtiegel mehrmals mit 10%iger Salzsäure behandelt, mit dest. Wasser nachgewaschen und abgesaugt. Nach abermaligem Trocknen im Trockenschrank erhält man aus der Differenz der Gewichte den Wert für den salzsäurelöslichen Anteil.

Bestimmung des biochemischen Sauerstoffbedarfs s. S. 185.

Die Bestimmung des Sauerstoffs und der Sauerstoffzehrung wird im unfiltrierten Abwasser, wie auf S. 90 angegeben, ausgeführt.

Methylenblauprobe (Prüfung auf Fäulnisfähigkeit, Haltbarkeitsprüfung): Die Prüfung der Fäulnisfähigkeit eines Abwassers gibt einen Anhalt über den Gehalt an schwefelhaltigen organischen Verbindungen und den Grad der Belastung für den Vorfluter. In ein Glasstopfenfläschchen von 50 ccm, in dem sich 0,3 ccm Methylenblaulösung (0,05%ig) befinden, füllt man die Abwasserprobe bis zum Rande des Flaschenhalses und setzt den Glasstopfen auf, so daß keine Luftblase in der Flasche verbleibt. Die Probe wird möglichst bald nach der Entnahme in einen Brutschrank von 37° C für 1 bis 6 Stunden gestellt und währenddessen des öfteren beobachtet. Ist nach dieser Zeit keine Entfärbung eingetreten, so ist das Abwasser als nicht mehr fäulnisfähig zu bezeichnen. Im anderen Falle beobachtet man die Entfärbung innerhalb von 48 Stunden bei 22° C. Man kann die Fäulnisfähigkeit auch im filtrierten Wasser bestimmen.

Die weiteren Bestimmungen werden im filtrierten Abwasser vorgenommen.

Zum Filtrieren dient das Kreppapierfilter, da Papierfilter gewöhnlicher Art kolloide Anteile zurückhält.

Die Prüfung auf Schwefelwasserstoff wird an Ort und Stelle eingeleitet. Prüfung mit Bleiacetatpapier: Ein mit Bleiacetatlösung oder verdünntem Bleiessig getränkter Filtrierpapierstreifen wird feucht in die zu vier Fünftel gefüllte Probeflasche eingehängt, bei 20 bis 22° C, und zwar so, daß der Streifen frei über der Abwasserprobe hängt. Ab und zu wird das Gefäß leicht hin und her bewegt. Braunfärbung zeigt Schwefelwasserstoff an, der durch den Geruch bei fauligem Abwasser oft nicht zu erkennen ist.

Bei geringerem H_2S-Gehalt ist gelinde zu erwärmen.

Für genauere Schwefelwasserstoffbestimmung wird an Ort und Stelle eine 250-ccm-Flasche mit 10 ccm einer 5%igen Cadmiumacetatlösung versetzt. Im Laboratorium wird nach dem Absetzen durch einen Asbest-Goochtiegel filtriert, wobei der Hauptteil des Cadmiumsulfidniederschlages in den letzten 10 bis 20 ccm der Abwasserprobe verbleiben kann. Der Asbest mit dem Niederschlag wird in die Flasche zurückbefördert und 10 ccm n/10 Jodlösung und 10 ccm Salzsäure (1,121) hinzugesetzt. Nach zweistündigem Stehen wird mit n/10 Thiosulfatlösung zurücktitriert (Stärkelösung als Indikator, 1 ccm n/10 Jodlösung = 1,7 mg H_2S).

Weiterhin sind bei jeder Abwasseruntersuchung im filtrierten Abwasser auszuführen:

Die Bestimmung des Kaliumpermanganatverbrauchs, der Chlorzahl und des Chloridgehalts[1]) sowie die genaue Bestimmung von Ammoniak, Nitrit, Nitrat, Phosphat und des organischen Stickstoffes (aus der Differenz: Gesamtstickstoff minus anorganischer Stickstoff und Albuminoïdstickstoff), Abdampfrückstand, Glührückstand, p_H-Wert. Alle diese Bestimmungen werden, wie bei Trinkwasser angegeben, ausgeführt, jedoch bei entsprechender Verdünnung. Die Bestimmung des Gesamtstickstoffs geschieht in üblicher Weise nach *Kjeldahl*.

C y a n i d e. Die Cyanbestimmung s. im Abschnitt Gewerbliche Abwässer S. 196.

Beurteilung des Abwassers

Die Beurteilung einer Abwasserreinigungsanlage erfordert sehr viel Spezialerfahrung. In diesem Buch kann deshalb nur eine ganz kurze Übersicht gegeben werden (Näheres bei *W. Husmann,* Praxis der Abwässerreinigung, 1950).

Wichtig für den gesamten Reinigungsvorgang ist die rasche Entfernung der ungelösten Stoffe und ihre Abtrennung von der flüssigen Abwasserphase.

Die Wirkung bei der mechanischen Klärung, d. h. die Differenz zwischen dem Gehalt des ungeklärten und des geklärten Abwassers an Schwebestoffen soll in Prozenten des ungeklärten Abwassers 60 bis 70 % betragen. Das mechanisch geklärte Abwasser soll, wenn es aus der Absetzanlage (Absetzbecken, Emscherbrunnen, Kremerbrunnen oder OMS-Brunnen) austritt, auf 1 l nicht mehr als 0,5 ccm Schwebestoffe innerhalb von 2 Stunden absetzen bzw. unter 100 mg Gesamtschwebestoffe enthalten.

Die Abläufe von biologischen Reinigungsanlagen müssen fäulnisunfähig sein und sollen nicht mehr als 0,3 ccm Schwebestoffe enthalten.

Eine Nitratanreicherung ist neben dem Absinken des Permanganatverbrauchs und vor allem des BSB_5 ein sehr wichtiger Maßstab für den Reinigungseffekt der biologischen Reinigung.

Die Wirkung der biologischen Reinigung kann weiterhin beurteilt werden an der Abnahme des Kaliumpermanganatverbrauchs, die mindestens 50 bis 60 % gegenüber dem ungereinigten Abwasser betragen soll. Sehr wichtig ist das Verhältnis von Ammoniakstickstoff zu organischem Stickstoff. Bei gereinigten, fäulnisunfähigen Abwässern ist der Wert für Ammoniakstickstoff viel höher als der Wert für organischen Stickstoff, bei fäulnisfähigen Rohabwässern ist es umgekehrt.

---

[1]) Durch Eisen getrübte Abwässer werden hierfür mit chloridfreiem Zinkoxyd geschüttelt und filtriert. Organische Stoffe werden durch Kochen von 100 ccm Abwasser mit Kaliumpermanganatlösung und weiteres Kochen mit Alkohol entfernt. Nach Filtration in einem 200-ccm-Kolben und Auffüllen wird die Titration mit 100 ccm (= 50 ccm Probe, wie bereits angegeben) ausgeführt.

Auch das Verhältnis der Permanganatzahl zur Chlorzahl (s. S. 67) kann herangezogen werden.

Nach der Rieselfeldbehandlung soll der Kaliumpermanganatverbrauch um 75 bis 90 % gesunken sein.

Für die Beurteilung der Fäulnisfähigkeit ist die Methylenblauprobe wichtig (s. o.). Ein fauliges Abwasser ist biologisch viel schwerer zu reinigen.

Permanganatverbrauch und Chloridgehalt geben einen Anhaltspunkt für die Abwasserkonzentration bei häuslichem und städtischem Abwasser.

Der p_H-Wert der häuslichen Abwässer liegt zumeist bei p_H 7,4, bei Abwässern von Städten bei p_H 8,0. Bei p_H-Werten unter 7,0 liegt saure (stinkende) Gärung vor.

Bei Vorflutern besonders mit geringer Wasserführung ist der biochemische Sauerstoffbedarf des geklärten Abwassers und des Vorfluters oberhalb und unterhalb der Einleitungsstelle zu ermitteln. Es zeigt sich hierbei nämlich oft, daß gereinigte Abwässer den Vorfluter auch trotzdem stark belasten und eine starke Sauerstoffzehrung erzeugen.

Die Abläufe von biologischen Reinigungsanlagen sollen bei Tropfkörpern einen biochemischen Sauerstoffbedarf unter 30 mg/l und bei Belebtschlammanlagen ebenfalls um 30 mg/l haben.

Nach *Thumm* werden folgende Werte als Normalwerte für verschiedene Abwässer betrachtet:

Normalwerte	Ungelöstes	Abd. Rückstand	$KMnO_4$-Verbrauch	NH_3	Cl
1. Dünne Abwässer	bis 300 mg/l	bis 500 mg/l	bis 200 mg/l	bis 30 mg/l	bis 100 mg/l
2. Mittlere Abwässer	bis 500 mg/l	bis 1000 mg/l	bis 300 mg/l	bis 50 mg/l	bis 150 mg/l
3. Konzentr. Abwässer	über 500 mg/l	über 1000 mg/l	über 300 mg/l	über 50 mg/l	über 150 mg/l

Abwasserklärung

Man unterscheidet: Mechanische Klärung, bei der die ungelösten Sinkstoffe beseitigt werden, und biologische Reinigung des Abwassers, bei der ein biogener Abbau von gelösten und kolloid gelösten organischen Stoffen stattfindet. Die erste Stufe der mechanischen Klärung ist meist eine Rechen- oder Siebanlage, die die Zurückhaltung der gröbsten Sinkstoffe bewirkt (Grobrechen, die Sperrstoffe zurückhalten, und Feinrechen). Neuerdings werden aber auch statt dessen Zerkleinerungsmaschinen eingebaut. Dahinter befindet sich zumeist ein Sandfänger, besonders bei Gemischtsystem (Abwasser und Straßenabläufe), dahinter manchmal noch ein Fettabscheider. Das Absetzbecken ist der wichtigste Teil jeder Kläranlage. Hier findet die mechanische Klärung statt. Die abgesetzten Sinkstoffe werden in diesen bzw. in den darunter befindlichen Faulräumen innerhalb von Stunden oder Tagen „ausgefault". Nach dem Ausfaulen wird der noch fließbare Schlamm auf Trockenbeete abgelassen. Diese bestehen meist aus gemauerten Becken, deren

Boden aus locker gelagerten Ziegelsteinen besteht, unter denen sich lockerer, stark wasserdurchlässiger Sand oder Schlacke befinden. Von hier wird der Schlamm, wenn er stichfest geworden ist, was gewöhnlich 10 bis 20 Tage dauert, abgefahren. Er stellt einen humusreichen Dünger dar, der auf den Ackerboden verbessernd einwirkt; besonders bei leichten Ackerböden wirkt er günstig. Er wird den Landwirten der Umgebung meist ohne gegenseitige Vergütung abgegeben.

Im Jahre 1907 wurde von *Imhoff* die erste moderne mechanische Kläranlage in Form des Emscherbrunnens gebaut. Sie bestand aus zwei übereinanderliegenden Becken. Der Zwischenboden besteht aus schrägen Gleitwänden, die in der Mitte einen Schlitz haben, durch welchen die Sinkstoffe in den unteren, eigentlichen Faulraum treten. Ähnlich ist der OMS- und Dywidagbrunnen gebaut. Der Kremerbrunnen hat abgetrennten Schlammfaulraum.

Ein nur mechanisch geklärtes Wasser ist fäulnisfähig und würde den Vorfluter zu stark belasten. Es muß daher anschließend einem biologischen Prozeß zum Abbau der fäulnisfähigen organischen Stoffe unterworfen werden.

Dies wird erreicht durch:

Biologische Reinigungsverfahren

1. Durch Tropfkörper, bei denen das geklärte Abwasser über Schlackenmaterial verteilt wird; in diesen rieselt es unter Berührung mit Luft herab und wird hierbei durch zahlreiche Abwasserbakterien und Mikroorganismen gereinigt.
2. Durch das Schlammbelebungsverfahren, bei dem das geklärte Abwasser im zementierten Becken durch Schaufelräder oder Lufteinblasen bewegt wird, wobei sich ein aktiver Schlamm, der mit zahllosen Mikroorganismen durchsetzte „Belebtschlamm", bildet, der die weiteren Abwasserfluten biologisch klärt. In Nachklärbecken wird der abgesetzte Schlamm abgezogen und teilweise als „Rücklaufschlamm" wieder in das Belüftungsbecken gegeben.
3. Durch Rieselfelder. Bei den biologischen Verfahren findet ein Mineralisierungsprozeß statt. Der Kaliumpermanganatverbrauch des Wassers sinkt daher beträchtlich. Die in dem nur mechanisch geklärten Wasser reichlich vorkommenden Ammoniakverbindungen sind bei gut arbeitender biologischer Reinigung nahezu verschwunden. An deren Stelle tritt Nitrit- und Nitratstickstoff auf.
4. Durch Schwebfilter-Reaktor (Reaktivator-Verfahren) oder Flockenwirbelschicht-Verfahren (Accellator-Verfahren), bei denen in geschlossenen Behältern durch rückgeführten Schlamm eine schnelle Ausflockung der organischen Stoffe in einer Reaktionszone erfolgt. Die Aufenthaltszeit beträgt bei einem 90%igen Rückgang des BSB-Wertes bei städtischem Abwasser ca. 3 Stunden.
5. Abwasserteiche und Abwasserfischteiche. Eine biologische Reinigung von mechanisch geklärtem Abwasser kann auch durch Abwasserfischteiche erfolgen (Teichdüngung z. B. bei der Stadt München).
6. Die chemische Abwasserreinigung ist in Deutschland bisher wenig durchgeführt. In den USA wird das *Laughlin*-Verfahren, das in der Fällung (Kolloidflockung) mit Eisenchlorid, Kalk und Papierbrei besteht, viel angewandt.

Zu 1. Tropfkörper: Das aus der mechanischen Klärung austretende Abwasser wird mit Hilfe von Berieselungsrinnen oder durch drehbare Verteilerarme (*Segner*sche Schwenkarme, auch Drehsprenger genannt) auf die Tropfkörper — etwa 2 bis 4 m hohe Schlackenfilter — verteilt. Durch den Rückstoß des aus einseitig angebrachten Löchern austretenden Abwassers bleiben die Rührarme ständig in Bewegung und verteilen das Abwasser in dünnem Strahl, wobei zugleich viel Luftsauerstoff beigemischt wird.

Früher wurden die biologischen Tropfkörper offen gebaut, heute werden sie wegen der Fliegenplage in gemauerte Gebäude einbezogen. In diesem Falle muß jedoch für ausreichende künstliche Belüftung gesorgt werden. Die Abwasserorganismen, die im Tropfkörper den Abbau der gelösten organischen Stoffe bewirken, benötigen nämlich viel Sauerstoff. Mit 1 cbm Tropfkörpermasse erzielt man eine durchschnittliche Leistung von etwa 0,5 cbm Abwasser in 24 Stunden. Bei den modernen Hochbelastungstropfkörpern rechnet man 2 bis 4 cbm Abwasser in 24 Stunden pro 1 cbm Tropfkörpermasse.

Zu 2. Schlammbelebungsverfahren: Neuerdings wird an Stelle des Tropfkörperverfahrens das Belebtschlammverfahren angewandt. Das aus der mechanischen Klärung austretende Abwasser wird in langgestreckte Zementbecken von 1 bis 2 m Tiefe geleitet, in denen es durch Schaufelräder oder Druckluft lebhaft bewegt wird. Hierbei bildet sich der sog. Belebtschlamm, ein lockerer, von unzähligen pflanzlichen und tierischen Abwasserorganismen durchsetzter Schlamm. Er wird teilweise abgeführt, teilweise zurückgeführt in die vordersten Becken (Schlammrückführung). Dieser Schlamm ist besonders aktiv, er adsorbiert Farbstoffe und andere organische Stoffe und verarbeitet diese (s. *Höll*, Zbl. Bakteriol. II. Abt. 81, 198, 1930).

Die Verweildauer des Abwassers in den Schlammbecken beträgt etwa 6 Stunden.

Der Überschußschlamm, der Belebtschlamm, ist noch fäulnisfähig und sehr wasserreich. Er kann nicht direkt auf Trockenbeeten entwässert werden, sondern wird meist in die Faulräume der mechanischen Kläranlagen zur Ausfaulung zurückgegeben.

Zu 3. Rieselung: Das Verrieseln des mechanisch geklärten Abwassers ist das älteste Verfahren. Es wird in Deutschland noch viel angewandt, ist aber jetzt als unwirtschaftlich überholt. An seine Stelle tritt in eng umgrenzten Gebieten die Abwasserverregnung. Wenn es technisch möglich ist, kann ungeklärtes Abwasser verregnet werden. 1 ha Rieselfeld ist ausreichend für vorgeklärtes Abwasser von 1000 Personen.

Zu 4. Die neuen *Accellator*-Verfahren der Fa. Lurgi, Frankfurt/Main, und *Reaktivator*-Verfahren der Fa. Bran & Lübbe, Hamburg, sind Flockungsverfahren, die auf engstem Raum eine weitgehende Reinigung verschiedenartigster Abwässer bewirken und einen stark eingedickten Schlamm abgeben. Beim Accellator-Verfahren kann durch eine Cyclator-Vorrichtung zusätzlich eine starke Belüftung erreicht werden.

Das Flockungsverfahren hat sich im Ausland schon in Hunderten von Anlagen bewährt, ganz besonders auch bei chemischen Fällungsmittelzusätzen (Kalk, Eisenchlorid und Aluminiumsulfat).

Gewerbliche Abwässer

Die Zusammensetzung der gewerblichen Abwässer ist sehr verschiedenartig. Es kann hier nicht näher darauf eingegangen werden, sondern nur einige der häufigsten Abwasserarten können aufgeführt werden.

Säurehaltige Abwässer von Beizereien und Metallwarenfabriken. Diese müssen zumindest neutralisiert und vom Eisen befreit werden, bevor sie dem Vorfluter zugeführt werden. Zur Kontrolle dienen p_H-Schreiber.

Lieferfirmen: Hans Freye, Braunschweig; Knick, Berlin-Zehlendorf (Westsektor); Deutsche Metrohm-Ges., Stuttgart-Echterdingen, und das Ing.-Büro Exner, Neuß/Rhein (p_H-Regler Knick), sowie F. u. M. Lautenschläger, München 5.

Durch kontinuierliche Neutralisationsanlagen der Sinacid-Chemie-Bau GmbH, Berlin-Britz (Westsektor), kann säurehaltiges Abwasser wirkungsvoll und wirtschaftlich behandelt werden.

Laugenhaltige Abwässer müssen ebenfalls neutralisiert werden.

Phenolhaltige Abwässer: Phenole und Phenolderivate kommen in Kokereiabwässern, in Abwässern von Gasanstalten und Teer- und Holzdestillationsanlagen vor und gelangen mit diesen in die Vorfluter.

Orientierende Feldbestimmung der Phenole: Mit einigen Tropfen Eisenchloridlösung gibt phenolhaltiges Wasser Blaufärbung.

Die Phenolbestimmung geschieht am häufigsten nach *Hinden-Splittgerber* (s. S. 186).

Die Reinigung der phenolhaltigen Abwässer aus Kokereien, Gaswerken und anderen Betrieben erfolgt

1. durch Austreibung mit Hilfe von heißen Gasen (Heißluft),
2. durch Extraktion mit Lösungsmitteln (Benzylacetat, Phenosolvan-Verfahren),
3. durch Adsorption mit Aktivkohle (Lurgi-Verfahren),
4. durch Ionenaustauscher (*H. Anders,* GWF **92,** 238, 1951),
5. durch bakteriellen Abbau.

Cyanhaltige Abwässer aus Stahlhärtereien und Galvanisierungsanstalten müssen vor der Einleitung in die Vorfluter entgiftet werden, z. B. durch Chlorkalk, Natriumhypochlorit oder Chlorgas.

Magdeburger P-Verfahren (Dr. *Nolte*): Da die meisten industriellen Abwässer nicht genügend Phosphat und Stickstoff haben, so ist das Belebtschlammverfahren nur nach Zusatz von Phosphat und Ammoniak durchführbar. Unter dieser Voraussetzung hat sich das von Dr. *Nolte* ausgearbeitete Magdeburger Belebtschlammverfahren bei der Reinigung von Industrieabwässern, insbesondere auch von phenolhaltigen, sehr gut bewährt (Zusatz von Ammoniumphosphat, Mindestmengen 3 mg/l PO_4 und 15 mg/l N im Abwasser).

Sulfitablaugen: Sulfitablaugen von Sulfitzellstoff-Fabriken enthalten Calciumbisulfit und freie schweflige Säure neben großen Mengen Ligninsulfosäuren und zuckerartigen Stoffen.

Orientierende Feldbestimmung der Sulfite: Eine mit Phosphorsäure angesäuerte Probe wird im Rundkolben, in den ein Streifen von angefeuchtetem Kaliumjodatstärkepapier eingehängt ist, schwach erwärmt. Eine Bläuung des Papiers zeigt schweflige Säure an. Bei viel Sulfit findet schnelle Entfärbung des zunächst gebläuten Streifens statt.

Jodometrische Bestimmung der Sulfite: Man füllt wie bei der Sauerstoffbestimmung (s. S. 90) das zu untersuchende Wasser des Vorfluters in eine Glasstopfenflasche zu 300 ccm und gibt 10 ccm n/10 Jodlösung und 3 ccm Phosphorsäure auf den Boden des Gefäßes. Man verschließt ungeachtet des Überlaufens von Untersuchungswasser und schüttelt um. Nach 5 Minuten titriert man in einem Becherglas mit n/10 Thiosulfat zurück (Stärkelösung als Indikator).

Störungen: Schwefelwasserstoff und Sulfide stören und müssen vom Resultat in Abzug gebracht werden. Störend wirken auch organische Stoffe. In diesen Fällen ist daher das mit Phosphorsäure versetzte Wasser schwach zu erwärmen und die schweflige Säure bzw. Schwefelwasserstoff durch Belüftung zu vertreiben. In dem so behandelten Wasser ist der Verbrauch an n/10 Jodlösung zu ermitteln und vom Gesamtresultat abzuziehen.

Berechnung:

$$\text{mg/l } SO_3 = \frac{\text{a ccm verbrauchte n/10 Jodlösung} \times 4{,}003 \times 1000}{\text{Inhalt der Flasche minus 13 ccm}}$$

Die Reinigung der Sulfitablaugen wird auf verschiedenartigen Wegen durchgeführt. Am besten ist die Eindampfung der Ablaugen und Verbrennung der Rückstände.

Für die Reinigung der Kohlenwaschwässer hat sich das Sedipur-Verfahren der Bad. Anilin- u. Soda-Fabrik, Ludwigshafen, bewährt.

Brauereiabwässer eignen sich gut für die landwirtschaftliche Verwertung (Verrieselung oder Verregnung). Die Einleitung auch geklärter Brauerei-Abwässer in Vorfluter ist sehr nachteilig für diese wegen des hohen Nährstoffgehalts für Abwasserpilze.

Abwässer von Stärkefabriken kommen ebenfalls für landwirtschaftliche Verrieselung in Betracht.

Abwässer von Wäschereien und andere Abwässer mit großen Mengen synthetischer Waschmittel sollten mit einem Antischaummittel, wie z. B. Struktol ML 131 auf Silikonbasis (Herst. Chem. Fabrik Schill & Seilacker, Hamburg), behandelt werden. Die Detergentien machen nicht nur in den Kläranlagen, sondern auch in den Vorflutern neuerdings große Schwierigkeiten (s. S. 187).

Arsen, Kupfer und Zink werden wie bei Trinkwasser bestimmt.

Giftige Cyanide können nach *Stamm, Woker* u. *Fischer* (Schweiz. Z. f. Hydrologie, Bd. 16, 1954) sowie *K. Knie* u. *H. Gams* (Österr. Wass.-Wirtsch., Bd. 8, 1956, Heft 10) als Anlagerungsprodukte des Bromcyans an Benzidin in Konzentrationen bis 10 γ/l herab sehr genau bestimmt werden. Die in der Literatur vorgeschriebene Weinsäuredestillation führt zu falschen Ergebnissen, wenn komplexe Eisencyanverbindungen zugegen sind. Rhodanide werden von dieser Methode ebenfalls erfaßt.

Cyan ist schon in Konzentrationen von 0,1 mg/l CN für Fische tödlich (*R. Czensny*, Abh. a. d. Fisch., Lief. 2).

V. Einige Bemerkungen über Kesselspeisewasser, Kesselwasser und Kühlwasser

Das Kesselspeisewasser bringt mit jedem cbm große Mengen von Salzen in den Kessel, die sich infolge der Verdampfung des Wassers im Kessel immer mehr anreichern würden, wenn man das Wasser nicht vorher behandelt oder von Zeit zu Zeit herausnimmt.

Im einfachsten Falle bei Verdampfern und bei Flammenrohrkesseln mit nur wenigen atü Druck kann durch Fortnahme eines Teiles des Kesselwassers und Ersatz durch Speisewasser eine zu starke Salzanreicherung vermieden werden.

Zur Kontrolle des Kesselwassers bedient man sich einer Spindel. Die älteren Spindeln haben noch die Bauméskala. 1° Bé entspricht einer Dichte von 1,007. Man verwendet am besten die „Sonderspindel 123 d", die Intervalle von 0,005 angibt. Bei einer Dichte von über 1,01 soll das Kesselwasser von Niederdruckkesseln verdünnt werden. Bei Hochleistungskesseln und Höchstdruckkesseln ist jede Salzanreicherung im Kesselwasser gefährlich, ebenso wie auch Schlammablagerungen bei diesen Betriebsstörungen und Gefahren mit sich bringen. Bei Hochdruckkesseln soll deshalb der Salzgehalt des Kesselwassers 0,6° Bé bei 20° C nicht übersteigen. Zur Kontrolle dient u. a. der temperaturkompensierte Dichtemesser der Chemischen Werke Hüls (*R. Neubauer,* Großkesselbes., Heft 2/3, 1948). Neuerdings wird auch der Salzgehalt des Kondensats ständig überwacht, z. B. durch Leitfähigkeitsmessungen.

Bei den modernen Hochdruckkesseln muß das Kesselspeisewasser daher stets vorbehandelt werden. Störend wirken vor allem die Härtebildner. Für deren Beseitigung kommen hauptsächlich zwei Verfahrenswege in Betracht, entweder eine Kalkwasserenthärtung mit anschließender Trinatriumphosphat-Resthärteentfernung (s. S. 158 f.) oder eine kontinuierliche Vollentsalzung mit Permutiten und Lewatiten (s. S. 160). Bei Höchstdruckkesseln sind die Kationen-Anionen-Austauscher der einzige Weg zu einem ordnungsmäßigen Kesselbetrieb. Die zulässigen Härtegrade des Kesselspeisewassers sind bei Kesseldrucken bis 40 atü 0,05° Gesamthärte und bei Kesseldrucken von 40 bis 100 atü 0,02° d H. Bei Höchstdruckkesseln soll die Gesamthärte unter 0,01° d H liegen.

Im Dampfkesselbetrieb ist das Calciumsulfat (Gips) ein besonders nachteiliger Bestandteil des Wassers, da dieses sich wegen seines umgekehrten Lösungsverhaltens gerade an den heißesten Stellen abscheidet. Die durch Gipskesselstein auftretende Überhitzung bringt die Gefahr einer Kesselexplosion oder zum mindesten des Aufreißens der Kesselwandung mit sich.

Zur Abscheidung von Calciumsulfat aus Wässern mit hoher Nichtkarbonathärte muß daher auch bei Niederdruckkesseln dem Speisewasser eine genügende Menge Soda zugesetzt werden, wodurch es sich als Calciumcarbonat abscheidet, das mit dem Kesselschlamm von Zeit zu Zeit abgeschlämmt wird. Auch Trinatriumphosphat hat sich in diesen Fällen gut bewährt, ohne daß es hierbei zu einer so starken Ätznatron-Anreicherung kommt wie beim Sodaverfahren. Das Trinatriumphosphatverfahren (Chem. Fabrik Budenheim bei Mainz) kann auch bei höheren Drucken mit Erfolg zur Gipsentfernung angewandt werden. Die Kieselsäure des Wassers führt ebenfalls zu sehr festen Steinbildungen im Kessel. Silicatkesselsteine und Gipskesselsteine sind am festesten von allen und haben das geringste Wärmeleitvermögen. Deshalb können an den benachbarten Kesselwänden starke Überhitzungen stattfinden, die, wie gesagt, zum Aufreißen der Kesselwandungen und zu Kesselexplosionen führen können.

Die Kieselsäure muß bei höheren Drucken ebenfalls entfernt werden. Das geschieht am besten durch Erhitzen des Speisewassers mit Magnesiumoxyd, entweder im Kessel selbst oder besser zuvor in besonderen Aufbereitungsanlagen. 5 mg/l SiO_2 gilt als oberste Grenze bei Niederdruckkesseln, bei Hochdruckkesseln 0,1 mg/l.

Mit Permutit ES und Lewatit ES kann Kieselsäure restlos entfernt werden.

Da bei den hohen Temperaturen im Kessel die eisernen Kesselwandungen von unbehandeltem Kesselwasser stark angegriffen werden, muß stets ein gewisser Gehalt an Natronlauge vorhanden sein, besonders wenn noch geringe Sauerstoffreste im Kesselwasser verbleiben. Bei Kesseldrucken unter 50 atü sollen im Kesselwasser nicht weniger als 200 mg/l NaOH, bei Hochdruckkesseln aber nicht mehr als 100 mg/l NaOH vorhanden sein.

Zu hoher NaOH-Gehalt führt andererseits zur „Laugenbrüchigkeit" der Kessel und zu Nietrissen. Die Nietrißbildung wird vermieden durch Zusatz von Natriumsulfat zum Kesselwasser; früher war ein dreifacher Überschuß von Natriumsulfat gegenüber Natronlauge üblich, was heute nicht mehr so streng gehandhabt wird, weil der Laugezusatz sich durch Phosphatzusatz erübrigt.

Früher galt als Richtschnur die Natronzahl, die 400 nicht unterschreiten und 2000 nicht überschreiten soll.

$$\text{Natronzahl} = \text{mg NaOH/l} + 0{,}222\ (\text{mg } Na_2CO_3\text{/l} + \text{mg } Na_2SO_3\text{/l}) + 0{,}036\ \text{mg } P_2O_3\text{/l}$$

Heute rechnet man mit der Alkalitätszahl, die einfach durch Multiplikation des p-Wertes mit 40 errechnet wird.

Bei Höchstdruckkesseln muß auch der letzte Rest von Sauerstoff aus dem Speisewasser entfernt werden. Das geschieht mit Natriumsulfitzusätzen oder durch Kochen (thermische Entgasung)[1]) oder Vakuumentgasung bis auf 0,03 mg/l O_2, neuerdings anschließend mit Dithionit ($N_2S_2O_4$) und mit Hydrazin.

Bei der chemischen Sauerstoffbindung werden für 1 mg O_2/l 4 mg SO_2/l gebraucht. Mehr als 1 mg/l SO_2 soll nicht als Überschuß im Kesselspeisewasser sein; im Kesselwasser nicht mehr als 10 mg/l SO_2 bei Druck unter 60 atü.

Die Sulfitbehandlung wird gewöhnlich nach einer thermischen Behandlung vorgenommen. Bei der thermischen Entgasung werden außer Sauerstoff auch die anderen Gase, besonders die Kohlensäure mitentfernt, was bei Hochdruckkesseln notwendig ist.

Die Kontrolle des Sauerstoffgehalts geschieht auf elektrochemischem Wege nach *Tödt* oder durch elektrolytische Begasung in der Sauerstoff-Registrieranlage der Chlorator-Gesellschaft, Grötzingen.

Bei Hochdruckkesseln über 50 atü werden Kieselsäurerestmengen auch auf den Turbinenschaufeln abgelagert, wodurch die Leistungen der Turbinen zurückgehen. Der Kieselsäurebelag muß umständlich mit verdünnter Natronlauge abgelöst werden. Die Kieselsäure wird deshalb, wie gesagt, vor der Einspeisung entfernt, am besten mit Permutit

---

[1]) Hierfür eignen sich besonders der Doppel-Entgaser und der Umlauf-Entgaser der Fa. Philipp Müller, Stuttgart-Gügglingen.

oder Lewatit. Der p_H-Wert des Speisewassers und des Kesselwassers soll im stark alkalischen Gebiet liegen, mindestens bei p_H 8,3.

Maximale p-Werte für Kesselwasser

Kesseldruck atü	maximaler p-Wert
bis 20	15
40	12
64	3
80	1
125	0,5
160	0,1

Maximale Werte für den Gesamtsalzgehalt im Kesselwasser

Kesseldruck atü	Salz, mg/l
bis 20	4000
40	3000
64	2000
80	1500
125	750
160	500

Maximale Phosphat-Werte im Kesselwasser

Kesseldruck atü	Phosphate, mg/l P_2O_5
bis 40	30
64	25
80	15
über 80	10

Diese kurzen Bemerkungen sollen keinerlei Anspruch auf Vollständigkeit erheben. Die Kesselspeisewasseraufbereitung ist ein eigenes umfangreiches Gebiet geworden, weshalb auf die Spezialliteratur verwiesen wird (s. Literatur-Zusammenstellung am Schluß des Buches).

Als Lokomotivspeisewasser kann nur weiches Wasser mit einer Gesamthärte von höchstens 4,0° d H verwendet werden. Der Salzgehalt des Speisewassers soll unter 300 mg/l liegen. Die Alkalität darf die Resthärte nicht übersteigen, wenn letztere über 0,5° d H liegt.

Kühlwasser darf keine Wassersteinablagerungen oder lockeren Abscheidungen auf den Kühlflächen verursachen; es soll also geringe Härte, insbesondere niedrige Karbonathärte, haben. Besonders bei Rückkühlung im Betrieb soll die Karbonathärte des Kühlwassers nicht über 5,0° d H liegen. Andererseits soll das Wasser aber nicht so weich sein, daß es die Rohre, Kühlflächen und Behältermaterialien angreift.

Bei Rückkühlung des Kühlwassers, die hauptsächlich in Kaminkühlern und anschließend in Kühlteichen erfolgt, soll der Salzgehalt durch die Verdunstung großer Wassermengen nicht zu hoch ansteigen, und zwar nicht über 3000 mg/l. Deshalb ist nicht nur stets eine entsprechende Menge Frischwasser zuzusetzen, sondern auch ein Anteil des angereicherten Wassers herauszunehmen.

Kühlwasser soll ferner frei von Eisen und Mangan sein, keinesfalls mehr als 0,3 mg/l Fe haben, da sonst Ablagerungen auftreten, die sich in den Rohren festsetzen und diese verstopfen. Hierdurch werden mit der Zeit auch die Kühlflächen isoliert. Organische Stoffe sollen höchstens in geringen Mengen im Kühlwasser vorhanden sein, da sonst Schlammabscheidungen auftreten. 25 mg/l $KMnO_4$ ist als obere Grenze anzusehen. Harte Wässer müssen enthärtet werden. Das geschieht am besten nach *Bücher*schen Ätzkalkverfahren (s. S. 158). Bei Wässern mittlerer Karbonathärte bis 12° dH kommt man mit einem Polyphosphatzusatz aus, am besten Natriumhexametaphosphat oder -tripolyphosphat. Die Wassertemperatur darf dann aber nicht auf 65° C kommen, sonst bildet sich Orthophosphat, das Stein- und Schlammabsatz verursacht. Die Polyphosphate verhindern nicht nur das Ausfallen der Härtebildner (Wassersteinbildung), sondern lösen auch Steinablagerungen auf. Algen und Planktonlebewesen aus dem Kühlteich sollen vor dem Rücklauf abgefiltert werden; sie können auch im Kühlteich durch Kupfersalze an der Entwicklung gehindert werden.

VI. Wasser für Brauereizwecke

Brauwasser muß hygienisch einwandfrei sein. Alles was über das Trinkwasser gesagt wurde, gilt also auch für das Brauwasser. Ein gutes Trinkwasser ist im allgemeinen auch ein gutes Brauwasser; es braucht dies aber nicht so zu sein, denn verschiedene Mineralbestandteile des Wassers, die beim Trinkwasser keine so große Rolle spielen, sind von großem Einfluß auf die Qualität des Bieres. Die Salze des Wassers, die Bicarbonate des Calciums, Magnesiums und der Alkalimetalle wirken auf die Würze aciditätsvernichtend ein, sie bewirken eine p_H-Erhöhung in der Würze, die wiederum eine Extraktverminderung zur Folge hat. Dadurch werden Farbe und Geschmack des Bieres ungünstig beeinflußt. Je nach der Beschaffenheit des Brauwassers gibt es drei Haupttypen von Bieren:

1. Pilsener:	keine Karbonathärte	keine Nichtkarbonathärte
2. Münchener:	Karbonathärte weniger wichtig	Nichtkarbonathärte hoch
3. Dortmunder:	Karbonathärte hoch	Nichtkarbonathärte hoch

Kolbach und *Schwabe* haben gefunden, daß zum Ausgleich der aciditätsvernichtenden Wirkung der Bicarbonate die Calciumkonzentration des Wassers 3,5mal so hoch sein muß als die Magnesiumkonzentration. Man rechnet im Brauereifach mit dem Begriff des Kalkwertes, der durch Addition der Kalkhärte und der halben Magnesiumhärte errechnet wird. 3,5° Kalkhärte gleichen 1° Gesamtalkalität aus. Durch Division des Kalkwertes durch 3,5 erhält man die „ausgeglichene Alkalität"; wenn man diese von der Gesamtalkalität abzieht, erhält man die „Restalkalität" in ° dH. Die „Restalkalität" ist ein wichtiger Faktor für die Brauführung. Wenn der Kalk- und Magnesiagehalt im Vergleich zur Gesamtalkalität hoch ist, ergibt sich trotzdem eine niedrige „Restalkalität".

Wenn die „Restalkalität" über 5° beträgt, ist für helle Biere eine Aufbereitung des Wassers ratsam.

Ein zu hoher Magnesiumsulfatgehalt des Brauwassers (mehr als 50 mg/l MgO) ist für die Qualität des Bieres ungünstig und verursacht mitunter Durchfälle beim Konsumenten. Bei hellen Bieren schadet ein Kochsalzgehalt über 500 mg/l NaCl, bei dunklen Bieren über 800 mg/l NaCl.

Hoher Nitratgehalt (über 25 mg/l) führt zu Störungen bei der Gärung, da sich Nitrite bilden. Nitrite dürfen nämlich im Brauwasser nicht vorhanden sein, abgesehen davon, daß sie verunreinigtes Wasser anzeigen (s. S. 64). Nitrite sind starke Hefegifte.

Wenn auch der größte Teil des Brauwassers beim Würzekochen durch die Erhitzung keimfrei wird, so darf nach dem Lebensmittelgesetz ein hygienisch nicht einwandfreies Wasser nicht zur Bierbereitung verwendet werden. Ein Teil des Brauwassers wird überdies oft als solches ungekocht zum Verdünnen der Würze benutzt.

Brauwasser soll klar, farblos und geruchlos sowie natürlich geschmacklich einwandfrei sein.

Der Aufbereitung des Brauwassers stehen gewisse verwaltungsrechtliche Vorschriften entgegen, die mit dem zuständigen Zollamt auf Grund des Brausteuergesetzes abgeglichen werden müssen. Eine Brauerei kann also nicht wahllos eine Enthärtung bzw. Entkarbonisierung oder eine Chlorung des Brauwassers vornehmen; andererseits ist das einfache Abkochen des Brauwassers aus verschiedenen anderen Gründen nicht vorteilhaft.

Karbonate und Bikarbonate des Kaliums, Natriums und Calciums können dem Brauwasser nach Bedarf jedoch ohne weiteres zugesetzt werden, ebenso wie Gips (Brauereigips).

Für normale Wässer ist die Entkarbonisierung mit Kalkwasser die beste und billigste Methode. Es muß nur die Sicherheit gegeben sein, daß eine Überdosierung des Kalks ausgeschlossen ist. Besondere Erfahrungen auf dem Gebiet der Brauwasser-Entkarbonisierung haben die Firmen Hager & Elsässer, Stuttgart-Vaihingen, und Philipp Müller, Stuttgart-Güglingen, insbesondere in der Erzielung vollständig magnesiumfreien Reinwassers.

Bei Wässern mit viel Magnesiumkarbonat und Alkalikarbonaten ist eine besondere Behandlung notwendig, z. B. beim Magnesiumbikarbonat durch starke Überhitzung und anschließende Kohlensäurebehandlung des geklärten Wassers und anschließendes Verschneiden mit 2 bis 3 Teilen des unbehandelten Wassers.

Huminwässer müssen für Brauereizwecke unbedingt aufbereitet werden (Aluminiumsulfatflockung s. S. 51).

Da eine Permutit- oder Lewatit-Enthärtung für Brauwasser nicht geeignet ist, weil das ausgetauschte Natrium ebenso ungünstig ist wie Kalzium und Magnesium, kann nur eine Entkarbonisierung mit Kalk ein gutes Brauwasser ergeben, gegebenenfalls eine anschließende Vollentsalzung (s. S. 161).

Eisenhaltiges Wasser (mit mehr als 0,3 mg/l Fe) stört im Brauprozeß infolge von Hefeschädigungen und gibt zu Trübungen des Bieres Anlaß. Eine Enteisenung durch geschlossene Belüftung (s. S. 150) ist daher ratsam. Eisen würde bei einer notwendigen Entkarbonisierung mit Kalk gleichzeitig mit ausfallen.

Hoher Kieselsäuregehalt des Brauwassers wirkt sich ungünstig auf die Klärung des Bieres aus.

Der p_H-Wert des Brauwassers ist wichtig für die Enzym-Wirkung. Bei manipuliertem Wasser muß der p_H-Wert auf ca. 7,0 und der p-Wert auf 0 gebracht werden.

H. Mineralwasser und Heilwasser

I. Mineralwasser

Die Fragen, ob Wasser aus natürlichen oder künstlich erschlossenen Quellen als Mineralwasser oder als Heilwasser bezeichnet werden kann, werden durch die „Verordnung über Tafelwässer" vom 11. Februar 1938 bzw. durch die „Begriffsbestimmungen für Kurorte, Erholungsorte und Heilbrunnen" vom 1. Oktober 1958 beantwortet.

Die Verordnung über Tafelwässer enthält folgende Begriffsbestimmungen:

Tafelwässer sind:

1. Mineralwässer,
2. mineralarme Wässer,
3. künstliche Mineralwässer.

Zu 1. „Mineralwässer sind natürliche, aus natürlichen oder künstlich erschlossenen Quellen gewonnene Wässer, die in einem Kilogramm mindestens 1000 Milligramm gelöste Salze oder 250 Milligramm freies Kohlendioxyd enthalten."

Hierzu ist zu bemerken, daß man bei dem Grenzwert von 1000 mg/kg gelöste Salze nicht vom Abdampfrückstand des Wassers ausgeht, sondern von der durch eine Gesamtanalyse ermittelten Summe der Anionen und Kationen, die zumeist höher ist als der Wert für den Abdampfrückstand. Durch die Erhitzung beim Eindampfen geht nämlich die Bikarbonatkohlensäure teilweise verloren. Bei Grenzwerten ist deshalb die Hälfte des ermittelten Hydrogenkarbonats zu dem Abdampfrückstand hinzuzuzählen. Die Bezeichnung Mineralwasser kann also auch solchen Wässern zustehen, die etwas weniger als 1000 mg/kg Abdampfrückstand haben (s. auch *K. E. Quentin*, Z. f. analyt. Chemie **146**, 1955, 18—26).

Mineralwässer dürfen durch Belüftung enteisent werden, was auch bei stark kohlensäurehaltigen Wässern (Säuerlingen) gelingt. (Ausführung z. B. Berkefeld Filter-Ges., Celle.)

Auch die Entfernung von Schwefelwasserstoff durch Belüftung ist bei Mineralwässern zugelassen. (Ausführung z. B. Neue Continentale Bauges., Hannover-Linden.)

Die Zuhilfenahme von Ozon bei der Enteisenung und Entschwefelung dürfte ebenfalls zulässig sein.

Die Enteisenung und Entschwefelung muß nach § 7 der Verordnung über Tafelwasser in gleicher Schriftart wie der Quellname auf dem Flaschenetikett deklariert sein, ebenso wie eine Imprägnierung mit Kohlensäure, also: „enteisent und mit Kohlensäure versetzt" oder „entschwefelt und mit Kohlensäure versetzt". Bei der vorgeschriebenen Deklaration dürfen diese Mineralwässer auch als „natürliches Mineralwasser" bezeichnet werden.

Säuerlinge oder Sauerbrunnen sind Mineralwässer mit einem natürlichen Gehalt von mindestens 1000 mg/kg gelöstem freiem Kohlendioxyd. Säuerlinge dürfen allerdings keine Veränderung erfahren außer einem weiteren Zusatz von Kohlensäure (Imprägnierung).

Sprudel sind Säuerlinge (s. o.), die im wesentlichen durch natürlichen Kohlensäuredruck aus natürlichen oder künstlich erschlossenen Quellen hervorsprudeln. Die Bezeichnung „Sprudel" ist aber auch zulässig für ein unter Kohlensäurezusatz abgefülltes Mineralwasser, auch wenn dieses durch Belüftung enteisent oder entschwefelt ist.

Zu 2. Als Tafelwässer gelten auch mineralarme Wässer, die aus natürlichen oder künstlich erschlossenen Quellen gewonnen werden.

Die mineralarmen Wässer dürfen außer einer Kohlensäureimprägnierung keine Veränderung erfahren.

Für die Herstellung von Tafelwässern ist ein Zusatz von Silbersalzen (Silberchlorid, Silbersulfat und Natriumsilberchlorid-Komplex) bis zu einer Menge von 1 mg Ag pro l ohne Deklaration nach der neuen Fremdstoff-Verordnung vom 19. Dezember 1959 zugelassen (BGBl. 1959 Teil I Nr. 52).

Sole ist ein natürliches salzreiches Wasser mit einem Mindestgehalt von 14 g/kg Salzen, hauptsächlich Natriumchlorid.

Als Sole werden auch die durch Wasserentziehung im Salzgehalt angereicherten Mineralwässer bezeichnet (Abläufe von Gradierwerken oder Eindampf-Pfannen).

In den neuen Begriffsbestimmungen für Heilbrunnen von 1958 (s. u.) ist der Grenzwert für Sole dem der Tafelwasserverordnung angeglichen worden (s. u.) In den alten Begriffsbestimmungen war der Grenzwert etwa 10 % höher.

Die Tafelwasser-Verordnung gilt nicht für alle Mineralwässer, sondern nur für die als Tafelwasser bestimmten.

Die Untersuchung von Mineralwasser ist im Abschnitt Trinkwasser weitgehend berücksichtigt. Für stark mineralisierte Wässer sind einige Ergänzungen im nächsten Abschnitt enthalten.

II. Heilwasser

Als Heilwasser wird ein natürliches Wasser, das aus ursprünglichen oder durch Bohrung erschlossenen Quellen — Heilquellen — gewonnen wird und das nachgewiesenermaßen krankheitsheilende, -lindernde oder -verhütende Eigenschaften hat, bezeichnet. (Begriffsbestimmungen für Kurorte, Erholungsorte und Heilbrunnen. Herausgegeben vom Deutschen Bäderverband, Bonn, am 1. Oktober 1958.)

Heilwässer dürfen keinen Zusatz oder Entzug von irgendwelchen Stoffen erfahren. Für die Abfüllung ist die Artbezeichnung „rein natürliche Abfüllung ohne jede Behandlung" festgelegt und die Artbezeichnung „natürliche Abfüllung" mit einem Kohlensäurezusatz bis zu 1 atü bei 20° C einschließlich der bereits vorhandenen Kohlensäure. Dieser Kohlensäurezusatz ist jedoch nur gestattet, wenn nachweislich Eisen oder andere Stoffe bei der Lagerung des Heilwassers ausfallen.

Als Heilwässer werden hauptsächlich folgende Kategorien von Wässern zugelassen:

Gruppe A: Wässer, die in 1 kg mehr als 1000 mg gelöste feste Mineralstoffe enthalten.

Zur näheren Charakterisierung dieser Heilwässer werden diejenigen Ionen herangezogen, deren Konzentration 20 mval% und mehr an der Kationen- bzw. Anionenkonzentration beträgt. Bei der Charakterisierung werden in absteigender Folge zuerst die obwaltenden Kationen und danach die Anionen aufgezählt.

Die Heilwässer der Gruppe A werden nach den obwaltenden Anionen in vier Hauptgruppen eingeteilt, nämlich in Chloridwässer, Hydrogencarbonatwässer, Carbonatwässer und Sulfatwässer. Die alten Bezeichnungen wie muriatische, salinische, erdige Kochsalzquellen u. a. sind schon in den vorigen Begriffsbestimmungen ausgeschaltet worden. Man unterscheidet jetzt:

1. Chlorid-Wässer
   a) Natrium-Chlorid-Wässer (häufig)
      (früher: „muriatische Quellen")
   b) Calcium-Chlorid-Wässer
      (früher: „erdmuriatische Quellen")
   c) Magnesium-Chlorid-Wässer (selten).

Natrium-Chlorid-Wässer mit mehr als 5,5 g Natrium- und 8,5 g Chlorid-Ionen können auch als „Sole" bezeichnet werden.

2. Hydrogencarbonat-Wässer
   (früher: „alkalische Quellen")
   a) Natrium-Hydrogencarbonat-Wässer (selten)
   b) Calcium-Hydrogencarbonat-Wässer (häufig)
   c) Magnesium-Hydrogencarbonat-Wässer
3. Carbonat-Wässer (selten)
4. Sulfat-Wässer
   a) Natrium-Sulfat-Wässer
      (früher: „salinische Quellen")
   b) Magnesium-Sulfat-Wässer
      (früher: „Bitter-Quellen")
   c) Calcium-Sulfat-Wässer (häufig)
   d) Eisen-Sulfat-Wässer (selten)
   e) Aluminium-Sulfat-Wässer (selten)

Gruppe B: Wässer, die weniger als 1000 mg/kg gelöste feste Mineralstoffe enthalten, aber einen Mindest-Gehalt an besonders wirksamen Bestandteilen haben.

Die Heilwässer dieser Gruppe B werden eingeteilt in:

1. Eisenhaltige Wässer mit mindestens 10 mg/kg Fe
   (früher fälschlich: „Stahlquellen")
2. Arsenhaltige Wässer mit mindestens 0,7 mg/kg As
   (entsprechend 1,3 mg/kg Hydrogenarsenat, $HAsO_4$)
3. Jodhaltige Wässer mit mindestens 1 mg/kg J
4. Schwefelhaltige Wässer mit mindestens 1 mg/kg titrierbarem Schwefel
5. Kohlensäure-Wässer oder Säuerlinge mit mindestens 1000 mg/kg CO_2
6. Radonhaltige Wässer mit mindestens 18 nC/l = 50 Mache-Einheiten
7. Radiumhaltige Wässer mit mindestens 10^{-7} mg/kg Ra

G r u p p e C: Wässer, die unabhängig von ihrem Mineralstoffgehalt von Natur aus eine höhere Temperatur als 20° C haben, die T h e r m e n o d e r T h e r m a l w ä s s e r. Mineralarme Thermen werden auch als A k r a t o t h e r m e n bezeichnet.

G r u p p e D: Mineralarme kalte Wässer, die keine der obigen Voraussetzungen erfüllen, werden auch als Akratopegen bezeichnet. Ihre Eignung als Heilwässer muß durch besondere klinische Gutachten nachgewiesen werden.

Wenn mehrere Voraussetzungen von einem Heilwasser erfüllt werden, so ist die Kennzeichnung nach Gruppe B voranzusetzen, z. B. Jodhaltiges Natrium-Chlorid-Wasser.

Bei Kohlensäurewässern und Thermen wird die Kennzeichnung an den Schluß gesetzt, z. B. Natrium-Chlorid-Säuerling und Natrium-Calcium-Chlorid-Sulfat-Therme.

Bei einem mannigfaltigen Heilwasser, das z. B. gleichzeitig Sole und Säuerling ist und dazu ein Thermalwasser darstellt, ist es der Sachkenntnis des Chemikers überlassen, die wichtigsten Eigenschaften bei der Charakterisierung zu benennen, z. B. eisenhaltige thermale Sole.

Die Grenzwerte für die Gruppe B gelten nach den neuen Begriffsbestimmungen jetzt für den Ort des Verbrauches, also für die Trinkhalle oder das Badehaus und nicht, wie bisher üblich, nur für die Quelle. Bei unzweckmäßiger Speicherung, Fortleitung und Einleitung in die Wanne gehen wertvolle Bestandteile teilweise verloren (z. B. Eisen, CO_2, H_2S). Durch eingehende Untersuchungen von der Quellfassung bis zum Verbrauchsort sollte dies vermieden werden. Jedenfalls sind jetzt immer mindestens an zwei Stellen vergleichende Proben zu nehmen (s. *K. E. Quentin,* Heilbad und Kurort **9**, 61, 1957, sowie *W. Müller,* Z. f. angew. Bäder- und Klimaheilk. **1**, 1953, ferner *E. Komma,* Heilbad und Kurort **12**, 46—48, 1960 und *A. Kastel, M. Klusacek* und *W. Weis,* Heilbad und Kurort **12**, 81—83, 1960).

Heilwässer dürfen nach den neuen Begriffsbestimmungen nur ohne Zusatz oder Entzug irgendwelcher Bestandteile zu Kurzwecken verabfolgt werden. Jegliche Aufbereitung oder Veränderung ist bei Heilwasser also verboten; ausgenommen ist das Erwärmen für die Trink- und Badekur.

Der Schutz der Heilquellen ist einer besonderen wasserrechtlichen Regelung vorbehalten, da die Heilquellen unersetzliche Geschenke der Natur sind. Abwasser, Abfallstoffe und Kraftstoffabläufe gefährden heutzutage immer mehr unsere Heilquellen. Durch ständige hygienisch-chemische und bakteriologische Untersuchungen soll nach den neuen Begriffsbestimmungen die Gewähr dafür gegeben werden, daß unsere Quellen unbeeinflußt und rein bleiben. Die Keimzahl soll bei Heilwässern 20/ccm nicht übersteigen.

Darüber hinaus sollen jährliche Kontrollanalysen ermitteln, ob die wichtigsten Bestandteile des Heilwassers in ihrer Konzentration der der Grundanalyse der großen Heilwasseranalyse entsprechen. Manche Quellwässer, besonders bei flachen Quellen, schwanken in ihrer Beschaffenheit, was oft durch quellentechnische Maßnahmen behoben werden kann (*W. Müller,* Vom Wasser, Bd. **18**, 27—42, 1950/51).

Andere Quellen, besonders die aus sehr großer Tiefe kommenden, sind ziemlich unveränderlich (*W. Fresenius,* Schrift d. D. Bäderverband. **8**, 1952). Dem Verfasser sind Heilquellen bekannt, die durch die Jahrzehnte hindurch chemisch außerordentlich konstant sind und auch eine vollkommen gleichbleibende Temperatur haben.

Für den Kurbetrieb sind natürlich auch regelmäßige Beobachtungen über die Quellschüttung wichtig, besonders bei den periodischen und intermittierenden Quellen. Eine auch zeitweilige Überbeanspruchung von Heilquellen wirkt sich ungünstig auf die chemische und physikalische Beschaffenheit aus (*W. Müller*, loc., cit.).

Da die meisten Heilwässer stark materialangreifende Eigenschaften haben, sind durch sie die Quellfassungen und Verrohrungen gefährdet (*C. Genser*, Schriftr. d. D. Bäderverb. 8, 1952). Durch ständige technische und chemische Untersuchungen muß man daher irgendwelchen Veränderungen des Heilquellengutes vorbeugen. Man verwendet daher jetzt Kunststoffrohre in den Heilbädern (*W. Wevelmeyer*, Heilbad u. Kurort, 1957, 3129).

Vom Analysenausschuß des Deutschen Bäderverbandes sind Normativbestimmungen für die Untersuchung von Heilwässern ausgearbeitet worden, die in die Begriffsbestimmungen (s. o.) als Anhang aufgenommen worden sind. Im folgenden sollen diese Analysennormen wiedergegeben werden.

a) Analysen — Normen

1. Die große Heilwasser-Analyse

Von jedem balneologisch genutzten Heilwasser muß eine große Heilwasser-Analyse vorliegen. Alle 20 Jahre ist diese in den großen Kurorten, in denen an mehr als 10 000 Kurgäste Trinkkuren verabreicht werden oder mehr als 100 000 Bäder bereitet werden, zu erneuern.

In Abfüllbetrieben, die mehr als 300 000 Flaschen Heilwasser jährlich versenden, muß ebenfalls alle 20 Jahre die große Analyse erneuert werden.

Die große Heilwasser-Analyse muß mindestens enthalten:

a) Allgemeine Angaben:

Name und Anschrift des untersuchenden Instituts.

Namen der Sachbearbeiter.

Datum der Probenahme und der örtlichen Untersuchungen durch das beauftragte Institut.

Kennzeichnung der Entnahmestelle nach allgemeiner Lage und Höhenlage der Quelle über NN.

Beschreibung der geologischen Verhältnisse auf Grund vorhandener Unterlagen.

Angaben über Tiefe, Durchmesser und Auskleidung des Bohrloches oder der sonstigen Fassung; weitere technische Angaben im Zusammenhang mit der Fassung.

Schüttung bzw. Ergiebigkeit in l/min.

Wetter und vorhergegangene Witterungsverhältnisse.

Sonstige Angaben und Beobachtungen.

b) Sinnenprüfung nach Geruch, Geschmack, Färbung und Klarheit bei der Probenahme, nach 8 Stunden, soweit dies möglich ist, und nach Eingang im Laboratorium unter Angabe der seit der Probenahme verstrichenen Zeit.

c) Physikalische und physikalisch-chemische Untersuchung.

Temperatur in ° C an der Entnahmestelle, unter Angabe der Lufttemperatur und des Luftdrucks (mb).

Dichte bei 20°.

p_H-Wert elektrometrisch an der Quelle bestimmt.

Radioaktivität: Gehalt an Radon (Rn) und an Radium (Ra).

Spektralanalytische Untersuchung.

d) Quantitative chemische Untersuchung nach vorausgegangenen qualitativen Prüfungen.
Gehalt an dissoziierten Bestandteilen (Ionen) in mg/kg, in mval/kg, in mval-%.
Gehalt an nichtdissoziierten Bestandteilen in mg/kg und mmol/kg sowie an gelösten Gasen in mg/kg, mmol/kg (0°,760 mm Hg).
Summe der festen gelösten und aller gelösten Stoffe in mg/kg, der Kationen und der Anionen in mval/kg.
Analyse der frei aufsteigenden Gase.

e) Gehalt an wertbestimmenden Bestandteilen am Ort der Verwendung.

f) Bakteriologische und erforderlichenfalls mikroskopische Untersuchung.

g) Charakteristik.

Die große Heilwasser-Analyse darf nur in einer der drei folgenden Fassungen veröffentlicht werden:

a) Vollständige Fassung, die für wissenschaftliche Zwecke bestimmt ist.

b) Mittlere Fassung (vor allem für größere Prospekte bestimmt), bestehend aus:
Name und Anschrift des untersuchenden Instituts,
Datum der Probenahme,
Temperatur des Wassers,
Radioaktivität,
quantitative chemische Untersuchung wie unter d),
Charakteristik.

c) Kleine Fassung (vor allem für Etiketten und kleinere Prospekte bestimmt), bestehend aus:
Name und Anschrift des untersuchenden Instituts,
Datum der Probenahme,
Milligramm-Spalte,
Millivalprozent-Spalte,
Gehalt an nichtdissoziierten Bestandteilen und gelösten Gasen in mg/kg,
Charakteristik.

2. Die kleine Heilwasser-Analyse

1. Eine kleine Heilwasser-Analyse ist alle 20 Jahre von den Heilwässern anzufertigen, mit denen Trinkkuren am Ort durchgeführt, Heil- oder Tafelwässer versandt, Bäder hergestellt oder Inhalatorien usw. gespeist werden, soweit für diese Heilwässer nicht eine große Heilwasser-Analyse gefordert wird.

Die kleine Heilwasser-Analyse muß mindestens enthalten:

a) Allgemeine Angaben:
Name und Anschrift des untersuchenden Instituts,
Namen der Sachbearbeiter.
Datum der Probenahme und der örtlichen Untersuchungen durch das beauftragte Institut.
Kennzeichnung der Entnahmestelle nach allgemeiner Lage und Höhenlage der Quelle über NN.
Kurze Beschreibung der geologischen Verhältnisse auf Grund vorhandener Unterlagen.
Angaben über Tiefe, Durchmesser und Auskleidung des Bohrloches oder der sonstigen Fassung; weitere technische Angaben im Zusammenhang mit der Fassung.
Schüttung bzw. Ergiebigkeit in l/min.
Witterungsverhältnisse.
Sonstige Angaben und Beobachtungen.

b) Sinnenprüfung nach Geruch, Geschmack, Färbung und Klarheit bei der Probenahme, nach 8 Stunden, soweit dies möglich ist, und nach Eingang im Laboratorium, unter Angabe der seit der Probenahme verstrichenen Zeit.

c) Physikalische und physikalisch-chemische Untersuchung.

Temperatur in °C an der Entnahmestelle unter Angabe der Lufttemperatur und des Luftdrucks (mb).

Dichte bei 20°.

p_H-Wert elektrometrisch an der Quelle bestimmt.

d) Quantitative chemische Untersuchungen nach vorausgegangenen qualitativen Prüfungen.

Gehalt an: K^+, Na^+, NH_4^+, Ca^{++}, Mg^{++}, Fe^{++}, Mn^{++}.

NO_2^-, NO_3^-, Cl^-, SO_4^{--}, HCO_3^-;

H_2SiO_3, CO_2.

Gegebenenfalls Gehalt an anderen die Quelle charakterisierenden Bestandteilen, z. B. As, J, Rn, Ra, titrierbarem Schwefel.

Angabe der Bestandteile und Summenbildung.

e) Gehalt an wertbestimmenden Bestandteilen am Ort der Verwendung.

f) Bakteriologische Untersuchung.

g) Charakteristik.

Die kleine Heilwasser-Analyse darf nur in einer der drei Fassungen, wie bei der großen Heilwasser-Analyse, veröffentlicht werden.

3. Kontrollanalyse

Alljährlich ist eine Kontrollanalyse von jedem Heilwasser, von dem eine große Heilwasser-Analyse vorliegt, erforderlich. Für alle übrigen Heilwässer sind alle 3 Jahre Kontrollanalysen anzufertigen.

Die Kontrollanalyse soll die wichtigsten Bestandteile des betreffenden Heilwassers quantitativ erfassen.

4. Hygienische Untersuchung

1. Eine hygienische Untersuchung muß alljährlich durchgeführt werden von jedem Heilwasser, dessen Wasser getrunken, eingeatmet oder zur Verabreichung von Heilbädern verwendet wird, und von jedem bei der Abfüllung von Versandheilwasser verwendeten Zusatz- und Flaschenspülwasser.

2. Die hygienische Untersuchung ist eine an Ort und Stelle einzuleitende Untersuchung und besteht aus der hygienisch-chemischen, mikroskopischen und bakteriologischen Prüfung sowie der unerläßlichen Ortsbesichtigung. Dabei ist die hygienische Beschaffenheit der Gewinnung, Verarbeitung, Zuleitung und Verabreichung der Heilwässer (zugleich auch der Bade-, Einatmungs- und Trinkräume), der Gläser- und Flaschenspülung zu untersuchen.

3. Eine hygienische Untersuchung ist tunlichst im Benehmen mit dem Amtsarzt durchzuführen. Nach Möglichkeit ist diese stets von dem gleichen Institut zu wiederholen, um eine Stetigkeit der Überwachung zu gewährleisten.

b) Erläuterungen zur Heilwasseranalyse

Wenn schon die Trinkwasseranalyse einige Erfahrung erfordert, so gilt dies im besonderen Maße für die Heilwasseranalyse, bei der oft die Aufgabe gestellt ist, Bruchteile von Milligrammen bis zu tausendstel Milligrammen in hochmineralisierten Wässern mit einem Salzgehalt von 100—200 g/kg und mehr genau zu bestimmen.

Es würde über den Rahmen dieses Buches hinausgehen, eine genaue Anleitung zur kleinen und großen Heilwasser-Analyse anzugliedern. Da aber der Wasserchemiker manchmal die Frage zu entscheiden hat, ob ein Wasser als Mineralwasser oder Heilwasser bezeichnet werden kann, sollen im folgenden Hinweise auf die Besonderheiten der Mineralwasseranalyse gegeben werden, zumal ein großer Mangel an zusammenfassenden Darstellungen über dieses Gebiet besteht. Alle Standardwerke (*R. Fresenius*) (4) sind seit langer Zeit vergriffen und auch in Bibliotheken schwer erhältlich. Wir haben nur das 1948 in Innsbruck erschienene verdienstvolle Werk des Züricher Professors Dr. *Gübeli-Litscher*[1]).

In der Heilwasser-Analyse ist es üblich, die Bestimmungen vierfach oder wenigstens dreifach durchzuführen, um gute Mittelwerte zu erhalten.

Wegen der Besonderheiten der Mineralwässer (spez. Gew., Kohlensäuregehalt u. a.) werden die zu bestimmenden Mengen nicht wie bei Trinkwasserproben abgemessen, sondern abgewogen und die Ergebnisse in mg pro 1 kg Mineralwasser angegeben.

Bei den erwähnten hochkonzentrierten Solen fällt es oft auf, daß darin einige Bestandteile in Konzentrationen vorhanden sind, die weit über ihre normale Löslichkeit hinausgehen. Alkalichloride erhöhen nämlich die Löslichkeit von Calciumsulfat und Calciumcarbonat beträchtlich (s. *L. Rothmund*, Löslichkeit und Löslichkeitsbeeinflussung, Leipzig 1907).

1. Kalium- und Natrium-Bestimmung

Diese Alkalimetalle werden heute am besten flammenphotometrisch bestimmt, wobei die Kaliumwerte fast immer sehr genau ausfallen. Die Natriumbestimmung ist jedoch nicht immer so exakt, besonders bei den hochkonzentrierten Mineralwässern, bei denen zugleich hohe Ca- und Mg-Konzentrationen vorherrschen, die auf jeden Fall berücksichtigt werden müssen. In den meisten Fällen kommt man aber mit der Fällung des Natriums mit Zink-Uranylacetat und der gravimetrischen Bestimmung des Niederschlages oder mit dessen titrimetrischer Bestimmung mit Titriplex nach Auflösen in Salzsäure aus. Kalium kann gravimetrisch statt nach der Perchlorat-Methode jetzt nach der Methode mit Tetraphenylbornatrium bestimmt werden (außer bei Solewässern, s. S. 120).

2. Lithium-Bestimmung

Von dem zu untersuchenden Mineralwasser werden mindestens 5 kg nach dem Ansäuern mit Salzsäure weitgehend eingedampft; bei stark mineralisierten Wässern geschieht dies am besten in einer großen Porzellanschale auf dem Dampfbad oder zum Schluß, besonders bei Gipswässern wegen des Stoßens, mit Infrarotstrahlern von oben her.

---

[1]) Über die Chemie der Heilwässer siehe auch *H. Vogt*, Lehrbuch der Bäder- und Klimaheilkunde, Berlin 1940.

Nach Überführung in ein Becherglas wird ohne vorherige Filtration in der Siedehitze eine dem Sulfatgehalt entsprechende Menge Bariumchlorid zugegeben und nach dem Absetzen wird filtriert. Durch wechselweisen vorsichtigen Zusatz von Bariumchlorid- und Natriumsulfatlösung wird auf die Vollständigkeit der Ausfällung geprüft.

Nach dem Abstumpfen des größten Teils der Säure mit Ammoniak oder durch Eindampfen in offener Schale werden die Erdalkalien und Schwermetalle in der Hitze mit Kalkmilch gefällt. Nach dem Absetzen wird mit Kalkwasser auf Vollständigkeit der Fällung geprüft. Wenn diese vorliegt, filtriert man abermals und fällt nun im Filtrat in der Siedehitze mit Ammoniumoxalat das überschüssige Calcium aus. Der zumeist voluminöse Niederschlag wird gut ausgewaschen und das Filtrat nach Prüfung auf Vollständigkeit der Fällung mit Salzsäure versetzt und dann zur Trockne eingedampft. Im Trockenschrank wird der letzte Rest von Feuchtigkeit bei 130° entfernt. Nach dem Erkalten wird der Trockenrückstand fein zerrieben und sogleich mit absolutem Alkohol erwärmt. Von dem unlöslichen Kalium- und Natriumchlorid wird abfiltriert und das Filtrat in einer Platinschale eingedampft. Durch Erhitzen des Rückstandes werden die Ammoniumsalze vertrieben.

Der im wesentlichen aus Lithiumchlorid bestehende Rückstand wird sogleich verrieben und mit 25 ccm Aceton und 1 Tropfen Salzsäure (D-1, 19) versetzt. Nach mehrmaligem Vermischen wird in eine Platinschale filtriert und Filter und Filterrückstand dreimal mit je 5 ccm Aceton ausgewaschen.

Nach dem Eindampfen auf dem Wasserbad wird vorsichtig geglüht, um die Reste organischer Substanz zu zerstören. Schließlich wird mit einigen Tropfen Schwefelsäure abgeraucht und schwach geglüht. Der erhaltene Rückstand von Lithiumsulfat wird nach dem Erkalten gewichtsmäßig ermittelt. 1 mg Lithiumsulfat entspricht 0,1263 mg Li.

3. Calcium- und Magnesium-Bestimmung

Für die Bestimmung des Calciums und Magnesiums werden die Angaben in dem Abschnitt Trinkwasser (s. S. 103—106) in den meisten Fällen genügen.

4. Eisen-Bestimmung

Die Eisenbestimmung geschieht bei eisenreichen Wässern am besten durch Titration mit n/100 $KMnO_4$, da in den hydrogencarbonathaltigen Mineralwässern das Eisen stets zweiwertig ist.

Das zu untersuchende Wasser wird mit Hilfe des Entnahmeschlauches (s. S. 16) in einen gewogenen Meßkolben mit kugelförmig erweitertem Hals von 500 ccm Inhalt gefüllt und gewogen; sogleich wird mit 10 ccm 20%iger Schwefelsäure sowie mit 15 ccm Mangansulfat-Phosphorsäure versetzt.

Die Mangan-Phosphorsäure wird hergestellt durch Mischen einer Lösung von 50 g krist. Mangansulfat in 250 ccm Wasser und Eintragen dieser Lösung in ein Gemisch von 250 ccm Phosphorsäure (D = 1,30) und 150 ccm Wasser plus 100 ccm Schwefelsäure (D = 1,84).

Die aus dem Hydrogencarbonat des Wassers entweichende Kohlensäure genügt gewöhnlich, um eine Oxydation der Eisen(II)-Verbindungen zu verhindern.

Man titriert unter vorsichtigem Umschwenken mit n/100 Kaliumpermanganat bis zur bleibenden Rosafärbung und nimmt einen Blindversuch unter gleichen Bedingungen mit der gleichen Menge dest. Wasser vor.

Berechnung: 1 ccm n/100 Kaliumpermanganat entspricht 0,5585 mg Fe. Von dem erhaltenen Resultat ist der Blindwert abzuziehen. Für vorhandenes dreiwertiges Arsen wären pro mmol $HAsO_2$ 4 mval Fe abzuziehen.

Bei eisenärmeren Wässern genügen die Angaben im Abschnitt Trinkwasser. Bei Solen setzt man die Vergleichsserien mit Standardlösungen in entsprechender Salzkonzentration an.

5. Anionen-Bestimmungen

Bei den Bestimmungen der wichtigsten Anionen kann man gewöhnlich in gleicher Weise, wie sie im Abschnitt Trinkwasseruntersuchung beschrieben sind, in dem das Mineralwasser, wo es notwendig erscheint, schon gesondert behandelt wird, verfahren. Nur für die Untersuchung von Solen und derartig hochkonzentrierten Mineralwässern sollen nähere Anleitungen gegeben werden.

6. Chlorid-Bestimmung

Bei Wässern mit mehr als 1000 mg/l Cl ist die Volhardsche Methode genauer als die Mohrsche. Man setzt zu 25,0 g der Probe nach dem Ansäuern mit Salpetersäure 10,0 ccm n/10 Silbernitratlösung oder entsprechend mehr zu und erhitzt, bis das entstandene Silberchlorid sich vollständig zusammengeballt hat. In dieser Form ist das Silberchlorid bei dem späteren Rhodanidzusatz indifferent (*V. Rothmund* und *A. Burgstaller*, Z. anorg. Chemie **63**, 330, 1909).

Nach dem Erkalten setzt man, ohne zu filtrieren, 2 ccm einer kaltgesättigten, mit Salpetersäure angesäuerten, Lösung von Eisen(III)ammoniumalaun zu und titriert den Silberüberschuß mit n/10 Ammoniumrhodanidlösung zurück bis zur Rotfärbung.

Bei Solequellen geht man von entsprechenden Verdünnungen aus oder arbeitet mit halbnormaler Silberchlorid- und Ammoniumrhodanidlösung. Im letzteren Falle empfiehlt es sich allerdings, den starken Niederschlag durch Auswaschung von der Lösung annähernd abzutrennen (ohne zu filtrieren).

Bromide und Jodide werden natürlich mittitriert, was man gegebenenfalls bei der Berechnung berücksichtigen müßte.

$$1 \text{ ccm n/10 } AgNO_3 = 3{,}5457 \text{ mg Cl}$$
$$1 \text{ ccm n/2 } AgNO_3 = 17{,}728 \text{ mg Cl}$$

7. Sulfat-Bestimmung

Zur Sulfatbestimmung wäre nur noch zu bemerken, daß bei den gehaltreicheren Mineralwässern die auf S. 47 geforderte Prüfung des Filtrats auf Vollständigkeit der Fällung nach Einengung und Auswaschen des Bariumsulfat-Niederschlages mit heißem Wasser ganz besondere Bedeutung hat.

8. Bestimmung von Jodid und Bromid

Bei reichhaltigen Mineralwässern arbeitet man nach den Angaben von *P. Höfer* (Ges. Ing. 74, 224—226, 1953) ohne einzudampfen.

100 g Wasser werden mit 6 ccm Phosphat-Kochsalzlösung (je 100 g Mononatriumphosphat, Dinatriumphosphat mit 12 H_2O, Natriumpyrophosphat mit 10 H_2O und 35 g Natriumchlorid werden zu 1400 ccm gelöst) versetzt. Ungeachtet etwaiger Ausfällungen fügt man 6 ccm einer n/2-Hypochloritlösung hinzu und erwärmt langsam innerhalb von 5 bis 10 Min. auf ca. 90° C, wobei häufig umgeschüttelt und darauf geachtet wird, daß die Temperatur nicht überschritten wird. Danach werden 6 ccm 2n/1-Ameisensäure zugesetzt, wobei die ausgefallenen Erdalkaliphosphate wieder aufgelöst werden.

Man kühlt unter der Wasserleitung ab und setzt nun 1 ccm n/1-Kaliumjodidlösung und ca. 0,5 ccm 10%ige Salzsäure bis zum p_H-Wert von 3,0 zu. Nach 10 Min. titriert man das freigewordene Jod mit n/100-Thiosulfatlösung. 1 ccm n/100-Thiosulfat entspricht 0,2116 mg Jod.

Zur Bestimmung des Broms braucht man jetzt nur noch diese Lösung mit weiteren 10 ccm einer 10%igen Salzsäure anzusäuern und nach 10 Min. erneut mit n/100-Thiosulfat zu titrieren. 1 ccm n/100-Thiosulfat = 0,7992 mg. Br. Da das zugesetzte Kaliumjodid u. U. freies Jod enthalten kann, ist ein Blindversuch notwendig.

Störungen: Nitrite stören, kommen aber in Heilquellen kaum vor.

Manche Mineralquellen haben ziemlich viel Jod (Jodquellen), z. B. die Adelheidquelle in Bad Heilbrunn 22,14 mg/kg J., die Wilhelminaquelle in Bad Wiessee 34,78 mg/kg und die Jodquelle in Bad Tölz 41,5 mg/kg.

Über die Bestimmung von Kieselsäure s. S. 124 und von Borsäure s. S. 125.

Bei Säuerlingen ist die Austreibung der Kohlensäure vor den Titrationen meistenteils erforderlich, was bei den einzelnen Bestimmungen im Trinkwasser-Teil bereits erwähnt ist.

Der Abdampfrückstand wird bei Mineralwasser jetzt durch Trocknung bei 180° C bestimmt.

Bestimmung der Spurenelemente

c) Dithizon-Methode

Spurenelemente sind Elemente, die sich in kleinsten Mengen im lebenden Organismus finden und denen eine biologische Wirkung zukommt; sie sind zum Teil lebenswichtig. Die Spurenelemente werden deshalb auch als „Anorganische Vitamine“ bezeichnet. Dazu gehören Eisen, Kupfer, Zink, Kobalt, Mangan und Jod. Keine nachweisbare biologische Wirkung haben die sog. Begleitspurenelemente Blei, Quecksilber, Silber, Zinn und Arsen. Über die Rolle des Molybdäns ist in der Balneologie noch wenig bekannt, obwohl es sicherlich eine starke biologische Wirkung hat. Es mangelt vor allem an brauchbaren quantitativen Bestimmungsmethoden für Molybdän-Spuren im Wasser.

Für die quantitative Bestimmung einiger metallischer Spurenelemente hat sich nach Erfahrungen des Verfassers die Dithizon-Methode am besten bewährt, vorausgesetzt, daß sie richtig angewendet wird und alle Reagenzien und Gefäße besonders behandelt werden. Da die Spurenelemente heutzutage auch beim Mineralwasser eine große Rolle spielen, soll die Dithizon-Methode speziell für die Mineralwasseranalyse kurz beschrieben werden[1]).

Alle zur Verwendung kommenden Gefäße müssen zunächst mit Alkohol und dann mit warmer Salpetersäure gesäubert werden; danach müssen sie mit Dithizon-Lösung (konzentriert in Chloroform oder Tetrachlorkohlenstoff) in saurem und alkalischem Milieu ausgeschüttelt werden. Zur Prüfung auf vollständige Reinheit schüttelt man die Gefäße mit etwas dithizon-gerechtem Wasser (s. u.), das mit gereinigtem Ammoniak[2]) auf p_H 9 gebracht wurde, und mit 0,5 ccm einer 25 μm Dithizon-Lösung in Tetrachlorkohlenstoff (s. u.). Die Tetra-Phase soll dabei farblos werden, sonst muß das Gefäß weiter gereinigt werden. Später genügt mehrmaliges Schütteln nur mit Dithizon-CCl_4-Lösung.

Auch alle Reagenzien und das dest. Wasser (doppelt dest. Wasser) müssen mit Dithizon-Lösung und mit Ammoniak (1 : 200) ausgeschüttelt werden, bis kein Blindwert mehr erhalten wird.

Das in die wäßrige Lösung übergegangene Dithizon, das durch Gelbfärbung der Lösung erkannt wird, wird durch Ausschütteln mit reinem Chloroform entfernt.

Blindversuche und Prüfungen auf Inhibitoren sind bei jedem Schritt der Analyse unbedingt notwendig. Wenn beim Blindversuch positive Reaktionen erhalten werden, müssen die Reagenzien und Gefäße erneut mit Dithizon-Lösung ausgeschüttelt werden. Braune Gläser und Polyaethylen-Behältnisse für Proben und Reagenzien sind ungeeignet. Für die Dithizon-Analyse sind nur Glasstopfengefäße geeignet, keinesfalls dürfen Gummistopfen verwendet werden.

d) Dithizon-Analyse

Folgender Arbeitsgang ist einzuhalten:

1. Kupfer-Bestimmung

200 bis 500 g Mineralwasser werden im Schütteltrichter mit 3 ccm einer 10%igen Lösung von Hydroxylaminhydrochlorid (Merck 4616) und mit n/1 Salzsäure bis $p_H = 2$ versetzt. Nach jedesmaligem Umschütteln wird mit 0,5 ccm Dithizon-Lösung 2 min lang geschüttelt. Die Dithizon-Lösung soll bei normalen Mineralwässern 50 mikromolar (μm) sein (= 12,8 mg/l Dithizon [Merck 3092] in Tetrachlorkohlenstoff [Merck 2208 p. a.]). Bei Solen verwendet man eine 100-μm-Lösung.

Wenn die Farbe von Grün nach Rotviolett umschlägt, ist Kupfer mehr als in Spuren vorhanden. Die Ausschüttelung wird dann wiederholt, bis die grüne Farbe 2 min lang bestehen bleibt.

---

[1]) Es soll auch auf das Standardwerk von *G. Iwantscheff* „Das Dithizon und seine Anwendung in der Mikro- und Spurenanalyse", Weinheim 1958, hingewiesen werden. Dem Autor des betreffenden Buches dankt der Verfasser für die Unterrichtung auf seinem Gebiet. Nur bei Einhaltung des nachfolgenden Analysenganges ist eine fehlerfreie Ermittlung dieser Kationen-Spuren möglich.

[2]) Der verdünnte reine Ammoniak wird durch isotherme Diffusion in dithizongerechtes dest. Wasser z. B. durch Einlegen von einer Schale mit Ammoniak und einer mit dest. Wasser in einen leeren Exsiccator hergestellt. Nach 24 Stunden ist genügend Ammoniak in die Wasserschale übergegangen.

Der p_H-Wert von 2 muß eingehalten werden, da bei höheren p_H-Werten das Blei schon hier mitextrahiert wird und hier stört, während es nachher der Erfassung entgeht.

Wenn bei der ersten Ausschüttelung kein sichtbarer Farbumschlag auftritt, kann trotzdem Kupfer in Spuren vorhanden sein. In diesem Falle wird nach dem Auswaschen mit 0,5 ccm n/2 HCl[1]) der Dithizon-Überschuß durch Auswaschen der Tetraphase mit dithizongerechtem dest. Wasser und Schütteln mit Ammoniak (1 : 200) weggebracht, 10 sec lang. Bei Gegenwart von Kupfer tritt dann die rotviolette Färbung der Tetraphase auf. Diese Färbung wird nach nochmaligem Ausschütteln mit 5 ccm 0,5 n-Salzsäure[1]) im Elko mit der von in gleicher Weise behandelten Standardlösung bei 550 mμ verglichen und ausgewertet.

Wenn die Tetraphase beim Ausschütteln umgefärbt wird, werden die gesammelten Phasen auf 10 ccm aufgefüllt und dann wie oben mit dest. Wasser und mit Ammonik behandelt.

Bei Solewässern wird nach der Ausschüttelung mit der stärkeren Dithizon-Lösung die Tetraphase zur Zerlegung des Kupferdithizonats zunächst mit 6 norm. Salzsäure geschüttelt, in das das Kupferdithizonat übergeht. Die abgetrennte wässerige Phase wird eingedampft und erneut nach Hydroxylaminzusatz auf $p_H = 2$ gebracht und mit der 50-μm-Dithizon-Lösung nach den obigen Angaben geschüttelt; letztere wird nach dem Abtrennen und Auswaschen des Di-Überschusses (s. o.) kolorimetriert.

Wenn eine orange oder gelbliche Mischfärbung bei der ersten Ausschüttelung auftritt, so kann Quecksilber ausnahmsweise hier als Störelement auftreten. In diesem Falle müßte man das Quecksilber durch Zusatz von 1 ccm einer 1⁰/₀igen Kaliumjodidlösung vor der Ausschüttelung des Cu-Dithizonats tarnen.

2. Blei- und Zink-Bestimmung

Die wässerige Phase von der sauren Ausschüttelung des Kupfers wird zum Inlösunghalten des in den meisten Wässern vorhandenen Eisens mit 2-n-Seignettesalzlösung und dann mit 1⁰/₀igem Ammoniak bis zum p_H-Wert von 7,0 versetzt.

Mit 50-μm-Dithizon-CCl_4-Lösung wird wie oben ein bis mehrmals ausgeschüttelt. Eine violettrote bis rosarote Verfärbung zeigt Blei und Zink an.

Man schüttelt dann mit weiteren Di-Mengen, bis die grüne Di-Farbe nicht mehr umschlägt oder farblos wird.

Die auf 10 ccm aufgefüllte Tetraphase wird nach Abtrennung mit 10 ccm dest. Wasser und nach jedesmaliger Abtrennung zweimal mit 5 ccm n/2 Salzsäure je 1 min geschüttelt, wobei die Farbe der organischen Phase wieder in Grün umschlägt. Blei- und Zink-Dithizonat gehen in die wässerige Phase über, die nach Abtrennung zweimal mit reinem Tetrachlorkohlenstoff ausgewaschen wird.

Die ausgewaschene wässerige Phase wird nach Auffüllen auf 20 ccm in zwei Teile geteilt. Teil I wird auf Blei und Teil II auf Zink geprüft.

[1]) Bei der Kupferbestimmung hat das Ausschütteln mit 0,5 n Salzsäure einmal den Zweck Störionen zu beseitigen und zum anderen (vor der kolorimetrischen Messung) eine Veränderung des Kupferdithizonates durch längere Einwirkung von alkalischer Lösung (Waschlösung Ammoniak 1 : 200) zu verhindern.

Teil I zur Beibestimmung wird mit dithizongerechtem Ammoniak (1 n) alkalisch gemacht (p_H 8—9) und mit 6 ccm einer 10%igen Kaliumcyanidlösung versetzt (KCN Merck 4967 ist Pb-frei). Diese Lösung wird erneut mit 0,5 ccm 50-μm-Dithizon-CCl_4-Lösung 1 min lang geschüttelt. Bei Gegenwart von Blei tritt eine Rosa-Färbung auf. Dann wird mit weiteren 0,5 ccm Dithizon-Lösung geschüttelt, bis die Grünfärbung bestehen bleibt.

Auch wenn keine Umfärbung auftritt oder nur eine schmutziggrüne Verfärbung erkennbar ist, wird die abgelassene Tetraphase auf 10 ccm aufgefüllt und zweimal mit je 5 ccm 0,5%iger Kaliumcyanidlösung 10 sec lang geschüttelt, um Zink, Quecksilber und mitgeschlepptes Kupfer zu tarnen. Die reine rosa Lösung nach einmaligem Waschen mit Aq. dest. wird kolorimetriert gegen Färbungen von Standardlösungen im Bereich von 520 mμ.

Nach der angegebenen Arbeitsweise könnte nur noch Wismut mit Dithizon eine Rotfärbung ergeben. In Wässern ist dieses jedoch kaum zu vermuten.

Im Zweifelsfalle kann man den rot gefärbten Extrakt mit einigen ml 0,1 n Pufferlösung nach Michaelis (p_H 4,6) schütteln, wodurch Pb-Dithizonat zerlegt wird (Grünfärbung der Dithizonlösung) und nur die Rotfärbung von Bi-Dithizonat bestehen bleibt.

Bereitung der 0,1 n Pufferlösung nach Michaelis:

13,6 g Natriumacetat
6,0 g konz. Essigsäure werden mit bidest. Wasser auf 1 l aufgefüllt.

Teil II zur Zinkbestimmung wird mit 6 ccm einer 10%igen Natriumacetatlösung versetzt und mit verdünntem Ammoniak (1 n) auf einen p_H-Wert von 4,5 bis 4,8 eingestellt. Nach Zusatz von 0,5 ccm einer 50%igen Natriumthiosulfatlösung wird mit 1,5 ccm 50 μm-Dithizon wie oben geschüttelt. Bei Gegenwart von Zink erhält man eine rosa bis blauviolette Färbung. In diesem Falle schüttelt man weiter, bis die Tetraphase rein grün bleibt.

Die auf 10 ccm aufgefüllte Tetraphase wird, auch wenn keine Umfärbung sichtbar ist, mit 1%iger Natriumacetatlösung, mit Ammoniak (1 : 200) und zum Schluß mit dest. Wasser ausgewaschen, bis die wässerige Phase farblos bleibt. Die Tetraphase bleibt hierbei rosa bis blauviolett und kann anschließend kolorimetriert werden im Bereich von 540 mμ.

3. Silber-Bestimmung

Aus einer weiteren Probe von 200—500 g des Mineralwassers wird nach Zusatz von Normal-Schwefelsäure bis zum p_H-Wert von 3—4 (ohne Hydroxylaminzusatz) ein- bis mehrmals mit 0,5 ccm einer 50-μm-Dithizon-CCl_4-Lösung im Schütteltrichter jeweils 1 min ausgeschüttelt, bis die letzten 0,5 ccm Dithizon unverändert grün bleiben. Bei Gegenwart von Silber tritt goldgelbe Färbung auf.

Die gesammelte organische Phase wird mit Tetrachlorkohlenstoff auf 10 ccm verdünnt und diese 2- bis 3mal mit je 5 ccm einer 0,5-n-Schwefelsäure und anschließend mit Wasser ausgeschüttelt. Anschließend wird mit 0,01-n-Ammoniak geschüttelt, um den Dithizonüberschuß wegzunehmen. Die bei Gegenwart von Silber goldgelbe organische Phase wird nach der Abtrennung und dem Auswaschen mit Wasser mit analog bereiteten Standardlösungen im Kolorimeter verglichen im Bereich von 460 mμ.

Auch wenn keine sichtbare Umfärbung der Tetraphase beim Ausschütteln auftritt, wird die Ausschüttelung mit Schwefelsäure und Ammoniak, wie oben beschrieben, durchgeführt und anschließend kolorimetriert.

Zur Silber-Bestimmung in Solewässern muß wegen des hohen NaCl-Gehaltes der Lösung zur Erfassung des Silbers mit Dithizon ein p_H-Wert von 5—6 eingestellt werden. In diesem Falle würde als Endpunkt der Extraktion wahrscheinlich eine Rosafärbung auftreten (Gegenwart von Zink und Blei). Durch zweimaliges Auswaschen mit 0,5 n Schwefelsäure könnte man diese Elemente aus dem organischen Extrakt entfernen. Enthält das Solewasser auch Hg, so kann es bei p_H 1 vor dem Ag extrahiert werden. Enthält es auch Kupfer, dann trennt man dieses durch Extraktion bei p_H 1,5 mit stärkerer Dithizonlösung vor dem Ag, das durch den hohen Chloridgehalt des Solewassers bei p_H 1,5 getarnt wird, ab. Nach Einstellung der wäßrigen Lösung (Sole) auf p_H 5—6 läßt sich dann das Silber extrahieren. Der Endpunkt dieser Extraktion wäre dann an einer Grünfärbung oder bei Anwesenheit von Zn oder Pb usw. an einer reinen Rosafärbung erkennbar. Nach zweimaligem Schütteln mit 0,5 n Schwefelsäure könnte der übliche Analysengang (mit Auswaschen des Dithizonüberschusses) fortgesetzt werden.

Eine reine Gelbfärbung kann u. U. auch von Quecksilber herrühren, das noch vor dem Silber mit Dithizon reagiert. Ob es sich um Silber oder Quecksilber handelt, kann man feststellen durch Schütteln des nach der Analysenvorschrift für die Ag-Bestimmung erhaltenen Extraktes mit 0,5 n Salzsäure. Das Silberdithizonat wird dadurch zerlegt, während das Quecksilberdithizonat bestehen bleibt. In der salzsauren Lösung läßt sich das Silber nach Einstellung auf p_H 5—6 erneut mit Dithizon extrahieren.

Sollte bei höherem Kupfergehalt des Mineralwassers zum Schluß der Extraktion eine ins Violette gehende Mischfärbung auftreten, so schüttelt man den gesammelten Extrakt 1 min mit 10 ml 0,5 n Salzsäure. In dieser kann man dann das Silber nach Abstumpfen der Säure auf pH 5—6 störungsfrei bestimmen.

4. Quecksilber-Bestimmung

Eine weitere Probe von 300 bis 500 g Mineralwasser wird mit 2-n-Schwefelsäure auf einen p_H-Wert von 1,0 gebracht und sogleich mit 1 ccm 50-μm-Dithizon-Lösung ausgeschüttelt, bis die letzte organische Phase grün bleibt (jeweils 1 min). Wenn Quecksilber mehr als in Spuren vorhanden ist, tritt eine Orangegelb-Färbung der Dithizon-Lösung auf. Anderenfalls muß der Dithizon-Überschuß durch Waschen mit Ammoniak entfernt werden; dasselbe gilt auch für den ersteren Fall, wenn die letzte grüngebliebene Dithizon-Lösung zu den ersten gelbgefärbten Extrakten zugesetzt wird.

Wenn das Mineralwasser viel Kupfer und Silber enthält, ist eine Ausschüttelung der gesammelten Tetraphase vor dem Ammoniak-Zusatz mit 10 ccm einer 0,5-n-Schwefelsäure und eine vorherige Erhöhung der Acidität auf 0,2 n ratsam.

Die gesammelten Extrakte werden im Mischzylinder mit Tetra auf ein entsprechendes Volumen aufgefüllt und einmal mit 5 ccm 0,5 n Salzsäure durchgeschüttelt. Nach Entfernung des Dithizonüberschusses durch zweimaliges Durchschütteln mit je 10 ccm Ammoniak (1 : 200) schüttelt man den abgelassenen organischen Extrakt nochmals mit einigen ccm Essigsäure durch. Der gut abgesetzte Extrakt wird bei 485 mμ kolorimetriert.

Das Quecksilberdithizonat ist sehr lichtempfindlich[1]), weshalb man im Dunkeln arbeiten muß. Das Quecksilber entgeht sonst der quantitativen Ermittlung. Ein Zusatz von 10 ccm 2-n-Essigsäure bewirkt aber eine Desensibilisierung dieses Dithizonats.

Oder man muß die Ausschüttelung des Quecksilbers sehr rasch vollziehen. Wenn man in einer Parallelprobe das Quecksilber mit etwas Kaliumjodid-Lösung tarnt (1 ccm 1%ige Lösung), hat man bei negativem Ausfall der Färbung einen weiteren Beweis für die Identität des Quecksilbers.

Bei der obigen Arbeitsweise werden 1—3 γ/l der genannten Spurenelemente erfaßt.

Nachweis von Beryllium

Als sehr empfindliches Reagens auf Beryllium hat sich das Chinalizarin (1, 2, 5, 8-Tetraoxyanthrachinon) auch bei der Mineralwasser-Untersuchung bewährt. Man setzt zu 10 ccm der entsprechend eingeengten Mineralwasserprobe Normal-Natronlauge bis zu einer Konzentration von 0,3 n. Dazu setzt man 0,4 ccm einer 0,05%igen Chinalizarinlösung (0,3 normal an NaOH). Bei Gegenwart von Beryllium erhält man einen Farbumschlag von Violett nach Kornblumenblau. Mit Hilfe von Standardlösungen kann der Nachweis auch annähernd quantitativ ausgestaltet werden. Die Erfassungsgrenze liegt bei 0,15 μg Be.

Schwermetalle einschl. Eisen stören nicht. Durch Ammoniak-Zusatz kann die Magnesiumstörung ausgeschaltet werden.

Da das Schema der Trinkwasser-Analyse für die Balneologie wertlos ist, soll im folgenden ein Beispiel für eine kleine Heilwasser-Analyse gegeben werden.

Beispiel einer kleinen Heilwasser-Analyse
(Tempelquelle Bad Salzschlirf)

In 1 Kilogramm des Heilwassers sind enthalten:

Kationen	Milligramm	Millival	Millival %
Natrium-Ion (Na^+)[2])	2945,0	128,06	74,43
Kalium-Ion (K^+)	131,0	3,351	1,95
Ammonium-Ion (NH_4^+)	0,38	0,021	0,01
Calcium-Ion (Ca^{++})	493,7	24,64	14,32
Magnesium-Ion (Mg^{++})	191,6	15,76	9,16
Eisen(II)-Ion (Fe^{++})	6,0	0,214	0,12
Mangan-Ion (Mn^{++})	0,28	0,01	0,01
		172,0	100,0

Anionen	Milligramm	Millival	Millival %
Chlorid-Ion (Cl^-)	4715,8	133,00	77,34
Sulfat-Ion (SO_4^{--})	863,1	17,97	10,45
Hydrogenkarbonat-Ion (HCO_3^-)	1281,0	21,00	12,21
Hydrogenphosphat-Ion (HPO_4^{--})	0,03	0,00	0,00
		172,0	100,0

[1]) Verfärbung nach blaß Grauviolett.

[2]) Die Bezeichnung der Kationen erfolgt jetzt durch $^+$, die der Anionen durch $^-$Zeichen.

Undissoziierte Bestandteile		Millimol
Kieselsäure, meta (H_2SiO_3)	15,34	0,19
Summe:	10 643,23	
Gasförmige Bestandteile		
Freies Kohlendioxyd (CO_2)	1700,0	38,63
Freier Schwefelwasserstoff (H_2S)	0,00	0,00
Summe:	12 343,23	

Charakteristik: Natrium-Chlorid-Säuerling.

Vorweg werden allgemeine Angaben über die Quelle bezüglich Lage, Tiefe, Verrohrung und Schüttung bzw. Ergiebigkeit sowie über die Temperatur des Quellwassers, seine Reaktion und p_H-Wert, seine Dichte und den Abdampfrückstand gemacht.

I. Reagenzien für Trinkwasseruntersuchung

In dem Kapitel „Untersuchung des Wassers“ ist bei vielen Reagenzien auf die im folgenden mitgeteilten Herstellungsvorschriften verwiesen. Letztere müssen genau eingehalten werden. Bei anderen Reagenzien ist nur das Zeichen * zugefügt. Es bedeutet, daß die vom Deutschen Arzneibuch (DAB 6) vorgeschriebene Beschaffenheit zugrunde zu legen ist.

Wenn keine Angabe hinter einem Reagenz erfolgt ist, kann jede beliebige Konzentration angewandt werden.

Alle Reagenzien müssen einerseits auf Reinheit, andererseits auf Wirksamkeit ständig geprüft werden (s. S. 1).

Reagenz Nr. 1 Aktivkohle

100 g Aktivkohle (z. B. Holzkohle, Hydraffinkohle, Noritkohle) werden mit 2 l Wasser und 40 ccm Natronlauge gemischt und das Ganze kurze Zeit gekocht. Nach dem Auswaschen der Natronlauge mit verdünnter Salzsäure und Wasser auf dem Filter oder auf der Nutsche wird im Trockenschrank bei 100° getrocknet.

Reagenz Nr. 2 Aluminiumhydroxyd

125 g Alaun werden in 1 l Wasser (Aqua dest.) gelöst. Mit Ammoniak wird Aluminiumhydroxyd gefällt und solange mit destilliertem Wasser abdekantiert, bis das Wasser frei von Chloriden, Nitraten und Ammoniak ist.

Reagenz Nr. 3 Ammoniumchloridlösung für Bleibestimmung

Eine Lösung von 20 g reinstem Ammoniumchlorid und 2 g verdünnter Essigsäure auf 100 ccm Wasser. Das Ammoniumchlorid enthält häufig eine Spur von Blei, was durch einen Blindversuch festgestellt werden muß. Durch Schütteln mit Talkum kann man die Lösung bleifrei machen.

Reagenz Nr. 4 Ammoniumvergleichslösung

2,966 g reinstes Ammoniumchlorid werden zu 1 l destilliertes Wasser gelöst. 10 ccm dieser „Lösung I“ werden nochmal zu 1 l verdünnt. 1 ccm dieser „Lösung II“ entspricht 0,01 mg/NH_4. Wenn man also 1 ccm von Lösung II auf 100 ccm ammoniakfreies Wasser (Reagenz Nr. 10) in Hehnerzylinder gibt, so entspricht dies einem Gehalt von 0,1 mg/l NH_4 im Wasser.

Reagenz Nr. 5 Bariumchromatlösung

5 g Bariumchromat werden in 50 ccm 25%iger Salzsäure gelöst und auf 1 l aufgefüllt. Die Lösung ist einige Zeit haltbar, muß aber gegebenenfalls filtriert werden.

Reagenz Nr. 6 Bleistandardlösung

Man löst 0,1830 g Bleiazetat (pro analysi!) in 1000 ccm 3%iger Essigsäure oder 0,1599 g Bleinitrat (bei 100° C getrocknet) und 1 ccm Salpetersäure zu 1 Liter, 1 ccm = 0,1 mg Pb.

Reagenz Nr. 7 Chlorlauge für Chlorzahlbestimmung

200 ccm n/10 Natriumhypochlorit und 100 ccm $n/_1$ Natronlauge werden auf 1 l mit destilliertem Wasser (Reagenz Nr. 10) aufgefüllt. Der Wirkungswert wird im Blindversuch festgestellt.

Reagenz Nr. 8 Chlorreagenz

1 g farbloses Dimethyl-p-phenylendiaminchlorhydrat wird in 50 g konzentrierter Salzsäure gelöst und die Lösung auf 250 ccm aufgefüllt.

Reagenz Nr. 9 Chlorvergleichslösung

Man löst 0,115 g Methylrot in 5 ccm $n/_1$ Natronlauge und 95 ccm Wasser. Diese Stammlösung wird nochmals 1 : 100 verdünnt.

Reagenz Nr. 10 Reinstes destilliertes Wasser frei von Ammoniak, Nitrit, Kohlensäure und organischen Stoffen

Gewöhnliches Aqua destillata wird nach Zusatz von Bariumhydroxyd und Kaliumpermanganat durch besonders gesäuberte Kühler aus Jenaer Glas destilliert.

Reagenz Nr. 11 Diphenylaminschwefelsäure

Es darf nur rein weißes Diphenylamin verwendet werden. Man versetzt davon 0,085 g in einem Meßkolben von 500 ccm Inhalt mit 190 ccm chemisch reiner Schwefelsäure (1 : 3 Vol.). Dann fügt man reine konzentrierte Schwefelsäure unter Umschütteln zu. Das Gemisch erwärmt sich; das Diphenylamin schmilzt und löst sich dabei auf. Man füllt zunächst bis zum Kolbenhals mit konzentrierter Schwefelsäure und nach dem Erkalten bis zur Ringmarke unter Berücksichtigung der Eichtemperatur mit konzentrierter Schwefelsäure auf. Sollte die Schwefelsäure Stickstoffverbindungen enthalten und einwandfreie Schwefelsäure nicht zur Verfügung stehen, so wird sie durch vorheriges Erhitzen nach Zusatz von 0,5 % Ammoniumsulfat davon befreit.

Wenn die fertige Diphenylaminschwefelsäure durch Spuren Salpetersäure (z. B. aus der Laboratoriumsluft) gebläut erscheint, so kann sie durch Erhitzen im Sandbad auf 115° C brauchbar gemacht werden. Wenn die Schwefelsäure salpetersäurehaltig ist, so wäre vor dem Erhitzen etwas Kochsalz zuzusetzen. Das fertige Reagenz ist längere Zeit haltbar.

Reagenz Nr. 12 Eisenvergleichslösungen

1. 0,901 g Eisenalaun (Kalium-Eisen(III)-sulfat reinst.) löst man in einem Meßkolben von 1000 ccm mit 10 ccm Salzsäure und destilliertem Wasser; die sich erwärmende Lösung füllt man unter Berücksichtigung der Eichtemperatur bis zur Marke auf.
1 ccm = 0,1 mg. Fe.

2. 0,7022 g Eisen(II)-Ammonsulfat (p. a. Merck), $Fe\ SO_4 \cdot (NH_4)_2\ SO_4 \cdot 6\ H_2O$, in 50 ccm 25%iger Schwefelsäure auf 1 l Aqua dest. Eventuell oxydieren mit n/10 $KMnO_4$.
1 ccm = 0,1 mg Fe. Nach Bedarf können diese Lösungen noch auf das Zehnfache verdünnt werden.

Reagenz Nr. 13 Kaliumplatinchlorid-Reagenz

2,49 g Kaliumplatinchlorid ($K\ Pt\ Cl_6$) und 2,016 g kristallisiertes Kobaltchlorid, $CoCl_2 \cdot 6\ H_2\ O$, werden in destilliertem Wasser unter Zusatz von 200 ccm Salzsäure (D = 1,19)

gelöst und die Lösung auf 1 l aufgefüllt (deutsche und fast gleich die amerikanischen Einheitsverfahren). Der Farbwert dieser Standardlösung ist 500 mg Pt.
1 ccm dieser Lösung also = 1 mg Pt.

Reagenz Nr. 14 Kaliumpalmitatlösung nach Blacher

In einem Literkolben werden 0,1 g Phenolphthaleïn in 500 ccm Alkohol (95%ig) gelöst und 300 ccm destilliertes Wasser zugesetzt. In dieser Mischung werden 25,6 g reinste Palmitinsäure (E. Merck, Darmstadt) durch Erwärmen auf dem Wasserbade und Zusatz von 0,7%iger alkoholischer Kalilauge in Lösung gebracht. Es soll dann eine schwach rosarote Farbe bestehen.

Die Kalilauge wird durch Erwärmen von 7 g Kaliumhydroxyd in etwas Alkohol und Auffüllen auf 1 l Alkohol bei der Eichtemperatur hergestellt. Eine zu starke Rotfärbung ist mit verdünnter Salzsäure eben zum Verschwinden zu bringen und mit alkoholischer Kalilauge wieder auf eben sichtbares Rosarot einzustellen. Die Lösung ist nach dem Auffüllen auf 1000 ccm gebrauchsfertig. Durch Kälte abgeschiedenes Palmitat wird durch Anwärmen des Standgefäßes wieder gelöst. Die *Blachersche* Lösung wird auch mit Propylalkohol angesetzt, wobei es keine Kälteabscheidungen gibt; für Feldanalysen im Winter ist dies deshalb von Vorteil.

Die *Blacher*sche Lösung ist auch käuflich zu haben (Fa. E. Merck, Darmstadt, und Fa. I. D. Riedel- E. de Haën, Seelze b. Hannover).

Die Einstellung der Kaliumpalmitatlösung geschieht mit 20 ccm n/10 Bariumchloridlösung (12,215 g $BaCl_2 \cdot 2 H_2O$ pro Liter), die mit destilliertem, ausgekochtem Wasser auf 100 ccm verdünnt wird. Die Lösung wird mit Phenolphthaleïn-Indikator versetzt und auf Rosarot titriert (p_H bei 8,8).

Die Fa. E. Merck, Darmstadt, hat jetzt Calcium-Standardlösungen herausgebracht, mit deren Hilfe die Einstellung der Palmitatlösung erleichtert wird.

Reagenz Nr. 15 Karamellösung zur Farbbestimmung

Man löst 1 g Rohrzucker in 50 ccm destilliertem Wasser, setzt 1 ccm Schwefelsäure (1 + 2) zu und kocht genau 10 Minuten. Nach Zusatz von 1 ccm 33%iger Natronlauge kocht man nochmals 10 Minuten, läßt abkühlen und füllt auf 1 l auf.
1 ccm = 1 mg Karamel.

Reagenz Nr. 16 Kupfervergleichslösung

(für Farbbestimmung) 1,964 g reinstes kristallisiertes Kupfersulfat in 500 ccm destilliertem Wasser auflösen.

1 ccm = 1 mg Cu.

Reagenz Nr. 17 Kieselgur-Standard

Reinste Kieselgur (Merck) wird im Achatmörser aufs feinste zerrieben und in kleinen Partien durch Müllerseide (Nr. 20) gesiebt. Die abgesiebte Kieselgur wird in Wasser aufgeschlämmt; ein sich bildender Bodensatz wird verworfen. Durch Eindampfen der gewonnenen Kieselgurmilch und erneutes Verreiben des Trockenrückstandes erhält man die fertige Kieselgur, von der 1 g in 1 l Wasser aufgeschlämmt den Trübungsgrad 1000 aufweist.

Diese Standardtrübung muß öfter erneuert werden, mindestens alle 1 bis 2 Monate. 1 ccm ist 1 mg (wie amerikanische Einheitsverfahren).

Bei Bedarf werden weitere Verdünnungen angefertigt.

Reagenz Nr. 18 Methylorange-Indikator

1 g Methylorange wird in 1 l heißem Wasser gelöst. Später ausgeschiedene Sulfosäure wird abfiltriert.

Reagenz Nr. 19 Methylrotvergleichslösung nach Haase und Gad

0,115 g Methylrot werden in 5 ccm n/1 NaOH gelöst und 5 ccm n/100 Natronlauge zugefügt und auf 100 ccm aufgefüllt.

Diese Lösung wird 1 : 100 verdünnt.

Reagenz Nr. 20 Molybdänschwefelsäure

Eine 10%ige Ammoniummolybdatlösung wird mit 50 Vol.%iger Schwefelsäure im Verhältnis 1 : 3 gemischt. Diese Mischung ist, vor Licht geschützt, nur 8 Tage haltbar.

Man bewahrt deshalb beide Lösungen getrennt auf.

Reagenz Nr. 21

Naphtholreagenz nach Zambelli.

3 g α-Naphthol werden in 100 ccm 80%iger Essigsäure gelöst.

Reagenz 21 a Neßlers Reagenz

100 g Quecksilberchlorid werden mit 70 g Kaliumjodid in möglichst wenig Wasser gelöst. Unter Umrühren wird dann eine Lösung von 160 g Ätznatron in 500 ccm Wasser (Reagenz Nr. 10) eingetragen und darauf wird auf 1000 ccm aufgefüllt.

Quecksilberchloridüberschuß erhöht die Empfindlichkeit, Kaliumjodidüberschuß erniedrigt sie. Man muß daher sehr genau arbeiten. Die Handelsqualitäten sind aus diesem Grunde etwas unterschiedlich. Wenn man mit Standardlösungen vergleicht, fallen die Unterschiede nicht ins Gewicht, bei Verwendung von Eichkurven muß man jedoch bei jedem Reagenzwechsel nacheichen.

Reagenz Nr. 22 Nitratvergleichslösung

0,1635 g reinstes Kaliumnitrat oder 0,137 g Natriumnitrat werden in dest. Wasser gelöst, mit 1 ccm Chloroform versetzt und auf 1000 ccm mit dest. Wasser aufgefüllt.

1 ccm entspricht 0,1 mg NO_3.

Reagenz Nr. 23 Nitritvergleichslösung

0,150 g reinstes Natriumnitrit oder 0,185 g Kaliumnitrit werden unter Zusatz von 1 ccm Chloroform zu 1000 ccm Wasser gelöst.

1 ccm = 0,1 mg NO_2.

Reagenz Nr. 24 Phosphatreagenz (Strychnin-Molybdänsäure-Reagenz nach *Medinger*)

In einem Erlenmeyerkolben zu 500 ccm wird eine Lösung von 40 g Ammoniummolybdat in 100 ccm destilliertem Wasser unter Umschütteln portionsweise mit ca. 80 ccm einer gesättigten wäßrigen Lösung von Strychninnitrat (ca. 1%ig) versetzt, bis die anfängliche Trübung beim Umschütteln nicht mehr vollständig verschwindet. Diese Lösung gießt man unter Umrühren zu 180 ccm Salpetersäure (D 1,40) Nach mehrtägigem Stehen gießt man ab. Das Reagenz ist längere Zeit haltbar.

Reagenz Nr. 25 Phosphatvergleichslösung

0,377 g Natriumphosphat ($Na_2 HPO_4 \cdot 12 H_2O$ pro analysi) werden zu 1 l destilliertem Wasser gelöst. 1 ccm entspricht 0,1 mg PO_4. Diese Lösung wird mit 3%iger Na Cl-Lösung noch auf das 10- oder 100fache verdünnt.

Reagenz Nr. 26 Rieglers-Reagenz

2 g reines 1,4-naphthionsaures Natrium und 1 g reinstes β-Naphthol werden mit 200 g Wasser kräftig durchgeschüttelt, dann abfiltriert. Das Reagenz ist farblos und läßt sich in dunkler Flasche längere Zeit, ohne Veränderungen zu erleiden, aufbewahren.

Reagenz Nr. 27 Seifenlösung nach Boudron und Boudet

150 g fettsaures Blei (Bleipflaster, s. *Schmidt*, Pharm. Chemie Bd. II) werden auf dem Wasserbade erweicht und mit 40 g Kaliumkarbonat zu einer gleichförmigen Masse verrieben, die mit absolutem Alkohol ausgezogen und von dem gelösten Rückstand abfiltriert wird; der Alkohol wird abdestilliert und die zurückbleibende Kaliseife im Wasserbade bei 100° getrocknet. 20 g der obigen Kaliseife löst man in 520 ccm 56%igem Alkohol unter Erwärmen auf, filtriert die Lösung, falls sie trübe ist, noch heiß und läßt erkalten.

Mit dieser Lösung füllt man das Hydrotimeter bis zu dem über dem Nullpunkt befindlichen numerierten Teilstrich an. Darauf bringt man 40 ccm der unten beschriebenen Bariumnitratlösung in das besondere Glasstopfenglas und setzt von der Seifenlösung die zur Schaumbildung nötige Menge hinzu. Werden hierzu weniger als 22 auf dem Hydrotimeter verzeichnete Grade gebraucht, so ist diese Seifenlösung zu stark und muß mit Alkohol von 56 % entsprechend verdünnt werden, bis bei genau 22° der Seifenlösung 40 ccm der folgenden Bariumnitratlösung entsprechen.

Zum Einstellen löst man 0,574 g reines, bei 100° getrocknetes Bariumnitrat in destilliertem Wasser und füllt genau bis zum Liter auf. 100 ccm dieser Lösung enthalten so viel Barium wie 22 mg Kalziumkarbonat entsprechen, und in 40 ccm derselben Lösung befindet sich die 8,8 mg Kalziumkarbonat äquivalente Menge Barium; die Lösung zeigt also eine Härte von 22 französischen Graden = 12,3 deutschen Härtegraden.

Reagenz Nr. 28 Seignettesalzlösung

100 g des chemisch reinen Seignettesalzes (Tartarus natronatus pro analysi) werden in 200 g destilliertem Wasser unter Erwärmen gelöst und 10 ccm Neßlers-Reagenz zugesetzt. Nach ein- bis zweitägigem Stehenlassen der Lösung setzt sich meist ein gelber Ammoniakniederschlag ab, von dem abgehebert wird. Die Lösung ist im Dunkeln haltbar.

Reagenz Nr. 29 Sodanatronlauge

100 g kristallisiertes Natriumkarbonat und 50 g Ätznatron werden in 300 ccm destilliertem Wasser unter Erhitzen gelöst. Darauf wird gegebenenfalls das fehlende Wasser

ergänzt und zentrifugiert. Die Soda muß frei von Ammoniak sein, anderenfalls muß das Reagenzgemisch längere Zeit gekocht werden.

Reagenz Nr. 30 Sodalösung für Kohlensäurebestimmung

1,2045 g bei 160° bis 180° C getrocknetes Natriumkarbonat (reinst.) wird in einem Literkolben in aufgekochtem Wasser gelöst und nach dem Erkalten (unter Ätzkalkverschluß) auf 1 l aufgefüllt. Nach *Czensny* setzt man zuvor noch 100 g Natriumsulfat zu. Man kann dieselbe Lösung erhalten, wenn man 22,8 ccm n/1 oder 228 ccm n/10 Natriumkarbonatlösung auf 1000 ccm mit aufgekochtem Wasser verdünnt. 1 ccm entspricht 0,5 mg CO_2, bei Anwendung von 100 ccm Wasser also 5 mg/l freier CO_2.

Reagenz Nr. 31 Sulfanilsäurereagenz

10 g Sulfanilsäure werden in 100 ccm konzentrierter Schwefelsäure (D 1,84) gelöst.

Reagenz Nr. 32 Tolidin-Reagenz

Man bringt 90 ccm destilliertes Wasser zum Kochen, setzt 10 ccm konzentrierte Salzsäure (1,19) hinzu und gibt in das heiße Gemisch 0,1 g o-Tolidin (p.a.). Zur vollständigen Lösung kocht man nochmals auf und füllt nach dem Erkalten auf 100 ccm auf. Man kann das Reagenz auch mit 0,135 g o-Tolidinhydrochlorid, das sich leichter löst, bereiten.

Das Reagenz ist 6 Monate haltbar, aber nur, wenn es völlig vor Licht geschützt aufbewahrt wird. Es muß auch vor Frost geschützt werden, da sich bei 0° C das Tolidin irreversibel abscheidet.

Das Reagenz darf nicht in Gummistopfenflaschen aufbewahrt werden.

Reagenz Nr. 33 Zinn (2)-chloridlösung

1 g Zinn (2)-chlorid ($SnCl_2 \cdot 2\,H_2O$-Zinnchlorür pro analysi) wird in 10 ccm Salzsäure gelöst, evtl. unter gelindem Erwärmen. Dazu wird ein Stückchen Zinnfolie gegeben und mit 40 ccm Aqua dest. verdünnt. Das Reagenz muß jedesmal frisch bereitet werden, da es nur wenige Stunden haltbar ist. Auch als Substanz ist Zinn(II)-chlorid nicht lange haltbar; es dürfen nur glasklare trockne Kristalle zur Herstellung des Reagenz verwendet werden.

Reagenz Nr. 34 Zirkonsäure-Alizarin Reagenz

In einem 1 l-Kolben löst man 0,3 g Zirkonoxychlorid ($Zr\,O\,Cl_2 \cdot 8\,H_2\,O$) in zunächst 50 ccm Aqua dest.

Daneben löst man in einem Becherglas 0,07 g Alizarin-Natriummonosulfat in 50 g Wasser und gießt diese Lösung unter Umschwenken langsam in die Zirkonoxychloridlösung. Diese Lösung klärt sich beim Stehen in wenigen Minuten. Ferner werden 112 ccm rauchender Salzsäure (1,19) auf 500 ccm Aqua dest. verdünnt. In weitere 400 ccm Aqua dest. gibt man 37 ccm Schwefelsäure und füllt auf 500 ccm mit Aqua dest. auf. Nach dem Erkalten werden beide Säuren gemischt. Diese Mischsäure gießt man in den 1 l-Kolben mit dem Alizaringemisch und mischt durch. Nach einer Stunde ist das Reagenz nach einem Farbwechsel gebrauchsfertig. Es wird im Kühlschrank aufbewahrt, muß aber alle 2 bis 3 Monate erneuert werden.

Reagenz Nr. 35 Cer-Reagenz

120 g Cer(III)chlorid pro analysi werden in 100 ccm vorher ausgekochtem dest. Wasser gelöst, mit 3 ccm 25%iger Salzsäure versetzt und 2 Stunden lang ausgekocht. Nach dem Erkalten unter Sulfit-Verschluß wird mit ausgekochtem dest. Wasser auf 1000 ccm aufgefüllt.

K. Begleitschein für Wasserproben

Einsender der Probe ....
Bezeichnung des Brunnens bzw. Wasserwerks ......
Tag und Stunde der Probenahme ......
Lufttemperatur ...... Wassertemperatur ......
Zweck der Untersuchung ......
Regelmäßige Untersuchung? ......
Oder liegt eine besondere Veranlassung vor? ......
(Verdacht einer Verunreinigung oder Versagen der Reinigungsanlage)
Verwendungszweck des Wassers? ......
Als Trinkwasser, Wirtschaftswasser oder für bestimmte technische Zwecke? ......
Liegt Einzelwasserversorgung oder zentrale Wasserversorgung vor? ......
Oder wurde das Wasser direkt aus einem offenen Gewässer (See, Teich, Fluß oder Bach) oder einer Quelle entnommen? ......
Einzelwasserversorgung (Handpumpe)? ......
Liegt ein Rohrbrunnen vor? ......
Wie tief liegt der Grundwasserspiegel? ......
Schwankt der Grundwasserstand mit der Jahreszeit? ......
Und der Wasserstand im Brunnen? ......
Oder liegt ein Kesselbrunnen vor? ......
a) Geschlossener Kesselbrunnen mit Holzdeckel? ......
oder Eisendeckel? ......
Ist der Brunnenkranz gut abgedeckt? ......
b) Offener Kesselbrunnen (Zisterne, Ziehbrunnen)?
Ragt der Kesselrand über den Erdboden hinaus? ......
Handelt es sich um einen gemauerten Kesselbrunnen oder besteht er aus Betonringen oder Holzwänden? ......
Woraus besteht die Brunnensohle (Stein, Zement oder Boden)? ......
Wie tief ist der Brunnen? ......
Wann ist der Brunnen gebaut, gereinigt oder repariert? ......
Ist der Wasserstand des Brunnens von dem Wasserstand benachbarter Gewässer abhängig? ......
Oder von Regenfällen? ......
Sind verunreinigte Zuflüsse vorhanden? ......
Oder wird das Wasser auf Regendächern aufgefangen? ......
Oder liegt Oberflächenwasser vor? ......

Näheres über die Brunnenumgebung

Wie weit ist der Brunnen vom Gehöft entfernt? ......

Befinden sich in der Nähe des Brunnens

Aborte, Misthaufen, Jauchegruben, Sickergruben, Stallungen, Stallabflüsse, Abwasserkanäle, Schmutzwasserrinnen, Drainagegräben, verschmutzte Bäche, Dorfteiche, Schuttabladeplätze, Friedhöfe (Entfernung in m)? ......

Befinden sich in der Nähe des Brunnens Moore oder Sümpfe (evtl. Entfernung in m)? ..

Befinden sich in der Nähe Salzlagerstätten, Solequellen, Gradierwerke u.a.? ......

Steht der Brunnen im Gelände erhöht und kann das Wasser vom Brunnen oberflächlich weglaufen? ......

Oder ist das Gefälle zum Brunnen zu? ......

Ist die Temperatur des Wassers gleichmäßig oder ändert sie sich je nach der jahreszeitlichen Lufttemperatur? ......

Ändert sich das Wasser zeitweise im Aussehen? ......

Treten z. B. Trübungen oder Verfärbungen im Wasser zeitweise auf? ......

Ist eine Ablaufrinne für das überlaufende Brunnenwasser vorhanden oder versickert dasselbe unmittelbar am Brunnen? ......

Besteht die Brunnenumgebung aus gewachsener oder aufgeschütteter Erde, oder ist gestampfter Lehm aufgetragen? ......

Ist der Brunnen ständig im Gebrauch gewesen? ......

Schrifttum

Trinkwasser-Untersuchung und Beurteilung

Mineralwasser

1. Deutsche Einheitsverfahren zur Wasser-, Abwasser- und Schlammuntersuchung. Bearbeitet von *L. W. Haase*, Weinheim/Bergstr. 1954.
2. Die amerikanischen Einheitsverfahren zur Untersuchung von Wasser und Abwasser. Deutsche Übersetzung von *F. Sierp*, München 1951.
3. *Ohlmüller — Spitta*, Untersuchung und Beurteilung des Wassers und Abwassers. 5. Aufl. von *W. Olszewski* und O. *Spitta*, Berlin 1931.
4. Handbuch der Lebensmittelchemie von *E. Bames, B. Bleyer* und *J. Großfeld*, Bd. VIII, 2 Wasser und Luft, Berlin 1940, enthält auch Kesselspeisewasser, bearb. von *A. Splittgerber*, Bd. VIII, 3 enthält Mineral- und Heilwasser, bearb. von *R. Fresenius*.
5. O. *Gübeli-Litscher*, Chemische Untersuchung von Mineralwässern. Innsbruck 1948.
6. *H. Klut* und *W. Olszewski*, Untersuchung des Wassers an Ort und Stelle. 8. Aufl. Berlin 1943.
7. *Lunge — Berl*, Chemisch-technische Untersuchungsmethoden, Bd. II, Teil 1 Kesselspeisewasserpflege von *A. Splittgerber*, Berlin 1932.
8. *J. Tillmans*, Untersuchung von Trink- und Brauchwasser.
9. Die Untersuchung von Wasser, 3. Aufl. *E. Merck AG*, Darmstadt 1957.
10. *H. Beger*, Leitfaden der Trink- und Brauchwasserbiologie, Stuttgart 1952.

Wasserhygiene

11. Hygienische Leitsätze für die Trinkwasserversorgung. Veröffentl. a. d. Geb. d. Med. Verw. 38, Berlin 1932.
12. *B. Bürger*, Grundzüge der Trinkwasserhygiene, Berlin 1938.
13. *H. Beger*, Brunnenhygiene, Berlin 1947.
14. Leitsätze für die Trinkwasserversorgung. Neufassung 1949 vom D V G W Hannover. Auch als DIN 2000 erschienen (Neubearbeitung 1957).
15. *J. F. Braune*, Die Trinkwasser silberung, München 1957.
16. Das Lebensmittelgesetz, Wiesbaden 1959. (Behrs Verlag)

Wasserversorgung

17. Die Wasseraufbereitung als wissenschaftliche Aufgabe und ihre praktische Ausführung D V G W — Sonderheft.
18. *C. Dahlhaus*, Wasserversorgung, 3. Aufl. Leipzig 1959.
19. Taschenbuch der Wasserversorgung von *J. Mutschmann* und *F. Stimmelmeyer*, Stuttgart 1956.
20. *J. Brix, H. Heyd* und *E. Gerlach*, Die Wasserversorgung, Berlin 1936.
21. *H. Bahlsen*, Das Wasser, 2. Aufl. München 1954.

22. *H. Stooff*, Chemische und physikalische Fragen der Wasserversorgung. Schrift-Reihe d. Ver. Wasser-, Boden- und Lufthygiene, Nr. 1, Stuttgart 1949.

23. *E. Bieske*, Bohrbrunnen, München 1953.

24. *H. Schneider* und *Chr. Truelsen*, Die Wassererschließung, Essen 1952.

25. *F. Schimrigk*, Hebung und Speicherung des Wassers, Berlin 1955.

26. *L. W. Haase*, Werkstoffzerstörung und Schutzschichtbildung im Wasserfach, Weinheim 1951.

27. *H. Liebmann*, Trinkwassergewinnung aus Oberflächenwasser, München 1958.

Oberflächenwasser, Abwasser

28. *H. Liebmann*, Münchener Beiträge zur Abwasser-, Fischerei- u. Flußbiologie, München 1953.

29. *M. Strell*, Wasser und Abwasser, Reinhaltung der Gewässer, München 1955.

30. *H. Liebmann*, Handbuch der Frischwasser- und Abwasserbiologie, München 1951.

31. *F. Ruttner*, Grundriß der Limnologie, Berlin 1952.

32. *G. J. Werescagin*, Methoden der hydrochemischen Analyse in der limnologischen Praxis, Stuttgart 1931.

33. *R. Maucha*, Hydrochemische Methoden in der Limnologie, Stuttgart 1932.

34. *W. Husmann*, Praxis der Abwasserreinigung, Berlin 1950.

35. *W. P. Dunbar*, Leitfaden für die Abwasserfrage, München 1954.

36. *J. Brix*, *K. Imhoff* und *R. Weldert*, Die Stadtentwässerung in Deutschland, Jena 1934.

37. *D. Kehr*, Wasser- und Abwasserprobleme bei der Planung von Industriebetrieben. Zbl. f. Industriebau, Bd. 1, 1955/56.

38. *F. Meinck*, *P. Sander*, *H. Stooff*, *R. Weldert* und *H. Kohlschütter*, Industrie-Abwasser, 3. Aufl., Stuttgart 1960.

39. *G. Jordan*, *M. Mathey-Horn*, *F. Meinck*, *P. Sander* und *R. Schmidt*, Die chemische Untersuchung von Abwasser unter Berücksichtigung der Schlammanalyse und der Vorfluteruntersuchung, Berlin 1941 (u. Kl. Mitt. Ver. f. Wasser-, Boden- u. Lufthygiene, 17. Jahrg.).

40. *K. Imhoff*, Taschenbuch der Stadt-Entwässerung, 17. Aufl., München 1958.

41. *W. Hosang*, Stadtentwässerung, 3. Aufl., 1959.

42. *F. Sierp*, Die gewerblichen und industriellen Abwasser. 2. Aufl. Stuttgart 1959.

Kesselspeisewasser

43. *R. Freier*, Kesselspeisewasser, Berlin 1958.

44. *S. Leik*, Das Wasser in der Industrie und Haushalt, Dresden 1949.

45. *A. Splittgerber*, Kesselspeisewasserpflege, Leipzig 1936.

46. *H. Reichelt*, Vom Rohwasser zum Hochdruckdampf, Halle 1949.

47. Richtlinien für die Aufbereitung von Kesselspeisewasser und Kühlwasser, Vereinigung der Großkesselbesitzer, 4. Aufl., Essen 1954.

Periodische Werke über das Gesamtgebiet

48. Literaturberichte über Wasser, Abwasser, Luft und Boden. Im Auftrage des Vereins für Wasser-, Boden- und Lufthygiene, Berlin-Dahlem, von Prof. *Dr. E. Tiegs*, Verlag Gustav Fischer, Stuttgart. 8 Bände von 1950—1959.

49. Vom Wasser, Ein Jahrbuch für Wasserchemie und Wasserreinigungstechnik, herausgegeben im Auftrag der Fachgruppe Wasserchemie von *Dr. W. Husmann.*

50. Mitteilungen d. Ver. d. Großkesselbesitzer.

Zeitschriften

51. Das Gas- und Wasserfach — GWF, Verlag R. Oldenbourg, München.
52. Gesundheitsingenieur, Fachzeitschrift für Städtehygiene, Verlag R. Oldenbourg, München.
53. Chemische Wasserstatistik, *G. Giebler*, 3. Ausgabe, 1959. (DVGW)

Neueste Literatur

54. *H. Kruse*, Einheitliche Anforderungen an die Trinkwasserbeschaffenheit und Untersuchungsverfahren in Europa. — Schriftenreihe des Ver. f. Wasser-, Boden- u. Lufthygiene Nr. 14, 1959.
55. Trinkwasseraufbereitungsverordnung. — Bundesgesetzblatt Teil I 1959 Nr. 52 vom 22. 12. 59 S. 762 u. 763 (Inhalt s. S. 127—129).

Sachregister

ANZEIGEN

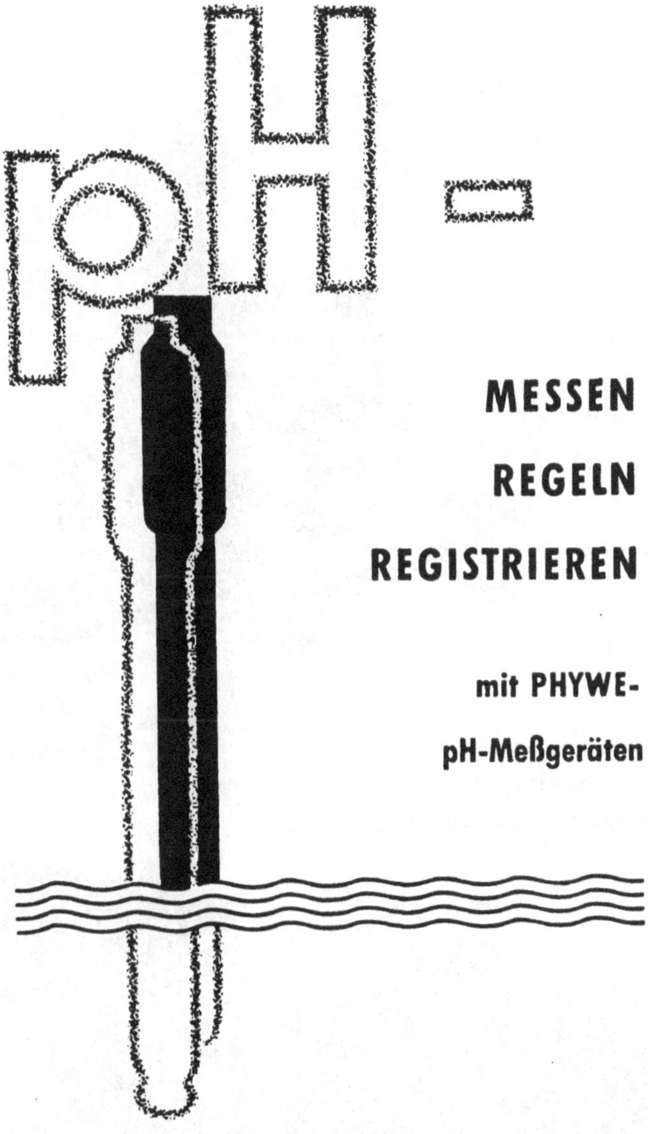
pH-

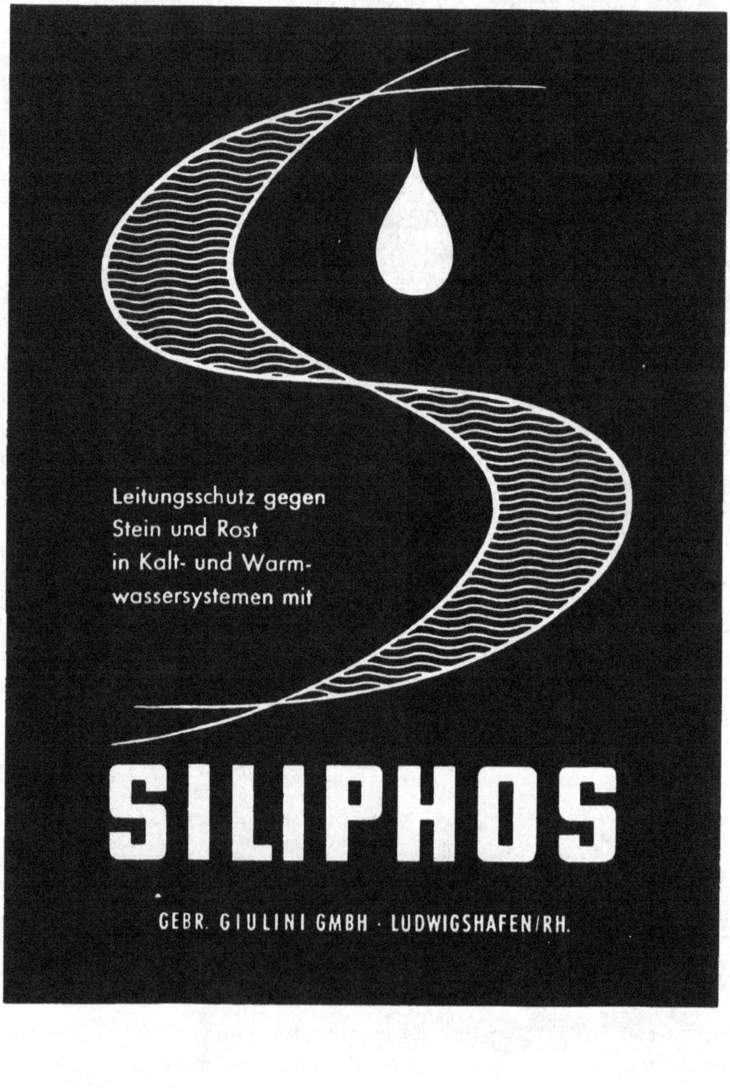
Leitungsschutz gegen
Stein und Rost
in Kalt- und Warm-
wassersystemen mit
SILIPHOS
GEBR. GIULINI GMBH · LUDWIGSHAFEN/RH.

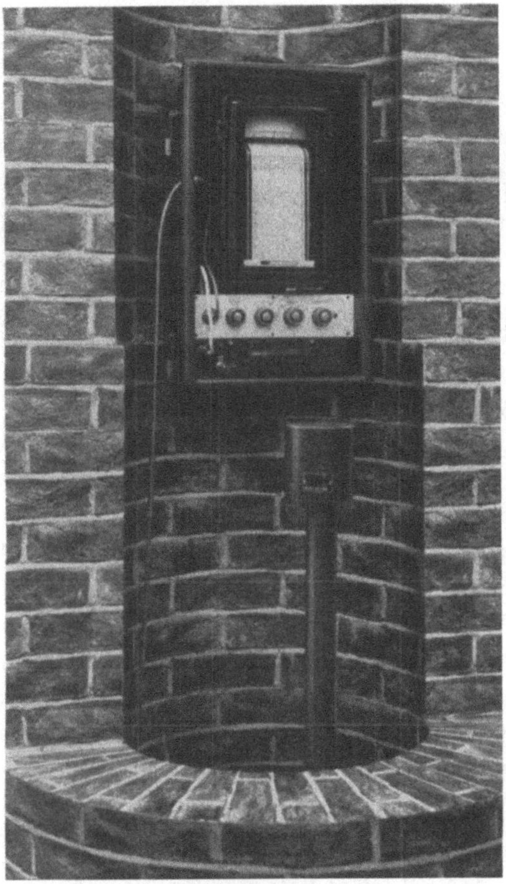

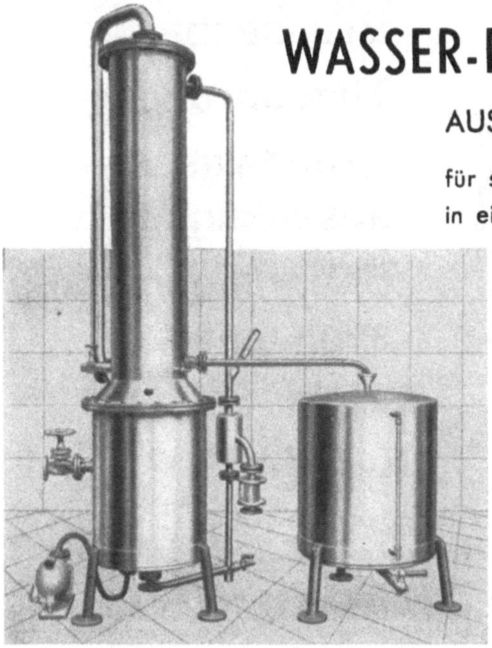

Kolibri 360 GmbH
Ferdinand-Jühlke-Straße 7
99095 Erfurt, Deutschland
produktsicherheit@kolibri360.de